材料成型技术基础

（第3版）

韩奇钢 梁 策 主编
李 义 梁继才 副主编

清華大学出版社
北京

内容简介

全书共分7章，内容包括绪论、金属液态成型技术、金属塑性成形技术、金属连接成形技术、非金属材料成型技术、复合材料成型技术和粉末冶金成型技术等。较为系统地论述了各种成型方法的基本原理、工艺、特点和应用，以及合理地进行零件结构设计的工艺原则。同时对相关新工艺、新技术和新方法也做了简要介绍。

本书可作为高等学校机械类各专业教材，也可作为有关技术人员的参考用书。

图书在版编目(CIP)数据

材料成型技术基础：第3版/韩奇钢，梁策主编. —北京：清华大学出版社，2023.1
ISBN 978-7-302-62362-5

Ⅰ. ①材… Ⅱ. ①韩… ②梁… Ⅲ. ①工程材料—成型—高等学校—教材 Ⅳ. ①TB3

中国国家版本馆CIP数据核字(2023)第004721号

责任编辑：鲁永芳
封面设计：常雪影
责任校对：薄军霞
责任印制：曹婉颖

出版发行：清华大学出版社
网　址：http://www.tup.com.cn，http://www.wqbook.com
地　址：北京清华大学学研大厦A座　　邮　编：100084
社 总 机：010-83470000　　邮　购：010-62786544
投稿与读者服务：010-62776969，c-service@tup.tsinghua.edu.cn
质量反馈：010-62772015，zhiliang@tup.tsinghua.edu.cn
印 装 者：天津安泰印刷有限公司
经　销：全国新华书店
开　本：185mm×260mm　　**印　张**：19.25　　**字　数**：468千字
版　次：2023年1月第1版　　**印　次**：2023年1月第1次印刷
定　价：65.00元

产品编号：098261-01

第3版 前言

PREFACE

本书是为了适应高等学校工科专业技术基础课程的需求，根据学科发展和教学改革的要求，结合多年的实际教学经验，并总结吸收了其他院校教学改革的经验撰写而成。

本书以基础知识为重点，拓宽了专业知识面，强调基础和应用的统一，突出技术的应用，特别是加工工艺，注重对各种成型方法进行必要的归纳、拓宽与深入，也注意了与相关课程的分工和衔接。在选材和体系结构上，注重基础理论与实际生产的联系，旨在便于教学，从而使学生通过本课程的学习，掌握材料成型的基本方法、工艺特点和适用范围，合理选择毛坯和零件的加工方法，培养分析、判断零件结构工艺性的能力，为学习其他有关课程及以后从事机械设计和制造方面的工作奠定必要的基础。

本书共分7章，包括绪论、金属液态成型技术、金属塑性成形技术、金属连接成形技术、非金属材料成型技术、复合材料成型技术和粉末冶金成型技术，并对相关的新工艺、新技术做了简要介绍。

本书可作为高等学校机械类各专业的教材，也可作为有关技术人员的参考用书。本书内容讲授学时建议为40学时左右，可根据培养学生的实际需要，对本书内容进行适当的选取。学习本课程前，应进行必要的工程训练实习。

为了便于学习和掌握本书的内容，书后附有习题集。习题集贯彻了课程教学的基本要求，采用判断题、选择题、填空题和综合应用题等常见题型，可用于本书内容的复习和思考练习，以利于学生加深对课程基本内容的理解，巩固所学知识，培养分析问题和解决问题的能力。

本书是相关课程教学的同事多年实际教学经验的总结，是在孙广平教授主编的相关教材的基础上重新修订编写的。

由于编者水平所限，书中难免存在缺点和错误，恳请读者批评指正。

编　者

2022年5月

目录

CONTENTS

第1章

绪 论

1.1 材料成型技术概述

材料成型技术(materials forming technology)属于机械制造学科，主要研究如何将材料加工成型为符合产品性能要求的机器零件或结构，并研究如何保证、评估、提高这些零件和结构的安全可靠性及寿命。传统的材料成型技术主要包括金属材料的铸造、锻造和焊接等成型方法、设备工装以及过程控制等。这些成型方法都需要对坯料进行加热，因此，传统材料成型工艺曾被称为材料热加工工艺。随着现代科学技术的飞速发展，新材料、新工艺和新技术不断涌现，材料成型范围不断扩展，材料成型技术的内容已经远超传统热加工的范围，如常温冷冲压、超声波焊接、各种非金属材料的成型、材料与成型一体化技术及快速成型技术等。

现代材料成型技术可定义为：采用物理、化学、冶金等原理制造机器零件或结构，以及改进机器零件或结构的化学成分、组织及性能的方法与过程。材料成型科学的任务不仅是研究如何使机器零件获得必要的几何尺寸，更重要的是研究如何通过过程控制获得一定的化学成分、组织结构和性能，从而保证和提高机器零件的安全可靠性和寿命。

1.2 材料成型技术的分类及特点

根据材料的化学成分和显微结构特点，材料成型技术可分为以下几类。

1. 材料成型技术的分类

(1) 金属材料成型

主要包括金属材料的液态成型、塑性成形和连接成形。

金属的液态成型(又称为铸造)，是指将熔化的金属浇注到与零件的形状、尺寸相适应的铸型内，经冷却凝固后得到所需形状、尺寸和性能的铸件的工艺过程。铸造是比较经济的毛坯成型方法，具有工艺灵活性强，生产周期短，生产成本低等优点，因而应用广泛，机器制造业铸造生产的毛坯零件在数量和吨位上迄今仍是最多的，是现代机械工业的基础工艺之一。

塑性成形是指利用材料的塑性使材料产生变形，获得所需形状和尺寸的毛坯或零件的成型制造方法。经塑性成形的工件可消除不良的铸态组织，形成完整的锻造流线，提高工件的力学性能，具有“成形与改性”的双重作用，因而成为一种重要的毛坯或零件的成型方法。

塑性成形根据原材料的不同通常可分为板料成形与体积成形两大类，也可根据成形温度的不同分为冷塑性成形、温塑性成形、热塑性成形三大类。板料成形多在室温条件下，以冷冲压为主要成形方式。体积成形通常在高于再结晶温度条件下，以热锻造成形为主要成形方式。介于两者之间的是温塑性成形。

金属的连接成形，通常指焊接成形，是指采用物理或化学的方法，通过加热或加压等方式，使分离的材料产生原子或分子的结合，形成具有一定性能要求的整体结构的永久性连接工艺。作为现代制造业中最为重要的材料成型和加工技术之一，焊接技术的应用领域遍及石油化工、机械制造、交通运输、航空航天、建筑工程、微电子等几乎所有的工业制造领域，约有40%的钢铁材料需要焊接后才可成为可用的工程结构和产品。焊接常用于箱体、容器、管道及各类框架等结构的成型，还可与其他成型工艺相结合制造形状复杂的零件，如铸-焊复合结构、锻-焊复合结构等。

(2) 高分子材料成型

塑料、橡胶等高分子材料在一定温度下表现为流动性熔体，可通过注射、挤压、吹塑、压延等方法获得所需形状和尺寸的制品。高分子材料的成型工艺对生产设备及模具的强度要求较低，设备投资小，生产成本低，生产效率高，应用日益广泛。

(3) 复合材料成型

复合材料由多相材料复合而成，能够充分发挥各组分材料的性能优点，并具有单一材料所不具备的特殊性能。同时还可根据使用性能的需要进行材料的结构设计，即实现材料的组成结构与成型制造的一体化。复合材料根据其种类不同可采用多种成型方法，具有很好的加工工艺性，复合材料成型是目前发展极为迅猛的一类新型材料成型技术。

2. 材料成型工艺的特点

上述各种材料成型方法在产品性能的改变、复杂形状的适应能力、材料的利用率、生产效率等方面有着其他制造方法不可替代的优点。

与切削加工等机械成形技术相比，材料成型工艺具有如下特点。

(1) 材料一般在较高温度下成型，成型性能好，适用于形状复杂、各种结构特征的制件生产。

(2) 材料成型方法多种多样，很多成型工艺具有独特的性能特点，是其他加工工艺所不能比拟的。例如，金属材料通过塑性成形可以改变金属的组织，使所得工件的力学性能显著高于同等条件的切削加工工件性能；对于铸铁等脆性材料或具有复杂型腔的箱体、壳体和缸体件，通常可采用铸造成型；高熔点难熔材料零件则可选用粉末冶金方法成型。

(3) 材料的利用率高。对于相同的零件，切削加工需要通过各种材料去除手段获得所需的零件。而铸造、锻造等材料成型工艺，成型后可直接获得零件的形状，或去除少量加工余量即可。以汽车锥齿轮为例，采用棒料或块料为毛坯，切削加工的材料利用率为41%；当采用铸件或锻件为毛坯并辅以切削加工时，材料的利用率可达83%。通常，采用成型工艺的零件其形状越复杂，材料利用率越高。

(4) 生产效率高。材料成型工艺过程易实现机械化、自动化生产方式，适于大批量生产。例如，采用高速冲床生产小型零件，单班产量可高达20000件。

(5) 成型制品的精度通常低于切削加工零件的精度。在成型过程中，制品存在着不同程度的收缩。因此，成型制品的精度一般低于切削加工零件的精度。对于大部分尺寸精度和表面粗糙度要求较高的金属零件，成型后仍需要再经切削加工而获得最终产品。

1.3 材料成型技术的发展趋势

随着微电子与信息等新技术与现代工业技术的不断融合，传统材料成型制造技术的专业学科界线则已逐渐淡化甚至消失，先进材料成型制造技术覆盖了产品设计、生产准备、加工装备、销售使用、维护服务甚至回收再生等整个生产过程，以便于动态信息的生成、采集、传递、反馈和调整。因此，先进材料成型制造技术可以全面驾驭生产过程的物质流、能量流和信息流，以实现优质、精确、高效、低耗、节能、省料、清洁、灵活和快速的生产，增强对动态多变市场的适应能力和竞争能力，从而满足社会个性化和多样化的需求。其发展趋势主要表现为数字化、精密化、自动化、集成化、网络化、智能化、绿色化和信息化等。

成型制造是材料质量不变或增加的成型过程，更是零构件成型成性一体化，涉及多学科交叉融合、高度非线性的物理过程。通过创造合适的成型方式与成型条件，成型制造技术不仅能赋予零构件近净的甚至精确的复杂形状与尺寸，而且能赋予其高性能，从而发展成为高性能精确成型制造技术。高性能精确成型制造能通过成型过程使零构件的宏观性能在坯料性能的基础上得到提高（或者使原有微观组织也得到改善），这不仅可使零构件更好地发挥效能并延长寿命，而且还可以减少材料用量以达到轻量化的目的。因此，高性能精确成型制造是少无废料产生、绿色、节约型的轻量化零构件制造技术，也是技术密集、知识密集和高增值的制造技术，在实现节能减排、发展低碳经济、建设创新型国家等方面都将发挥关键的、不可替代的作用。

高性能精确成型制造技术是先进制造技术发展的重要方向，是支撑国民经济可持续发展与国防建设的主要技术之一，其能力、技术水平和技术经济指标已经成为衡量国家制造技术与工业发展水平以及重大、核心关键技术装备自主创新能力的主要标志之一。其发展已成为体现国家工业综合实力、竞争力和科技水平的重要标志之一，对推动我国国民经济、国防建设和社会发展具有重大意义。例如，航空航天装备制造是最具前沿引领性与产业带动性的国家战略性产业，是国家综合实力的重要体现；汽车制造是国民经济支柱性产业之一，具有技术和资金密集、产业关联度高、规模效应明显等特点。我国正在实施的“国民经济和社会发展第十四个五年规划和2035年远景目标纲要”以及“大型飞机”“载人航天与探月工程”与“高档数控机床与基础制造装备”等一系列科技重大专项与重点工程，其对成型制造技术都有迫切而重大的需求，迫切要求先进成型制造零件朝着高性能、轻量化、高精度、低成本、高效率、能源高效利用与资源节约型、环境友好的方向发展。

目前，90%以上的各种零部件在其制造过程中都经历了凝固过程，全世界钢材的75%要进行塑性加工，65%要用焊接才能得以成型。我国是当今全球最大的钢铁生产国，2021年粗钢产量已超过了10亿吨，约占全球粗钢产量的54%；2021年汽车的产量已超过2600万辆，我国已成为成型制造业第一大国。成型制造技术为我国航空航天工业、汽车工业、重大装备制造工业、兵器工业、能源工业、造船工业、信息工业的发展做出了重大贡献。

2020年，我国铸件总产量达到5195万吨，约占全球铸件总产量的45%，已连续21年稳居世界首位。中国是世界上规模最大、品种最全、体系最完整的铸造大国，但铸造行业是能源消耗的重点行业，也是对环境影响较大的行业之一。我国铸造行业走绿色铸造发展之路已达成共识。铸造行业的污染排放以废气、废砂、废渣和粉尘为主，主要集中在熔炼和砂处理阶段。大力发展高效金属熔炼、造型制芯、热处理等绿色铸造技术和装备，研究开发铸造近净成型技术，减少铸造生产过程中的污染物排放，提高铸件成品率等，是降低铸造行业能耗的发展方向。

近年来，节能、环保、高效和低成本铸造成型技术获得了较快的发展，例如高真空压铸技术、半固态铸造技术、挤压铸造技术、电磁铸造技术、计算机模拟技术和快速成型技术，以及无机非金属黏结剂等，对提升我国铸造技术水平、增强核心竞争力起到了重要作用。我国通过凝固成型原理、技术与装备的集成创新而形成了调压铸造成套技术，解决了铝、镁合金大型复杂优质薄壁铸件成型的难题。

我国重型锻压装备的能力和水平近年快速提高，自由锻液压机的等级和数量已进入世界前列。我国近年已建造多台 1.5 万～1.85 万吨的锻造液压机、4 万吨的航空模锻液压机和 8 万吨的巨型液压机，大型整体薄壁复杂铝型材在大飞机、鱼雷、导弹和高速列车等领域得到广泛应用，世界上最大的 3.6 万吨大口径钢管垂直挤压成套装备建成并投入使用。由于掌握了大型锻件成形的关键技术，近几年我国核电等高端大锻件技术的研发和制造取得重大突破，实现了核电等高端大锻件的国产化。

近年来节能减排的要求日益迫切，成形精度越来越高，冷成形与温成形的发展步伐正在加快，特别是在体积成形上，冷温成形的比重都在增加，如可成形精密小型零件的冷挤压、冷摆动辗压、冷辗环等冷体积成形方法，都得到了快速发展。难成形板材的热冲压，为高强度钢板与轻合金板材的应用提供了新的成形手段。

大力发展焊接技术及相关产业对我国成为制造强国有着极为重要的意义。从早期的电弧焊、气焊直至今天的近百种焊接方法，焊接技术依托于能源科学的进步而不断发展，现在的焊接技术已采用了力、热、电、磁、光、声等一切可以利用的能源手段。这些不同形式的能源以不同的方式作用于不同的材料上，通过一系列热力学、冶金学和力学相互作用的过程，制造出各种工程结构和零件。

21 世纪，钢铁材料仍然是占主导地位的基础结构材料，我国正处于工业化发展中期，因此焊接制造的对象在很长一段时间内仍会以钢铁材料为主。目前焊接用钢正向着高强化、轻量化、高纯洁净化、细晶化和微合金化的方向发展，这种趋势给焊接冶金理论和焊接材料的发展提出了新的要求：一方面，焊缝金属的洁净度和韧性已落后于钢材品质的进步，焊接冶金理论已落后于现代钢铁冶金理论，传统的钢材焊接性评价方式已很难适用于新型的钢铁材料；另一方面，这种发展趋势也推动了焊接材料向低碳化、洁净化、细晶化的方向发展。

随着先进结构材料和功能材料的不断发展和应用，钎焊、扩散焊、摩擦焊、压力焊等非熔化焊技术以及高能束流焊接方法具有对基体原始组织热损伤小的优势，在以镁、铝、钛为代表的轻质结构材料、金属间化合物、电子信息材料、复合材料、先进陶瓷材料的连接领域受到了普遍的重视和快速发展。

1.4 金属材料的基本性能

金属材料因为具有优良的使用性能和工艺性能，是制造金属结构、机械零件和工具的最主要材料。选用材料时，首先要掌握材料的使用性能，同时还要考虑材料的工艺性能和经济性。

使用性能是指材料在使用过程中所应该具备的性能，主要包括力学性能、物理性能和化学性能等。力学性能是指材料在外力（或称载荷）作用下所表现出的性能，主要有强度、硬度、塑性和韧性等；物理性能主要有密度、熔点、导电性、导热性和磁性等；化学性能主要有耐酸性、耐碱性和抗氧化性等。工艺性能是指材料能否易于进行加工获得优质产品的性能，主要有铸造性、可锻性、焊接性、机械加工性等，它们实质上是材料的力学、物理和化学等性能在成型和加工过程中的综合反映。金属材料的这些性能与其化学成分、组织结构有关。因此，要了解金属材料的性能，必须首先了解其内部组织结构。

1. 拉伸曲线

材料的强度与塑性是极为重要的力学性能指标，可采用拉伸试验方法测定。

拉伸试验是用静拉力对标准拉伸试样进行缓慢的轴向拉伸，直至拉断的一种试验方法。依据国家标准 GB/T 228.1—2010《金属材料 拉伸试验 第 1 部分：室温试验方法》，具体试验步骤如下。

试验前，将材料制成一定形状和尺寸的标准拉伸试样，如图 1-1 所示。试样的直径为 d_0，标距为 L_0。将试样装夹在拉伸试验机上，缓慢增加拉力，试样的长度逐渐增加，直至拉断。如将试样从开始加载到断裂前所受的拉力 F 与对应的试样标距 L_0 的伸长量 ΔL（$\Delta L = L_u - L_0$）绘制成曲线，即拉伸曲线。试样所受拉力 F 除以试样原始截面积 S_0 得到应力 σ，试样的绝对伸长量 ΔL 除以原始标距 L_0 得到应变 ε，即 $\sigma = F/S_0$，$\varepsilon = \Delta L/L_0$，则拉力-伸长量（$F$-$\Delta L$）曲线转换为工程应力-应变（$\sigma$-$\varepsilon$）曲线，如图 1-2 所示。

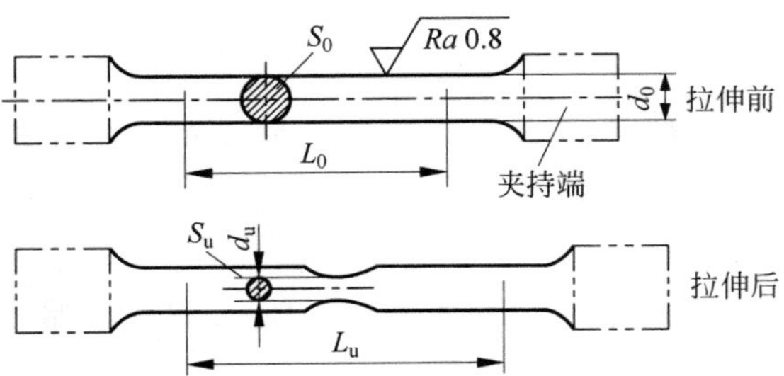

图 1-1　常用拉伸试样及拉断后的形状

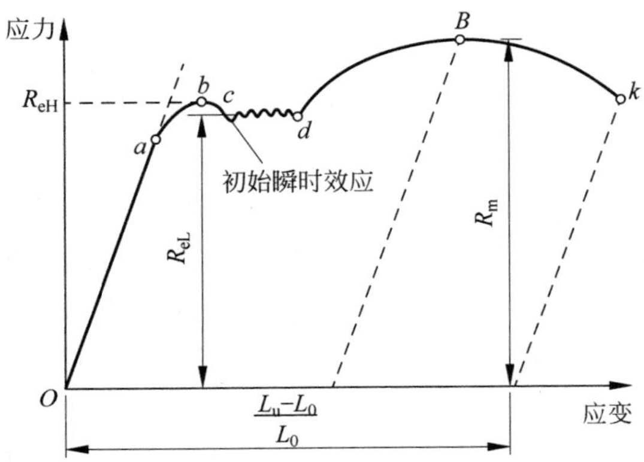

图 1-2　退火低碳钢单向拉伸曲线

拉伸曲线的 Oa 段近乎一条斜线，表示试样处于弹性变形阶段，此时如卸除拉力，试样可完全恢复到原来的形状和尺寸。当拉力继续增加时，试样将产生塑性变形，并在 b 点附近，曲线上出现平台或锯齿状线段，此时应力不增加或只有微小增加，试样却继续伸长，这种现象称为屈服。屈服后的曲线又呈上升趋势，表示试样进入了明显的塑性变形强化阶段。曲线上的 B 点表示试样在该处承受最大拉应力，此时在试样的某处截面积开始减小，形成缩颈。随后，试样承受的拉力迅速减小，直至断裂(k 点)。

2. 强度

强度是材料在外力作用下抵抗塑性变形和断裂的能力。按照作用力性质不同，可分为抗拉强度、抗压强度、抗弯强度和抗剪强度等。工程上常用的强度指标主要为屈服强度和抗拉强度等。

1）屈服强度

在拉伸过程中，试样产生屈服时的应力称为材料的屈服强度，可分为上屈服强度和下屈服强度。

上屈服强度和下屈服强度都是用载荷(F)除以试样原始横截面积(S_0)得到的应力值，试验时，在应力-应变曲线上曲线首次下降前的最大拉力所对应的屈服强度称为上屈服强度 R_{eH}(MPa)；试样屈服时，不计初始瞬时效应时的最小拉力对应的屈服强度称为下屈服强度 R_{eL}(MPa)。一般材料的屈服强度常指其 R_{eH} 值。

屈服强度是退火或热轧的低碳钢和中碳钢等具有屈服现象的材料特有的强度指标。高碳钢和脆性材料等金属材料的应力-应变曲线上没有明显的屈服现象，可采用规定非比例延伸强度 R_p，比如，规定非比例延伸率为 0.2%时对应的应力值作为规定非比例延伸强度，用符号 $R_{p0.2}$(MPa)表示。

屈服强度的物理意义是表征材料开始产生明显塑性变形时的最小应力，它是机械设计和材料选用的主要依据之一，是工程技术上的主要强度指标。

2）抗拉强度

抗拉强度是指试样被拉断前的最大承载力(F_m)除以试样原始横截面积(S_0)得到的应力值，用符号 R_m(MPa)表示。

抗拉强度的物理意义是表征材料在拉伸断裂前所能承受的最大应力。

3. 塑性

塑性是指在外力作用下，材料产生塑性变形而不断裂的能力。常用的塑性指标有断后伸长率(A)和断面收缩率(Z)，即

$$A = (L_u - L_0)/L_0 \times 100\%$$

$$Z = (S_0 - S_u)/S_0 \times 100\%$$

式中：L_u 为试样拉断后的标距长度，mm；S_u 为试样拉断后的最小横截面积，mm^2。

A 和 Z 的值越大，材料的塑性越好。应当说明的是：仅当试样的标距长度、横截面的形状和截面积均相同时，或当选取的比例试样的比例系数 k 相同时，断后伸长率的数值才具有可比性。

金属材料应具有一定的塑性才能顺利地承受各种变形加工，并且金属零件有一定塑性时可以提高零件使用的可靠性，不会出现突然断裂。

4. 硬度

硬度是指材料抵抗变形,特别是压痕或划痕形成的永久变形的能力。它是衡量金属材料软硬程度的一种性能指标,通常采用压入法测量。

根据硬度值可估计材料的近似强度和耐磨性。通常材料的硬度越高,磨损量越小,其耐磨性越高。因此,硬度试验作为一种测定材料性能、检验产品质量、制定合理加工工艺的试验方法,在实际生产和科学研究中都得到了广泛的应用。

金属材料的硬度可用专门仪器来测试,生产中应用较多的是静载荷压入法,常用的硬度指标有布氏硬度、洛氏硬度等。

1)布氏硬度(HBW)

布氏硬度是指材料抵抗通过硬质合金球压头施加试验力所产生永久压痕变形的度量单位。布氏硬度是在布氏硬度计上进行测量的,其原理如图 1-3 所示。用试验力 F 将规定直径为 D 的球压入金属表面并保持一定的时间,卸除试验力后,用读数显微镜测量出压痕直径 d,据此算出压痕表面积 A。

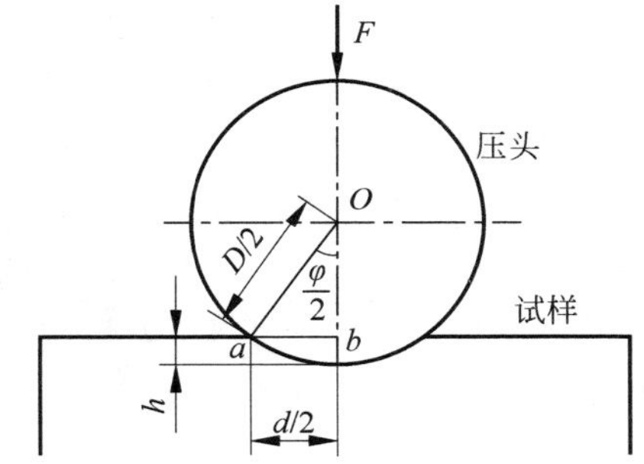

图 1-3 布氏硬度测量原理图

布氏硬度的定义为

$$\mathrm{HBW}=\frac{F}{A}\times 0.102$$

式中:F 为施加的试验力,N;A 为压痕表面积,mm^2。

$$A=\frac{\pi}{2}D\left(D-\sqrt{D^2-d^2}\right)$$

式中:D 为球直径,mm;d 为压痕的平均直径,mm。

从以上公式可知,F 和 D 都是规定的数值,只有 d 为变数,试验时测出 d 值即可计算出布氏硬度值。在实际应用中,已将 d 与所对应的 HBW 值算出并列出表格,直接查表即可。

由于材料硬度不同、工件厚薄不一,如果只采用一种标准载荷 F 和一种标准球直径 D,会出现对某些材料或某些工件尺寸不合适的现象。实际生产中,应根据被测金属材料的种类和试样的厚度等因素来选择 F、D 和载荷保持时间,按试验规范进行操作,见表 1-1。

表 1-1 布氏硬度试验规范

材 料	HBW 值范围	试样厚度/mm	F/D^2	球直径 D/mm	载荷 F/N	载荷保持时间/s
黑色金属(如钢的退火、正火、调质状态)	1400～4500	>6	30	10	3000	10
		3～6		5	750	
		<3		2.5	187.5	
黑色金属	<1400	>6	10	10	1000	10
		3～6		5	250	
		<3		2.5	62.5	
有色金属及合金(如铜、黄铜、青铜、镁合金)	360～1300	>6	10	10	1000	10
		3～6		5	250	
		<3		2.5	63.6	

续表

材　　料	HBW 值范围	试样厚度/mm	F/D^2	球直径 D/mm	载荷 F/N	载荷保持时间/s
有色金属及合金(如铝、轴承合金)	80～350	>6	2.5	10	250	60
		3～6		5	62.5	
		<3		2.5	15.6	

布氏硬度因压痕面积较大,HBW 值的代表性较全面,所以测量结果较准确。同时,由于其压痕大且深,所以不适宜测量薄件和对表面要求严格的成品件。另外,由于球本身的变形问题,所以其不能试验太硬的材料,一般当材料硬度大于 450HBW 时就不能使用。因此,布氏硬度通常用于测定铸铁、有色金属、低合金结构钢等材料的硬度。

2) 洛氏硬度(HR)

洛氏硬度是指材料抵抗通过硬质合金或钢球压头,或对应某一标尺的金刚石圆锥压头施加试验力所产生的永久压痕变形的度量单位。洛氏硬度的试验原理和布氏硬度一样,也是一种压痕试验法。但它不是测量压痕面积,而是测量压痕凹陷深度,以深度来表征材料的硬度,其原理如图 1-4 所示。

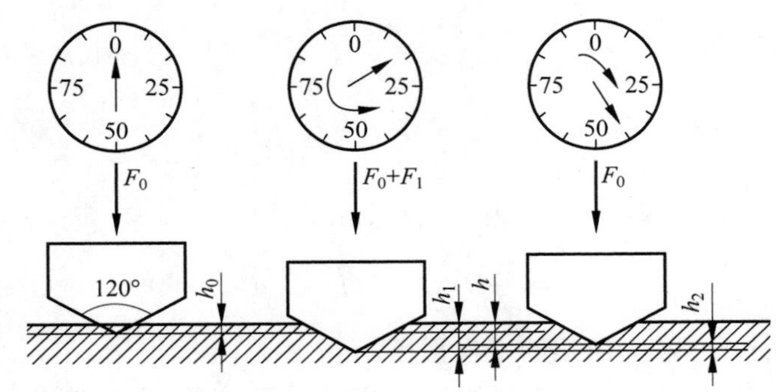

图 1-4　洛氏硬度测量原理图

洛氏硬度试验的压头有两种。一种是顶角为 120°的金刚石圆锥,另一种是直径为 1.5875 mm 的钢球,分别用来测量淬火钢等较硬材料和退火钢、有色金属等较软材料。常用的三种洛氏硬度试验规范见表 1-2。

表 1-2　常用的三种洛氏硬度试验规范

符号	压　　头	载荷/N	硬度值有效范围	适 用 范 围
HRA	顶角为 120°的金刚石圆锥	600	20～80	适用于测量硬质合金、表面淬火层或渗碳层的硬度
HRB	ϕ1.5875 mm 钢球	1000	20～100	适用于测量有色金属,退火、正火钢等的硬度
HRC	顶角为 120°的金刚石圆锥	1500	20～70	适用于测量调质钢、淬火钢等的硬度

洛氏硬度法操作简便、迅速,可直接从洛氏硬度计的表盘上读出硬度值。洛氏硬度主要用于较高硬度试样的测量,而且压痕小,对工件表面损伤小,所以适用于检验成品、小件或薄

件，在钢件热处理质量检验中应用最多。另外，洛氏硬度的测试范围大，较软金属和极硬的硬质合金均可测量。缺点是压痕较小，特别当材质不均匀时，硬度值的代表性差。

5. 冲击韧性

火车挂钩、柴油机曲轴、压力机连杆等机器零件和工具在工作时要承受冲击载荷。瞬时的外力冲击作用所引起的变形和应力比静载荷时大很多，如果仍用强度等静载荷作用下的指标来进行设计计算，就不能保证零件工作时的安全性，所以必须考虑所用材料的冲击韧性。

金属材料抵抗冲击载荷作用下断裂的能力称为冲击韧性，以 α_K 表示，其定义为

$$K = m(h_1 - h_2)g$$

$$\alpha_K = \frac{K}{A_0}$$

式中：α_K 为冲击韧性，J/cm^2；K 为试样折断所消耗的冲击吸收能量，J；A_0 为试样缺口处的原始横截面积，cm^2；h_1、h_2 分别为摆锤冲击前、后高度。

金属材料的冲击韧性目前是在摆锤式冲击试验机上测得的，如图 1-5 所示。在测定时，摆锤从高位落下，把标准冲击试样一次击断。标准试样尺寸为 10 mm×10 mm×55 mm，可分为无缺口、V 形缺口、U 形缺口三种。

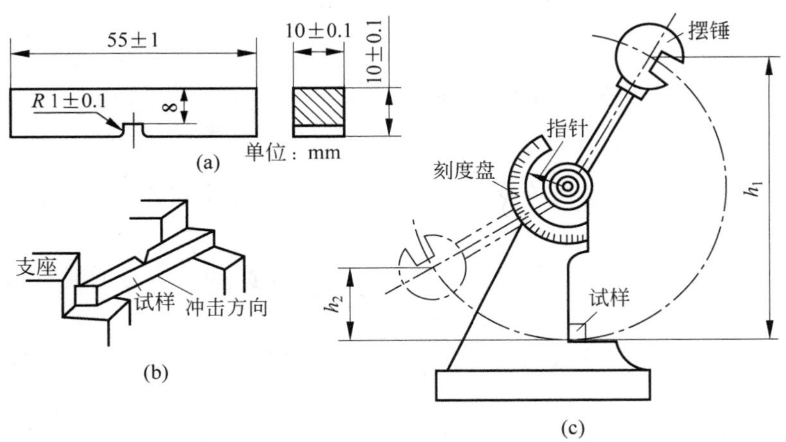

图 1-5　冲击试验原理图

(a) 冲击试样；(b) 试样安放；(c) 冲击试验机

对于一般常用钢材来说，所测的冲击韧性值 α_K 越大，材料的韧性越好。长期的生产实践证明，α_K 对材料的组织缺陷十分敏感，能够灵敏地反映材料品质、宏观缺陷和显微组织方面的微小变化，因而冲击试验是生产上用来检验冶炼和热加工质量的有效办法之一。试验表明，冲击韧性值 α_K 随着温度的降低而减小。材料由韧性状态向脆性状态的转变温度称为韧脆转变温度。

6. 疲劳强度

齿轮、连杆、曲轴、弹簧等机器零件是在交变载荷的作用下工作的，这种交变应力通常比该材料的屈服强度低得多。但在上述情况下，经过较长工作时间仍使零件发生断裂，这种破

坏现象称为疲劳破坏。疲劳断裂与静载荷下的断裂不同,不论是脆性材料还是塑性材料,断裂时都不会产生明显的塑性变形,而是突然发生断裂,危险性极大。据统计,承受交变应力作用下的零件约80%都是由于疲劳而破坏的。

通常用疲劳曲线来描述在交变载荷作用下,金属材料承受的交变应力(σ)和断裂时应力循环次数(N)之间的关系。金属材料在经受无数次重复或交变载荷作用而不发生疲劳破坏(断裂)的最大应力称为疲劳极限,通常指 N 次循环后的疲劳强度,用 σ_N 表示。

材料的疲劳极限是在疲劳试验机上测定的。在工程上一般规定,钢材的 N 取 10^7,非铁合金和部分超高强度钢的 N 取 10^8。

产生疲劳破坏的原因,一般认为是在重复或交变应力作用下,其应力值虽然小于其屈服强度,但由于金属表面在交变载荷作用下产生不均匀滑移,造成驻留滑移带,以致形成疲劳微裂纹。另外,由于材料有杂质、表面划痕及其他能引起应力集中的缺陷而产生微裂纹。这种微裂纹随应力循环次数的增加而逐渐扩展,致使零件不能承受所加载荷而突然破坏。

为了提高零件的疲劳强度,除可以通过改善内部组织和外部结构形状以避免应力集中,还可以通过降低零件表面粗糙度值和采用表面强化方法,如表面淬火、喷丸处理、表面滚压、化学热处理等来提高疲劳强度。表层形成的残余应力对 σ_N 的影响很大。一般表面层存在的残余压应力可以抵消一部分零件工作时产生疲劳裂纹的拉应力,从而大大提高其疲劳强度。

1.5 金属材料的铁碳合金相图

在工业上广泛应用的金属材料是合金。

合金的定义是指以一种金属为基础,加入其他金属或非金属元素,经过熔炼、烧结或其他方法而制成的具有金属特性的材料。

工业上广泛使用的钢和铸铁就是由铁和碳组成的合金,组成合金的元素称为组元,通常组元一般为化学元素,但稳定的化合物也可以看作一个组元。

铁碳合金相图是用实验方法制得的温度-成分坐标图,是研究铁碳合金的成分、温度与组织之间关系的重要工具。

各种金属材料的性能是由其化学成分和内部组织结构所决定的。因此,要了解金属材料的性能,就必须先了解其内部组织结构。

1.5.1 金属的结晶

1. 晶体结构的基本概念

实际晶体中的各类质点(包括离子、电子等)虽然都是在不停地运动着,但是通常在讨论晶体结构时,常把构成晶体的原子看成一个固定的小球,这些原子小球按照一定的几何形式在空间紧密堆积,如图1-6(a)所示。为了便于分析和描述晶体内部原子排列的规律,人们把每个原子视为一个几何质点,并用假想的几何线条将各个质点连接起来,就得到一个空间的几何格架。这种抽象的用于描述原子在晶体中排列方式的空间几何格架称为晶格,如图1-6(b)所示。由于晶体中原子作周期性规则排列,所以可以在晶格内取一个能代表晶格排列规律的最小结构单元,称为晶胞,如图1-6(c)所示。晶胞中各棱边的长度叫作晶格常数，其大小以埃(Å)来度量(1Å$=10^{-8}$cm)。不难看出，晶格可以由晶胞不断重复堆砌而成。

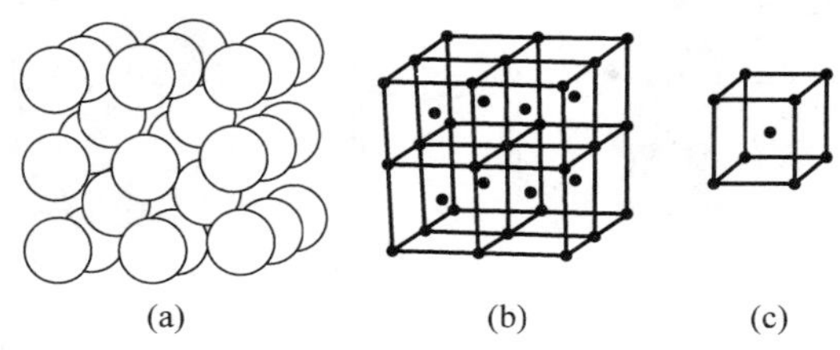

图 1-6 简单立方晶格结构示意图

(a) 内部结构；(b) 晶格；(c) 晶胞

2. 三种常见的晶体结构

在金属材料中，常见晶格类型有体心立方晶格、面心立方晶格和密排六方晶格三种。

1) 体心立方晶格

体心立方晶格的晶胞是一个长、宽、高相等的立方体，在立方体的八个顶角上和晶胞中心各有一个原子，如图 1-7 所示。体心立方晶胞每个角上的原子均为相邻八个晶胞所共有，而中心原子为该晶胞所独有。属于这种晶格类型的金属有 α-Fe、Cr、W、Mo、V、Nb 等。

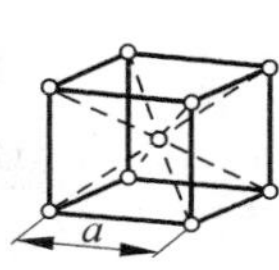

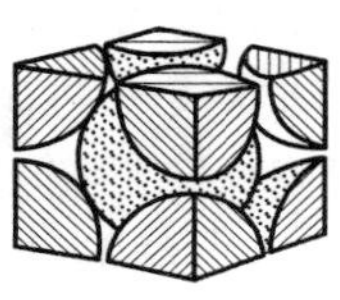

图 1-7 体心立方晶胞示意图

2) 面心立方晶格

面心立方晶格的晶胞也是一个立方体，除在立方体的八个顶角各有一个原子，在立方体的六个面的中心也各有一个原子，如图 1-8 所示。这种晶胞称为面心立方晶胞。具有面心立方晶格的金属材料通常具有较好的塑性。属于这种晶格类型的金属有 γ-Fe、Al、Cu、Ni、Au、Ag 等。

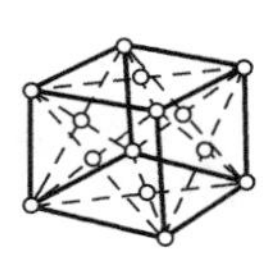

图 1-8 面心立方晶胞示意图

3) 密排六方晶格

密排立方晶格的晶胞是一个六方柱体，柱体的上、下面六个顶角及中心各有一个原子，主体中心还有三个原子，如图 1-9 所示。这种晶胞称为密排六方晶胞。属于这种晶格类型的金属有 Mg、Cd、Zn、Bi、α-Ti 等。

3. 纯铁的一次结晶

液态金属冷却到凝固温度时，原子由无序状态转变为按一定的几何形状作有序排列的

 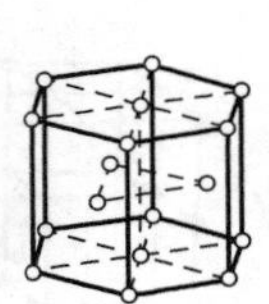 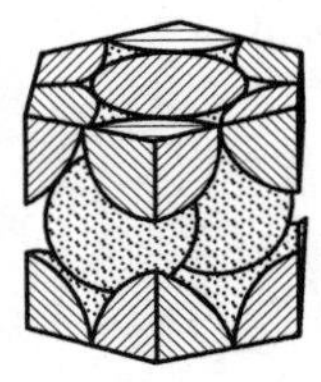

图 1-9 密排立方晶胞示意图

过程叫作一次结晶，简称结晶。

纯铁的一次结晶，是在一个恒定温度下进行的。纯铁的平衡结晶温度，亦称理论结晶温度，用 T_0 表示。纯铁高于此温度便发生熔化，低于此温度才能进行结晶。实际结晶温度用 T_n 表示，它总是低于理论结晶温度。液态纯铁冷却到理论结晶温度以下才开始结晶的现象叫作过冷。理论结晶温度与实际结晶温度之差称为过冷度，用 ΔT 表示，即 $\Delta T = T_0 - T_n$。

在平衡结晶温度下，液体与晶体同时共存，处于平衡状态。纯铁的实际结晶温度可用冷却曲线来描述。冷却曲线是温度随时间而变化的曲线，可用热分析的方法测定。首先将纯铁熔化，然后以极缓慢的速度进行冷却，在冷却过程中，每隔一定时间记录一次温度，将记录的数据绘制成曲线，即纯铁的温度随时间变化的冷却曲线。

从图 1-10 所示的冷却曲线可以看出，纯铁一次结晶时，由于放出的结晶潜热补偿了它向环境散失的热量，使温度保持不变，曲线上出现一个水平线段，这个水平线段所对应的温度就是纯铁的实际结晶温度。结晶结束后，温度又下降，即固态纯铁的冷却。

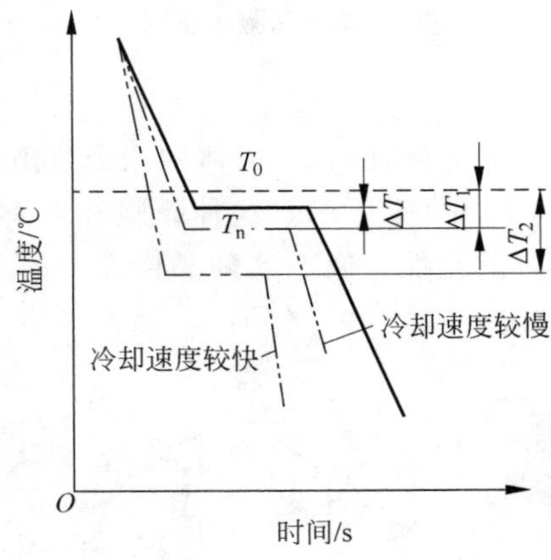

图 1-10 纯铁一次结晶时的冷却曲线示意图

冷却速度越慢，实际结晶温度越接近理论结晶温度。对同一金属材料而言，其实际的过冷度值(ΔT)是与冷却速度密切相关的。冷却速度越快，实际结晶温度便越低，过冷度就越大；反之，冷却速度越慢，则过冷度越小，如图 1-10 所示的 ΔT_1、ΔT_2。从理论上说，当冷却速度无限小时，ΔT 趋于零，即实际结晶温度与平衡结晶温度趋于一致。实验表明，纯金属的实际结晶温度 T_n 总是低于平衡结晶温度 T_0，即结晶必须过冷。

1）结晶过程及其基本规律

金属的结晶过程实质就是金属原子由不规则排列过渡到规则排列而形成晶体的过程。

因此，液态金属结晶过程不可能在一瞬间完成，必须经历一个由小到大、由局部到整体的发展过程。金属的结晶过程包括晶核形成和晶核长大两个过程，而且这两个过程是同时进行的。

液态金属在从高温冷却到结晶温度以下的过程中，其原子活动能力逐渐减小，在其内部的一些微小区域内，原子由不规则排列向晶体结构的规则排列逐渐过渡，即随时都在不断产生许多类似晶体中原子排列的小集团，其特点是尺寸较小、极不稳定、时聚时散。温度越低，小集团的尺寸越大，存在的时间越长。这种不稳定的原子排列小集团是结晶中产生晶核的基础。当液态金属被过冷到结晶温度以下时，某些尺寸较大的原子小集团变得稳定，能够自发地成长，即成为结晶的晶核。这种只依靠液态金属本身在一定过冷度条件下形成晶核的过程叫作自发形核。在实际生产中，液态金属内常存在各种固态的杂质颗粒。金属结晶时，依附于这些杂质的表面形成晶核比较容易。这种依附于杂质表面形成晶核的过程称为异质形核。异质形核在生产中所起的作用更为重要。

过冷度除影响形核，对晶核的长大也有很大的影响。当过冷度较大时，金属晶体常以树枝状方式长大。在晶核开始成长初期，因其内部原子规则排列的特点，其外形大多比较规则。但随着晶核的长大，某些方向（原子密排方向）优先长大，首先形成了棱角，棱角处的散热条件优于其他部位，因而得以迅速长大，如同树枝一样先长出枝干，称为一次晶轴。在一次晶轴伸长和变粗的同时，在其侧面棱角处会长出二次晶轴，随后又可出现三次晶轴、四次晶轴……如图 1-11 所示为树枝状晶体的生长过程。相邻的树枝状骨架相遇时，树枝骨架停止扩展，每个晶轴不断变粗，并长出新的晶轴，直到枝晶间的液体全部消失，每个晶核成长为一个晶粒。

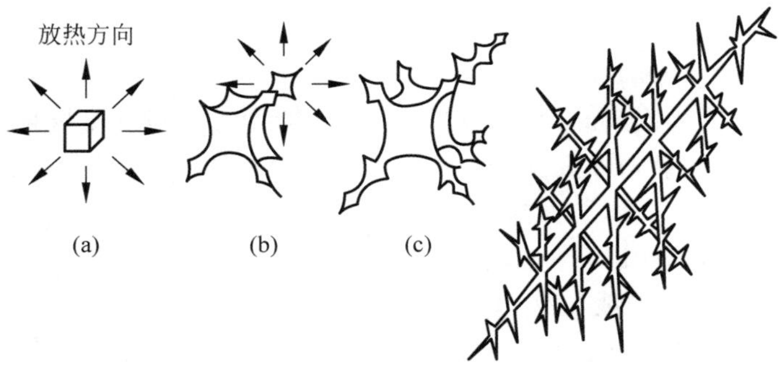

图 1-11　树枝状晶体生长示意图

对于每一个单独的晶粒而言，其结晶过程在时间上划分必然是先形核、后长大两个阶段，但对整体而言，形核与长大在整个结晶期间是同时进行的，直至每个晶核长大到互相接触形成晶粒为止。每个晶核长成的形状不规则小晶体叫作晶粒。晶粒与晶粒之间的接触面（或交界面）叫作晶界。因此，结晶过程的基本规律就是晶核的形成和晶核的长大。图 1-12 反映了金属一次结晶的整个过程。

综上所述，金属的一次结晶可分为两个阶段，即晶核形成和晶核长大，金属的一次结晶过程就是晶核不断形成和长大的过程。实验证明，这个形核和长大过程是一切晶体结晶的普遍规律。

2）细化晶粒的方法

在通常情况下，纯铁一次结晶以后形成了许多晶粒，这种由许多晶粒组成的晶体称为多

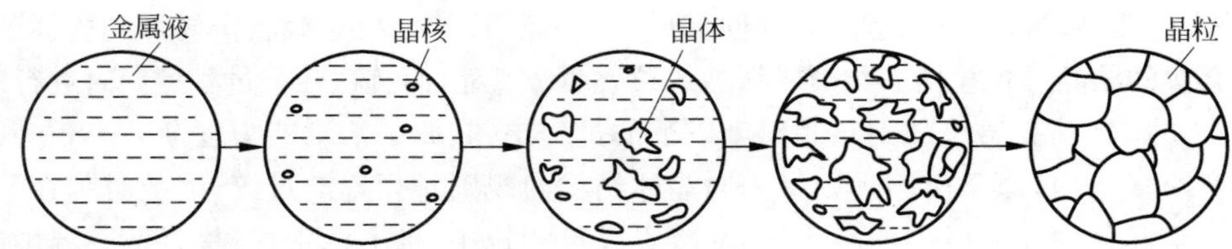

图 1-12 金属一次结晶过程示意图

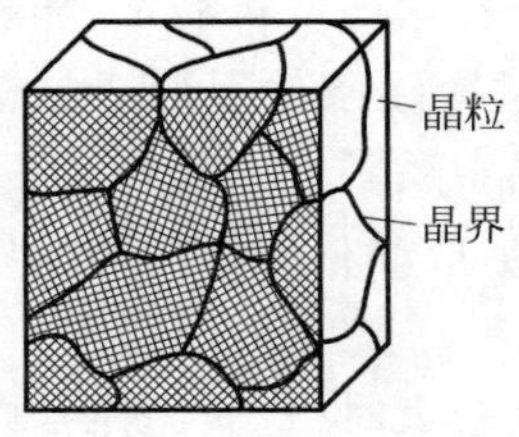

图 1-13 多晶体示意图

晶体,工业上使用的金属材料大多数是多晶体,如图 1-13 所示。纯铁一次结晶后晶粒的大小(或粗细)对纯铁的力学性能影响很大,晶粒越细力学性能越好。因此,一般都希望得到细晶粒的金属。在生产实践中,通常采用适当方法获得细小晶粒来提高金属材料的强度,这种强化金属材料的方法称为细晶强化。

在工业生产中,常见的细化晶粒方法有以下三种:

(1) 加快冷却速度,即增大过冷度,以提高自发晶核的形成率,比如金属型铸造比砂型铸造能够获得较细晶粒的铸件;

(2) 孕育处理(变质处理),即向液态金属中加入某些固态质点,以起到外来晶核的作用,从而达到细化晶粒的目的;

(3) 金属在结晶过程中进行振动或搅拌,以破碎树枝晶,从而增加晶核的数量。

金属在固态下,某些加工方法也可以细化晶粒,如金属压力加工、热处理等。

4. 纯铁的同素异构转变

金属在固态时,随温度的变化其晶体结构发生转变的过程,叫作金属的同素异构转变。这一转变与液态金属的一次结晶过程很相似,同样包括晶核形成和晶核长大两个阶段,故又叫作二次结晶(或称重结晶),以区别于由液态转变为固态的一次结晶。

多数金属在结晶后的晶体结构都保持不变,但有些金属(如铁、锡、钛、锰等)的晶体结构却因温度而异。一种金属能以几种晶体结构存在的性质,叫作同素异构性。

图 1-14 是纯铁的冷却曲线和晶体结构的变化。纯铁结晶为固态后,继续冷却到 1394℃和 912℃时先后发生两次晶体结构的转变。在 1538～1394℃,纯铁具有体心立方晶格,称为 δ-Fe; 在 1394～912℃,纯铁为面心立方晶格,称为 γ-Fe; 在 912℃以下时,纯铁为体心立方晶格,称为 α-Fe。这些转变表示如下:

$$\text{液态纯铁} \xrightleftharpoons{1538℃} \underset{(\text{体心立方晶格})}{\delta\text{-Fe}} \xrightleftharpoons{1394℃} \underset{(\text{面心立方晶格})}{\gamma\text{-Fe}} \xrightleftharpoons{912℃} \underset{(\text{体心立方晶格})}{\alpha\text{-Fe}}$$

纯铁在同素异构转变时,有体积变化。从原子的排列情况来看,面心立方晶格中的铁原子排列得比较紧密,所以在质量相同的条件下,γ-Fe 的体积比 α-Fe 要小。如将一块纯铁加热到 912℃,即由 α-Fe 变为 γ-Fe,这时体积要缩小; 反之,将 γ-Fe 冷却转变为 α-Fe 时,体积会增大。这种体积的变化,会造成内应力。

纯铁的同素异构转变可以细化晶粒,也是钢铁材料进行热处理的重要依据。

1.5.2 铁碳合金相图

铁碳合金相图是用实验方法作出的温度-成分坐标图,如图 1-15 所示。因为碳的质量

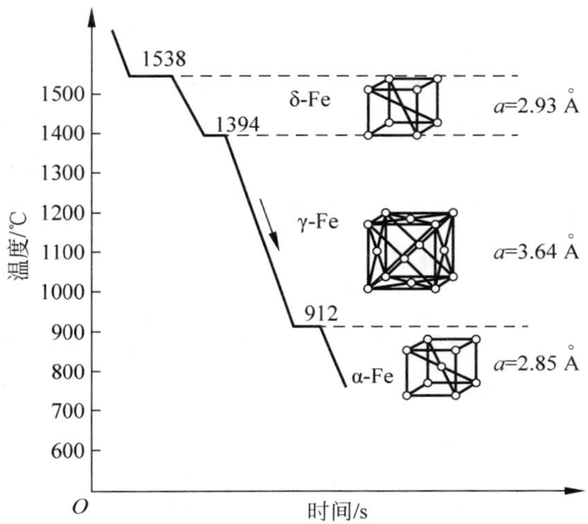

图 1-14　纯铁的冷却曲线和晶体结构的变化

分数大于 6.69%的铁碳合金，在工业上没有实用的意义，所以图中横坐标仅标出碳的质量分数小于 6.69%的合金部分。当碳的质量分数为 6.69%时，铁和碳形成的 Fe_3C 可以看作合金的一个组元，因此这个相图实际上是 $Fe\text{-}Fe_3C$ 的相图，它是研究钢和生铁的成分、温度与组织之间关系的重要工具。

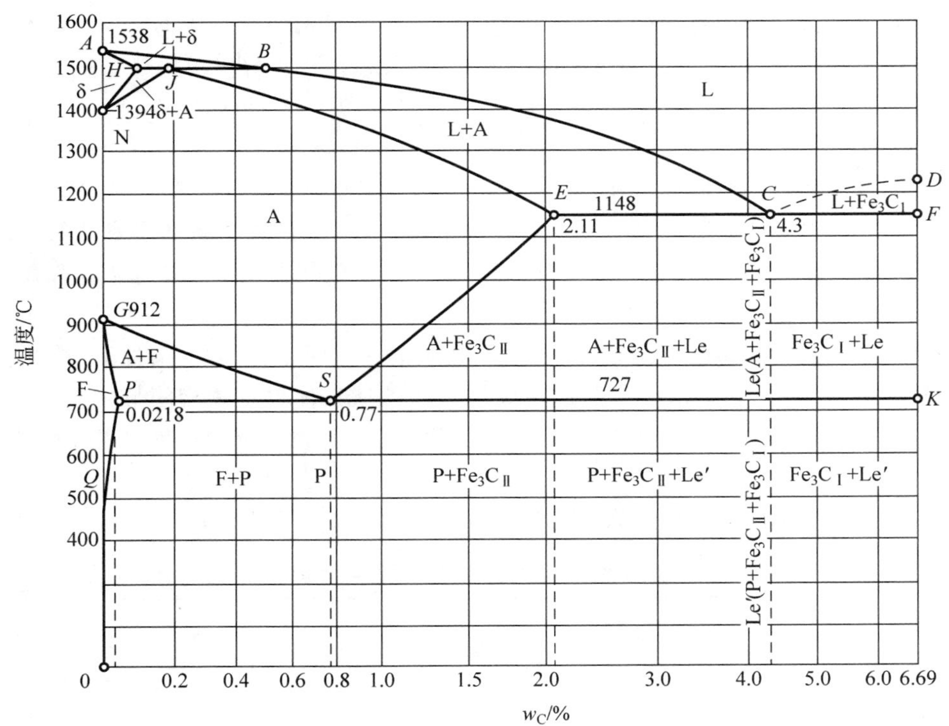

图 1-15　铁碳合金相图

1. 铁碳合金的基本组织

在合金中，凡化学成分和晶体结构相同，并与其他部分有界面分开的均匀组成部分，叫作相。合金和纯金属在性能上差异很大，其主要原因是两者在晶体结构上不同。合金的结构比纯金属的复杂，因为组成合金的元素相互作用，会形成各种不同的相。纯金属在固态时是一个相——固相；当温度升高到其熔点时开始熔化，在熔化过程中，为固相与液相共存的两相混合物；当温度高于熔点时，则又成为一个相——液相。在合金中，由于组元的相互作用，可能形成更多不同的相。

铁碳合金的组元(铁和碳)在结晶时的相互作用，可以形成固溶体(如铁素体和奥氏体)、金属化合物(如渗碳体)和机械混合物(如珠光体)。

1）铁素体

铁素体是碳溶于 α-Fe 中形成的固溶体，用符号 F 表示。铁素体保持着 α-Fe 的体心立方晶格。碳在铁素体中的溶解度很小，在 727℃时，溶解度为 0.0218%，随着温度的降低，溶解度逐渐减小，在 600℃时溶解度约为 0.0057%，在室温时溶解度仅为 0.0008%。铁素体的性能与纯铁相近，即强度和硬度较低，塑性、韧性好。

2）奥氏体

奥氏体是碳溶解在 γ-Fe 中形成的固溶体，用符号 A 表示。奥氏体保持着 γ-Fe 的面心立方晶格。碳在奥氏体中的溶解度比碳在铁素体中的溶解度大，在 1148℃时的溶解度最大可达 2.11%。随着温度的降低，γ-Fe 中碳的溶解度降低，到 727℃时，溶解度为 0.77%。

稳定的奥氏体在钢内存在的最低温度是 727℃。由于碳原子的大量溶入，使奥氏体具有一定的强度和硬度，由于其具有面心立方晶格结构，塑性也很好。奥氏体是绝大多数钢在高温进行锻造时所要求的组织。

3）渗碳体

渗碳体是铁和碳的金属化合物，碳的质量分数为 6.69%，其分子式是 Fe_3C，Fe_3C 也作为渗碳体的表示符号。渗碳体具有复杂的晶格结构，它与铁和碳的晶格形式截然不同。渗碳体的硬度很高，但塑性很差，是一种硬而脆的组织。渗碳体在钢中主要起强化作用。

4）珠光体

珠光体是铁素体和渗碳体的机械混合物，用符号 P 表示。在平衡条件下，珠光体中碳的质量分数为 0.77%，它是由硬而脆的渗碳体和软的铁素体以层片相间形式排列组成的，故珠光体的力学性能介于铁素体和渗碳体之间，它的强度较高，硬度适中，塑性、韧性较低。

铁碳合金的基本组织、符号、碳的质量分数及力学性能列于表 1-3。

表 1-3 铁碳合金的组织及力学性能

组织名称	符　号	w_C/%	R_m /MPa	HBW	A/%	α_K/ (J/cm^2)
铁素体	F	约 0.0218	180～280	50～80	30～50	160～200
奥氏体	A	约 2.11	—	120～220	40～60	—
渗碳体	Fe_3C	6.69	30	相当于 800	0	0
珠光体	P	0.77	750	180	20～25	30～40

2. 铁碳合金相图主要点和线的意义

1）主要特性点的含义

在铁碳合金相图中用字母标出的点都表示一定的特性（成分和温度），所以叫作特性点。各主要特性点的含义列于表 1-4。

表 1-4 $Fe\text{-}Fe_3C$ 相图中部分特性点

特性点符号	温度/℃	w_C/%	含　义
A	1538	0	纯铁的熔点
C	1148	4.3	共晶点 $L_{4.3\%} \longrightarrow A_{2.11\%} + Fe_3C_{6.69\%}$
D	1227	6.69	渗碳体的熔点
E	1148	2.11	碳在 γ-Fe 中的最大溶解度
G	912	0	纯铁的同素异构转变点 α-Fe ⟶ γ-Fe
P	727	0.0218	碳在 α-Fe 中的最大溶解度
S	727	0.77	共析点 $A_{0.77\%} \longrightarrow F_{0.0218\%} + Fe_3C_{6.69\%}$
Q	600	0.0057	600℃时碳在 α-Fe 中的最大溶解度

2）主要特性线的含义

铁碳合金相图中各条线表示铁碳合金内部组织发生转变时的界线，所以这些线就是组织转变线。

***ACD* 线——液相线**，即液态铁碳合金冷却到此线时开始结晶。在此线以上的区域为液相，用 L 表示。

***AECF* 线——固相线**，当铁碳合金冷却到此线，金属液全部结晶为固相。在此线以下的区域为固相。加热到此线时，铁碳合金开始熔化。

***ECF* 线——共晶线**。碳的质量分数在 2.11%～6.69%的铁碳合金，当冷却到此线时（1148℃），都将发生共晶转变，即 $L_{4.3\%} \longrightarrow A_{2.11\%} + Fe_3C_{6.69\%}$，共晶转变所形成的共晶体称为莱氏体，它是奥氏体和渗碳体的机械混合物，用 Le 表示。727℃以下的莱氏体是珠光体和渗碳体的机械混合物，用 Le′表示。

***GS* 线——冷却时奥氏体中结晶出铁素体的开始线，通常称为 A_3 线。**

***ES* 线——碳在奥氏体中的溶解度线，通常也称为 A_{cm} 线。**在 1148℃时，奥氏体中碳的质量分数为 2.11%，而在 727℃时仅为 0.77%，所以碳的质量分数大于 0.77%的奥氏体，冷却过程中都将从奥氏体中析出渗碳体。为了区别，从液相中结晶的渗碳体叫作一次渗碳体（$Fe_3C_{Ⅰ}$），从奥氏体中析出的渗碳体称为二次渗碳体（$Fe_3C_{Ⅱ}$）。

***PSK* 线——共析线，通常也称为 A_1 线。**碳的质量分数在 0.0218%～6.69%的铁碳合金，当冷却到此线时（727℃），都将发生共析转变。碳的质量分数为 0.77%的奥氏体在一定温度下（727℃），同时结晶出两种不同成分的固相（珠光体），即 $A_{0.77\%} \longrightarrow F_{0.0218\%} + Fe_3C_{6.69\%}$，共析转变所形成的共析体称为珠光体。

3. 铁碳合金的分类

根据碳的质量分数及组织的不同，铁碳合金分为三大类，见表 1-5。

表 1-5 铁碳合金的分类、含碳量及平衡组织

分类		$w_C/\%$	平衡组织	符号
工业纯铁		<0.0218	铁素体	F
钢	亚共析钢	0.0218～0.77	铁素体＋珠光体	F＋P
	共析钢	0.77	珠光体	P
	过共析钢	0.77～2.11	珠光体＋二次渗碳体	$P+Fe_3C_{II}$
生铁	亚共晶白口生铁	2.11～4.3	珠光体＋二次渗碳体＋莱氏体	$P+Fe_3C_{II}+Le'$
	共晶白口生铁	4.3	莱氏体	Le'
	过共晶白口生铁	4.3～6.69	莱氏体＋一次渗碳体	$Le'+Fe_3C_I$

4. 钢的组织转变

图 1-16 中左侧图为简化后的铁碳合金状态图的钢的部分，右侧图为三种典型的铁碳合金的冷却曲线及结晶和冷却过程中组织转变的示意图。

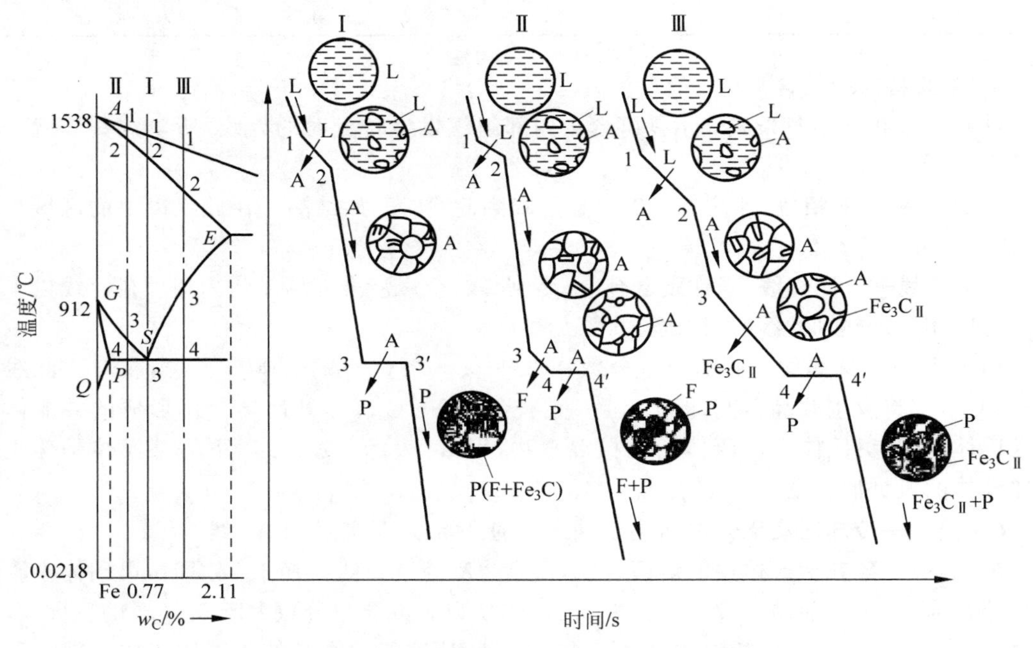

图 1-16 典型铁碳合金的结晶过程示意图

1）共析钢的组织转变

图 1-16 中，铁碳合金Ⅰ为碳的质量分数为 0.77% 的共析钢。当温度冷却到 1 点，液态金属开始结晶出奥氏体，奥氏体的数量随着温度的降低而逐渐增多，直至 2 点结晶结束。在 2～3 点间是单一的奥氏体，当冷却到 3 点(S 点)，奥氏体在恒温下发生共析转变，全部转变为珠光体。温度继续下降，珠光体不再发生组织转变。共析钢室温时的平衡组织为珠光体。

2）亚共析钢的组织转变

图 1-16 中，铁碳合金Ⅱ为碳的质量分数为 0.4% 的亚共析钢。当冷却到 1 点，液态金属开始结晶出奥氏体。温度降到 2 点，液态金属结晶结束。在 2～3 点之间是单一的奥氏体。

温度降到 3 点，从奥氏体开始结晶出铁素体。温度降到 4 点(727℃)，剩余的奥氏体在恒温下转变成珠光体。4 点以下不再发生组织转变。亚共析钢在室温下的平衡组织为铁素体和珠光体。

3）过共析钢的组织转变

图 1-16 中，铁碳合金Ⅲ为碳的质量分数 1.3%的过共析钢。当温度冷却到 1 点，液态金属开始结晶出奥氏体，直到 2 点结晶结束。在 2～3 点之间是单一的奥氏体。冷却到 3 点，开始从奥氏体中析出二次渗碳体，并形成在奥氏体晶粒边界处，随着温度的下降，析出的二次渗碳体不断增加。冷却到 *PSK* 线上的 4 点(727℃)，剩余的奥氏体发生共析转变，转变为珠光体。4 点以后组织不再发生变化。过共析钢的室温平衡组织为珠光体和网状的二次渗碳体。

5. 化学成分对碳素钢性能的影响

碳的质量分数低于 2.11%并含有少量硅、锰、硫和磷等杂质的铁碳合金称为碳素钢。化学成分对碳素钢的性能影响很大。

碳的质量分数对钢力学性能的影响(正火状态)如图 1-17 所示。

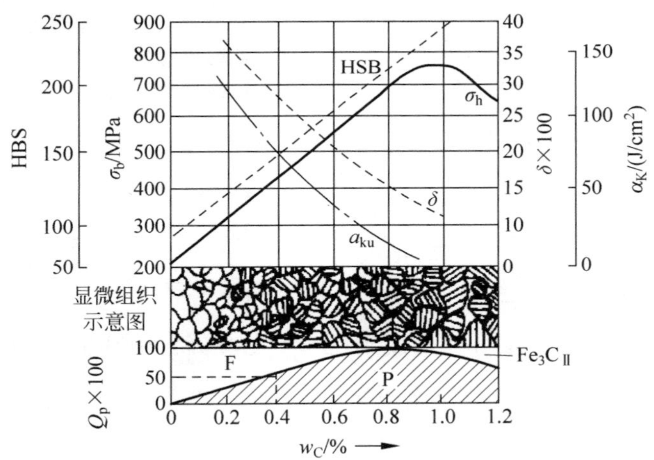

图 1-17 碳的质量分数对钢力学性能的影响(正火状态)

碳是碳素钢中最重要的元素。在钢中，碳主要以渗碳体形式存在。当钢中碳的质量分数小于 0.9%时，随着碳的质量分数的增加，钢的强度和硬度不断提高，而塑性和韧性不断下降。这是因为随着碳的质量分数的增加，钢中珠光体含量增多，铁素体含量减少，其强度和硬度提高。当钢中碳的质量分数大于 0.9%以后，钢中出现的二次渗碳体逐渐形成网状结构，它割裂了珠光体晶粒间的连接，导致钢的强度开始下降，但这时钢的硬度仍然随着碳的质量分数的增加而不断提高，塑性、韧性继续下降。

硅、锰、硫和磷等元素对钢的组织和性能也有一定影响。硅和锰是有益元素，它们溶于铁素体或渗碳体内，使钢的强度和硬度提高。硫和磷是有害元素。硫常以 FeS 形式存在，FeS 与 Fe 形成低熔点共晶体(熔点 985℃)，沿晶界分布。当钢中含硫较多时，在 800～1250℃进行锻造时，由于晶界分布的低熔点共晶体已呈熔融状态，削弱了晶粒之间的连接，会造成钢材开裂，称为热脆性。磷可溶于铁素体，使钢的强度和硬度提高，塑性和韧性下降。

磷在结晶时,易形成脆性很大的 Fe_3P,使钢在室温下的塑性和韧性急剧下降,称为冷脆性。钢中磷的质量分数达到 0.1%时,冷脆性影响就相当显著。

1.6 钢的分类与牌号

钢的种类繁多：按化学成分可概括为碳素钢与合金钢；按用途可分为结构钢、工具钢和特殊性能钢；按冶炼的质量来划分,有普通钢、优质钢和高级优质钢。

钢的综合分类如图 1-18 所示。

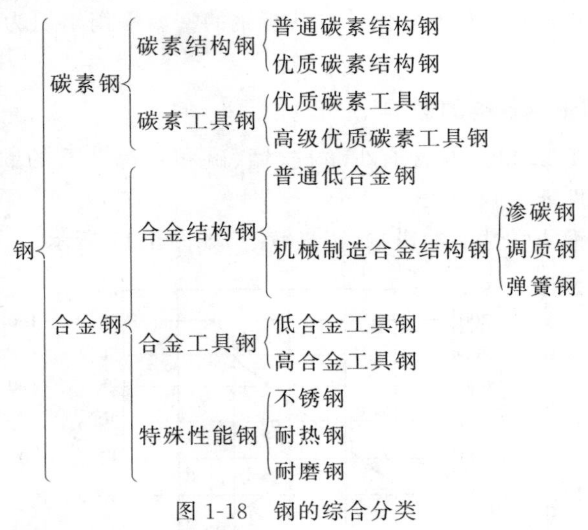

图 1-18 钢的综合分类

1. 碳素钢

根据碳的质量分数,碳素钢分为低碳钢($w_C<0.25\%$)、中碳钢($0.25<w_C<0.6\%$)和高碳钢($w_C>0.6\%$)。碳素钢按质量与用途分为三类。

1) 普通碳素结构钢

"普通"是指钢的质量是普通钢,即磷的质量分数≤0.045%,硫的质量分数≤0.050%。

普通碳素结构钢的牌号由代表屈服强度的字母、屈服强度(MPa)、质量等级和脱氧方法等四个部分按顺序组成。例如：Q235—A·F 表示屈服强度 $\sigma_s\geqslant235$MPa 的 A 级、沸腾钢。Q 为钢材屈服强度"屈"字汉语拼音首字母；质量等级分为 A、B、C、D,并逐级升高；脱氧方法中,F 为沸腾钢,B 为半镇静钢,Z 为镇静钢,TZ 为特殊镇静钢。

普通碳素结构钢按屈服强度(MPa)可分为 5 种牌号：Q195、Q215、Q235、Q255、Q275。

普通碳素结构钢通常以热轧钢板、钢管、型钢、棒钢、盘圆等供应,一般不进行热处理而直接在供应状态下使用。普通碳素结构钢主要用于建筑、桥梁、船舶、车辆制造等部门制造各种工程构件及普通机器零件,故又称为建筑用钢。

2) 优质碳素结构钢

"优质"是指钢的质量是优质钢,即磷的质量分数≤0.035%,硫的质量分数≤0.035%。

优质碳素结构钢的牌号以两位数字来表示,这两位数字表示该钢平均碳的质量分数的万分数。钢号有 08、10、15、20、…、70 等。例如,08 钢表示平均碳的质量分数为万分之八,

0.08%；45 钢表示平均碳的质量分数为 0.45%。这类钢供应时要保证力学性能和化学成分，使用前一般都要经过热处理。它适于制造比较重要的机械零件，如轴、齿轮、丝杠、连杆、弹簧等。

3）碳素工具钢

碳素工具钢一般均为优质钢。

这类钢的牌号是在"T"后面附以数字来表示，数字表示该钢平均碳的质量分数的千分数。钢号有 T7、T8、…、T13。例如，"T10"表示平均碳的质量分数为 1.0%的优质碳素工具钢。若在钢号后面加"A"字，则为高级优质碳素工具钢，如 T10A。碳素工具钢在使用前都要经过热处理，以提高其硬度和耐磨性。它主要用于制造刀具、量具、模具等。

2. 合金钢

在碳素钢的基础上，特意加入一种或数种合金元素，如铬、铝、钨、钒、钛等，或者加入较多硅、锰元素的钢，称为合金钢。根据合金元素质量分数总量的多少，合金钢又分为低合金钢（$w_C \leqslant 5\%$）、中合金钢（w_C 为$\leqslant 5\% \sim 10\%$）和高合金钢（$w_C > 10\%$）。

1）合金结构钢

合金结构钢包括普通低合金钢、合金渗碳钢、合金调质钢和合金弹簧钢。

这类钢的牌号是用两位数字加元素符号加数字来表示。前两位数字表示钢中平均碳的质量分数的万分数；元素符号表示钢中所含的合金元素，元素符号后的数字是该元素平均质量分数的百分数。合金元素的质量分数少于 1.5%时，只标元素符号。如果平均质量分数等于或大于 1.5%、2.5%、3.5%、…，则相应地在元素符号后标以 2、3、4、…。例如，40Cr 钢表示平均碳的质量分数为 0.40%，平均铬的质量分数为 1%；12CrNi3 钢表示平均碳的质量分数为 0.12%，铬的质量分数为 1%，镍的质量分数为 3%。若为高级优质合金钢，则在钢号后加"A"字，如 60Si2MnA。

2）合金工具钢

这类钢牌号的表示方法基本上与合金结构钢相同，不同的是前面的数字是 1 位，表示该钢的平均碳的质量分数的千分数，当碳的质量分数大于 1.0%时不标出（高速钢例外）。例如，9CrSi 钢表示平均碳的质量分数为 0.9%，铬、硅的质量分数均为 1%；CrWMn 钢表示平均碳的质量分数大于等于 1.0%，铬、钨、锰的质量分数均为 1%。又如，高速钢 W18Cr4V 表示钨的质量分数为 18%，铬的质量分数为 4%，钒的质量分数为 1%，但其平均碳的质量分数为 0.7%～0.8%。

3）特殊性能合金钢

这类钢具有特殊的化学、物理性能，主要有不锈钢、耐热钢、耐磨钢等。常用不锈钢，如 1Cr13；耐热钢，如 15CrMo、1Cr18Ni9Ti；耐磨钢，如 ZGMn13 等。

1.7　钢的热处理

钢的热处理是指将钢在固态下，通过加热、保温和冷却三个阶段，来改变钢的组织，从而得到所需性能的一种工艺方法。通过热处理，可以提高钢的强度和硬度，改善钢的塑性和韧性等。因此，许多重要金属零件都要进行热处理。例如，机床上有 80%左右的金属零件要进行热处理，金属的刀具、量具和模具都要进行热处理。

热处理方法的分类如图 1-19 所示。

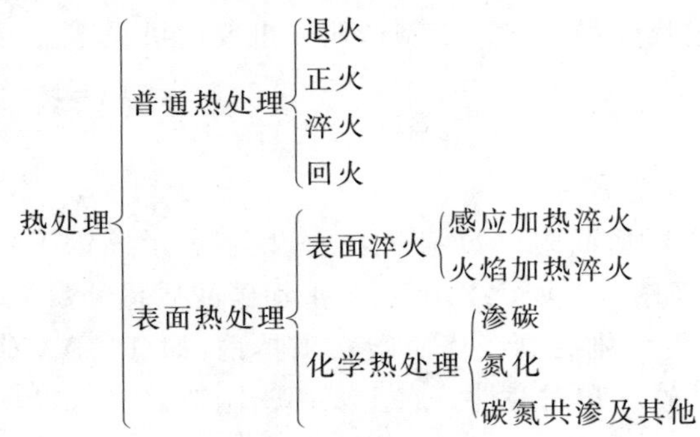

图 1-19 热处理方法的分类

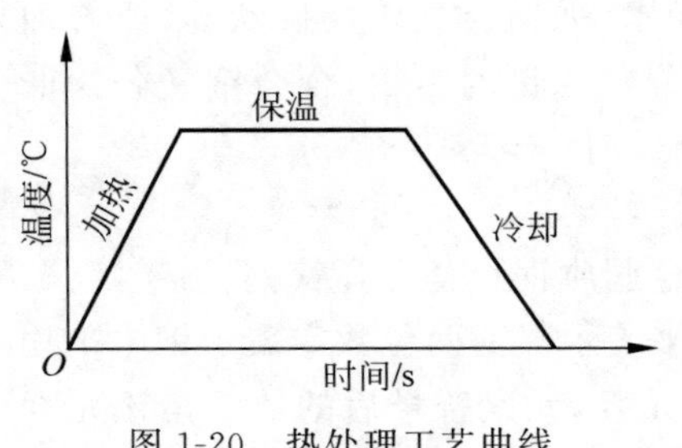

图 1-20 热处理工艺曲线

热处理方法有很多,但其任何一种都是由加热、保温和冷却三个阶段组成的。热处理工艺曲线如图 1-20 所示。

Fe-Fe_3C 状态图中的 A_1、A_3 及 A_{cm} 线是反映不同碳的质量分数的钢在平衡冷却时的相变温度。在生产中,加热和冷却不能很缓慢,总有不同程度的滞后现象,即加热时实际转变温度高于平衡温度,冷却时实际转变温度又低于平衡温度。随着加热和冷却速度的增加,滞后现象更严重。

通常用 A_{c1}、A_{c3} 和 A_{ccm} 表示加热时滞后的实际转变温度;用 A_{r1}、A_{r3} 和 A_{rcm} 表示冷却时滞后的实际转变温度,如图 1-21 所示。

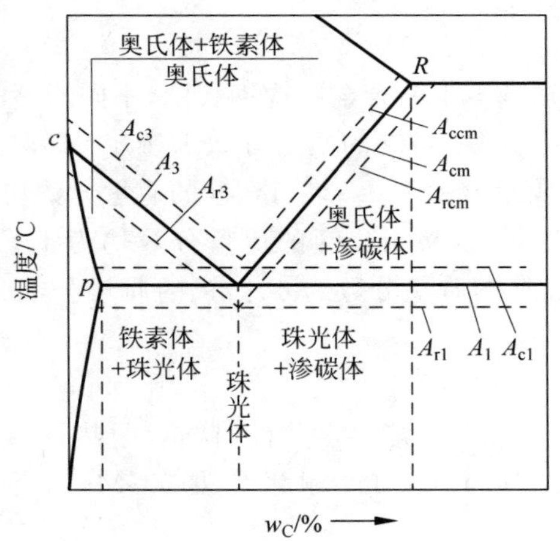

图 1-21 加热和冷却时的相变温度

1.7.1 热处理技术基础

1. 钢在加热时的组织转变

钢加热的主要目的是获得晶粒细小、成分均匀的奥氏体。

将共析钢加热到 A_{c1} 时，便发生珠光体向奥氏体的转变。奥氏体的形成过程如图 1-22 所示，由于铁素体碳的质量分数很少，而渗碳体中碳的质量分数又很高，所以奥氏体总是在铁素体与渗碳体交界面上成核。一方面形成的奥氏体晶核不断向相邻的铁素体中长大，另一方面渗碳体又不断地溶解于奥氏体中，以供给碳分，这样，奥氏体晶粒就逐渐增多和长大，以至于珠光体全部转变为奥氏体。

当亚共析钢加热至 A_{c1} 以上时，珠光体转变为奥氏体，此时的组织为奥氏体和铁素体。若继续升温，铁素体也逐渐转变为奥氏体，在温度超过 A_{c3} 时，铁素体完全消失，全部组织为细小而均匀的单一奥氏体。

过共析钢的加热转变与上述情况相似，只是在 A_{c1} 至 A_{ccm} 的升温过程中，是二次渗碳体逐渐溶入奥氏体中。超过 A_{ccm} 时，组织全部为奥氏体。

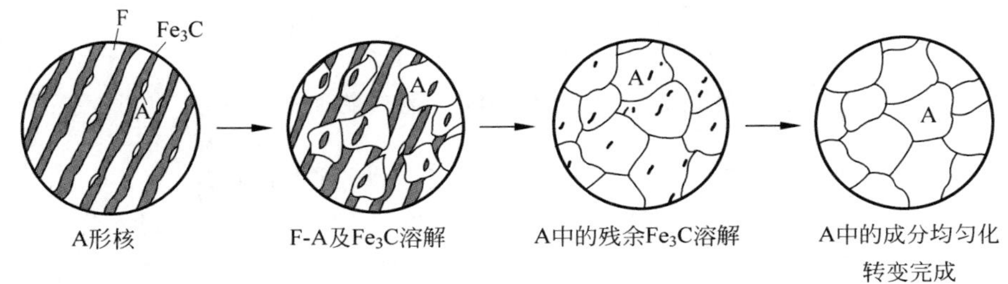

图 1-22 共析钢中奥氏体形成过程示意图

需要注意的是，要严格掌握加热温度和保温时间，如果加热温度过高或保温时间过长，奥氏体晶粒会长大粗化，得到粗大的奥氏体组织，将会影响冷却以后的组织和性能。

2. 钢在冷却时的组织转变

室温时钢的力学性能，不仅与晶粒大小等有关，还与奥氏体经冷却转变后所获得的组织有关。而冷却方式和冷却速度对奥氏体的组织转变有直接影响。热处理由于冷却速度的变化，可以得到非平衡组织，因此不同于铁碳合金状态图中的平衡组织。

1）等温冷却

等温冷却是指将钢加热到其组织形态为奥氏体后，先以较快的冷却速度冷却到 A_1 线以下某一温度，这时奥氏体尚未转变，成为过冷奥氏体。然后在该温度下进行保温，使奥氏体在等温过程中发生组织转变。转变完成后再冷却到室温。

等温冷却方式对研究冷却过程中的组织转变较为方便。现在以共析钢为例，进行一系列不同过冷度的等温冷却实验，可以测得过冷奥氏体在不同温度的等温过程中，奥氏体组织开始转变和转变结束的时间，将数据画到“温度-时间”坐标中，把不同温度等温的开始转变时间和转变结束时间分别连接起来，即得共析钢奥氏体的等温转变曲线，如图 1-23 所示。奥氏体等温转变曲线颇似“C”字，故又称为 C 曲线，图 1-23 中前面的 C 曲线是转变开始线，后面的 C 曲线是转变结束线。在 C 曲线上可以了解到不同温度下奥氏体的转变产物，以供制定热处理工艺时参考。

共析钢过冷奥氏体等温转变的产物大致可分为三个类型。

(1) 高温转变产物。

共析钢奥氏体过冷到 727～550℃ 等温转变的产物属于珠光体型组织，都是由铁素体和

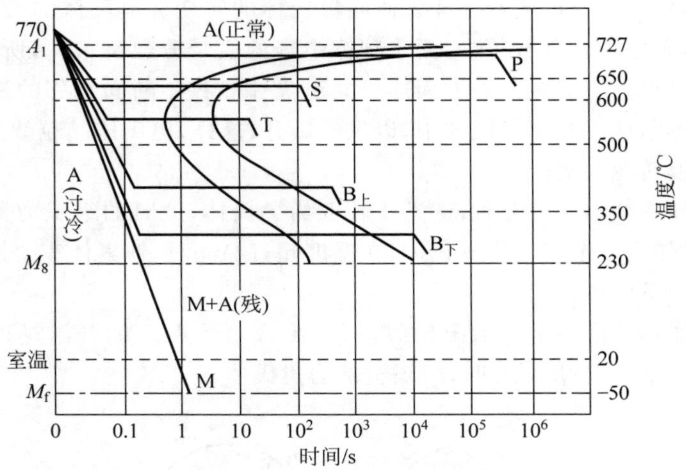

图 1-23　共析钢奥氏体的等温转变曲线

渗碳体的层片组成的机械混合物。过冷度越大,层片越薄,硬度也越高。

过冷到 727～650℃等温转变得到的组织为珠光体,用符号 P 表示;过冷到 650～600℃等温转变得到的组织为索氏体,又叫作细珠光体,用符号 S 表示;过冷到 600～550℃等温转变得到的组织为屈氏体,又叫作极细珠光体,用符号 T 表示。

(2) 中温转变产物。

共析钢奥氏体过冷到 550～230℃,等温转变的产物属于贝氏体型组织,是由含碳过饱和的铁素体和微小的渗碳体混合而成。贝氏体比珠光体的硬度更高。

过冷到 550～350℃等温转变得到的组织为上贝氏体,用符号 $B_上$ 表示;过冷到 350～230℃等温转变得到的组织为下贝氏体,用符号 $B_下$ 表示。下贝氏体较上贝氏体有较高的强度和硬度,塑性和韧性也较好。

(3) 低温转变产物。

共析钢奥氏体过冷到 230℃以下将转变成为马氏体。马氏体是碳在 α-Fe 中的过饱和固溶体,用符号 M 表示。由于溶入过多的碳使晶格严重歪扭,从而增加了变形抗力,所以马氏体的硬度非常高,但塑性、韧性差。碳的质量分数越多,晶格歪扭越严重,马氏体的硬度就越高。马氏体的硬度主要取决于碳的质量分数,如图 1-24 所示。碳的质量分数小于 0.6%时,随着碳的质量分数增加,马氏体硬度增加;大于 0.6%以后,硬度增加平缓。

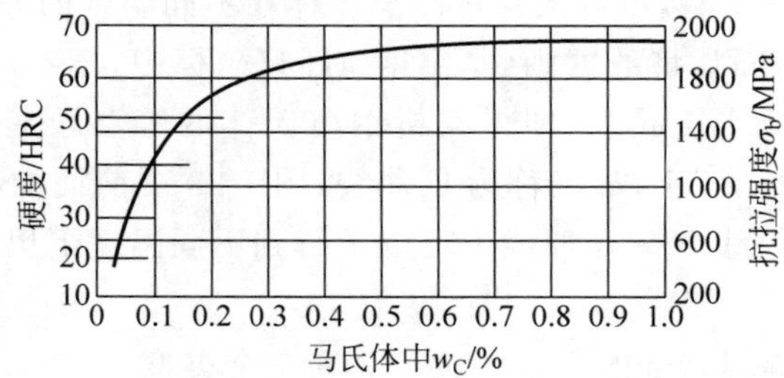

图 1-24　马氏体的强度和硬度与碳的质量分数的关系

共析钢奥氏体过冷到 230℃(M_s)时，开始转变为马氏体，随着温度下降，马氏体逐渐增多，过冷奥氏体不断减少，直至－50℃(M_f)时，过冷奥氏体才全部转变成马氏体。所以 M_s 与 M_f 之间的组织为马氏体和残余奥氏体。

2）连续冷却

连续冷却是使加热得到奥氏体的钢，在温度连续下降的过程中发生组织转变。例如，在热处理生产上经常使用的在水中、油中或空气中的冷却等都是连续冷却方式。

图 1-25 是共析钢的连续冷却转变曲线，又称 CCT 曲线。

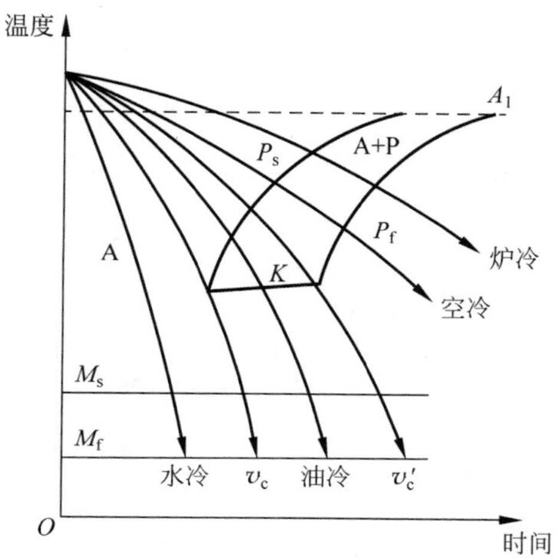

图 1-25 共析钢的连续冷却转变曲线

图 1-25 中的 P_s 线为珠光体型组织转变开始线，P_f 线为珠光体型组织转变结束线，K 线为珠光体型组织转变中止线。连续冷却转变曲线中，在各温度下发生的组织转变可以参考等温转变曲线，但连续冷却转变时，共析钢不发生贝氏体转变。

图 1-25 中的 v_c 为马氏体临界冷却速度，又称上临界冷却速度，是钢在淬火时为抑制珠光体型组织转变，全部获得马氏体所需的最慢冷却速度。钢在淬火时的冷却速度大于 v_c，就可以获得全部的马氏体组织。v_c'为下临界冷却速度，是保证奥氏体全部转变为珠光体型组织的最快冷却速度，热处理的冷却速度小于 v_c'，就可以获得珠光体型组织，而无马氏体组织。

当冷却速度小于 v_c'时，只发生珠光体型组织转变；大于 v_c 时则只发生马氏体转变。冷却速度介于两者之间时，奥氏体先有一部分转变为珠光体型组织，当冷却曲线与 K 线相交时，转变中止，剩余奥氏体在冷至 M_s 线以下时，发生马氏体转变。

连续冷却时，转变是在一个温度范围内进行的，转变产物的类型可能不止一种，有时是几种类型组织的混合，如图 1-25 中的油冷曲线，得到的组织是屈氏体和马氏体。

1.7.2 退火与正火

1. 退火

退火是将钢加热到高于或低于钢的临界点(A_{c3} 或 A_{c1})，保温一定时间，随炉缓慢冷却，以获得接近平衡状态组织的一种热处理工艺。

根据退火的目的和加热温度的不同，退火工艺有多种。图 1-26 为几种退火的加热温度。

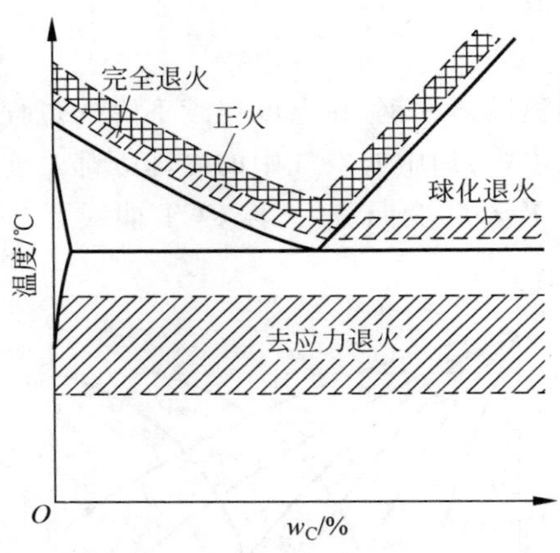

图 1-26 碳素钢的各种退火、正火加热温度范围

1) 完全退火

完全退火是将钢加热到 A_{c3} 以上 30～50℃，保温一定时间后，随炉缓慢冷却的热处理工艺。

完全退火的目的是细化晶粒；降低硬度，便于机械加工；消除残余应力。主要用于亚共析钢的铸件、锻件和焊接结构件，也可作为一些不重要工件的最终热处理。

2) 球化退火

球化退火是将钢加热至 A_{c1} 以上 30～50℃，保温一定时间，再冷至 A_{r1} 以下 20℃左右，保温一定时间，然后炉冷至 600℃左右出炉空冷的热处理工艺。

球化退火主要用于过共析钢，其目的是将过共析钢经轧制、锻造空冷后出现的片层状珠光体和网状二次渗碳体转变为球状珠光体和球状的二次渗碳体，从而改善钢的力学性能和机械加工性，并减少最终热处理时工件变形和开裂的倾向。

3) 去应力退火

去应力退火是将工件缓慢加热到 600～650℃，保温一定时间，随炉缓慢冷却至室温的热处理工艺。去应力退火加热温度低于 A_1，故钢在去应力退火过程中并无组织变化。

去应力退火主要用于消除铸件、锻件及焊接结构件的残余应力，以及冷加工后的加工应力。如果这些残余应力不预先消除，工件在随后的机械加工或以后的长期使用过程中，将引起变形甚至开裂。

2. 正火

正火是指将钢加热到 A_{c3} 或 A_{ccm} 以上 30～50℃，保温一定时间后，从炉中取出，在空气中冷却的一种热处理工艺。正火的加热温度如图 1-26 所示。

正火与退火的主要区别是正火的冷却速度较快。因此，与退火相比，钢正火后的珠光体数量较多，片层较薄，晶粒较细，所以强度和硬度也较高，韧性也较好，见表 1-6。

表 1-6 45 钢退火、正火状态的力学性能

状 态	R_m/MPa	HBW	A/%	α_K/(J/cm²)
退 火	650～700	约 180	15～20	40～60
正 火	700～800	约 220	15～20	50～80

正火的应用主要有以下几个方面。

(1) 最终热处理。正火可消除铸造或锻造中产生的过热缺陷，细化晶粒，提高力学性能。

(2) 改善低碳钢的机械加工性能。低碳钢硬度偏低，切削时易“粘刀”。正火后的硬度高于退火，从而改善了机械加工性。

(3) 预先热处理。例如，过共析钢组织中有严重网状二次渗碳体，先进行一次正火处理，初步改善网状渗碳体，为球化退火做组织准备。

由于正火比退火的生产周期短，热能消耗少，操作简便，所以在可能条件下应以正火代替退火。

1.7.3 淬火与回火

1. 淬火

淬火是指将钢加热到 A_{c3} 或 A_{c1} 以上 30～50℃，保温一定时间后，在油中或水中快速冷却的一种热处理工艺。

淬火的主要目的是获得高硬度的马氏体组织。

对碳素钢来讲，亚共析钢的淬火加热温度为 A_{c3} 以上 30～50℃，使钢的组织全部转变为奥氏体。淬火时，由于冷却速度快(大于 v_c)，通过 A_{r3} 和 A_{r1} 温度时，奥氏体既不析出铁素体，又不转变为珠光体，而是在较低温度下转变为马氏体。过共析钢的淬火加热温度为 A_{c1} 以上 30～50℃，钢的组织转变为奥氏体和渗碳体。淬火后的组织是马氏体和渗碳体。碳素钢的淬火加热温度范围如图 1-27 所示。

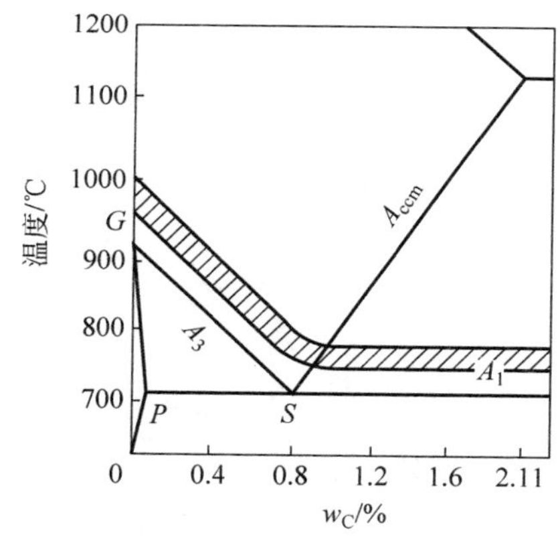

图 1-27 碳素钢的淬火加热温度范围

2. 回火

回火是指将淬火钢重新加热到 A_1 以下某一温度，经保温一定时间后冷却的一种热处理工艺。

回火的主要目的是减少或消除淬火应力，防止工件变形与开裂，稳定工件尺寸及获得工件所需的组织和性能。淬火的钢一定要回火。根据加热温度的不同，回火分为三种。

1) 低温回火

加热温度为 150～200℃。回火后得到碳在 α-Fe 中过饱和程度较小的固溶体，叫作回火马氏体。低温回火不但降低了钢件的淬火应力和脆性，而且还能使钢件保持高的硬度(58～64 HRC)。低温回火主要用于各种要求高硬度、高耐磨性的工具、滚动轴承、渗碳件和表面淬火件等的制造中。

2）中温回火

加热温度为350～500℃。回火后的组织是极细的渗碳体与过饱和铁素体的机械混合物，叫作回火屈氏体。回火后的钢件不仅有较高的硬度(35～45 HRC)，而且有较高的弹性和屈服强度。所以，中温回火常用于各种弹簧及锻模等的制造中。

3）高温回火

加热温度为500～650℃。回火后的组织是细粒渗碳体和铁素体的机械混合物，叫作回火索氏体。回火后的钢有适当的强度、硬度(23～35 HRC)，以及较高塑性、韧性相配合的综合力学性能。淬火和高温回火的热处理工艺，习惯上称为调质处理，简称调质。它常用于各种受力复杂的重要结构零件，如轴类、齿轮、螺栓和连杆等的制造中。

1.7.4 表面热处理

某些在冲击载荷、交变载荷及摩擦条件下工作的机械零件，如曲轴、凸轮轴、齿轮、主轴等，其表层承受较高的应力，因此要求工件表层具有较高的强度、硬度、耐磨性及疲劳强度，而工件的芯部要具有足够的塑性和韧性，以防止断裂。为了达到上述性能要求，生产中广泛采用表面热处理和化学热处理方法。

1. 表面淬火

表面淬火是对钢的表面快速加热到淬火温度，并立即以大于 v_c 的速度冷却，使表层获得强化的热处理工艺。表面淬火不改变钢表层的化学成分，仅改变表层的组织，且芯部组织基本无变化。

生产中广泛应用的表面淬火方法有感应加热和火焰加热表面淬火。

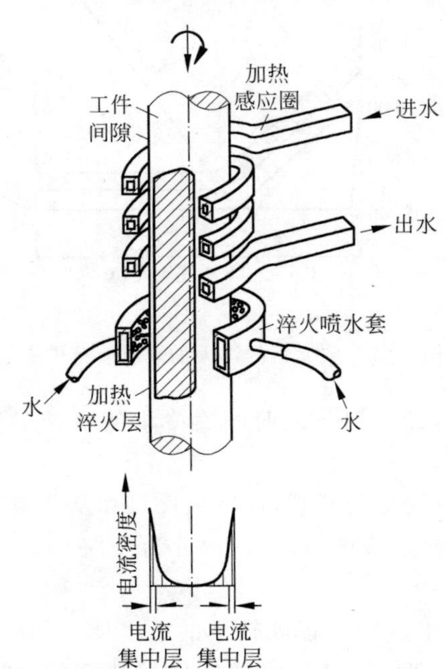

图 1-28 感应加热表面淬火示意图

1）感应加热表面淬火

感应加热表面淬火的基本原理如图1-28所示，将工件放入铜管绕制的感应圈内，当感应圈通入一定频率的电流时，感应圈内部和周围产生同频率的交变磁场，于是工件中相应产生了感应电流，由于集肤效应，感应电流主要集中在工件表层，使工件表面迅速加热到淬火温度。随即喷水冷却，使工件表层淬硬。

根据所用电流频率的不同，感应加热可分为高频加热(200～300 kHz)、中频加热(2.5～8 kHz)、工频加热(50 Hz)等，用于各类零件。感应电流频率越高，集肤效应越显著，电流集中的表层越薄，加热层也越薄，淬硬层深度越小。

感应加热表面淬火零件宜选用0.3%～0.5%的中碳钢及中碳合金钢，热处理工艺为正火或调质＋表面淬火＋低温回火。

目前其应用最广泛的是汽车、拖拉机、机床及工程机械中的齿轮、轴类等零件，也可用于高碳钢、低合金钢制造的工具和量具以及铸铁冷轧辊等。经感应加热表面淬火的工件，表面不易氧化、脱碳，变形小，淬火层深度易于控制，一般高频感应加热，淬硬层深度为 1.0～2.0 mm，表面硬度比普通淬火高 2～3 HRC。此外，该热处理方法生产效率高，易于实现机械化，多用于大批量生产的形状较简单的零件。

2）火焰加热表面淬火

使用乙炔-氧焰或煤气-氧焰，将工件表面快速加热到淬火温度，然后立即喷水冷却的淬火方法称为火焰加热表面淬火。火焰加热表面淬火的淬硬层深度为 2.0～6.0 mm，适于大型工件的表面淬火，如大模数齿轮等。这种表面淬火所用设备简单，投资少。但是加热时易过热，淬火质量不稳定。

2. 化学热处理

钢的化学热处理是将工件置于一定的活性介质中保温，使一种或几种元素渗入工件表层，达到改变其化学成分的目的，从而使工件获得所需组织和性能的热处理工艺。其目的主要是使工件表面强化和改善工件表面的物理化学性能，即提高工件的表面硬度、耐磨性、疲劳强度、热硬性和耐腐蚀性等。

化学热处理的种类很多，一般以渗入的元素来命名。常用的化学热处理方法有渗碳、渗氮（氮化）、碳氮共渗等。

1）渗碳

渗碳是将工件置于富碳的介质中，加热到高温（900～950℃），使碳原子渗入工件表层的过程，其目的是使增碳的表面层经淬火和低温回火后，获得高硬度、耐磨性和疲劳强度。

根据采用的渗碳剂不同，渗碳可分为气体渗碳、液体渗碳和固体渗碳三种。目前生产中广泛采用气体渗碳。

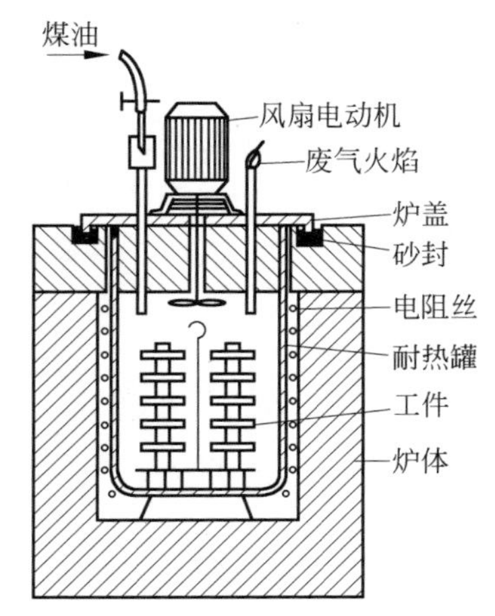

图 1-29 气体渗碳示意图

气体渗碳是将工件置于密封的渗碳炉中，如图 1-29 所示，加热到 900～950℃，通入渗碳气体（如煤气、石油液化气、丙烷等）或易分解的有机液体（如煤油、甲苯、甲醇等），在高温下通过反应分解出活性碳原子，活性碳原子渗入高温奥氏体中，并通过扩散形成一定厚度的渗碳层。渗碳的时间主要由渗碳层的深度决定，一般保温 1 h，渗碳层厚度增加 0.2～0.3 mm，渗碳层碳的质量分数为 0.8%～1.1%。工件渗碳后必须进行淬火和低温回火。

渗碳适用于碳质量分数为 0.25%以下的低碳钢和低碳合金钢，热处理工艺为渗碳＋淬火＋低温回火。一般，低碳钢经渗碳淬火后表层硬度可达 60～64 HRC，芯部为 30～40 HRC。常用于汽车齿轮、活塞销、套筒等零件的制造。

气体渗碳的渗碳层质量高，渗碳过程易于控制，生产效率高，劳动条件好，易于实现机械化、自动化，适于成批或大批量生产。

2）渗氮（氮化）

将氮原子渗入工件表层的过程称为渗氮，又称氮化。其目的是提高工件表面硬度、耐磨性、疲劳强度、热硬性和耐腐蚀性。常用的渗氮方法有气体渗氮、液体渗氮和离子渗氮等。

气体渗氮是将工件置于通入氨气的炉中,加热至500～600℃,使氨分解出活性氮原子,渗入工件表层,并向工件内部扩散形成氮化层。气体渗氮的特点如下。

(1) 与渗碳相比,渗氮的工件表面硬度较高,可达1000～1200 HV(相当于69～72 HRC)。

(2) 渗氮温度较低,并且渗氮工件一般不再进行其他热处理(如淬火等),因此工件变形很小。

(3) 渗氮后工件的疲劳强度可提高15%～35%。

(4) 渗氮层耐腐蚀性高,这是由于渗氮层组织为致密的耐腐蚀氮化物,能有效防止某些介质(如水、过热蒸气、碱性溶液等)的腐蚀作用。

渗氮适于0.3%～0.5%的中碳合金钢,一般需要专用的氮化用钢。热处理工艺为正火或调质+渗氮+低温回火。

渗氮虽然有上述特点,但由于其工艺复杂,生产周期长,0.2～0.5 mm的渗氮层需要约30 h,成本高,渗氮层薄而脆,所以只用于要求高耐磨性和高精度的零件,如精密机床的丝杠、镗床主轴、成形模具等。为了克服渗氮周期长的缺点,目前已研究出软渗氮和离子渗氮等先进渗氮方法。

3) 碳氮共渗

碳氮共渗是指在奥氏体状态下,同时将碳、氮两种原子渗入工件表层的过程。其主要目的是提高工件表面的硬度和耐磨性。

目前常采用高温气体碳氮共渗,即在井式气体渗碳炉中加入含碳介质(如煤油、煤气)的同时通入氨气,共渗温度为820～860℃,碳、氮原子渗入工件表层并扩散到一定深度。

碳氮共渗后需要进行淬火、低温回火。共渗层深度一般为0.3～0.8 mm,共渗层的表层组织为回火马氏体、粒状碳氮化合物和少量残余奥氏体。

与渗碳相比,碳氮共渗具有温度低、时间短、变形小、硬度高、耐磨性好、生产效率高等优点,主要用于机床和汽车的各种齿轮、蜗轮、蜗杆、活塞销等零件。

第2章

金属液态成型技术

熔炼金属，制造铸型，并将液态金属浇注到铸型中，冷却凝固后获得一定形状、尺寸及性能的铸件的成型方法，称为铸造。

液态金属比固态金属易于成型。因此，铸造适应性强，可以生产各种形状，特别是具有复杂内腔的铸件；可以用各种金属，如铸铁、钢、非铁金属铸造铸件；可以生产质量从几克到几百吨，壁厚从不到 1 mm 到几百毫米的铸件，如汽缸体、汽缸、曲轴、减速箱体、活塞、汽轮机叶片等。此外，铸造成型的原材料来源广泛，可使用金属废料和废件，价格低廉，因此产品成本较低。

铸型是由砂型或金属型和砂芯或金属芯组成的液态金属的成型工具。铸型的质量对铸件的尺寸精度、表面粗糙度和力学性能都有影响。根据铸型和浇注方式的不同，铸造方法分为砂型铸造和特种铸造。特种铸造的方法较多，如熔模铸造、金属型铸造、压力铸造、离心铸造等。

铸件通常作为毛坯，经切削加工后成为零件使用，但有时也可作为零件而直接使用。在工业生产中，铸造成型获得了广泛应用。例如，铸件质量占机床、内燃机总质量的 70%～90%，占汽车总质量的 40%～60%，占拖拉机总质量的 50%～70%。铸铁件应用最为广泛，约占铸件总产量的 70%以上。

但铸造成型也存在一些缺点，主要表现为：铸件内部常有缩孔、缩松、气孔等缺陷，且晶粒组织粗大，力学性能相对较低，常规的铸造方法制得的铸件表面粗糙，尺寸精度不高。

2.1 金属液态成型基础

液态合金充型、凝固及冷却是铸件形成的基本过程。这些基本过程中产生的收缩、气体的溶入与析出，均对铸件质量有显著影响。

本节将结合常见铸造缺陷的成因、影响因素和防止方法，来阐述铸件形成的工艺基础，从而为选择铸造合金、确定铸造方法和零件结构设计打下良好基础。

2.1.1 液态合金的充型

液态合金充满铸型型腔是获得形状完整、轮廓清晰、薄而复杂铸件的基本条件。液态合金有时是在纯液态下充满型腔的，有时则边充型边结晶。若结晶生成的晶粒堵塞充型通道，液态合金被迫停止流动，则会产生浇不到或冷隔等铸造缺陷，如图 2-1 所示。

将液态合金充满铸型型腔，获得形状完整、轮廓清晰、薄而复杂铸件的能力，称为液态合金的充型能力。合金浇注时,必须要有较好的充型能力。

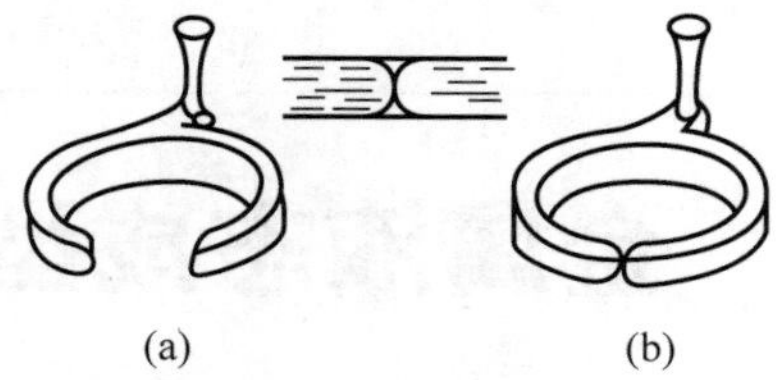

图 2-1　浇不到(a)和冷隔(b)

影响合金充型能力的主要因素如下。

1) 合金的流动性

合金的流动性是指液态合金本身的流动能力,是合金的铸造性能之一。合金的流动性越好,充型能力越强。

合金的流动性主要取决于合金的化学成分,因为合金的化学成分确定了合金结晶温度范围(又称合金结晶温度区间)和熔点。

合金的结晶温度范围越大,流动性越差,因为合金凝固时存在一个液固两相共存区,该区域既有液相熔融金属又有固相枝状晶体,增大了金属液的黏度和流动阻力。因此,纯金属或共晶成分的合金流动性最好。如图 2-2 所示为铁碳合金的流动性与含碳量的关系。

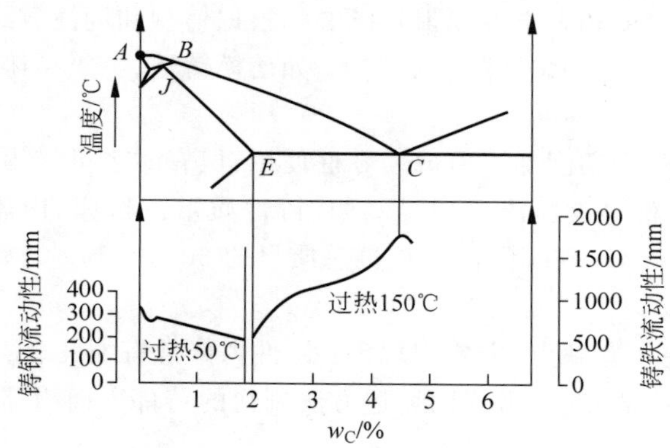

图 2-2　铁碳合金的流动性与含碳量的关系

合金的熔点越高,流动性越差,这是因为金属液与环境温差大,热量容易散失,保持液态时间短。

合金的流动性常用浇注螺旋形试样的长度来衡量,如图 2-3 所示。为便于测量长度,标准试样每隔 50 mm 设有一处凸台作为标记。在相同工艺条件下,试样螺旋线越长,合金的流动性就越好。在常用铸造合金中,灰铸铁、硅黄铜的流动性最好,铝合金其次,铸钢的流动性最差。

2) 浇注条件

浇注条件是指浇注温度和浇注速度。浇注时,液态合金所处的温度为浇注温度。

充型能力随着浇注温度的升高而明显增强。但如果浇注温度过高,则液态合金吸气增多、氧化严重,铸件容易产生缩孔、缩松、黏砂、气孔、夹杂等缺陷。因此,在生产中必须严格

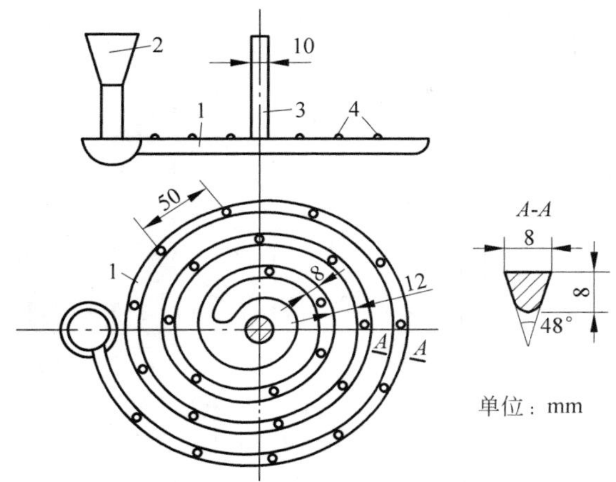

1—试样铸件；2—浇口杯；3—冒口；4—凸台标记。

图 2-3 测定合金流动性的螺旋形试样

控制浇注温度。在保证液态合金能够充满铸型的前提下，尽可能采用低的浇注温度。一般情况下，灰铸铁的浇注温度为 1230～1380℃，铸钢的浇注温度为 1520～1620℃，铝合金的浇注温度为 608～780℃（形状复杂薄壁件应取上限值）。

液态合金流动时，沿着流动方向所受的压力越大，流动速度越快，充型能力越好。

3）铸型条件

铸型条件主要是指铸型的导热能力和铸型对液态合金的流动阻力。铸型中凡是能增加金属流动阻力、降低流速和加快冷却速度的因素，均能降低合金的充型能力。铸型导热能力差，散热慢，则合金保持在液态的时间长，充型能力好。例如，在相同过热条件下，液态合金在砂型中的充型能力比在金属型中的好。

浇注过程中，铸型型腔中的气体，若能顺利排除，则可提高液态合金的充型能力。此外，零件壁厚过小、复杂程度高均对充型能力有不利影响。

为了改善铸型的充填条件，在设计铸件时，应选择适宜的壁厚。在造型工艺上采取相应的措施，例如加高直浇口、扩大浇口截面积、安置出气口等。此外，特种铸造中的压力铸造、离心铸造等采用外力作用实现合金充型，因此充型压力大，充型能力好。

2.1.2 铸件的凝固与收缩

1. 铸件的凝固

铸型中的合金从液态转变为固态的过程，称为铸件的凝固，或称结晶。

铸件凝固过程中，一般存在固相区、凝固区（结晶温度范围）和液相区三个区域，其中凝固区是液相与固相共存的区域，凝固区的大小对铸件质量影响较大。按照凝固区的宽窄，铸件的凝固分为逐层凝固、中间凝固和体积凝固三种凝固方式，如图 2-4 所示。

1）逐层凝固

纯金属和共晶成分合金在恒温下结晶，凝固过程中铸件截面上的凝固区域的宽度为零，铸件截面上固液两相界面分明，随着温度的下降，固相区不断增大，逐渐到达铸件中心，如图 2-4(a)所示。

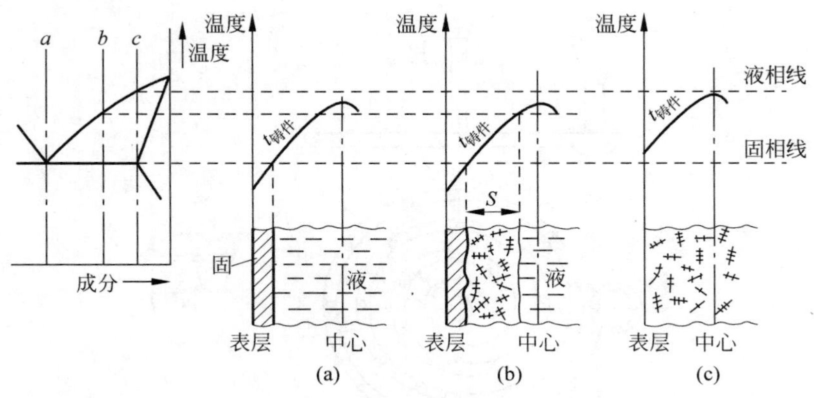

图 2-4 铸件的凝固方式

(a) 逐层凝固；(b) 中间凝固；(c) 体积凝固

2）中间凝固

金属的结晶温度范围较窄，或结晶温度范围虽宽，但铸件截面温度梯度大，铸件截面上的凝固区域宽度介于逐层凝固与体积凝固之间，如图 2-4(b)所示。

3）体积凝固

当合金的结晶温度范围很宽，或因铸件截面温度梯度很小，铸件凝固时，其液固共存的凝固区很宽，甚至贯穿整个铸件截面，如图 2-4(c)所示。

影响铸件凝固方式的主要因素是合金的结晶温度范围(取决于合金化学成分)和铸件的温度梯度。合金的结晶温度范围越小，则凝固区域越窄，越趋向于逐层凝固。当合金成分一定时，凝固方式取决于铸件截面上的温度梯度。温度梯度越大，对应的凝固区域越窄，越趋向于逐层凝固。

2. 铸件的收缩

合金液体从浇注温度冷却至室温，其体积和尺寸减小的现象称为收缩。收缩是合金的铸造性能之一。

1）合金收缩的三个阶段

(1) 液态收缩。

液态收缩指从浇注温度冷却到液相线温度之间的收缩。浇注温度越高，液态收缩越大。

(2) 凝固收缩。

凝固收缩指从液相线温度冷却到固相线温度之间的收缩。凝固收缩的大小随合金的种类、结晶温度区间的不同而不同。

(3) 固态收缩。

固态收缩指从固相线温度冷却到室温之间的收缩。

合金的液态收缩和凝固收缩表现为合金体积的缩小，通常用体收缩率表示，液态收缩和凝固收缩使型腔内液面降低，是铸件形成缩孔和缩松缺陷的基本原因。合金的固态收缩，主要表现为铸件形状和尺寸的减小，通常用线收缩率表示。固态收缩是铸件产生内应力、变形和裂纹缺陷的主要原因。

不同合金的收缩率不同。合金的结晶温度区间越大则凝固收缩越大。碳素钢随着含碳量的增加，其凝固收缩率增加，固态收缩率稍有减小。灰铸铁中，碳硅含量越高，石墨数量越多，凝固时因石墨析出而造成的体积膨胀能弥补凝固收缩，因而收缩率减少。但灰铸铁中的硫能阻碍石墨析出，使收缩率增大。表 2-1 为常见铁碳合金的体积收缩率。

表 2-1 常见铁碳合金的体积收缩率

合金种类	碳的质量分数/%	浇注温度/℃	液态收缩/%	凝固收缩/%	固态收缩/%	总体积收缩/%
铸造碳素钢	0.35	1610	1.6	3	7.86	12.46
白口铸铁	3.0	1400	2.4	4.2	5.4～6.3	12.0～12.9
灰口铸铁	3.5	1400	3.5	0.1	3.3～4.2	6.9～7.8

浇注温度对合金收缩的影响主要表现在液态收缩方面，浇注温度越高，过热度越大，液态收缩增大，总收缩率增加。

合金在铸型中的收缩大多不是自由收缩，而是受阻收缩。其阻力主要来源于三个方面：①铸件各部分壁厚不均匀，冷却速度不同而产生的收缩阻力；②铸型和型芯对收缩产生的机械阻力；③浇注系统不合理造成铸件收缩受不同程度的阻力。因此，铸件的实际收缩率比合金自由收缩率要小。

2）铸件中的缩孔与缩松

（1）缩孔与缩松的形成。

由于合金的液态收缩和凝固收缩，造成体积减小，如得不到液体补充，则铸件内部常形成一些孔洞。按照孔洞的大小和分布，可分为缩孔和缩松两类。集中孔洞称为缩孔，细小分散分布的孔洞称为缩松。缩孔和缩松都是常见的铸造缺陷。

缩孔是在铸件最后凝固部位形成的容积大而集中的孔洞，呈倒圆锥形，内表面粗糙，并常可见到树枝状晶体的末梢。

图 2-5 是缩孔形成过程的示意图。液态合金充填满铸型后（图 2-5(a)），由于液态合金的冷却，铸件首先凝结成一层外壳，而内部的液态金属由于液态收缩使液面开始下降（图 2-5(b)）。随着温度的下降，凝固层加厚，内部剩余液体不断补充凝固层的凝固收缩，体积减小，液面继续下降（图 2-5(c)），结果铸件上部出现空隙。温度继续下降，外壳继续加厚，空隙加大。铸件凝固完毕，内部便形成了缩孔（图 2-5(d)）。

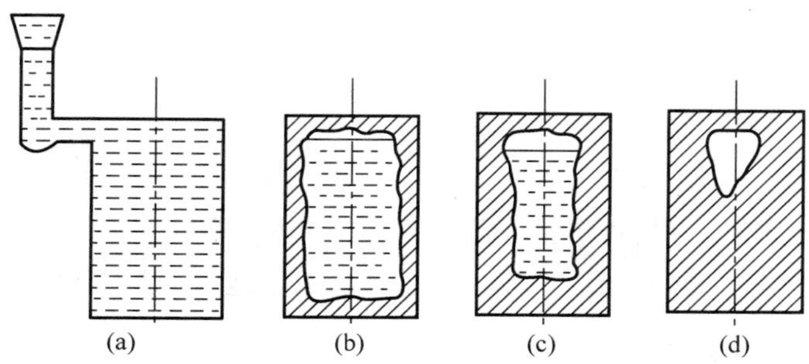

图 2-5 缩孔形成过程示意图

缩松分为宏观缩松和显微缩松两种。宏观缩松是用肉眼或放大镜可以看出的小孔洞，多分布在铸件中心轴线处或缩孔下方，如图 2-6 所示。显微缩松是分布在晶粒之间的微小

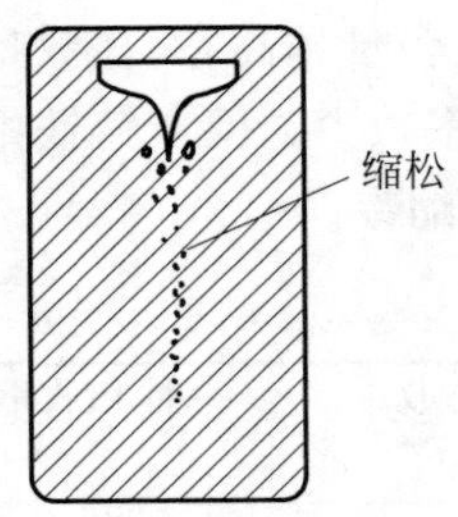

图 2-6 宏观缩松

孔洞，要用显微镜才能观察出来，这种缩松分布面积更为广泛，有时遍及整个截面。显微缩松难以完全避免，对于一般铸件多不作为缺陷对待，但对气密性能、力学性能、物理性能或化学性能要求很高的铸件，则必须设法减少。

不同铸造合金形成缩孔和缩松的倾向不同。纯金属、共晶合金或窄结晶温度区间合金的缩孔倾向大、缩松倾向小；反之，结晶区间大的合金缩孔倾向小，但极易产生缩松。由于采用一些工艺措施可以控制铸件的凝固方式，所以缩孔和缩松可在一定范围内互相转化。

(2) 缩孔与缩松的防止。

缩孔和缩松使铸件的力学性能、气密性能下降。因此，必须采取适当的工艺措施，予以防止。合金的收缩是不可避免的，但并不是说铸件中的缩孔与缩松是不可避免的。实践证明，只要使铸件实现顺序凝固，也可获得没有缩孔的铸件。

顺序凝固如图 2-7 所示，是指采取安置冒口和冷铁的措施使铸件远离冒口的部分(Ⅰ)最先凝固，然后是靠近冒口的部分凝固(Ⅱ、Ⅲ)，最后是冒口本身凝固。按照这样的凝固顺序，先凝固部分的收缩，由后凝固部分的合金液体来补缩，后凝固部分的收缩由冒口中的合金液体来补缩，从而使铸件各部分的收缩均能得到合金液体的补充，而将缩孔转移到冒口之中，冒口为铸件的多余部分，在铸件清理时予以切除。

为了控制铸件的顺序凝固，在安置冒口的同时，还可在铸件某些厚大部位增设冷铁，如图 2-8 所示。冷铁的作用仅是加快了铸件某些部位的冷却速度，以控制铸件的凝固顺序。冷铁本身不起补缩作用，通常用钢或铸铁制造。

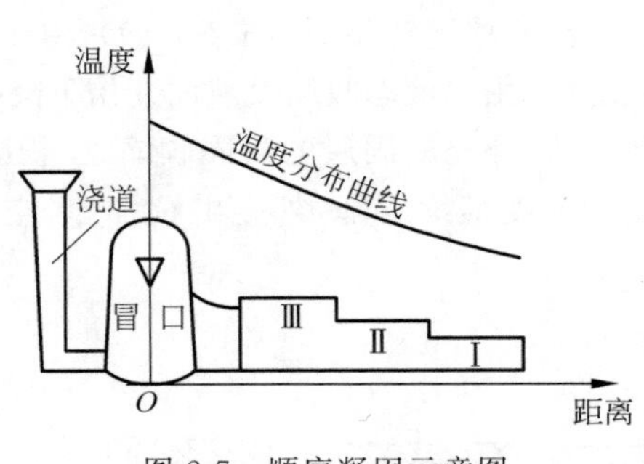

图 2-7 顺序凝固示意图

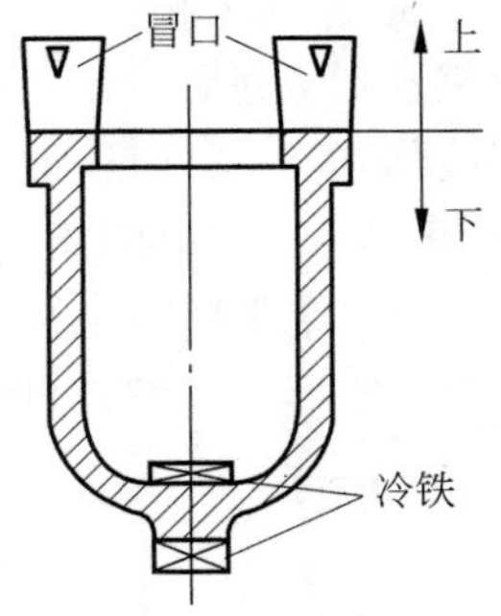

图 2-8 冷铁的应用

采用顺序凝固的缺点是铸件各部分的温差大，会引起较大的热应力。同时，由于安置冒口，增加了金属的用量以及切除冒口的工作量，还增大了造型的复杂程度。

2.1.3 铸造应力、变形和裂纹

铸件在凝固以后的冷却过程中，将发生固态收缩，若固态收缩受到阻碍，便在铸件内部产生应力，这种应力称为铸造应力。当这种应力大于铸件的屈服强度时则产生变形，当大于铸件的抗拉强度时则产生裂纹。

1. 铸造应力

铸造应力按其产生的原因不同,可分为热应力和收缩应力。

1) 热应力

热应力是由铸件壁厚不均匀,各部分冷却速度不同,致使在同一时期内铸件各部分收缩不一致而互相制约引起的。

为便于分析热应力的形成,这里首先了解固态合金自高温冷却到室温时力学状态的改变。固态合金在高于临界温度(钢和铸铁为 620～650℃)时处于塑性状态,此时,在较小的应力作用下便可发生塑性变形,其应力在塑性变形后自行消失。在临界温度以下,合金处于弹性状态,此时,在应力(小于合金的屈服强度)作用下,仅能发生弹性变形,变形后应力仍继续存在。

如图 2-9 所示的框形铸件由截面不同的粗杆Ⅰ和细杆Ⅱ组成,其热应力的形成过程可分为三个阶段。

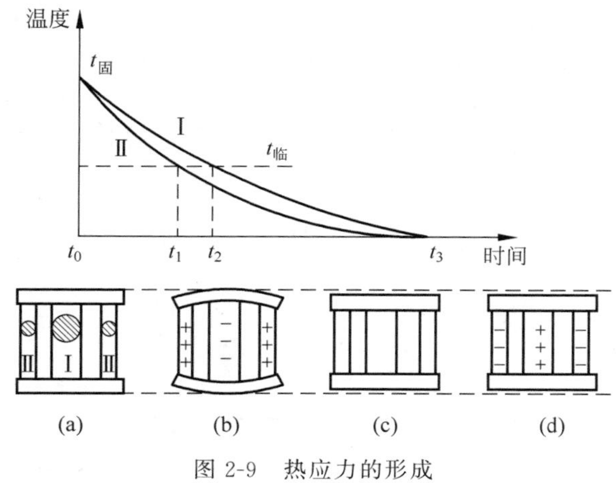

图 2-9　热应力的形成

第一阶段(t_0～t_1),当铸件处在凝固温度到临界温度阶段时(图 2-9 中冷却曲线 t_0 至 t_1 之间),两杆温度均高于 $t_{临}$,即处于塑性状态。此时,杆Ⅱ的冷却速度和收缩均大于杆Ⅰ,但杆Ⅰ、杆Ⅱ又是一个整体,只能收缩到同一长度,故在热应力作用下,杆Ⅰ发生塑性压缩变形,杆Ⅱ发生塑性拉伸变形,两杆同时发生塑性变形,变形后应力自行消失。

第二阶段(t_1～t_2),继续冷却后,冷却较快的杆Ⅱ已进入弹性状态,而杆Ⅰ仍处于塑性状态(图 2-9 中冷却曲线 t_1 至 t_2 之间)。由于杆Ⅱ冷却较快,收缩大于杆Ⅰ,两杆收缩互相限制,使杆Ⅱ受拉应力、杆Ⅰ受压应力(图 2-9(b)),但由于此时杆Ⅰ仍处于塑性状态,这个内应力随之便被杆Ⅰ的微量压缩的塑性变形所抵消,而使应力自行消失(图 2-9(c))。

第三阶段(t_2～t_3),当进一步冷却到室温时(图 2-9 中冷却曲线 t_2 至 t_3 之间),杆Ⅰ、杆Ⅱ均处于弹性状态,此时,两杆所处的温度不同,杆Ⅰ的温度较高,还会进行较大的收缩;杆Ⅱ的温度较低,收缩较小。因此,杆Ⅰ的收缩必然受到杆Ⅱ的阻碍,由于此时两杆均不能通过发生塑性变形而释放应力,于是杆Ⅱ受压应力,杆Ⅰ受拉应力,这种状态一直保留到室温,形成了残余内应力(图 2-9(d))。

由此可见,热应力使铸件的厚壁或芯部受拉,薄壁或表层受压。合金固态收缩率越高,

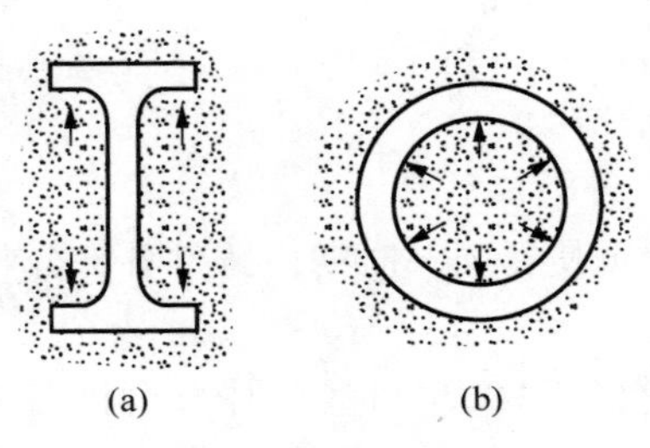

图 2-10 收缩应力的形成
(a) 砂型阻碍；(b) 砂芯阻碍

铸件壁厚差别越大,则热应力越大。

减小热应力的基本途径是,尽量减小铸件各部分的温度差,使其均匀地冷却。

2) 收缩应力

收缩应力是铸件固态收缩时受到铸型和型芯的阻碍所产生的应力,又称机械应力,如图 2-10 所示。收缩应力是暂时的,铸件经落砂后可自行消除。但它可与热应力共同起作用,增大某些部位的应力,易使铸件产生裂纹。在砂型铸造中,通过提高砂型和砂芯的退让性,可以减小收缩应力。

2. 铸件的变形及控制措施

具有残余应力的铸件是不稳定的,将自发地通过变形来减少应力,以趋于稳定状态。

在热应力作用下,铸件薄的部分受压应力,厚的部分受拉应力。应力超过材料的屈服强度时,则会使铸件发生变形；应力超过材料的抗拉强度时,铸件开裂。

一般情况下,铸件变形总是朝着力图减小或消除残余内应力的方向发生。如图 2-11 所示不同壁厚的 T 字形梁铸件发生的变形。当杆Ⅰ厚、杆Ⅱ薄时,热应力使杆Ⅰ受拉、杆Ⅱ受压。杆Ⅰ力图缩短一点,杆Ⅱ力图伸长一点。若应力超过材料的屈服强度,将发生杆Ⅰ内凹、杆Ⅱ外凸的变形。反之,当杆Ⅰ薄、杆Ⅱ厚时,将发生反向翘曲。

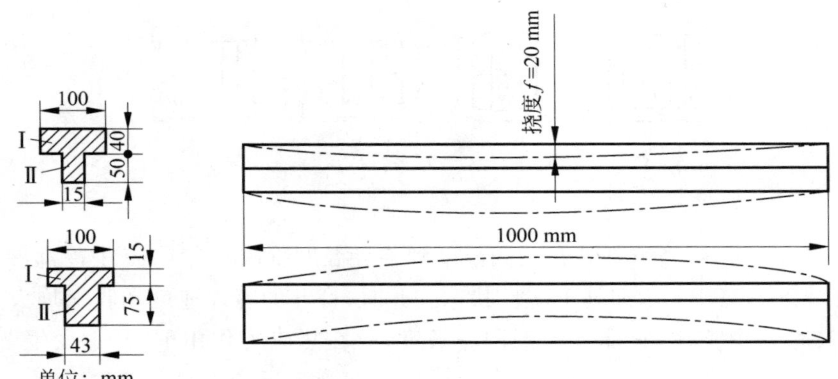

图 2-11 T 字形梁铸件翘曲变形情况

防止铸件产生变形的具体措施通常如下。

(1) 铸件设计应尽量使其壁厚均匀,以减少和防止热应力的形成。

(2) 铸造工艺采取同时凝固。所谓“同时凝固”是指采取措施使铸件各个部分没有大的温度差,而同时进行凝固,如图 2-12 所示。将内浇道开在铸件薄壁处,以增加铸件薄壁处的热量,减缓铸件薄壁的冷却速度；同时为加速厚壁的冷却速度,可在厚壁处安放冷铁。

同时凝固可减少铸造热应力,防止铸件产生变形、裂纹,而且因不用冒口而节省造型工时和金属,但铸件厚壁处易出现缩孔。同时凝固主要用于灰铸铁类收缩小、不易产生缩孔的铸件上,也可用于薄壁铸钢件或其他易变形的铸件上。

顺序凝固和同时凝固各有特点,应根据合金种类、铸件结构合理选择。比如,收缩大的合金，壁厚悬殊或有热节（局部厚大部分）的铸件，对气密性要求高的铸件，应采用顺序凝固；反之，收缩小的合金，壁厚均匀的薄壁铸件，可采用同时凝固。对于结构复杂的铸件，两种凝固原则可以复合运用。对于气密性要求高的铸件，为防止缩松，应选用结晶温度区间小的合金。

(3) 反变形法。为防止变形，应尽可能使铸件形状对称，或在制造模样时，将模样制成与铸件变形相反的形状，以抵消铸件的变形，常用于易变形的长铸件。

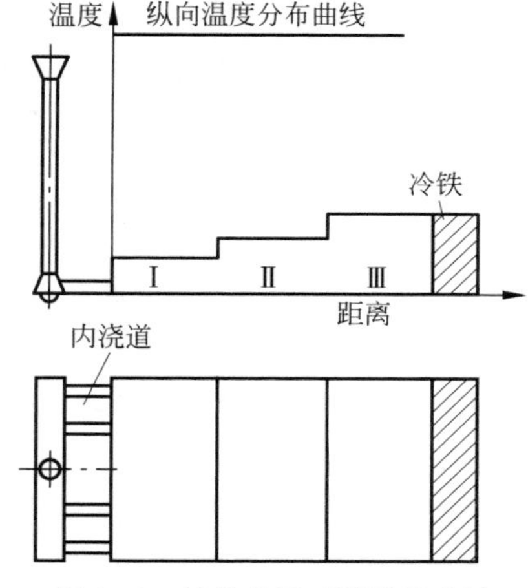

图 2-12 铸件的同时凝固示意图

实践证明，铸件变形后其残余应力并未彻底消除。这种铸件经切削加工后，内应力将重新分布，使零件缓慢地变形，丧失原有的加工精度。为此，对不允许发生变形的铸件，必须进行去应力退火，以消除应力。

3. 铸件裂纹及控制措施

当铸件的内应力超过金属的抗拉强度时，铸件便产生裂纹。裂纹根据其产生温度的不同，可分为热裂和冷裂两种。

1）热裂

热裂是在高温下固相线附近形成的裂纹。其形状特征是：裂纹短、缝隙宽、形状曲折、缝内呈严重氧化色。热裂主要发生在铸件厚薄不均匀的连接处及拐角处，有些薄壁铸件因型芯退让性较差也会产生热裂。合金的收缩率高、铸件结构不合理、型（芯）砂退让性差、合金的高温强度低，都易使铸件产生热裂。

为防止热裂，除了使铸件结构设计合理，还应提高型（芯）砂的退让性，对于铸钢和铸铁，必须控制硫的含量，以防硫造成的热脆性使合金的高温强度降低。

2）冷裂

冷裂是在较低的温度下形成的裂纹。冷裂的形状特征是裂纹细小、呈直线状，有时缝内呈轻微氧化色。

冷裂常出现在铸件的受拉伸部位，尤其是存在应力集中处（如尖角、缩孔、气孔、夹渣等缺陷附近）。壁厚差别大、形状复杂的铸件，尤其是大而薄的铸件易发生冷裂。

除了从合金成分方面减少有害成分，以提高合金的强度或塑性，前述防止应力和变形的所有措施都可用来防止冷裂。

2.1.4 合金的偏析

铸件在凝固时出现化学成分不均匀的现象称为偏析。偏析是合金的铸造性能之一。偏析造成了铸件性能的不均匀，使铸件整体的力学性能下降，影响铸件的耐腐蚀性。合金的偏析倾向性视合金种类、成分的不同而异。偏析的类型主要有晶内偏析和比重偏析等。

1）晶内偏析

在同一个晶粒中，各部分化学成分不均匀，称为晶内偏析。具有较大结晶温度区间的合金,在结晶时,熔点较高的成分先结晶,形成树枝状晶体。而熔点较低的成分后结晶,存在于树枝状晶体枝杈之间的空隙内或晶界上,最终使晶粒成分不均匀。

消除晶内偏析的方法是使铸件缓慢冷却,或对铸件进行长时间高温扩散退火。这是因为在高温下原子的活性较强,使原子充分扩散而获得化学成分较均匀的晶粒。

2) 比重偏析

在同一铸件中,上、下部分的化学成分不均匀,称为比重偏析。当合金组元的相对密度相差悬殊时,比重小的上浮,比重大的下沉,铸件凝固后就形成了比重偏析。比如,铅青铜浇注时,容易形成上面富铜、下面富铅的铸件。

为防止比重偏析,在浇注时应充分搅拌,使成分均匀,加快铸件的冷却速度,从而使金属液中不同比重的元素来不及分离。

2.1.5 铸件中的气孔

气孔是气体在铸件中形成的孔洞。气孔破坏了合金的完整性,减少了铸件的有效承载面积,并引起应力集中,因而降低了铸件的强度。对于承受液压或气压的铸件,气孔能显著降低其气密性。根据气体的来源,气孔可分为析出气孔、侵入气孔和反应气孔。

1) 析出气孔

液态合金在冷却、凝固过程中,因气体溶解度下降,析出的气体来不及排除,而在铸件中形成的气孔,称为析出气孔。

在熔化和浇注过程中,液态合金很难与气体隔离,使气体进入液态合金中。气体在合金中的溶解度,随温度的下降而减小,液态合金在冷却凝固过程中,气体以气泡形式析出,气泡若不能从液态合金中上浮排除,则在铸件中形成气孔。

析出气孔的特征多为分散小圆孔,表面光亮,直径为 0.5～2.0 mm 或者更大,分布较广,有时遍及整个铸件截面,均匀分布。

2) 侵入气孔

侵入气孔是由于铸型表面层聚集的气体侵入液态合金而形成的。侵入气孔中的气体主要来自造型材料中的水分、黏结剂和各种附加物。当液态合金浇入铸型后,铸型表层水分的汽化以及黏结剂和各种附加物的燃烧都产生了大量气体,当气压超过了液态合金静压力时,就侵入液态合金中,侵入的气泡留在铸件内部就形成了气孔。

侵入气孔的特征是多位于铸件局部表面附近,尺寸较大,数量较少,呈椭圆形或梨形。

3) 反应气孔

液态合金与铸型、冷铁、芯撑或熔渣之间,因化学反应产生气体而形成的气孔,称为反应气孔。反应气孔的种类甚多,形状各异。冷铁、芯撑若有锈蚀,与灼热的液态金属接触将发生如下化学反应:

$$Fe_3O_4 + 4C \longrightarrow 3Fe + 4CO\uparrow$$

产生的 CO 气体在冷铁、芯撑附近形成气孔。因此,冷铁和芯撑表面不得有锈蚀、油污,并应保持干燥。

预防气孔的基本途径是减少气体的来源,提高铸型的排气能力。

2.2　砂型铸造方法

铸造方法可分为砂型铸造和特种铸造两大类。其中，砂型铸造生产的铸件约占总产量的80%。

2.2.1　砂型铸造的工艺过程

套筒砂型铸造的工艺过程如图2-13所示。首先制造模样（木模或金属模）和芯盒（木芯盒或金属芯盒）。然后将砂、黏土、水和其他附加物按一定配比混制成型砂和芯砂。型砂和芯砂因原砂粒和黏附在砂粒表面上的湿黏土膜而具有一定的可塑性、强度、透气性和耐火性。用模样和型砂制造砂型，用芯盒和芯砂制造砂芯，砂芯应烘干。砂芯和砂型装配在一起，组成砂铸型，简称铸型。熔炼的金属浇注到铸型中，冷却凝固后，经落砂、清理、检验即得到合格的铸件。

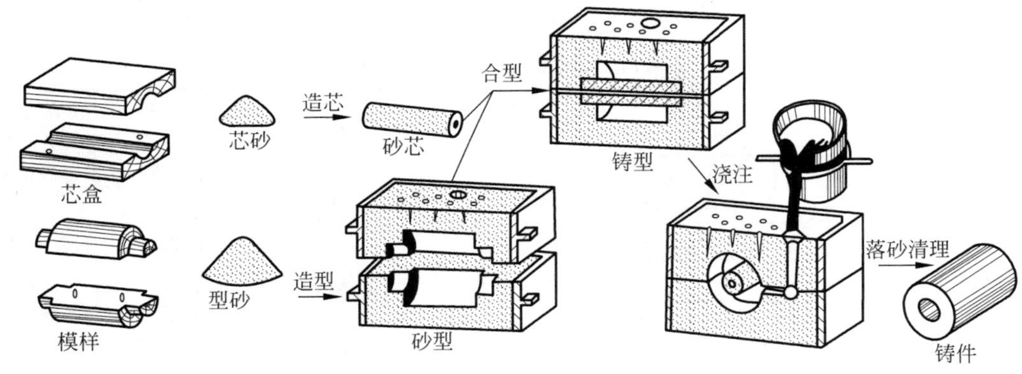

图2-13　套筒砂型铸造的工艺过程

2.2.2　造型

1. 造型材料

型（芯）砂是用于制造铸型和型芯的造型材料，其主要成分由原砂、黏结剂、水和附加物混制而成。其中，黏结剂用于粘接砂粒，附加物用于调节特定的性能，如型砂中加入煤粉或重油可防止粘砂，加入木屑可增加型砂的空隙率。

按照黏结剂的种类，型（芯）砂主要可分为以下几种。

(1) 黏土砂，主要以黏土为黏结剂，由原砂（硅砂应用最为广泛，主要成分为SiO_2）、黏土、水及附加物按一定比例配制而成，如图2-14所示。黏土砂在铸造生产中应用最广泛，可用于铸铁、铸钢及非铁合金的铸型和不重要的型芯。

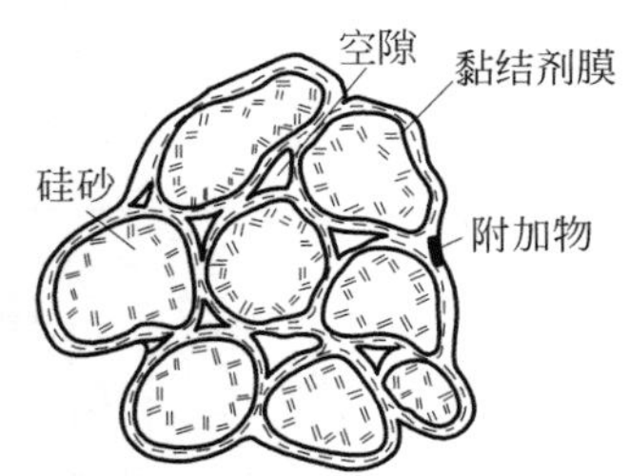

图2-14　黏土砂的结构示意图

(2) 水玻璃砂，主要以水玻璃（硅酸钠$Na_2O\cdot mSiO_2$的水溶液）为黏结剂配制的化学硬化砂。水玻璃砂制造的铸型或型芯无需烘干,硬化速度快,生产周期短,易于实现机械化,劳动条件好,是除黏土砂之外应用最为广泛的一种型砂。但水玻璃砂的退让性差,落砂困难,铸件易黏砂,耐用性差。

(3) 油砂及合脂砂,主要以桐油、亚麻仁油等植物油或合成脂肪酸残渣经煤油稀释而成的合脂作为黏结剂。油砂及合脂砂主要用于结构复杂、性能要求高的型芯。

(4) 树脂砂,主要以树脂为黏结剂,可分为热硬树脂砂、壳型树脂砂、覆模砂等。树脂砂制造的铸型和型芯所生产的铸件质量好,生产效率高,易于实现机械化和自动化,适于成批量生产。

2. 造型方法

用模样和型砂制造砂型的过程,称为造型。造型是砂型铸造的最基本工序,可分为手工造型和机器造型两大类。

1) 手工造型

手工造型主要是指紧砂和起模靠手工来完成的方法。手工造型操作灵活,生产准备时间短,适应性强,广泛用于单件、小批生产。造型的关键是如何能顺利地从砂型中起模,以获得型腔。常用手工造型方法的特点及应用范围见表 2-2。

表 2-2 常用手工造型方法的特点及应用范围

造型方法	铸型装配图例	特　点	适用范围
整模造型		模样是整体的,分型面为平面,铸型型腔全部在半个铸型内;其造型操作简单,铸件不会产生错型缺陷	适于生产最大截面位于一端,且为平面的铸件
分模造型		将模样沿截面最大处分为两半;型腔位于上、下两个半型内,其造型操作简单	适于生产最大截面位于中部(对称的或非对称的),且为平面的铸件
活块造型		铸件上有妨碍起模的小凸台、筋条等;制模样时将这些做成活动部分;造型起模时,先起出主体模型,然后再从侧面取出活块;其造型操作复杂,工人技术水平要求高;批量生产时,可以采用加外砂芯代替活块造型	主要用于单件、小批生产带有突出部分、难以起模的铸件
三箱造型	上型 中型 下型	使用的模样通常为分开模,铸型由上、中、下三箱构成;中箱的高度须与铸件两个分型面的距离相适应;三箱造型需要有适合的砂箱,操作复杂,生产效率低,易错型;批量生产时,可以用加外砂芯的方法,将三箱造型改为两箱造型	适于生产两个大截面之间夹着一个小截面,或只有一个分型面又不能起模的铸件

续表

造型方法	铸型装配图例	特　点	适用范围
挖砂造型		模样为整体模，但铸件的分型面为曲面；挖砂造型为能起出模样，造型时用手工挖去阻碍起模的型砂；分型面不是平面，而是曲面或阶梯面；此法操作麻烦，生产效率低；批量生产时，可用假箱造型或成型底板造型	适于单件、小批生产外形轮廓为曲面或阶梯面，又不允许沿其最大截面将模样做成分开模的铸件

2）机器造型

机器造型是指用机械进行紧实型砂和起模的造型方法。机器造型一般使用模板完成造型。模板是模样、浇注系统和模底板的组合体，模样形成型腔，模底板形成分型面。模板通常是单面的，上模板固定在造型机的工作台上，造上型；下模板固定在另一台造型机的工作台上，造下型。造好的上、下型用箱锥定位而合型。如图 2-15 所示为水管接头机器造型过程。

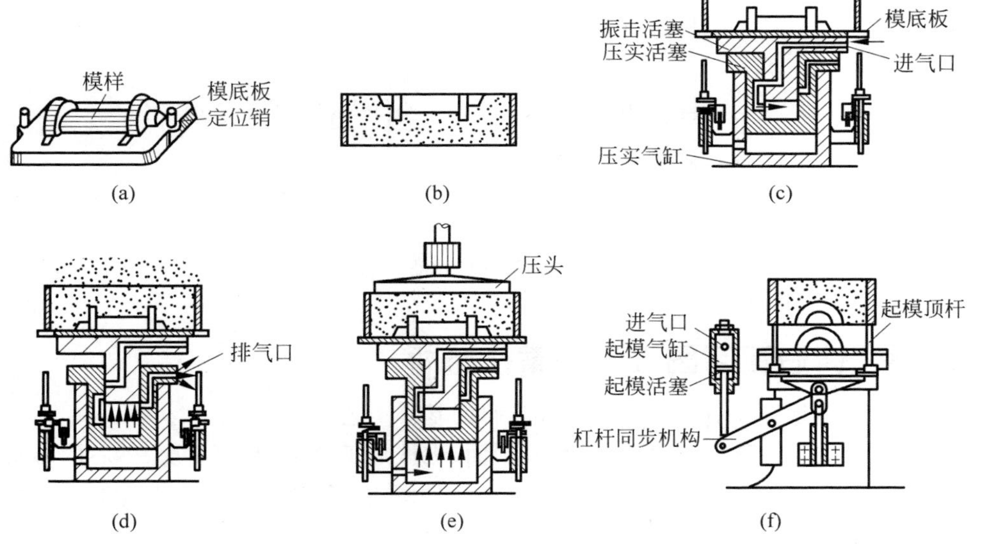

图 2-15　水管接头机器造型过程

（a）水管的下模板；（b）造好的下型；（c）置型；（d）填砂、振实；（e）压实；（f）起模

机器造型的紧砂方法主要有压实、振压紧实、高压多触头紧实等。

机器造型的起模方法主要有顶箱起模、翻转起模、漏模起模等。

机器造型只适于两箱造型，其不能进行三箱造型，同时也应避免活块，因活块造型使机器造型的生产效率显著降低。若铸件在垂直于分型面方向上有凸台、筋条或凹槽妨碍起模时，则用外砂芯予以解决。

机器造型与手工造型相比，铸件尺寸精度高，表面粗糙度低，生产效率高，劳动条件好。机器造型型砂的紧实度高而且均匀，型腔轮廓清晰，因此铸件尺寸精度较高，表面较光洁。

机器造型生产效率高，但是设备和工艺装备费用较高，生产准备时间长，适用于成批、大量生产。机器造型常用的设备有振压式造型机、微振压实造型机、多触头高压造型机等。机器造型是现代化铸造生产的基本方式。

3. 砂芯

砂芯是铸型的一个组成部分，主要用来形成铸件的内腔，有时也用来形成铸件某些妨碍起模的外形。浇注过程中，砂芯的工作条件恶劣，四周被高温液态金属所包围。为适应这种工作条件，确保铸件质量，除正确配制芯砂，还要确定正确的造芯工艺。造芯方法有手工造芯和机器造芯。

如图 2-16 所示为常见形式的砂芯，图(a)是水平砂芯，图(b)是垂直砂芯，图(c)是悬臂砂芯，图(d)是侧芯，又称为外砂芯。

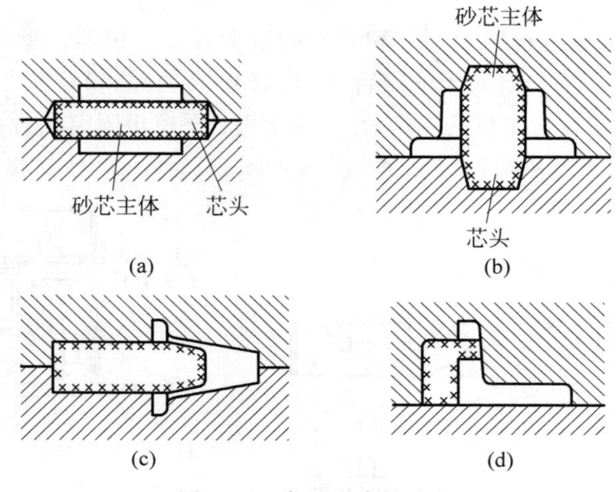

图 2-16 常见形式的砂芯

2.2.3 铸造工艺图设计与案例分析

铸造工艺图是指导铸造生产以及铸件验收的基本工艺文件。

用不同颜色的工艺符号将浇注位置、分型面、机械加工余量、起模斜度、砂芯的形状和数量、收缩率、浇注系统、冒口、冷铁等直接表示在零件图上，这样的图称为铸造工艺图。铸造工艺符号及表示方法见表 2-3。

铸造工艺图的详尽程度根据需要而有所不同，一般说来，成批量生产时或是重要铸件时其较为详尽，而单件、小批生产时其较为简化。

制定铸造工艺图之前，必须先对零件图进行工艺分析，根据分析结果绘制铸造工艺图。

1. 浇注位置与分型面的选择

1）浇注位置的选择

浇注位置是指浇注时铸件在铸型中所处的位置。浇注位置的正确与否，对铸件质量有很大影响。选择浇注位置的主要目的是保证铸件的质量。浇注位置的选择原则如下。

(1) 重要加工面或主要工作面应处于铸型的底面或侧面。

因为气孔、砂眼、夹杂等缺陷多出现在铸件朝上的表面，为了保证铸件的质量，重要加工面或主要工作面应朝下或处于铸型的侧面。如果难以实现上述原则时，即重要加工面或主要工作面必须朝上时，则应适当加大机械加工余量。

表 2-3　铸造工艺符号及表示方法

名　称	符　号	说　明
分型面	上 下	用粗实线表示，并用红色写出“上、下”或“上、中、下”
机械加工余量	c 上 下 d b/a	用粗实线表示，在加工符号附近注明机械加工余量数值，凡带起模斜度的机械加工余量要注明斜度
不铸出的孔	上 下	不铸出的孔用斜线打叉
砂芯	上 下	用粗实线表示砂芯的边界，符号自定，砂芯按下芯顺序编号
活块	上 下	用粗实线表示，并在此线上画两条平行线

图 2-17 为车床床身的浇注位置。床身导轨面既是主要工作面，又是重要加工面，不允许有明显的铸造缺陷，因此导轨面的浇注位置通常处于铸型的底面。

图 2-18 为卷扬筒的浇注位置。卷扬筒的圆周表面是主要工作面，也是重要加工面，不允许有明显的铸造缺陷。若平浇，朝上的圆周表面质量难以保证。如果立浇，所有的圆周表面都处于侧立位置，质量均匀一致。

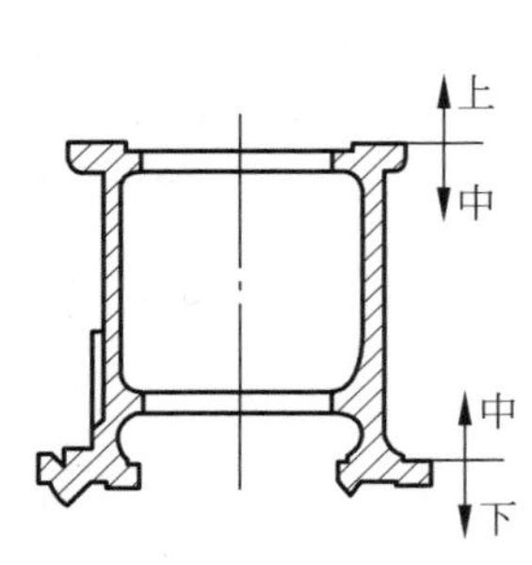

图 2-17　车床床身的浇注位置

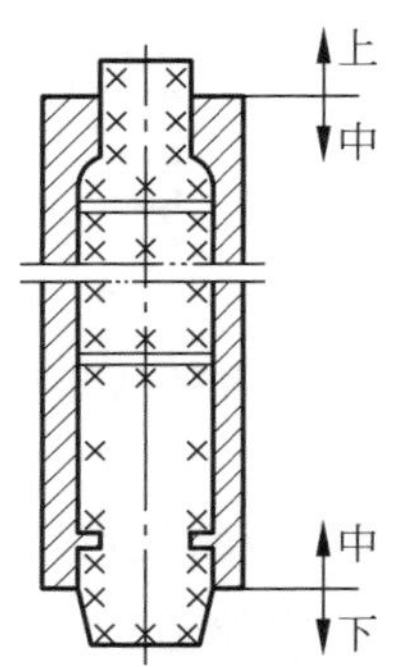

图 2-18　卷扬筒的浇注位置

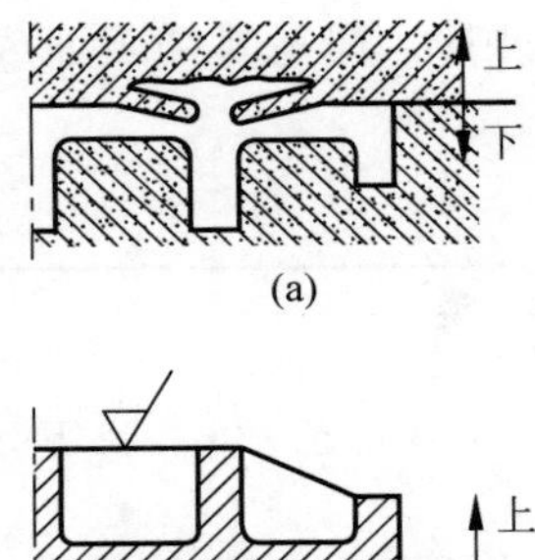

图 2-19　平板的浇注位置

(2) 铸件的大平面应处于铸型的底面。

大平面朝上通常容易出现夹砂缺陷，如图 2-19(a)所示。浇注过程中，型腔上表面在液态金属辐射热作用下拱起或开裂，当液态金属钻入型腔表层裂缝之后，便形成夹砂缺陷，因此大平面应朝下放置，如图 2-19(b)所示。

2) 分型面的选择

分型面是上砂型和下砂型的接触面，即两半铸型的接触面。分型面的选择正确与否，对造型工艺、铸件清理以及铸件尺寸和形状有着重要影响。分型面是为起模而设置的，如果有"分型面"，而又不能起模，则这个"分型面"显然是错误的。选择分型面的主要目的是在保证铸件质量的前提下，简化造型工艺。

为此，在保证起模的前提下，分型面的选择原则如下。

(1) 尽量将铸件的全部或大部分放在同一半铸型内，或加工面和加工基准面放在同一半铸型内。

因为分型面总会保持一定的"厚度"和"错移量"，分型面的存在影响铸件的尺寸精度。因此，凡是铸件上尺寸要求严格的部分，应尽量不被分型面所穿越。

图 2-20 为管子堵头的两种分型面方案。图中方头的 4 个侧面是加工基准面，外圆是加工面。图(a)分型面将铸件分放在两半铸型内，稍有错箱，就会给机械加工带来困难，甚至造成废品。图(b)分型面将铸件置于同一半铸型内，就能保证铸件尺寸精度。

(2) 尽量使分型面呈平面。

图 2-21 为支座的分型面。图(a)分型面为阶梯面时，需采用挖砂造型；图(b)分型面是个平面，就可采用分模造型，简化了造型工艺。

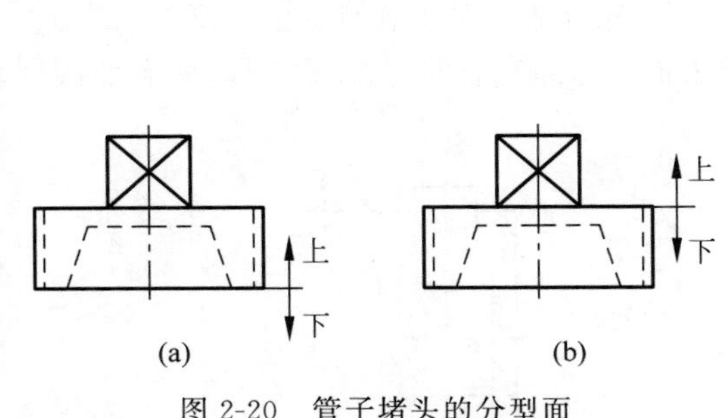

图 2-20　管子堵头的分型面

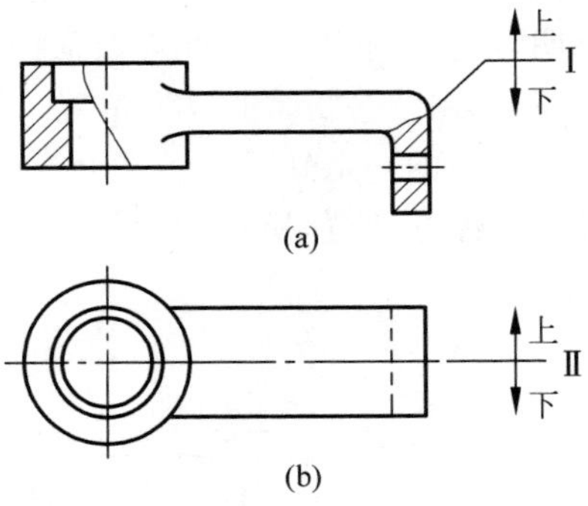

上
Ⅰ
下
(a)
上
Ⅱ
下
(b)

图 2-21　支座的分型面

(3) 尽量减少分型面的数目。

多一个分型面，就会给造型、合箱、清理增加一份工作量。图 2-22 为阀体的分型面，图(a)分型面(Ⅰ)选三个分型面需四箱造型，(Ⅱ)选两个分型面需三箱造型，图(b)分型面选一个分型面需两箱造型。显然，图(b)是最佳分型面。

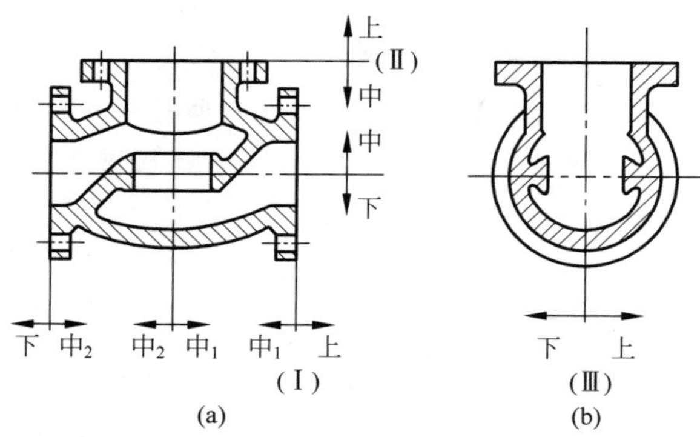

图 2-22　阀体的分型面

上述选择浇注位置和分型面的诸原则，对于某个具体铸件来说，往往难以全面顾及，有时甚至相互矛盾。因此，需要抓住主要矛盾，进行不同方案的分析比较。一般说来，对质量要求高的铸件应优先满足浇注位置的要求；对质量要求不高或外形复杂、生产批量又不大的铸件，应优先考虑分型面。

2. 工艺参数的选择

1）机械加工余量

机械加工余量是指铸件上供机械加工时切除的金属层厚度，是为保证零件精度服务的。机械加工余量过大，虽能保证零件尺寸要求，但浪费金属，浪费机械加工工时。机械加工余量过小，不仅难以保证机械加工的需要，还加速刀具的磨损。机械加工余量的大小，应依据合金种类、铸件尺寸、浇注位置、加工面与基准面的距离、生产批量和造型方法等因素确定。灰口铸铁件的机械加工余量可参照表 2-4 进行选择。

表 2-4　灰口铸铁件的机械加工余量　　单位：mm

铸件最大尺寸	浇注位置	加工面与基准面的距离					
		<50	50～120	120～260	260～500	500～800	800～1250
<120	顶面 底面、侧面	3.5～4.5 2.5～3.5	4.0～4.5 3.0～3.5				
120～260	顶面 底面、侧面	4.0～5.0 3.0～4.0	4.5～5.0 3.5～4.0	5.0～5.5 4.0～4.5			
260～500	顶面 底面、侧面	4.5～6.0 3.5～4.5	5.0～6.0 4.0～4.5	6.0～7.0 4.5～5.0	6.0～7.0 5.0～6.0		
500～800	顶面 底面、侧面	5.0～7.0 4.0～5.0	6.0～7.0 4.5～5.0	6.5～7.0 4.5～5.0	7.0～8.0 5.0～6.0	7.5～9.0 5.5～7.0	
800～1250	顶面 底面、侧面	6.0～7.0 4.0～5.5	6.5～7.5 5.0～5.5	7.0～8.0 5.0～6.0	7.5～8.0 5.5～6.0	8.0～9.0 5.5～7.0	8.5～10.0 6.5～7.5

注：机械加工余量值的下限用于成批、大量生产，上限用于单件、小批生产。

2）起模斜度

起模斜度又称为铸造斜度，是指垂直于分型面的加工表面壁上应给出的斜度，如图 2-23(a)

所示。起模斜度是制造模样时做出来的,如图 2-23(b)所示。铸件经机械加工后,起模斜度随同机械加工余量一起被切除,所得零件如图 2-23(c)所示。起模斜度是为了便于模样从铸型中取出或型芯从芯盒中脱离而设置的,绝非零件结构所需要。起模斜度的大小取决于造型方法、模样材料和垂直壁的高度等因素,通常为 15′～3°,机器造型比手工造型斜度小,金属模比木模斜度小,垂直壁越高斜度越小。

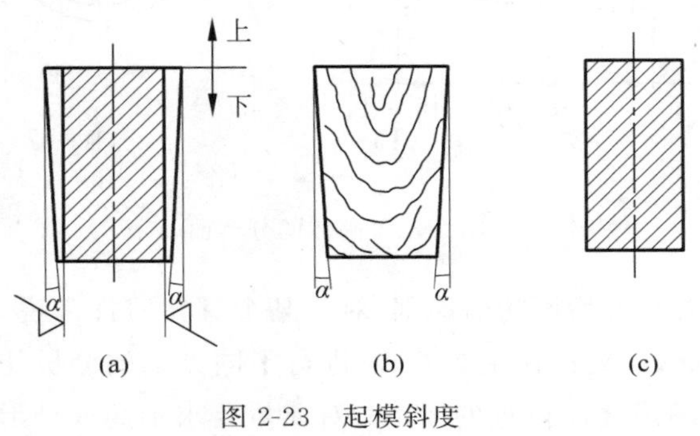

图 2-23　起模斜度

3）铸孔

零件上的孔,是铸出来好,还是机械加工出来好,这不仅取决于技术上的可能性,还取决于经济上的合理性。一般来讲,较大的孔应该铸出来,以节约金属和机械加工工时,同时还可避免造成热节;较小的孔不铸出来,留待机械加工反而更经济。但特殊形状或无法钻削加工的孔,如弯曲孔应铸出。

铸造生产中,最小铸孔指的是毛坯孔径。当孔径小于最小铸孔孔径时,这个孔就不铸出来。灰口铸铁件的最小铸孔推荐如下:单件、小批生产 30～50 mm,成批生产 15～30 mm,大量生产 12～15 mm。

4）芯头

砂芯是由形成铸件轮廓的主体和芯头组成的。芯头是为砂芯在铸型中定位、安放、排气和从铸件中清除砂芯而采取的工艺措施。芯头可分为垂直芯头和水平芯头两大类。垂直芯头一般有上芯头和下芯头,如图 2-24(a)所示,但是短而粗的砂芯也可省去上芯头。垂直芯头的高度主要取决于芯头直径。垂直芯头必须有一定的斜度,以便于造型中的下芯和合箱。

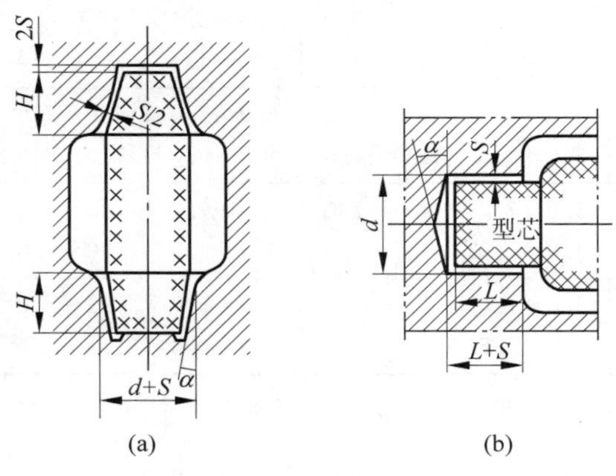

图 2-24　芯头结构

水平芯头如图 2-24(b)所示，其长度取决于芯头直径和砂芯长度。为了便于合箱，铸型上芯座的端部也应留出一定的斜度，同时芯座和芯头之间应留有 1～4 mm 的间隙。

5）收缩率

铸件在凝固和冷却过程中，各部分尺寸一般都要缩小，铸件尺寸缩小的百分数就是收缩率。制造模样或芯盒时要按确定的收缩率，将模样或芯盒放大，以保证冷却后的铸件尺寸符合要求。收缩率的大小，随合金种类、铸件结构而不同，通常灰口铸铁为 0.7%～1.0%，铸钢为 1.5%～2.0%，非铁合金为 1.0%～1.5%。

3. 铸造工艺图举例

制定铸造工艺图时，首先应综合考虑浇注位置和分型面的确定，然后根据浇注位置和分型面来确定机械加工余量和起模斜度，以及对零件上的孔槽等结构进行简化处理。需要加砂芯的部位，要画出砂芯的尺寸、形状和芯头。

图 2-25 为衬套的零件图，衬套材料为 HT200，批量生产。ϕ46 的内孔表面是重要的工作面，首先必须保证其质量。

根据衬套的形状，可以选择两种浇注位置。第一种水平放置，即 ϕ46 的内孔为水平孔，以其轴线作为分型面，两箱造型，用水平砂芯形成 ϕ46 的内孔。这种浇注位置和分型面方案的特点是造型操作简单，下芯方便，但是容易产生错箱的缺陷，也不易保证 ϕ46 内孔的上半圆柱面的质量。

第二种为垂直放置，分型面选在 ϕ120 的圆表面上，整个铸件可放在下箱，ϕ46 内孔采用垂直砂芯形成。ϕ46 内孔表面及所有的圆周表面都处于侧立位置，质量均匀一致，可以保证质量。综合分析，第二种浇注位置和分型面的选择方案比较合理。图 2-26 为采用第二种方案绘制的铸造工艺图，图 2-27 和图 2-28 分别为其模样图和铸件图。

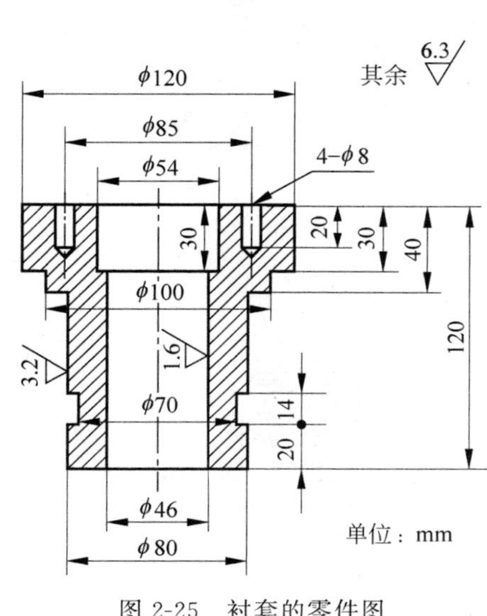

图 2-25　衬套的零件图

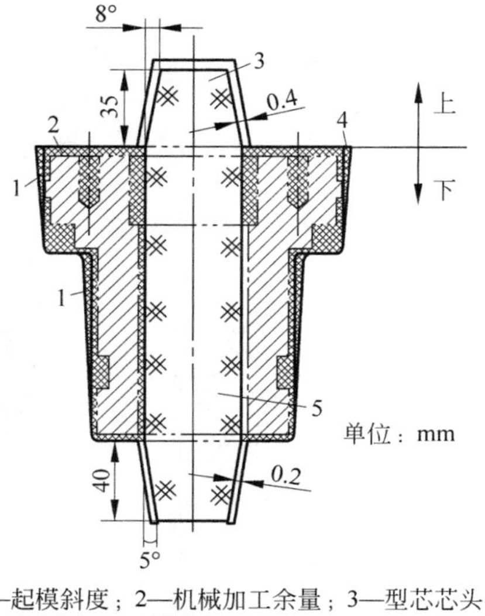

单位：mm

1—起模斜度；2—机械加工余量；3—型芯芯头；4—分型面；5—型芯主体。

图 2-26　衬套的铸造工艺图

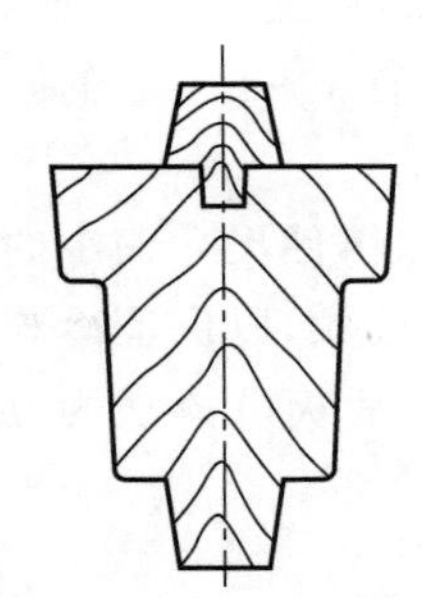

图 2-27 衬套的模样图

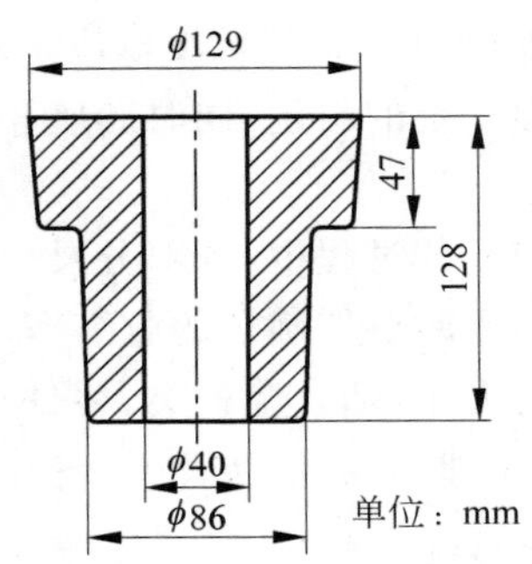

图 2-28 衬套的铸件图

2.3 特种铸造

特种铸造是指砂型铸造以外的其他铸造方法。特种铸造的方法很多,这里仅介绍几种生产中常见的特种铸造方法。

2.3.1 熔模铸造

在蜡模表面上包覆数层耐火材料,熔失蜡模后,形成没有分型面的铸型,经焙烧、浇注得到铸件的方法称为熔模铸造。

1. 熔模铸造的工艺过程

熔模铸造的工艺过程如图 2-29 所示。

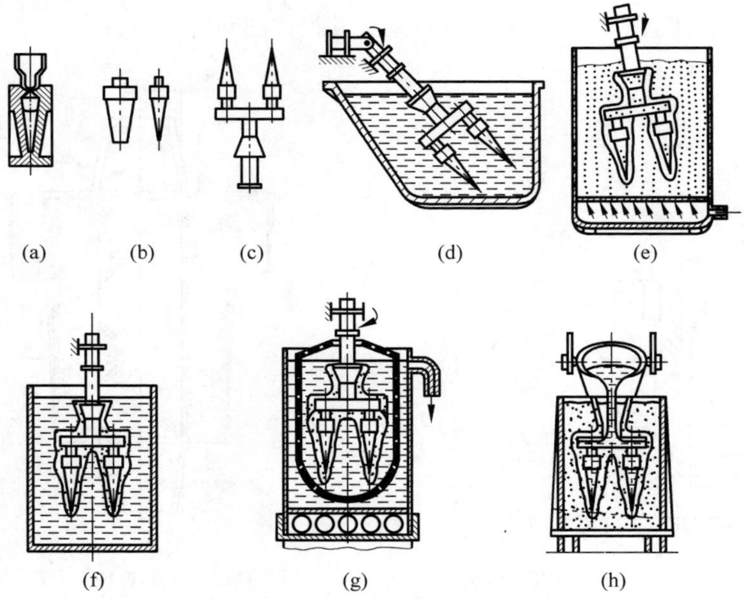

图 2-29 熔模铸造的工艺过程

1）制造蜡模

制造蜡模的材料通常由 50％的石蜡和 50％的硬脂酸配制而成,熔点为 54～57℃。将糊状蜡料压入压型，如图 2-29(a)所示；凝固后取出，修去毛刺，即得到附有内浇口的单个蜡模，如图 2-29(b)所示；为能一次铸出多个铸件，还需将单个蜡模焊在一个直浇口模棒上，制成蜡模组，如图 2-29(c)所示。一个蜡模组上可以有多个蜡模。

2）制造铸型

将蜡模组浸入涂料槽，涂挂一层由水玻璃和石英粉配制的耐火涂料，如图 2-29(d)所示。送到沸腾床上向其表面喷吹一层石英砂，如图 2-29(e)所示。将黏附石英砂的蜡模组浸入氯化铵水溶液中硬化，如图 2-29(f)所示。水玻璃与氯化铵发生化学反应，生成硅酸凝胶，将砂粒粘牢，在蜡模组表面上形成一层 1～2 mm 厚的硬壳。按"浸挂涂料→喷石英砂→硬化"这个顺序重复 4～6 次，直到结成 5～10 mm 厚的硬壳为止。

3）脱模和焙烧

将附有硬壳的蜡模组浸泡在热水槽中，如图 2-29(g)所示，水温为 85～90℃，蜡模组熔化而脱出，于是得到了壳型，即没有分型面的铸型。蜡模组是用熔化法脱出的，所以这种铸造方法得名为熔模铸造。将壳型置于铁箱中，周围填上干砂，送进焙烧炉中，焙烧温度为 850～950℃。通过焙烧，去除壳型中的水分、残余蜡料和杂质，从而提高了壳型强度、净化了型腔。

4）浇注

为了提高液态金属的充型能力，常在焙烧后趁热(600～700℃)进行浇注，如图 2-29(h)所示。通常，液态金属在重力作用下充填铸型。

5）落砂和清理

凝固冷却后，破碎型壳，取出铸件，然后去掉浇口，清理铸件上残留的耐火材料。

2. 熔模铸造的特点和应用范围

熔模铸造与砂型铸造相比，铸型没有分型面，型腔表面极为光洁。因此，熔模铸件的表面质量好于砂型铸件的，尺寸精度达 IT11～14，表面粗糙度达 Ra25～3.2，机械加工余量仅为 0.2～0.7 mm。为保证尺寸精度，防止蜡模变形，熔模铸件不宜过大，目前一般不超过 25 kg。熔模铸造适于铸造各种合金，尤其在铸造高熔点合金和难切削加工合金时，可充分发挥其优越性。

熔模铸造时，液态金属充填热的铸型。因此，熔模铸造可以铸造薄壁和形状复杂的铸件，最小壁厚为 0.7 mm。熔模铸造适于成批量生产，也可用于单件生产，但以前者为主。它主要用于制造汽轮机、燃气轮机、涡轮发动机叶片和叶轮、切削刀具以及汽车和拖拉机上的一些小零件等。目前，熔模铸造的用途正在日益扩大。

2.3.2　金属型铸造

液态金属在重力作用下充填金属铸型，凝固形成铸件的方法，称为金属型铸造。

金属型用铸铁或钢制成。金属型可反复多次(几百次到几千次)使用，所以金属型铸造又叫作永久型铸造。

根据分型面在空间位置的不同，金属型可分为整体式、垂直分型式、水平分型式和复合分型式等几种结构。其中，垂直分型式便于开设浇口和取出铸件，也易于实现机械化生产，所以应用最广泛。

图 2-30 为铸造铝合金活塞用的金属铸型。其中，金属型是垂直和水平分型相结合的

复合结构，左半型和右半型用铰链相连接，以开合铸型。根据铝合金活塞结构的需要，内腔采用可拆式金属芯，由图 2-30(a)中的 1、2 和 3 三块构成，而销孔采用整体式金属芯，如图 2-30(a)中的 4 和 5。浇注后，如图 2-30(b)所示，先取出 2，再取出 1 和 3，然后取出 4 和 5。

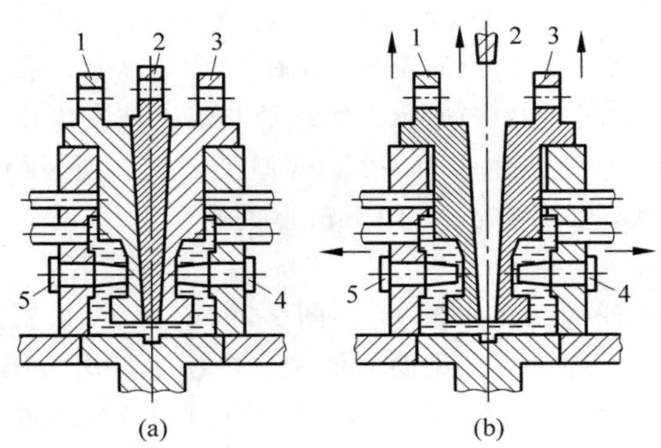

1—左侧可拆式金属芯；2—中间可拆式金属芯；
3—右侧可拆式金属芯；4—右侧销孔芯；
5—左侧销孔芯。

图 2-30 铸造铝合金活塞用的金属铸型

1. 金属型铸造的工艺过程

1）预热

开始工作前，金属型和金属芯一定要预热。预热温度随合金种类、铸件壁厚而定，一般铝合金件为 200～300℃，锡青铜件为 150～250℃。预热的目的在于减小液态金属与金属型之间的温差，延长金属型的使用寿命和保证铸件质量。

2）喷刷涂料

在金属型型腔表面和金属芯表面，一定要喷刷涂料，涂料层厚度为 0.3～0.8 mm，涂料由耐火材料、黏结剂和溶剂组成，为绝热涂料。喷刷涂料的作用是减弱液态金属对金属型和金属芯表面的热冲击，延长金属型的使用寿命和保证铸件质量。

3）合型浇注

合型时要按一定顺序来安放金属芯，检查芯的定位精度和稳固情况后即可合型，并卡紧。金属型铸造的浇注温度比砂型铸造高 20～35℃。铝合金浇注温度为 680～740℃，锡青铜为 1100～1150℃。

4）开型清理

浇注后，铸件在金属铸型内的停留时间不宜过长，否则，铸件出型及抽芯更加困难，同时也会降低生产效率，开型温度为所浇合金固相线温度的 0.6～0.8 倍。去除浇冒口，并清理毛刺。

每浇注一次，金属型温度都有所升高。为使金属型保持一定的工作温度，在连续生产过程中，需用风冷或水冷来降温。

2. 金属型铸造的特点和应用范围

金属型与砂型相比，尺寸精度高、表面粗糙度低、导热快。因此，金属型铸件的表面质量和力学性能好于砂型铸件，尺寸精度达 IT12～16、表面粗糙度达 Ra25～12.5，机械加工余量比砂型铸件小，对铝合金铸件，强度平均提高 20%。

金属型铸造可以“一型多铸”，便于实现机械化和自动化生产，从而大大提高了生产效率。但金属型制造费用高，不适于大型铸件和薄壁铸件的生产。这种铸造方法主要用于非铁合金的中、小型铸件的成批量生产。

2.3.3　压力铸造

液态金属在压力作用下（5～150 MPa）充填金属铸型，并在压力作用下凝固形成铸件的方法，称为压力铸造。

1. 压力铸造的工艺过程

压力铸造是在压铸机上进行的，卧式压铸机的工作过程如图 2-31 所示。压力铸造用的金属铸型，又叫作压铸型，由动型、定型和金属芯组成，如图 2-31(a)所示。

1）预热与喷涂料

开始工作前，动型、定型和金属芯一定要预热。预热温度与合金种类、铸件壁厚有关，通常为 120～320℃。喷涂料，减轻金属液体的热冲击，以提高压铸型的使用寿命。

2）闭合压铸型和浇注金属

闭合压铸型，用定量勺将液态金属浇入压室，如图 2-31(a)所示。

3）压铸

压铸时，如图 2-31(b)所示，压铸冲头推动液态金属充填型腔，并在压力作用下凝固。充填压铸型时的压力越高，越易获得轮廓清晰、表面光洁的铸件。凝固时的压力越高，铸件越致密，力学性能越高。压铸时压力为 40～100 MPa。

4）取出铸件

铸件凝固后，开型，抽出金属芯，顶杆把铸件从动型中顶出。在连续生产中，压铸型温度往往升高。为维持正常工作温度，通常用水或压缩空气冷却。

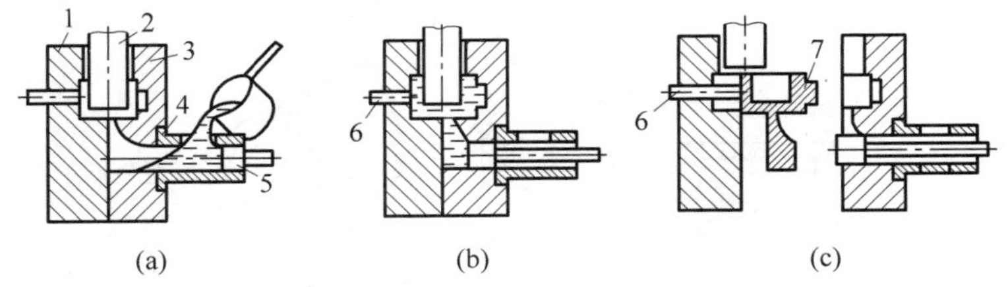

1—动型；2—金属芯；3—定型；4—压室；
5—压射冲头；6—顶杆；7—铸件。

图 2-31　卧式压铸机的工作过程

2. 压力铸造的特点与应用范围

压铸件的表面质量高于其他各种铸造方法生产的铸件，尺寸精度达 IT11～13，表面粗糙度达 Ra6.3～1.6。因此压铸件可实现少切削或无切削。

液态金属在压力作用下充填压铸型，使得这种方法可以铸造形状复杂的薄壁件或镶嵌件，例如可直接铸出小孔和螺纹等。

压铸时液态金属冷却速度快，并在压力作用下凝固，提高了压铸件的强度和表面硬度，比如抗拉强度比砂型铸件高25%～30%。

压力铸造的生产效率比其他铸造方法都高，最高可达500次每小时。

液态金属充型速度极高，为0.5～50 m/s，型腔内的气体来不及排出，致使铸件内存在过饱和的气体原子，如果压铸件进行热处理，则铸件内过饱和的气体原子将析出，使压铸件的表面质量降低，因此压铸件不进行热处理。

压力铸造的压铸型制造费用很高，适于成批量生产中小型低熔点非铁合金的铸件。目前，压力铸造在汽车、拖拉机、农业机械、计算机制造业中得到了广泛应用，如缸体、缸盖、变速箱壳体、化油器等。

2.3.4 离心铸造

液态金属浇入高速旋转的铸型中，使其在离心力的作用下充填铸型并凝固，这种形成铸件的方法称为离心铸造。

1. 离心铸造的种类

离心铸造使用的铸型有砂型和金属型，其中以金属型应用最为广泛。

根据铸型旋转轴在空间位置的不同，通常有绕垂直轴旋转的离心铸造和绕水平轴旋转的离心铸造，如图2-32所示。

绕水平轴旋转的离心铸造是在卧式离心铸造机上进行的，如图2-32(a)所示，电动机驱动铸型旋转，定量的液态金属通过流槽进入型腔。若铸型很长时，则边浇注，边移动流槽，这样就可获得壁厚均匀的中空铸件。铸件内腔不靠型芯形成。铸件凝固后，停机取出铸件，这种方法适于生产管类铸件。

绕垂直轴旋转的离心铸造是在立式离心铸造机上进行的，如图2-32(b)所示。铸型固定在工作台上，电动机驱动轴旋转，铸型也跟随旋转，将定量的液体金属浇入铸型，在离心力的作用下沿型壁运动，直到凝固形成铸件。

这种方法适于铸造直径大于高度的中空铸件，一般为高度小于500 mm的圆环类铸件。

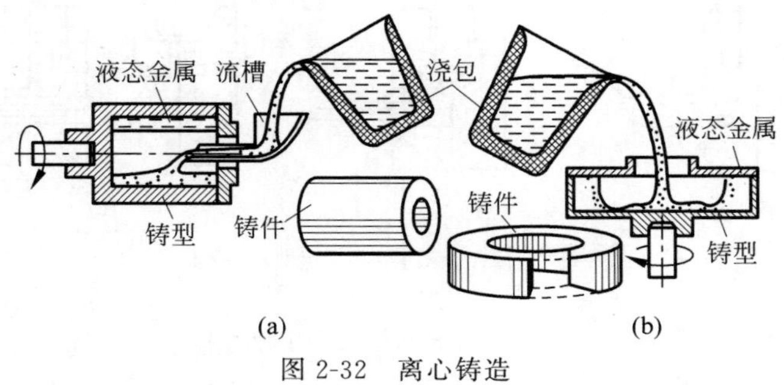

图2-32 离心铸造

2. 离心铸造的特点和应用范围

在离心力的作用下，液态金属中的气体、熔渣因比重小均聚集在内表面。液态金属的凝固从外向内进行，顺序凝固，因而铸件致密，不易产生缩孔、缩松、气孔和夹杂等缺陷，力学性能好。当生产环类或管类铸件时，不用型芯和浇口，省工又省料。此外，还便于生产双金属铸件。离心铸件内表面质量差，若需切削加工，则必须增大机械加工余量。离心铸造适合于成批量生产。

2.3.5　真空实型铸造

真空实型铸造方法是将泡沫塑料汽化模置于可抽真空的特制砂箱内，填入干型砂(不含黏结剂和水分)，再用塑料薄膜覆盖箱口，然后抽真空紧固型砂，在不起模并抽真空的情况下浇注，泡沫塑料汽化模在高温金属液的热作用下，迅速分解汽化，金属液取代汽化模的位置，凝固冷却后得到铸件。

真空实型铸造时，需在泡沫塑料汽化模的外表面涂刷上一层耐火涂料层。采用振动法来紧实无黏结剂的型砂。从砂箱的侧面、底面抽真空，来进一步紧固型砂，并消除浇注过程中泡沫塑料汽化模汽化后产生的气体。

真空实型铸造工艺过程如图 2-33 所示。其中：

(a) 将可抽真空的特制砂箱置于振动工作台上，填入底砂，振实；

(b) 将涂好涂料，并经烘干的泡沫塑料汽化模放于底砂上，填满型砂，振实；

(c) 刮平箱口，用塑料薄膜覆盖箱口后，放上浇口杯，等待浇注；

(d) 接上抽气软管，启动真空泵，将砂箱内抽真空，将型砂紧固成型后进行浇注；

(e) 释放真空，待铸件冷却后从松散的型砂中取出。

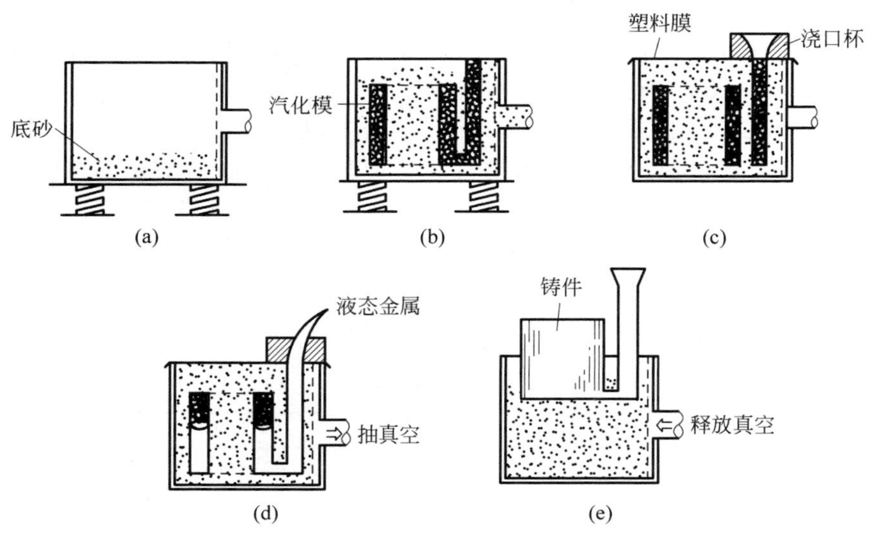

图 2-33　真空实型铸造工艺过程

真空实型铸造生产效率高，铸件尺寸精度高，劳动强度低，工作环境较好，适合于常见铸造合金的中小型铸件的生产。大批量生产时，可用聚苯乙烯珠粒，在模具中发泡成型，得到所需的汽化模。而单件生产时，可用聚苯乙烯泡沫塑料板材，加工制成汽化模。

2.3.6　低压铸造

低压铸造通常是将铸型安放在密封的坩埚上方，向坩埚中通入压缩空气，在液态合金表面产生 0.06～0.15 MPa 的气体压力，从而使液态合金由升液管上升，由铸型底部自下向上充填铸型，凝固冷却后得到铸件。

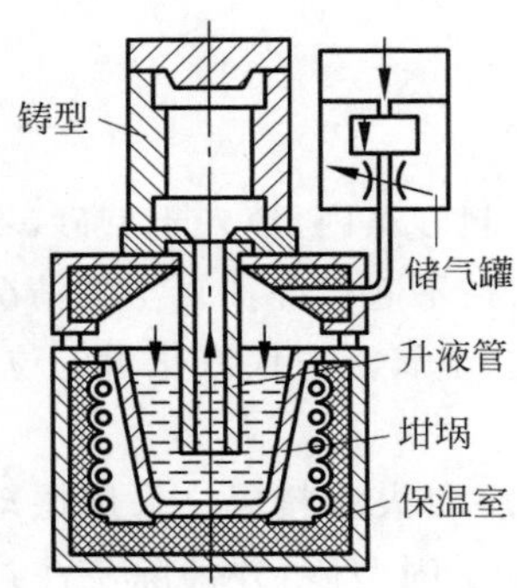

图 2-34 低压铸造工艺过程

低压铸造工艺过程如图 2-34 所示。

工作时,首先将铸型合型。从储气罐向保温室输送一定压力的干燥压缩空气或惰性气体,在气体压力的作用下,液态合金(一般高于液相线温度 100～150℃)沿着升液管从密封坩埚中平稳地充填到铸型型腔中,液态合金充满铸型后仍保持一定压力(或适当增加压力)直到型腔内的液态合金完全凝固。然后撤除气体压力,升液管和浇注系统中未凝固的液态合金在重力作用下流回坩埚,打开铸型取出铸件。

低压铸造的充填压力和速度均可调节,可适于各种不同铸型及合金材料。由于液态合金由铸型底部平稳地充填铸型型腔,无金属液飞溅现象,可有效避免卷入气体及金属液冲刷铸型表面,提高了铸件的质量。铸件在压力下凝固,所以铸件的组织致密、轮廓清晰、表面光洁,力学性能较高,适于大尺寸薄壁铸件的生产。但其生产效率较低,铸件表面质量低于压铸件,目前主要用于成批量生产质量要求较高的铝合金、镁合金、铜合金等形状较为复杂的薄壁铸件,也可用于生产铸铁、铸钢件。

2.3.7 各种铸造方法的选择

各种铸造方法都有自己的优缺点和应用范围,应根据合金种类、零件形状和大小、生产批量、质量要求、现场设备条件以及产品成本等各项因素进行全面分析比较。例如,表 2-5 所列为不同铸造方法在不同批量条件下,铸铝小连杆的成本比较。

连杆形状简单,合金熔点较低,在大批量生产时以压力铸造成本最低。在单件和小批生产时,砂型铸造最为经济。在大批量生产中,尽管金属型铸造的成本高于砂型铸造,但连杆的力学性能和表面质量好,可推荐选用。熔模铸造的优越性无法显示,故不宜采用。

表 2-6 列出了几种铸造方法的综合比较。其中砂型铸造的适应性强。因此,选择铸造方法时,应优先予以考虑。特种铸造只是在相应的条件下,才能显示出优越性。

表 2-5 铸铝小连杆成本比较

简图	产量/件	铸件成本/(元/件)			
		砂型铸造	金属型铸造	熔模铸造	压力铸造
(73 mm)	100	1.75	6.02	6.25	18.75
	1000	0.62	1.23	2.67	1.95
	10000	0.33	0.37	1.93	0.50
	100000	0.30	0.29	1.80	0.16

表 2-6 常见铸造方法的比较

项目	铸造方法					
	砂型铸造	熔模铸造	金属型铸造	压力铸造	低压铸造	离心铸造
适用金属	任意	不限制,以铸钢为主	不限制,以非铁合金为主	铝、锌、镁等低熔点合金	以非铁合金为主,也可用于铸钢和铸铁	以铸铁、铸钢为主

续表

项目	铸造方法					
	砂型铸造	熔模铸造	金属型铸造	压力铸造	低压铸造	离心铸造
铸件质量范围	不限制	一般小于 25 kg	以中、小型铸件为主	一般小于 10 kg，也可用于中型铸件	以中、小型铸件为主	不限制
生产批量	不限制	成批量生产，也可单件、小批量生产	成批量生产	成批量生产	成批量生产	成批量生产
铸件尺寸公差/mm	100±1.0	100±0.3	100±0.4	100±0.3	100±0.4	
铸件表面粗糙度	粗糙	Ra25～3.2	Ra25～12.5	Ra6.3～1.6	Ra25～6.3	内表面粗糙
铸件铸态晶粒组织	粗晶粒	粗晶粒	细晶粒	细晶粒，内部多有气孔	细晶粒	
机械加工余量	大	小或不加工	小	小或不加工	较小	内表面机械加工余量大
生产效率（一般机械化程度）	低、中	低、中	中、高	最高	中	中、高
铸件最小壁厚/mm	3.0	通常 0.7	铝合金 2～3	0.5～1.0	一般 2.0	

2.4 常用合金铸件的生产

2.4.1 铸铁件的生产

铸铁是碳的质量分数大于 2.11%，并含有较多硅、锰、磷和硫的铁碳合金。根据碳的存在形式，铸铁可分为白口铸铁、麻口铸铁和灰口铸铁。白口铸铁中的碳主要以 Fe_3C 形式存在，断口呈银白色。这种铸铁硬而脆，难以切削加工，工业上仅用于部分耐磨零件。麻口铸铁中的碳主要以 Fe_3C 和石墨的形式存在，断口为银白色中含有暗灰点。这种铸铁的性能基本与白口铸铁相同。灰口铸铁中的碳主要以石墨形式存在，断口呈暗灰色，这种铸铁主要用来生产结构件。

根据石墨形态的不同，灰口铸铁又分为普通灰口铸铁、球墨铸铁、可锻铸铁和蠕墨铸铁等。

1. 灰口铸铁

灰口铸铁通常是指具有片状石墨的铸铁。灰口铸铁件产量占铸铁件总产量的 80%以上。

1）灰口铸铁的组织与性能

灰口铸铁的组织是由金属基体和片状石墨组成的。根据基体的不同，灰口铸铁又分为珠光体灰口铸铁、珠光体-铁素体灰口铸铁和铁素体灰口铸铁。其中珠光体灰口铸铁的强度和硬度最高,铁素体灰口铸铁的强度和硬度最低。图 2-35 为铁素体灰口铸铁的显微组织,由图可知,片状石墨以不同的数量和大小分布在基体上。

灰口铸铁的抗拉强度较低,塑性和韧性非常低,属于脆性材料。灰口铸铁与铸造碳素钢力学性能的对比见表 2-7。

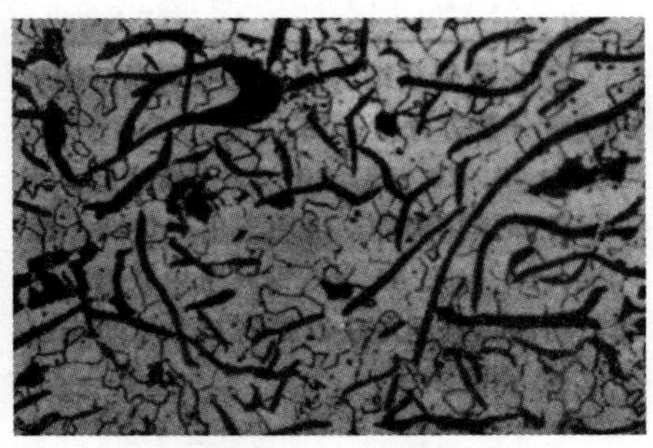

图 2-35 铁素体灰口铸铁的显微组织

表 2-7 灰口铸铁与铸造碳素钢力学性能的比较

材料	性能指标		
	R_m/MPa	A/%	α_K/(J/cm^2)
铸造碳素钢	400～640	10～25	20～60
灰口铸铁	100～350	约 0.5	1～1.1

灰口铸铁力学性能低的主要原因是,石墨割裂了基体,减少了基体的有效承载截面积,同时,石墨尖锐边缘易造成应力集中。石墨越多、越粗大、分布越不均匀,对基体的割裂越严重,则其强度、塑性就越低。灰口铸铁基体中,珠光体越多,强度越高。但必须看到,灰口铸铁的抗压强度受石墨的影响较小,其抗压强度与钢相近。因此灰口铸铁适宜于制作受压件。

石墨虽然降低了灰口铸铁的力学性能,但也正是由于石墨的存在,使灰口铸铁具有一系列优于钢的其他性能。

(1) 优良的加工工艺性。灰口铸铁的成分一般控制在共晶点附近,熔点低,流动性好,收缩率小,铸造性能好。所以灰口铸铁能浇铸形状复杂与薄壁的铸件。由于石墨割裂了基体的连续性,使灰口铸铁的切屑易脆断,利于散热,且石墨对切削刀具有一定润滑作用,可减少刀具磨损,切削加工性良好。

(2) 耐磨性好。由于石墨本身是一种很好的固态润滑介质,同时石墨脱落形成的孔隙可以吸附储存润滑剂,使摩擦面始终保持良好的润滑条件,大大降低了摩擦系数,减少了零件磨损。所以灰口铸铁常用于制造某些摩擦件。

(3) 减振性好。由于灰口铸铁中的石墨能吸收振动波,对振动的传递起削弱作用,使灰口铸铁减振能力比钢约大 10 倍,因此常用作承受振动的机架或底座等零件。

(4) 缺口敏感性低。由于石墨已使灰口铸铁基体形成了大量缺口(微裂纹),所以外加缺口(如油孔、键槽、刀痕等)对灰口铸铁力学性能的影响甚微,故其缺口敏感性低,从而增加了零件工作时的可靠性。

正是由于灰口铸铁具有以上优良性能,且价格低廉,易于生产,所以是工业中应用最广泛的金属材料之一。

2）影响灰口铸铁组织和性能的因素

灰口铸铁的性能取决于组织。要控制灰口铸铁的组织和性能，就必须控制铸铁的石墨化。石墨的形成过程称为石墨化。影响铸铁石墨化的主要因素是化学成分和冷却速度。

（1）化学成分。碳和硅对灰口铸铁组织有决定性的影响。碳是形成石墨的元素，硅是强烈促进石墨化的元素，碳和硅称为石墨化元素。碳和硅的质量分数越高，则析出石墨越多，越粗大，且基体中铁素体增多，珠光体减少。实践证明，若铸铁中硅含量过少，即使碳的质量分数甚高，石墨也难以形成。铸铁中，硅含量每增加1%，共晶点(4.3%C)的碳含量相应降低0.33%，即一份硅的作用相当于三分之一份碳的作用。为综合考虑碳和硅的影响，通常把含硅量折算成相当作用的含碳量，并把折算后的碳总量称为碳当量 C_E，即 $C_E=w_C\%+1/3w_{Si}\%$。

通常，碳、硅的质量分数越高，铸造性能越好。因此，调整铸铁的碳当量是控制其石墨化程度、组织及性能的基本措施之一。灰口铸铁中，碳和硅的质量分数的控制范围为 $w_C=2.7\%\sim3.7\%$，$w_{Si}=1.1\%\sim2.7\%$。

硫和锰是反石墨化元素，即阻碍石墨的形成。硫还使铸铁具有热脆性，通常限量在0.1%～0.15%以下。但是锰可与硫形成MnS，削弱硫的有害作用。此外锰还可提高渗碳体的稳定性，有助于形成珠光体。灰口铸铁中锰的质量分数一般为0.5%～1.4%。

磷是对石墨化影响不显著的元素。但过多的磷，增加铸铁的冷脆性，一般限制在0.15%～0.3%以下。

（2）冷却速度。铸件的冷却速度主要取决于铸型材料和铸件壁厚。

各种铸型材料的导热能力不同。冷却速度快，石墨化受到严重阻碍，铸件易产生白口组织(形成 Fe_3C)；反之，冷却速度缓慢，石墨可顺利析出，易获得灰口组织。

在铸型材料相同的条件下(砂型铸造)，冷却速度主要取决于铸件的壁厚。

不同壁厚的铸件因冷却速度的差异，其组织和性能也随之而变。生产中常采用如图2-36所示的三角形试样的断口来初步判断灰口铸铁的组织。由图2-36可以看出，铸铁结晶时，上部厚壁处由于冷却速度慢，有利于石墨化的进行而易获得灰口组织；下部薄壁处由于冷却速度快，不利于石墨化的进行而易产生白口组织。在灰口和白口交界处属于麻口组织。

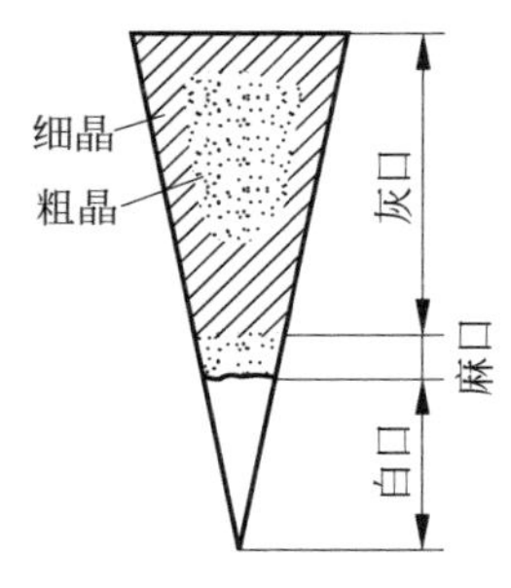

图2-36　铸铁三角形试样的组织示意图

但在生产中，不能通过改变铸件壁厚来调整铸铁组织，而是根据铸件的壁厚选择适当的化学成分。如图2-37所示为砂型铸造时，铸件壁厚和化学成分对铸铁组织的影响。

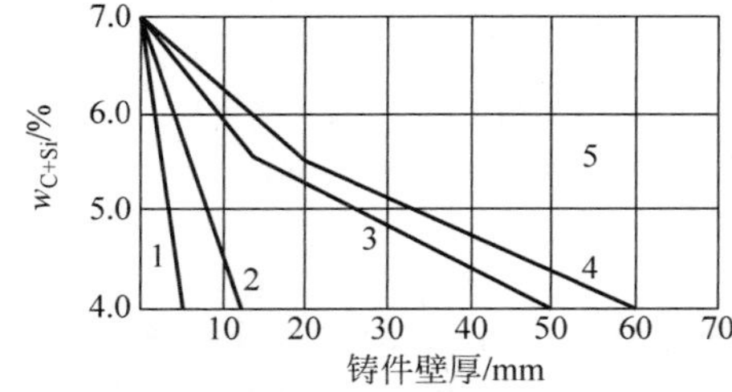

1—P+Fe_3C（白口铸铁）；2—P+Fe_3C+G（麻口铸铁）；3—P+G（珠光体灰口铸铁）；
4—P+F+G（珠光体-铁素体灰口铸铁）；5—F+G（铁素体灰口铸铁）；G—石墨。

图2-37　铸件壁厚和化学成分对铸铁组织的影响

由图 2-37 可以看出，为了生产出强度高的珠光体灰口铸铁，在化学成分上，应在不产生白口铸铁和麻口铸铁的前提下，尽量降低碳硅含量；在冷却速度上，应在不产生白口铸铁和麻口铸铁的前提下，尽量提高冷却速度。

要使灰口铸铁件获得所需的组织和性能，主要是根据铸件的壁厚，控制碳硅总的质量分数，并配合适当的锰的质量分数，限制有害元素硫和磷的质量分数。

3）孕育铸铁

为了便于生产珠光体灰口铸铁，孕育处理是有效方法之一。孕育处理是向铁水中加入孕育剂的操作方法。经孕育处理得到的灰口铸铁叫作孕育铸铁，又称高强度铸铁。

生产孕育铸铁的原始铁水成分中碳硅含量应较低，一般为 $w_C=2.7\%\sim3.3\%$，$w_{Si}=0.8\%\sim1.7\%$，$w_{Mn}=0.7\%\sim1.3\%$。这种成分的铁水若不经孕育处理直接浇注，铸件就会出现白口组织。

孕育处理时，将孕育剂(通常为含硅量 75%的硅铁颗粒)均匀地加入出铁槽中，由出炉的铁水将其冲入铁水包中。孕育剂的加入量一般为铁水质量的 0.25%～0.6%，铁水出炉温度应控制在 1400～1450℃，以补偿孕育处理造成的铁水降温，保证铁水的充型能力。孕育处理后，应及时浇注。

孕育处理的作用：

(1) 增加了铸铁结晶的石墨晶核，使石墨呈细小片状，且均匀分布在基体上；

(2) 促进形成珠光体基体；

(3) 防止产生白口。

与普通灰口铸铁相比，孕育铸铁的优点如下：

(1) 孕育铸铁的强度和硬度显著高于普通灰口铸铁，通常 R_m 为 250～350 MPa，HBW 为 170～270；

(2) 冷却速度对其组织和性能的影响甚小，铸件厚大截面的力学性能较为均匀，如图 2-38 所示，因此，孕育铸铁适用于要求较高强度、高耐磨性或高气密性的铸件，特别是厚大铸件。

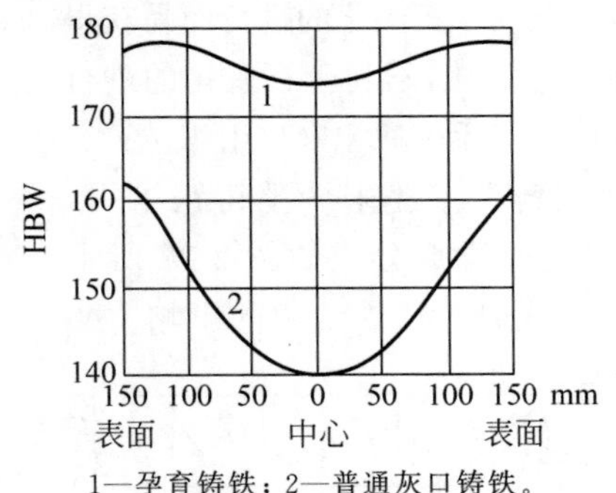

1—孕育铸铁；2—普通灰口铸铁。

图 2-38 孕育处理对大铸件截面(300 mm×300 mm)硬度的影响

4）灰口铸铁的牌号及其选用

灰口铸铁的性能不仅取决于化学成分，还与冷却速度密切相关。因此，它的牌号以力学性能来表示。灰口铸铁牌号中，“HT”代表灰口铸铁，后面的数字表示以 ϕ30 mm 试棒测出的最低抗拉强度。如 HT250，表示以 ϕ30 mm 试棒测出的抗拉强度≥250 MPa。

表 2-8 列出各种牌号不同壁厚灰口铸铁件的力学性能参考值和典型用途举例。

表 2-8　灰铸铁的牌号和力学性能

牌　号	铸件壁厚/mm	R_m/MPa		HBW	典型用途举例
		单铸试棒	附铸试棒或试块		
HT100	5～40	100	—	≤170	基体为铁素体＋珠光体；可用于下水管、外罩、底座等
HT150	5～10 10～20 20～40 40～80 80～150 150～300	150	— — 120 110 100 90	125～205	基体为铁素体＋珠光体；可用于端盖、轴承座、阀壳、管路附件、手轮，一般机床底座、床身及其他复杂零件、滑座、工作台等
HT200	5～10 10～20 20～40 40～80 80～150 150～300	200	— — 170 150 140 130	150～230	基体为珠光体；可用于汽缸、齿轮、底座、飞轮、齿条、衬筒，一般机床床身及中等压力液压筒、液压泵和阀的壳体等
HT225	5～10 10～20 20～40 40～80 80～150 150～300	225	— — 190 170 155 145	170～240	基体为珠光体；可用于汽缸、齿轮、底座、飞轮、齿条、衬筒，一般机床床身及中等压力液压筒、液压泵和阀的壳体等
HT250	5～10 10～20 20～40 40～80 80～150 150～300	250	— — 210 190 170 160	180～250	基体为珠光体；可用于汽缸、油缸、齿轮、联轴器、轴承座、飞轮、齿轮箱壳体、衬筒、阀的壳体等
HT275	10～20 20～40 40～80 80～150 150～300	275	— 230 205 190 175	190～260	基体为索氏体或屈氏体；可用于齿轮、凸轮、车床卡盘、剪床、压力机的机身，导板、自动车床及其他重载荷机床的床身，高压液压筒、液压泵和滑阀壳体等
HT300	10～20 20～40 40～80 80～150 150～300	300	— 250 220 210 190	200～275	
HT350	10～20 20～40 40～80 80～150 150～300	350	— 290 260 230 210	220～290	

注：牌号依据 GB/T 9439—2010《灰铸铁件》。

2. 球墨铸铁

1）球墨铸铁的种类、性能和用途

球墨铸铁简称球铁，是向铁水中加入球化剂和孕育剂而得到的具有球状石墨的铸铁。

球墨铸铁随化学成分、冷却速度和热处理方法的不同，可得到不同的显微组织。根据基体组织的不同，球墨铸铁主要可分为珠光体球墨铸铁和铁素体球墨铸铁等。珠光体球墨铸铁强度和硬度高，耐磨性好；铁素体球墨铸铁塑性好，韧性好。图 2-39 为铁素体球墨铸铁的显微组织。

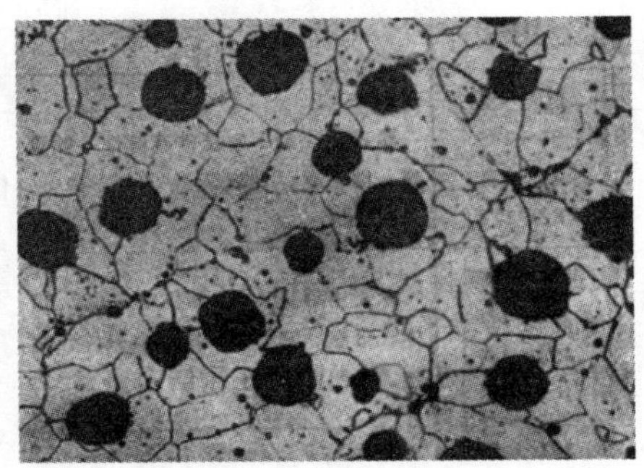

图 2-39 铁素体球墨铸铁的显微组织

球墨铸铁的牌号、力学性能和用途见表 2-9。牌号中的“QT”表示球墨铸铁，第一组数字为最低抗拉强度，第二组数字为最低伸长率。

表 2-9 球墨铸铁牌号、力学性能和用途

牌号	基体	力学性能				用途举例
		R_m/MPa	$R_{p0.2}$/MPa	A/%	HBW	
QT350-22L	铁素体	≥350	≥220	≥22	≤160	可用于承受冲击、振动的零件，例如汽车、拖拉机轮毂、差速器壳体、拨叉、农机具零件，中低压阀门、上下水及输气管道、压缩机汽缸、电机机壳、齿轮箱、飞轮壳体等
QT350-22R	铁素体	≥350	≥220	≥22	≤160	
QT350-22	铁素体	≥350	≥220	≥22	≤160	
QT400-18L	铁素体	≥400	≥240	≥18	120～175	
QT400-18R	铁素体	≥400	≥250	≥18	120～175	
QT400-18	铁素体	≥400	≥250	≥18	120～175	
QT400-15	铁素体	≥400	≥250	≥15	120～180	
QT450-10	铁素体	≥450	≥310	≥10	160～210	
QT500-7	铁素体＋珠光体	≥500	≥320	≥7	170～230	
QT550-5	铁素体＋珠光体	≥550	≥350	≥5	180～250	可用于机器座架、传动轴飞轮、电动机架、内燃机油泵齿轮、铁路机车车轴瓦等
QT600-3	珠光体＋铁素体	≥600	≥370	≥3	190～270	

续表

牌　号	基　体	力学性能				用途举例
		R_m/MPa	$R_{p0.2}$/MPa	A/%	HBW	
QT700-2	珠光体	≥700	≥420	≥2	225～305	可用于载荷大、受力复杂的零件，例如汽车、拖拉机的曲轴、连杆、凸轮轴，部分磨床、铣床、车床的主轴，机床蜗轮、蜗杆，轧钢机轧辊、大齿轮，汽缸体，桥式起重机滚轮等
QT800-2	珠光体或索氏体	≥800	≥480	≥2	245～335	
QT900-2	回火马氏体或屈氏体+索氏体	≥900	≥600	≥2	280～360	可用于高强度齿轮，例如汽车后桥螺旋锥齿轮，大减速器齿轮，内燃机曲轴、凸轮轴等

注：牌号依据 GB/T 1348—2009《球墨铸铁件》。

由于球墨铸铁的石墨呈球状，极大地减小了石墨割裂基体和造成应力集中的作用，所以其力学性能远超过灰口铸铁，特别是屈强比（$R_{p0.2}/R_m$）甚高，为 0.7～0.8，而碳素钢一般仅为 0.6 左右。因此，珠光体球墨铸铁的屈服强度超过了 45 钢。球墨铸铁的塑性与韧性比灰口铸铁相比大大提高，但冲击韧性低于钢。同时，球墨铸铁仍具有灰口铸铁的许多优良性能，如缺口敏感性低、耐磨减振性好等，并可通过热处理进行强化。目前，球墨铸铁已成功地代替了许多可锻铸铁及铸钢件，甚至代替了部分载荷较大，受力复杂但冲击不大的锻件，例如汽车、拖拉机上的曲轴，传统上都是采用锻钢制造，现在可用珠光体球墨铸铁代替。

2）球墨铸铁的生产

球墨铸铁生产过程中，要严格控制铁水的化学成分，掌握好球化处理、孕育处理及热处理工艺。生产球墨铸铁的铁水成分通常为 $w_C=3.7\%\sim3.9\%$，$w_{Si}=1.0\%\sim2.3\%$，$w_{Mn}=0.5\%\sim0.9\%$，$w_S<0.04\%$，$w_P<0.1\%$，其中硫和磷的质量分数越低越好。

球化处理是向铁水中加入球化剂。球化剂的作用是使石墨呈球状析出，镁是重要的球化元素，但密度比较小，沸点低（1120℃），球化处理时易造成铁水飞溅而危及人身安全。

目前我国应用最广的球化剂是稀土镁合金（其中镁和稀土的质量分数均小于 10%，其余为硅和铁）。稀土元素包括镧、铈等 16 种元素，其球化作用虽比镁弱，但有强烈的脱硫、去气能力，还能细化组织，改善铸造性能，并可改善球化处理时的铁水飞溅现象。球化剂加入量一般为铁水质量的 1.0%～1.6%，视铁水化学成分及铸件质量要求而定。

孕育剂的作用是促进铸铁石墨化，防止产生白口，细化石墨。常用的孕育剂是硅的质量分数为75%的硅铁颗粒，加入量为铁水质量的0.4%～1.0%。

球化处理和孕育处理一般同时进行，其方法很多，一般是在铁水包中加入预热干燥的球化剂和孕育剂，铁水浇入铁水包后将其熔化而发挥作用。

多数球墨铸铁件需进行热处理，这是由于铸态球墨铸铁基体多是珠光体-铁素体混合组织。球墨铸铁常用的热处理有退火和正火。退火的目的是获得铁素体基体，以提高塑性和韧性，QT400-18、QT450-10等牌号球铁一般都需退火。正火的目的是获得珠光体基体，以提高其强度和硬度，QT600-3以上牌号球铁一般都需正火。

3）球墨铸铁的铸造工艺特点

球墨铸铁的铸造性能介于灰口铸铁与铸钢之间。其流动性与灰口铸铁基本相同，可铸出壁厚为3～4 mm的形状复杂的铸件。但因球化处理时，铁水温度将会下降，所以铁水出炉温度应为1420～1450℃，以维持铁水的充型能力，同时应加大内浇口的截面积，以提高浇注速度。

由于球墨铸铁的结晶特点不同于灰口铸铁，铸造中铸型型腔易于胀大，铸件常产生缩孔和缩松缺陷，为此铸造工艺中常需采用冒口和冷铁，以加强补缩。为防止型腔胀大，可采用干型或水玻璃砂型，以提高铸型强度。

球铁件易产生反应气孔（皮下气孔），这是由铁水中的MgS与型砂水分接触，生成H_2S气体所致。因此要严格控制型砂含水量及铁水中的含硫量。

3. 可锻铸铁

可锻铸铁是白口铸铁件经高温石墨化退火得到的一种具有团絮状石墨的铸铁。与灰口铸铁相比，可锻铸铁强度高，塑性好，通常R_m为300～700 MPa，A为2%～12%。但它并不能锻造。可锻铸铁的应用已有二百多年的历史，在球墨铸铁出现之前，曾是力学性能最高的铸铁。

可锻铸铁的高温石墨化退火实质上就是渗碳体分解形成石墨的过程。根据退火工艺的不同，可锻铸铁主要有黑心可锻铸铁和珠光体可锻铸铁。黑心可锻铸铁是指在退火过程中白口铸铁中的渗碳体全部分解成石墨，最终得到组织为铁素体加团絮状石墨的铸铁。珠光体可锻铸铁是指在退火过程中白口铸铁件仅在共析转变前保温，然后直接冷却下来，最终得到组织为珠光体基体上分布着团絮状石墨的铸铁。如图2-40所示为黑心可锻铸铁的显微组织。

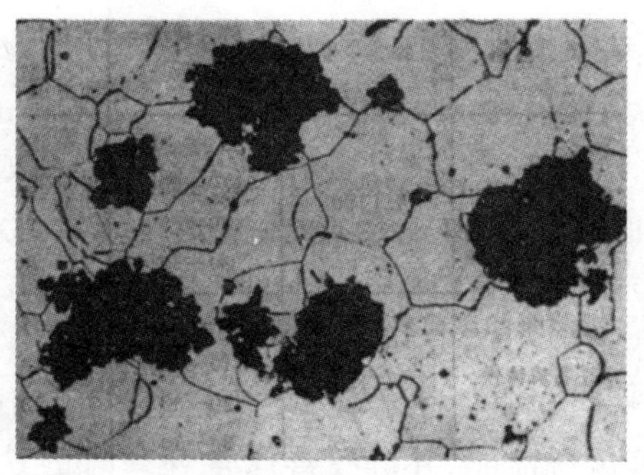

图2-40 黑心可锻铸铁的显微组织

常用可锻铸铁的牌号、力学性能和用途见表 2-10。可锻铸铁牌号中的“KTH”表示黑心可锻铸铁，“KTZ”表示珠光体可锻铸铁。字母后面的两组数字的含义与球墨铸铁相同。

可锻铸铁使用低碳低硅铁水(通常 $w_C=2.4\%\sim3.1\%$，$w_{Si}=0.7\%\sim1.6\%$)，因此铁水熔点高，流动性差，收缩大。为防止产生浇不到、冷隔、缩孔、缩松和裂纹等缺陷，铁水中的硫和磷含量要低，浇注温度要高，并增设冒口，使之顺序凝固。石墨化退火的加热温度为920～1000℃，黑心可锻铸铁件的退火总时间为 30～40 h。可锻铸铁目前多用于制造形状复杂、承受冲击载荷的薄壁小件，其主要缺点是退火时间长，生产过程复杂，能源耗费大。

表 2-10 常用可锻铸铁的牌号、力学性能及用途举例

类 别	牌 号	力学性能				用途举例
		R_m/MPa	$R_{p0.2}$/MPa	A/%	HBW	
黑心可锻铸铁	KTH275-05	275	—	5	≤150	可用于水暖管件(三通、弯头、阀门等)、螺丝、扳手、犁刀犁柱等农机件、汽车拖拉机前后轮壳等
	KTH300-06	300	—	6		
	KTH330-08	330	—	8		
	KTH350-10	350	200	10		
	KTH370-12	370	—	12		
珠光体可锻铸铁	KTZ450-06	450	270	6	150～200	可用于曲轴、连杆、齿轮、凸轮轴、活塞环、轴套、棘轮等
	KTZ500-05	500	300	5	165～215	
	KTZ550-04	550	340	4	180～230	
	KTZ600-03	600	390	3	195～245	
	KTZ650-02	650	430	2	210～260	
	KTZ700-02	700	530	2	240～290	
	KTZ800-01	800	600	1	270～320	

注：牌号依据 GB/T 9440—2010《可锻铸铁件》。

4. 蠕墨铸铁

蠕墨铸铁是向铁水中加入蠕化剂和孕育剂得到的呈蠕虫状石墨的铸铁。生产蠕墨铸铁的原铁水和炉前处理与球墨铸铁相类似。炉前处理时，先加蠕化剂再加孕育剂。蠕化剂一般用稀土镁钛或稀土镁钙合金，加入量为铁水质量的 1%～2%。蠕墨铸铁中的石墨介于片状和球状石墨之间，呈短片状，端部钝而圆，类似蠕虫(可减轻石墨尖角造成的应力集中)，如图 2-41 所示。蠕墨铸铁的性能也介于灰口铸铁和球墨铸铁之间。

蠕墨铸铁的牌号与力学性能，见表 2-11。牌号中的“R_uT”表示蠕墨铸铁，后面的数字表示最低的抗拉强度值。蠕墨铸铁的抗拉强度，特别是塑性优于灰口铸铁，但明显低于球墨铸铁。此外，蠕墨铸铁的机械加工性、减振性和铸造性能接近灰口铸铁，缩孔和缩松倾向比球墨铸铁小，铸造工艺简便。

由于蠕墨铸铁具有上述性能特点，所以它适于制造形状复杂、断面尺寸差别大的铸件，如大型柴油机机体等，还适于制造工作温度较高或工作温度梯度较大的零件，如柴油机汽缸

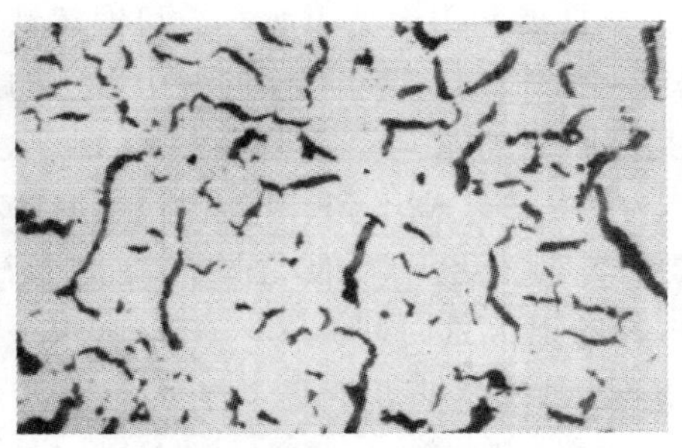

图 2-41 蠕墨铸铁的显微组织

盖和钢锭模等。

表 2-11 蠕墨铸铁的牌号与力学性能

牌　号	力学性能(单铸试样)				主要基体组织
	R_m/MPa	$R_{p0.2}$/MPa	A/%	HBW	
R_uT300	300	210	2.0	140～210	铁素体
R_uT350	350	245	1.5	160～220	铁素体+珠光体
R_uT400	400	280	1.0	180～240	铁素体+珠光体
R_uT450	450	315	1.0	200～250	珠光体
R_uT500	500	350	0.5	220～260	珠光体

注：牌号依据 GB/T 26655—2011《蠕墨铸铁件》。

2.4.2 铸钢件的生产

铸钢是一种重要的铸造合金，其产量仅次于灰口铸铁。铸钢在强度和韧性方面比铸铁要高得多，因此铸钢件常在重载荷或冲击载荷工况下服役，并具有高的可靠性和安全性。

1. 铸钢的类别和性能

按照化学成分，铸钢分为铸造碳素钢和铸造合金钢两大类。其中，铸造碳素钢应用最广，约占铸钢件总产量的 80%以上。铸造碳素钢根据室温下的性能分为 5 个牌号，见表 2-12。

表 2-12 铸造碳素钢的牌号、力学性能与成分

铸钢牌号	力学性能			化学成分/%				
	R_m/MPa	R_{seL}/MPa	A/%	C	Si	Mn	S	P
ZG200-400	≥400	≥200	≥25	0.20	0.60	0.80	0.035	
ZG230-450	≥450	≥230	≥22	0.30		0.90		
ZG270-500	≥500	≥270	≥18	0.40				
ZG310-570	≥570	≥310	≥15	0.50				
ZG340-640	≥640	≥340	≥10	0.60				

注：牌号依据 GB/T 11352—2009《一般工程用铸造碳钢件》。

为了提高力学性能，可在铸造碳素钢的基础上，加入少量合金元素等。这种铸造低合金钢的强度和冲击韧性均高于铸造碳素钢，适于制造强度和韧性较高的零件。如欲使铸钢具有耐磨、耐热和耐腐蚀等特殊性能，则必须加入更多的合金元素(一般大于10%)。常用的高合金钢有ZGMn13、ZG1Cr18Ni9Ti等。ZGMn13为高锰钢，经在水中淬火(通常称为水韧处理)后，获得单一的奥氏体组织，具有很高的韧性，在强烈冲击或挤压条件下，其表层因加工硬化，硬度和耐磨性大为提高，但心部依然保持很高的韧性。这种材料适于铸造坦克、拖拉机的履带板，装载机的斗齿和斗壁，以及碎石机的齿板等。

2. 铸钢的铸造工艺特点

铸钢的浇注温度高，因此需要采用电炉熔炼，常用的电炉主要有三相电弧炉和感应电炉。

铸钢的收缩大、流动性差、易氧化，铸件易产生黏砂、浇不到、缩孔、缩松、夹砂、气孔和裂纹等缺陷。为了获得合格的铸件，必须在型砂、铸型工艺等方面采取相应的预防措施。

铸钢用型砂的透气性、耐火性、强度和退让性都比较高。为此，原砂要采用颗粒大而均匀的石英砂。为防止黏砂，铸型表面还要涂以石英粉或锆砂粉涂料。为减少气体来源，提高合金流动性，增加铸型的强度，铸钢件多采用干型或水玻璃砂型。芯砂中常加入2%～3%的木屑，以提高型砂的退让性和溃散性。通常，铸钢件都要安置相当数量的冒口，采用顺序凝固。铸钢件的冒口如图2-42所示。为了控制铸件的凝固顺序，在铸件的热节处，还常需放置冷铁。

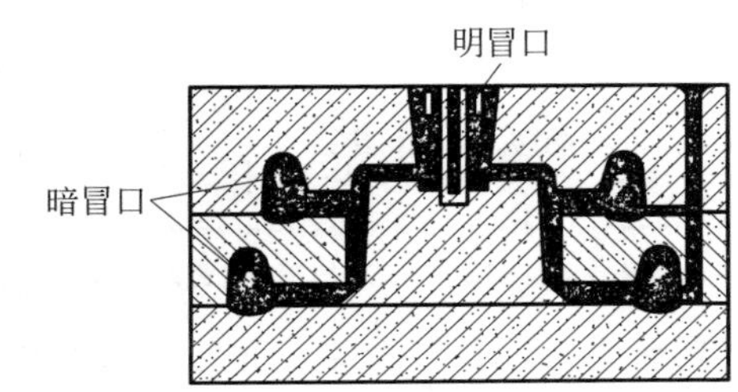

图2-42　铸钢件的冒口

铸态钢件的晶粒粗大，组织不均，并常有残余内应力。为了提高钢的力学性能，铸钢件通常要进行退火或正火。正火的力学性能比退火高，而且生产效率高、成本低，所以应尽量采用正火。

2.4.3　非铁合金铸件的生产

非铁合金主要有铜合金、铝合金等，与钢铁相比，非铁合金的强度比较低，但非铁合金可以获得某些特殊的物理和化学性能。

1. 铜合金铸件的生产

铜合金的特点是有较高的耐磨性、耐腐蚀性、导电性和导热性，广泛用于制造轴承、蜗轮、泵体、管道配件，以及电器和制冷设备上的零件。但铜的密度大，价格昂贵。铸造铜合金可分黄铜和青铜两大类。表2-13为常用铸造铜合金的化学成分、力学性能和用途举例。

黄铜是铜和锌的合金。锌可提高塑性和强度，还能使合金的结晶温度范围缩小而提高流动性，并避免铸件中产生缩孔。因此黄铜的铸造性能好。又因锌的价格低，所以黄铜被广泛用于制造一般的耐磨和耐腐蚀零件。

锡青铜是铜和锡的合金，是常用的青铜。锡能显著提高青铜的强度和硬度，锡青铜的耐磨性和耐腐蚀性比黄铜高，常用作较为重要的零件。但是锡青铜结晶温度范围大，流动性较低，在铸件中容易产生缩松，在高压下会发生渗漏。因此，常加入锌、铅等元素以提高铸件的致密性。锡是价贵而稀缺的金属，为节约用锡，有时采用无锡青铜，如铝青铜、铅青铜和锰青铜等作为锡青铜的代用品。其中以铝青铜为最重要，它广泛用于耐压、抗磨和耐腐蚀的零件。

表 2-13 常用铸造铜合金牌号、化学成分、力学性能和用途举例

类别	牌号	化学成分/%			力学性能			用途举例
		Cu	第一主加元素	其他	R_m/MPa	δ/%	HBW	
铸造黄铜	ZCuZn38	60.0～63.0	其余		295	30	—	一般结构件，如散热器、螺钉、支架等
	ZCuZn40Mn3Fe1	53.0～58.0	其余	Mn 3.0～4.0 Fe 0.5～1.5	400～490	15～18	98～108	轮廓不复杂的重要零件，如螺旋桨等
铸造青铜	ZCuSn10P1	其余	Sn 9.0～11.5	P 0.5～1.0	220～310	2～3	78～88	重要的高耐磨零件，如轴承、轴套、摩擦轮等
	ZCuAl10Fe3	其余	Al 8.5～11.0	Fe 2.0～4.0	490～540	13～15	98～108	一般机器的耐磨零件及高强度耐腐蚀件

注：牌号依据 GB/T 1173—2013《铸造铜及铜合金》。

铜合金的熔化特点是金属料不与燃料直接接触，以便减少铜及合金元素的烧损，保持金属料的纯洁。在普通铸造车间里，多采用坩埚炉来熔炼铜合金。铜合金在液态下易氧化，形成能溶解在铜内的 Cu_2O，使力学性能下降。为防止氧化，在熔化青铜时，常加入熔剂(如玻璃、硼砂)，以覆盖铜液。出炉前常加入 0.3%～0.6%的磷铜来脱氧。由于黄铜中的锌本身就是良好的脱氧剂，所以熔化黄铜时，不需另加熔剂和脱氧剂。

多数铜合金，尤其是铝青铜，收缩较大，为此要安置冒口和冷铁，使之顺序凝固，防止缩孔。锡青铜在液态下易氧化，在开设浇口时应尽量使金属流动平稳，防止飞溅，故常用底注式浇注系统。锡青铜的结晶温度范围大，常出现显微缩松，这种缩松对轴承并无损害，反而便于储存润滑油。因此，厚度不大的锡青铜铸件常用同时凝固。锡青铜铸件适宜采用金属型铸造，冷却速度大，易于补缩。

2. 铝合金铸件的生产

铝合金密度小，熔点低，导电和导热性能优良，耐蚀性能好。铝合金铸件广泛用于汽车及仪表制造业，如内燃机的活塞、变速箱和仪表壳体等。

铸造铝合金分四类：铝硅合金、铝铜合金、铝镁合金和铝锌合金。其中，铝硅合金具有良好的铸造性能，例如流动性好、线收缩和热裂倾向小、气密性好，所以应用较广泛。含硅10%～13%的铝硅合金是最典型的，属于共晶成分，通常称为“硅铝明”。常用铸造铝合金的牌号、化学成分、力学性能和用途见表 2-14。

铝合金在液态时易吸气和氧化，铝与氧形成 Al_2O_3，Al_2O_3 熔点高(2050℃)，呈非金属夹杂物悬浮在铝液中，这种夹杂物很难排出，使铸件的力学性能下降。液态的铝合金极易吸收氢气，而在冷却过程中，过饱和的氢将以气泡形式析出。当铝合金的结晶温度范围大时，初生的树枝状晶体将使剩余液体被分隔成许多小液体区，凝固时因收缩形成许多小空隙，这些空隙为氢的析出创造了条件。于是，氢以气泡形式析出，形成的许多直径小于 1 mm 的气泡又称针孔，这些针孔将严重影响铸件的气密性，并使力学性能降低。为减缓铝合金的氧化

和吸气，熔化时常向坩埚内加入 KCl、NaCl 等盐类作为熔剂，将铝液覆盖，与炉气隔离。

为了去除铝液中的氢和 Al_2O_3 夹杂，在铝液出炉前要进行精炼。其原理是利用不溶于铝液的外来气泡，将有害气体和夹杂物一并带出液面而去除。例如，将氯气用管子通入铝液内，吹 5～10 min，发生化学反应如下：

$$3Cl_2 + 2Al = 2AlCl_3$$

$$Cl_2 + H_2 = 2HCl$$

生成的 $AlCl_3$、HCl 及 Cl_2 气泡在上浮过程中，将铝液中溶解的气体和 Al_2O_3 一并带出。必须指出，在生产中常用的精炼方法是向铝液中压入氯化锌（$ZnCl_2$）或六氯乙烷（C_2Cl_6）等，其作用与通氯气相同。

为了防止铝合金在浇注过程中的氧化和吸气，应使铝液能够较快而平稳地填满铸型，通常要用开放式的浇注系统，并多开内浇口，使合金流动平稳，充填迅速。

表 2-14　常用铸造铝合金的牌号、化学成分、力学性能及用途举例

类别	牌　号	化学成分/%			力学性能			用途举例
		Si	Cu	Mg	R_m/MPa	A/%	HBW	
铝硅合金	ZAlSi7Mg (ZL101)	6.0～7.5		0.25～0.45	195～205	2	60	薄壁复杂件，如化油器、抽水机壳体、仪表外壳等
	ZAlSi12 (ZL102)	10.0～13.0			135～155	2～4	50	低载荷薄壁复杂件、耐腐蚀和气密性高的零件
	ZAlSi5CuMg (ZL105)	4.5～5.5	1.0～1.5	0.4～0.6	195～235	0.5～1.0	70	形状复杂零件，如汽缸头、机匣、油泵壳体等
	ZAlSi2CuMg1 (ZL108)	11.0～13.0	1.0～2.0	0.4～1.0	195～255	—	85～90	高速内燃机活塞及其他耐热零件
	ZAlSi9Cu2Mg (ZL111)	8.0～10.0	1.3～1.8	0.4～0.6	255～315	1.5～2.0	90～100	重载气密零件，如大功率柴油机汽缸体、活塞等

注：牌号依据 GB/T 1173—2013《铸造铝合金》；括号内为对应的旧牌号。

2.5　铸造成型新技术与智能化

新材料、新技术的不断涌现，尤其是以计算机技术为代表的信息技术的广泛应用，极大地促进了铸造技术的飞速发展，形成了各种铸造新工艺和新方法。

2.5.1　挤压铸造

挤压铸造是一种铸造与锻压相结合的新型铸造成型方法，如图 2-43 所示。工件主要在液态下充填型腔，并在较大的机械压力作用下凝固成型，从而获得铸件。

挤压铸造通常可分为铸型准备、液态合金浇注、合型加压和开型取件 4 个阶段。首先将铸型的上、下型处于待浇注位置，清理型腔并喷刷涂料，将铸型温度控制在预定范围。然后将定量的液态合金浇注到铸型型腔中，合型并锁紧铸型，施加压力迫使液态合金充满铸型型腔，并在预设压力作用下使液态合金凝固。最后，卸除压力，开型取出铸件。

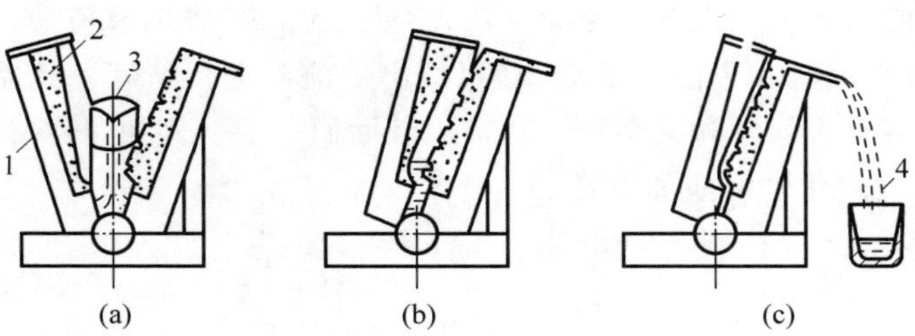

1—挤压铸造机；2—型芯；3—浇包；4—多余金属液。

图 2-43　挤压铸造工艺过程

(a) 向铸型底部浇入液态金属；(b) 挤压；(c) 形成铸件并将余量金属排出

与其他铸造方法相比，挤压铸造具有如下特点。

(1) 液态合金在压力作用下凝固，且凝固后可产生微量的塑性变形，因此铸件晶粒细小，组织致密，无铸造缺陷，力学性能优于金属型铸件，部分力学性能接近甚至超过同种材料锻件的力学性能。

(2) 铸件表面质量和尺寸精度高，铸件的非配合面通常可不需切削加工。

(3) 无需浇口和冒口系统，提高了金属材料的利用率。

挤压铸造适用于各种有色合金和钢铁材料，尤其适用于中等复杂程度、大壁厚、高强度和高致密性的中小型铸件的大批量生产，但不适于生产形状复杂、多型芯、壁厚过薄的铸件。

2.5.2　半固态铸造

半固态铸造是将熔炼的液态合金通过机械搅拌、电磁搅拌或其他方法，在合金结晶凝固过程中形成半固态浆料，再采用流变成型或触变成型工艺生产出铸件的铸造方法，如图 2-44 所示。其中，流变成型将半固态浆料直接压入铸型型腔或进行轧制、挤压等获得所需形状和尺寸的产品；触变成型则先将半固态浆料制成锭坯，再经过重新加热至半固态温度，成型而得到最终产品。

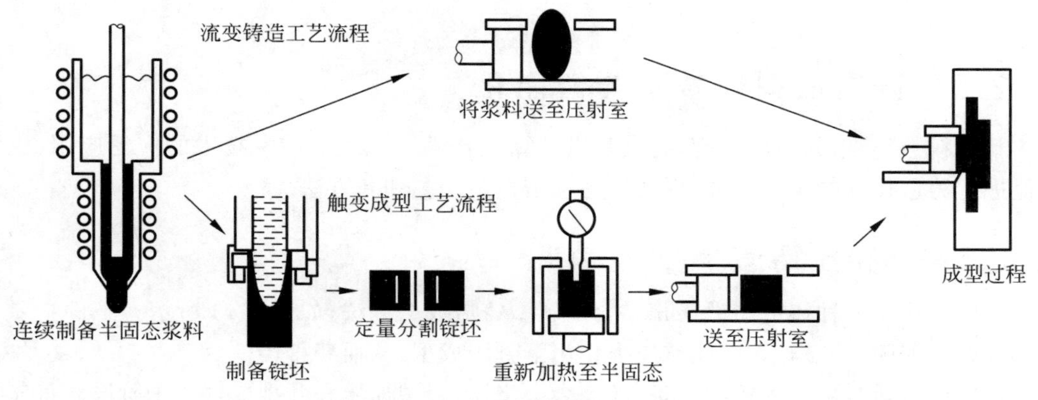

图 2-44　半固态铸造工艺过程

半固态铸造成型的主要特点和优势如下所述。

(1) 可实现近净成型，半固态浆料的凝固收缩小，铸件尺寸精度高，可大大降低后续的机械加工量,简化生产工艺、降低生产成本。

(2) 铸件综合性能高,半固态浆料充型平稳,不易产生湍流和喷溅,减少了疏松和气孔等铸造缺陷,提高了铸件的致密性,强度通常可优于压铸件,而且还可以通过热处理进一步提升力学性能。此外,半固态金属充型温度低,模具寿命得到改善。

(3) 适用范围广。目前已经广泛应用于铝、镁、锌、锡和铜等金属及合金材料的生产。同时,半固态铸造方法可以有效改善金属基复合材料制备过程中的非金属材料漂浮、偏析以及与金属基体润湿性差等难题,为金属基复合材料的制备成型提供了一条崭新的解决途径。

2.5.3　连续铸造

连续铸造(又称连铸)是指将熔炼的液态合金连续不断地浇入结晶器的一端,并从另一端将已凝固的铸件连续不断地拉出,从而获得任意长度或规定长度的等截面铸件的铸造方法。

其工艺过程如图 2-45 所示。首先在结晶器下端插入引锭以便形成结晶器的底部,浇入一定高度的液态合金后,启动拉锭装置,铸锭即随着引锭下降,液态合金连续由结晶器上端浇入,引锭则将铸锭连续不断地从结晶器下端拉出,图 2-45(a)为立式连续铸锭,图 2-45(b)为卧式连续铸锭。如需生产铸管,在结晶器中央增设内结晶器,即可形成铸管的内腔。

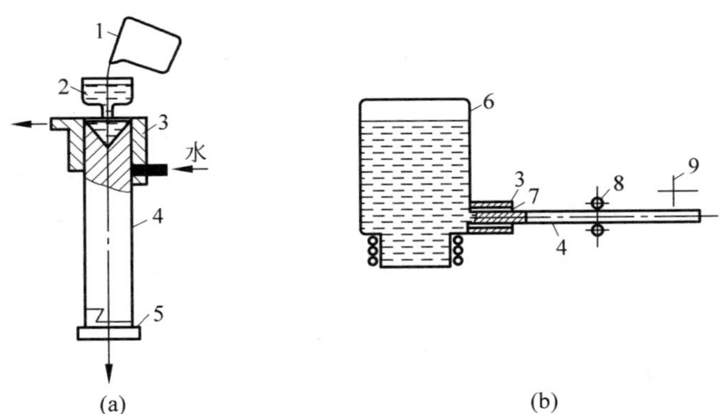

1—浇包；2—浇口杯或中间浇包；3—结晶器；4—铸坯；5—引锭；
6—保温炉；7—石墨工作套；8—引拔辊；9—切割机。

图 2-45　连续铸造工艺过程

连续铸造的结晶器内部液态合金冷却速度快,铸锭和铸管的组织致密且均匀,力学性能好；生产过程不需要浇注系统和冒口,也无需造型及落砂等生产工序,材料利用率高、劳动强度低；连续铸造易于实现机械化和自动化,是一种高效节能的连铸连轧生产方法,目前此方法已经在工业生产中广泛应用。

2.5.4　智能化与绿色铸造

随着零部件更新换代速度的不断加快,全球市场竞争日益激烈,同时为了建设资源节约型、环境友好型社会,这就要求铸造过程降低能耗、减少污染、提高铸件质量和缩短开发周期。

铸型(芯)无模化数字化制造技术属于一种新型的铸件绿色制造方法,实现了铸型设计、加工和组装过程的数字化，以及工艺模拟及铸型数字化制造的无缝连接，无需制造传统铸造方法使用的木模、金属模或芯盒，具有智能化、数字化、精密化和快速化等特点，可以有效提升铸造精度、生产效率和铸件质量，降低铸造过程中的能源消耗。其工作原理如图 2-46 所示。

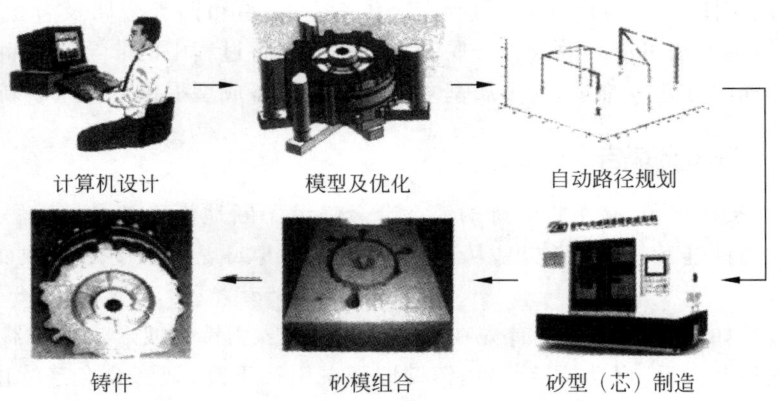

图 2-46 铸型数字化制造过程原理图

以砂型直接切削数字化无模成型为例，首先根据铸型的计算机辅助设计(CAD)三维模型进行分模，结合加工参数进行砂型切削路径规划，驱动专用的无模铸造精密成型设备直接进行砂型相应型面结构特征的高速和高效切削加工，将加工的砂型坎合组装，从而获得所需的铸型，直接浇注液态合金即可获得形状复杂、高质量的铸件。

其主要特点和优势在于，不需要制作模样，可节省材料，缩短生产工序；制造柔性化、灵活度高，为零件设计和制造提供了更大的自由度；型芯可直接加工制造，取消了起模斜度，也无需工艺补正量，从而提高了铸件的成型精度，尤其适于形状复杂、高质量铸件的生产。

2.6 铸造结构工艺性

零件的铸造结构工艺性，是指所设计的零件在保证使用性能的前提下，获得合格铸件的难易程度。如果零件的毛坯易于铸造，则零件的铸造结构工艺性良好；相反，如果零件的毛坯不能铸造，或者铸造困难，则零件的铸造结构工艺性不好。

2.6.1 零件壁的设计

浇不到、冷隔、缩孔、缩松、变形和裂纹等铸造缺陷的产生，往往与零件结构设计不合理有关。为了使零件具有良好的铸造结构，零件壁厚及壁的连接设计，应在强度计算的基础上，充分考虑合金铸造性能及铸造工艺对零件的铸造结构提出的要求。

1. 零件的壁厚

1）最小壁厚

零件非加工表面的最小壁厚，是指液态合金在一定条件下能够充满铸型型腔的最小厚度。根据零件强度计算得出的壁厚，如果小于该合金能够铸造的最小壁厚，就应予以修正。修正后的壁厚不得小于最小壁厚，否则铸件易产生浇不到或冷隔等铸造缺陷。

最小壁厚与铸造方法、合金种类和零件尺寸等因素有关。各种合金零件的最小壁厚与铸件轮廓尺寸 N 之间的关系，如图 2-47 所示。图中轮廓尺寸是根据长 l、宽 b、高 h，按式 $N=(2l+b+h)/3$(mm)计算出来的。

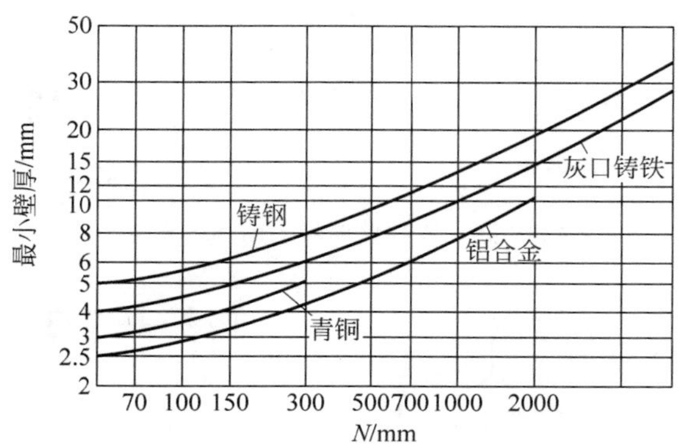

图 2-47 金属零件的最小壁厚图表

2）壁厚均匀

零件壁厚均匀的主要目的是减小和防止形成热应力。零件壁厚不可能完全相同，但是也不宜相差太悬殊。当壁厚相差过大时，在金属大量聚积的部位(热节)，易产生缩孔或缩松等缺陷。同时，由于壁厚不同造成的冷却速度的差异，还将形成热应力或产生裂纹，如图 2-48(a)所示，如果所设计的零件的壁厚均匀，则可避免上述铸造缺陷，如图 2-48(b)所示。壁厚是否均匀，可用内切圆直径来确定，如图 2-49 所示。相邻壁截面上内切圆直径之比小于 1.5，壁厚是均匀的。

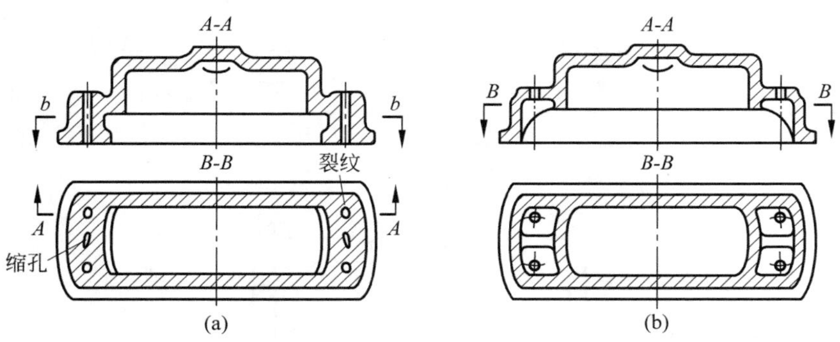

图 2-48 顶盖的设计

图 2-50(a)为阀体零件，内壁和外壁壁厚相等，但是，两壁在铸造过程中的冷却速度不同，内壁冷却慢，外壁冷却快。这样，易于产生热应力，甚至引起裂纹。为防止铸造缺陷的产生，所设计零件的内壁应该比外壁薄一些，如图 2-50(b)所示。对灰口铸铁件而言，内壁通常比外壁薄 10%～20%，其具体数值参见表 2-15。

必须指出，设计零件时，机械加工余量虽然不画在图纸上，但是要考虑它的影响，因为有时不包括机械加工余量的壁厚与非加工的壁厚在数值上是均匀的，可是当包括机械加工余量后，壁厚差异却很大。一般箱体、底座等零件中，不同壁的壁厚，如图 2-51 所示。

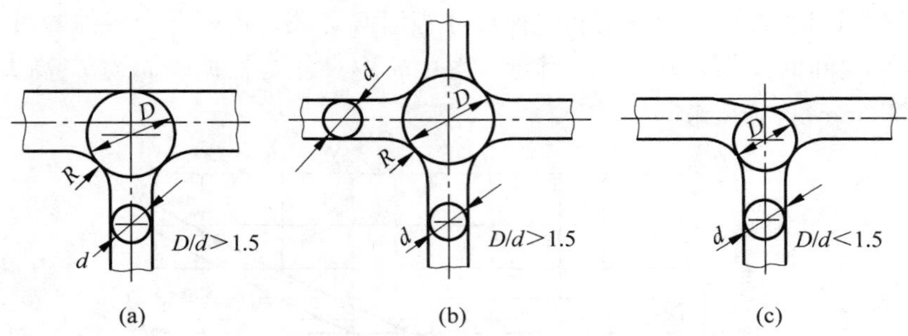

图 2-49 零件壁厚均匀的测定方法

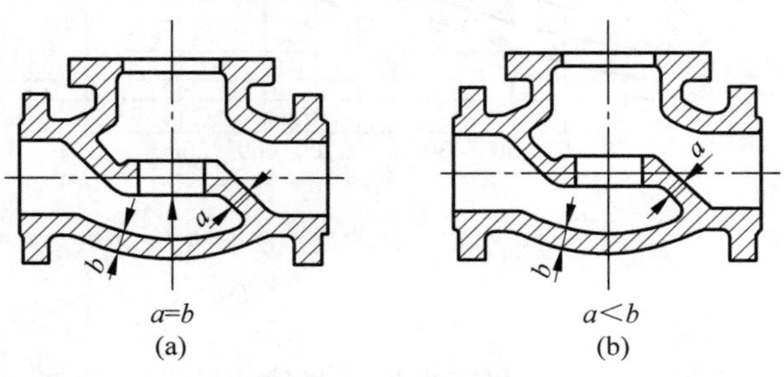

图 2-50 零件的内壁与外壁

表 2-15 灰口铸铁件壁厚的参考值

铸件质量/kg	铸件最大尺寸/mm	外壁厚度/mm	内壁厚度/mm	筋的厚度/mm	零件举例
<5	300	7	6	5	盖、拨叉、轴套、端盖
6～10	500	8	7	5	挡板、支架、箱体、门、盖
11～60	750	10	8	6	箱体、电机支架、溜板箱、托架
61～100	1250	12	10	8	箱体、油缸体、溜板箱
101～500	1700	14	12	8	油盘、皮带轮、镗模架
501～800	2500	16	14	10	箱体、床身、盖、滑座
801～1200	3000	18	16	12	小立柱、床身、箱体、油盘

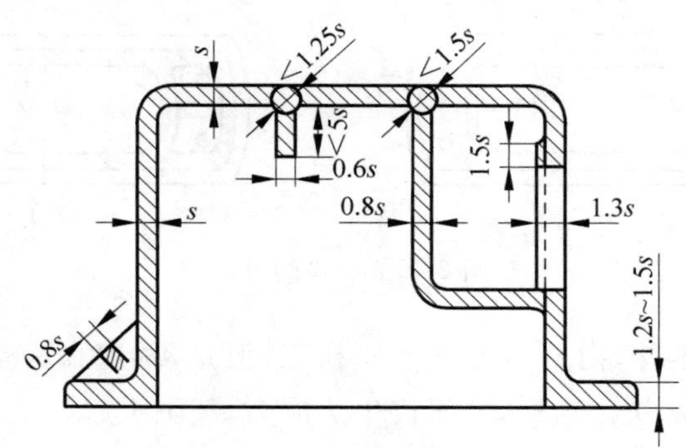

图 2-51 零件中壁厚的关系

2. 零件壁的连接

1）结构圆角

零件上任何两个非加工表面相交的转角处，都应以结构圆角相连，如图 2-52 所示。其中，凸出的圆角是外圆角，凹进的圆角是内圆角。

零件若没有外圆角，则铸造时在转角的对角线上会由于柱状晶的生长而形成一个聚集较多杂质的界面，这样会降低铸件的力学性能，如图 2-53(a)所示。即使铸件经过热处理，也不能改变杂质在界面上的分布。若零件有了外圆角，就消除了这个薄弱界面，如图 2-53(b)所示，提高了零件的力学性能。结构外圆角半径的具体数值，可参见表 2-16。

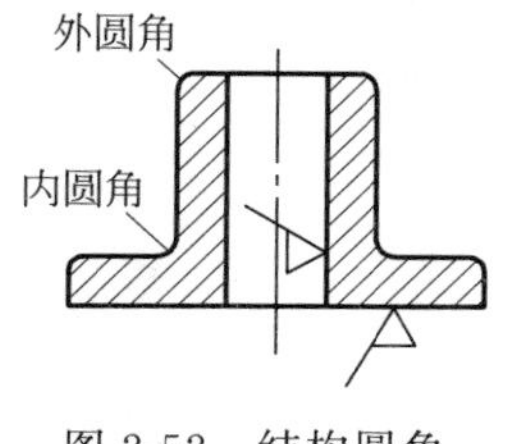

图 2-52　结构圆角

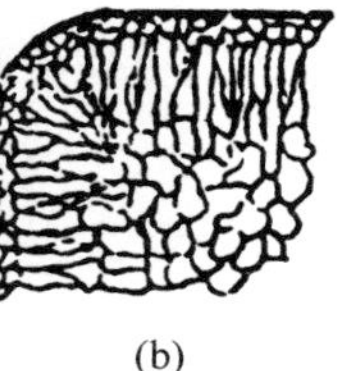

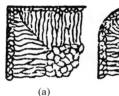

图 2-53　铸态金属晶体的方向性

表 2-16　结构外圆角半径 *R*　　单位：mm

	c	约 25	26～50	51～150	151～250	251～400	401～600	601～1000
	R	2	4	6	8	10	12	16

注：c 为两夹角边中的短边。本表是指 76°～105°夹角的 R；夹角大于 105°，R 应增大；夹角小于 76°，R 应减小。

零件如果没有内圆角，则铸造过程中由于此处散热慢而产生缩孔或裂纹。内圆角半径过大，会增大热节，对零件的质量也是不利的。内圆角的大小应与零件的壁厚相适应，通常应使转角处内切圆直径小于相邻壁厚的 1.5 倍。结构内圆角的具体数值可参见表 2-17。

表 2-17　结构内圆角半径 *R*　　单位：mm

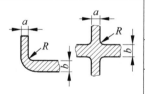

	$\frac{a+b}{2}$	≤8	8～12	12～16	16～20	20～27	27～35	35～45	45～60
	铸铁	4	6	6	8	10	12	16	20
	铸钢	6	6	8	10	12	16	20	25

注：本表是指 76°～105°夹角的 R；夹角大于 105°，R 应增大；夹角小于 76°，R 应减小。

2）平滑过渡

零件壁厚不同部分的连接，力求平滑过渡，避免截面突变，以减少应力集中，防止铸造过程中产生裂纹。当壁厚相差不大，即 $S_1/S_2 \leqslant 2$ 时，两壁间采用圆角过渡，$R=(0.15\sim0.25)(S_1+S_2)$，如图 2-54(a)所示。当壁厚相差很大，即 $S_1/S_2>2$ 时，采用楔形过渡，$L\geqslant(3\sim4)(S_1-S_2)$，如图 2-54(b)所示。

3）避免锐角连接

为减小热节和热应力，应避免零件壁间的锐角连接。若两壁间的夹角小于 90°，则建议采用如图 2-55(b)所示的形式。

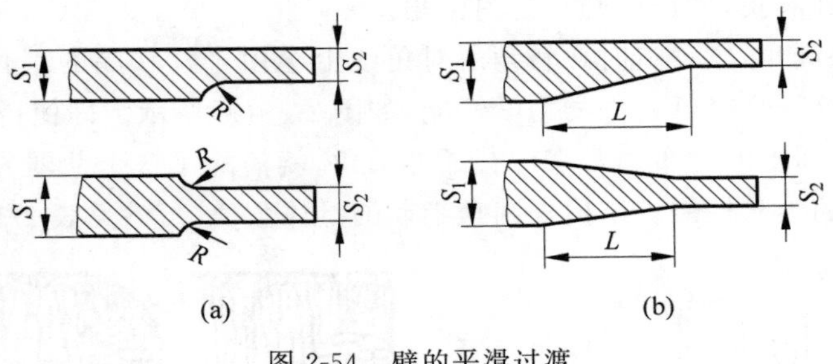

图 2-54　壁的平滑过渡

(a) $S_1/S_2 \leqslant 2$；(b) $S_1/S_2 > 2$

4）筋

筋的用途较多，如加强筋、防裂筋和防变形筋等，可提高零件的强度和刚度，可使壁厚均匀，防止缩孔的产生，如图 2-56 所示。在大平面上设筋可防止变形。通常，筋厚为壁厚的 0.8 倍。为减小热节，筋按 T 形布置，如图 2-57(a) 所示；或 O 形，如图 2-57(b)所示的布置较为理想。

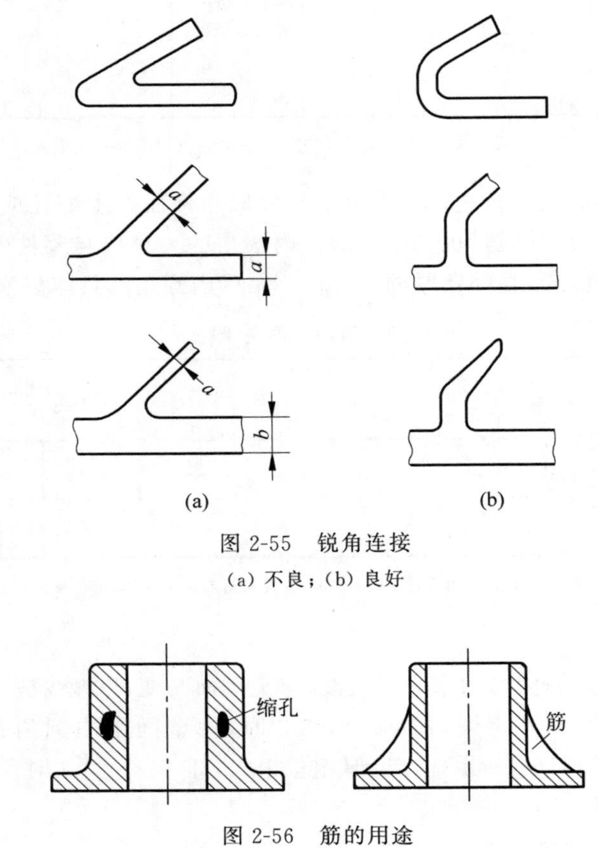

图 2-55　锐角连接

(a) 不良；(b) 良好

图 2-56　筋的用途

5）轮辐

图 2-58 为常见的轮形零件，如齿轮、皮带轮等，其中图 2-58(a)为直线形偶数轮辐，结构的刚度很大，铸造热应力过大时，会使铸件在轮辐薄弱处产生裂纹。为防止裂纹，应设计为

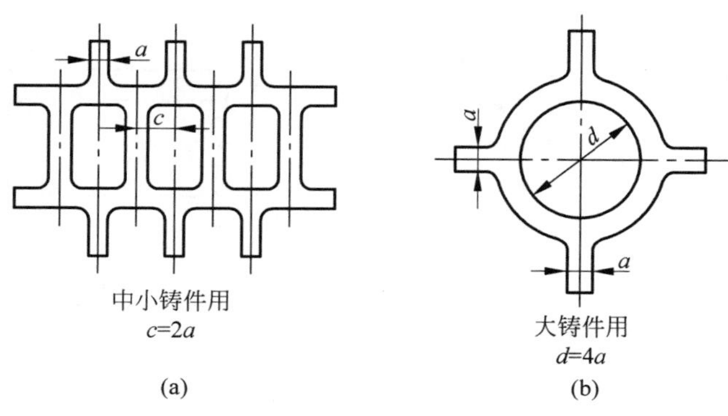

图 2-57　筋的布置

(a) T 形布置；(b) O 形布置

直线形奇数轮辐(图 2-58(b))，它可借轮缘的微量变形来减小热应力，或设计为如图 2-58(c)所示的弯曲形轮辐，它可借轮辐本身的微量变形来减小热应力。

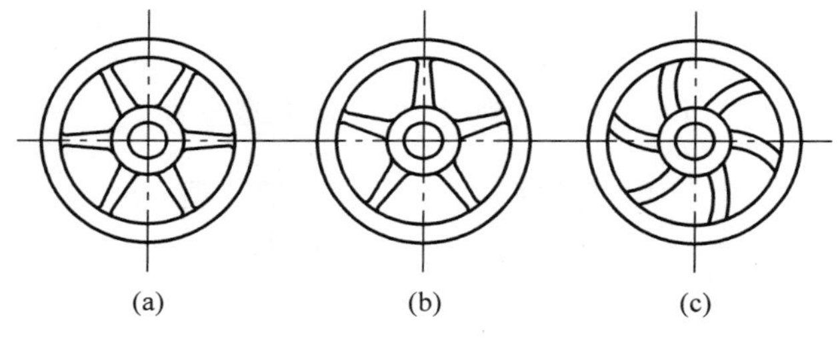

图 2-58　轮辐的设计

2.6.2　零件外形与内腔的设计

零件外形和内腔设计力求简化造型、造芯、合箱与清理过程，以保证铸件质量、降低成本和为铸造生产机械化创造条件。

1. 零件的外形

1) 凸台与筋

零件外形上有各种小凸台，如螺钉孔凸台、安装排油塞和排气塞凸台等。通常，凸台高度 h 和角度 α，分别按小于或等于 $S/2$、30°～45°来设计，如图 2-59 所示。

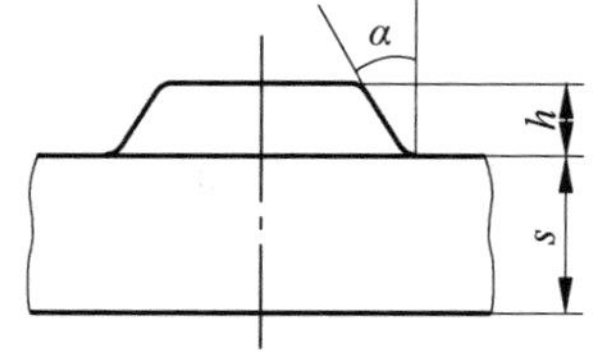

图 2-59　凸台的尺寸

图 2-60(a)中的凸台妨碍起模。为便于造型，当凸台与分型面距离较小时，或者说 c 小于表 2-18 中数值时，凸台延伸到分型面，如图 2-60(b)所示。如图 2-60(c)所示的凸台中，上、下两个凸台妨碍起模。为便于造型，当四个凸台相距较近时，在零件图上就应将其联成一体，如图 2-60(d)所示。

表 2-18　凸台延伸要求　　单位：mm

h	≤10	＞10～18	18～30	＜30～50	＞50
c	20	25	30	40	50

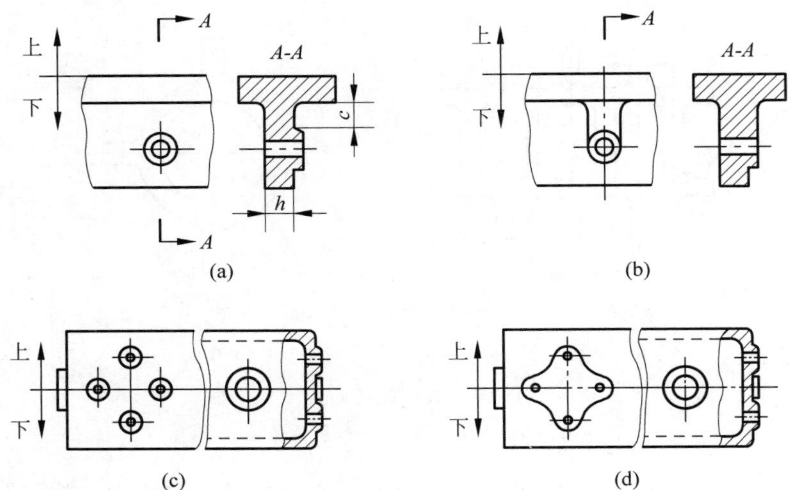

图 2-60　零件上凸台的结构

如图 2-61(a)所示的四根加强筋,均妨碍起模。在保证筋功能不变的条件下,仅将筋的位置转动 45°,如图 2-61(b)所示,便可顺利起模,简化造型过程。

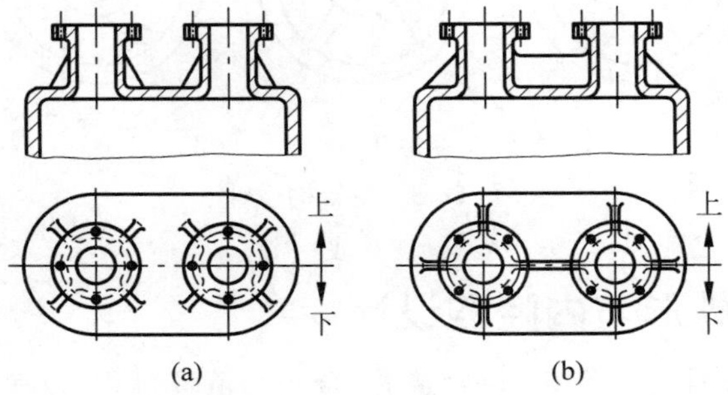

图 2-61　零件上筋的布置

2）结构斜度

结构斜度与起模斜度是完全不同的两个概念。结构斜度是指设计人员在设计零件时在垂直于分型面的非加工表面上给出的斜度,如图 2-62 所示。结构斜度依分型面位置而定。

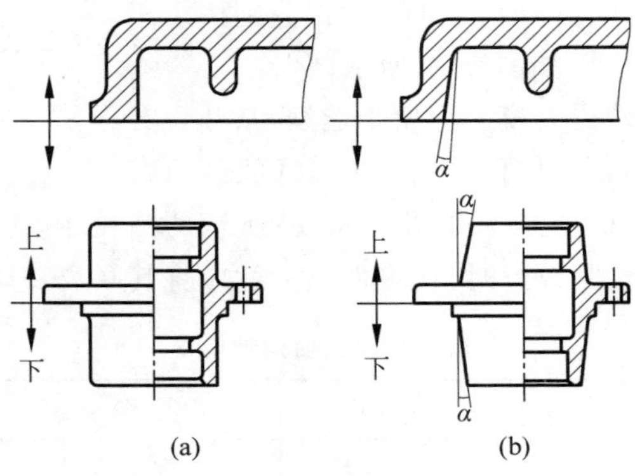

图 2-62　结构斜度

因此，设计零件时，选定分型面是确定结构斜度的前提。内壁的结构斜度大于外壁的结构斜度。

3）分型面

为了便于造型，平面分型面好于曲面分型面或阶梯分型面。

图 2-63 为一摇杆。其中，图 2-63(a)的分型面是个阶梯面，图 2-63（b)的分型面是个平面，显然，后者的铸造结构工艺性好。

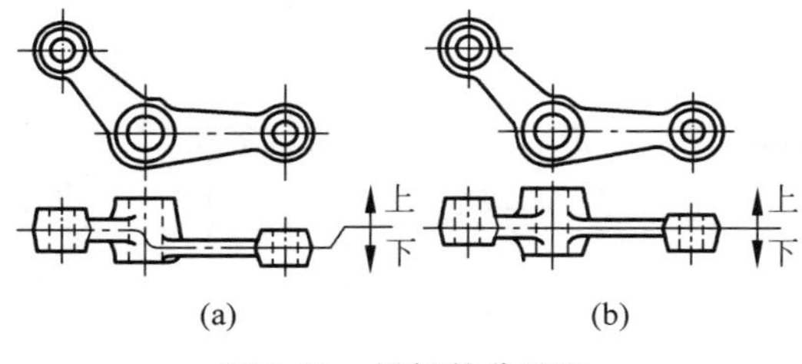

图 2-63　摇杆的分型面

2. 零件的内腔

1）节省砂芯

内腔通常是靠砂芯来形成的。这样，不但要造芯，而且还增加了合箱和清理的工作量。为此，零件力求不要或少用内腔结构。

图 2-64(a)为悬臂支架，中空结构，需用悬臂芯来形成。当改为如图 2-64(b)所示的开式结构后，省去了砂芯，降低了成本。

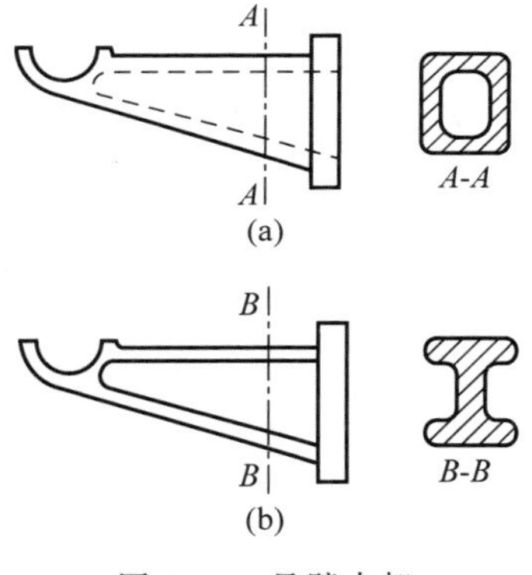

图 2-64　悬臂支架

零件内腔在一定条件下也可用砂型来形成。如图 2-65(a)所示的内腔，因底口有内凹，只好靠砂芯来形成。修改设计为如图 2-65(b)所示的方案，内腔可以靠自带砂芯来形成。

要使用自带砂芯，内腔必须具备两个条件，一是开口式的(没有内凹)，二是开口直径 D 大于高度 H。

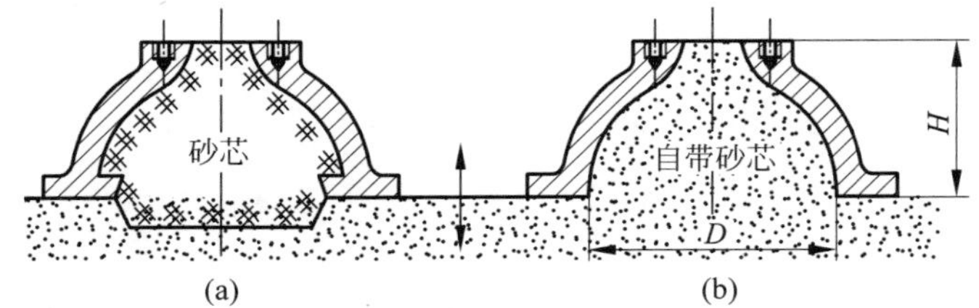

图 2-65　内腔的两种设计

2）砂芯的安放、排气和清理

砂芯的安放、排气和清理是通过芯头来实现的。

砂芯在铸型中的安放要牢固，以防砂芯在液态金属浮力作用下发生位移(飘芯或偏芯)。同时，芯头应具有通气道，使浇注时砂芯产生的气体能够通过芯头迅速排出型外，以免铸件出现气孔。此外,还必须便于在铸件清理时取出砂芯。

图 2-66(a)为轴承架,有两个内腔,一个是开式的,一个是半封闭式的。后者靠悬臂芯形成,为使其安放稳固,需要使用芯撑。芯撑在铸件浇注后,存在于铸件中,易于降低铸件质量,因此应尽量不用芯撑。若改为如图 2-66(b)所示的设计方案,则只用一个砂芯就能形成连通式内腔,克服了图 2-66(a)结构的弊端。若零件结构不允许将图 2-66(a)改为图 2-66(b)结构,则需要开工艺孔(为了便于铸造而增加的孔),如图 2-66(c)所示。铸造后将铸件的工艺孔修复,满足零件图的要求。工艺孔仅是为工艺服务的,绝不是零件所要求的。

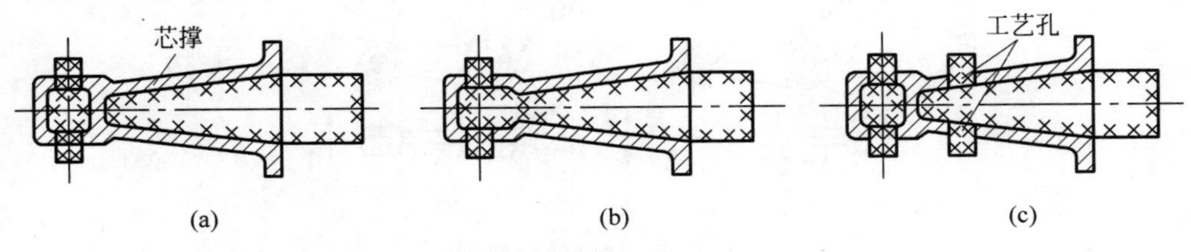

图 2-66 轴承架内腔的设计

第3章

金属塑性成形技术

金属压力加工是利用外力使金属坯料产生塑性变形，从而获得具有一定形状、尺寸和力学性能的原材料、毛坯或零件的加工方法。

金属材料良好的塑性是进行压力加工的基本条件。

压力加工的主要方式有以下几种。

(1) 轧制。轧制是指借助于摩擦力和压力使金属坯料通过两个相对旋转的轧辊间的空隙而变形的压力加工方法。轧制生产所用的坯料主要是金属锭。坯料在轧制过程中，靠摩擦力通过轧辊孔隙而受压变形，使坯料的截面减小，长度增加。如图3-1所示为钢板、型钢及无缝钢管的轧制。

轧制主要用于生产各种规格的钢板、型钢和钢管等钢材，如图3-2所示。

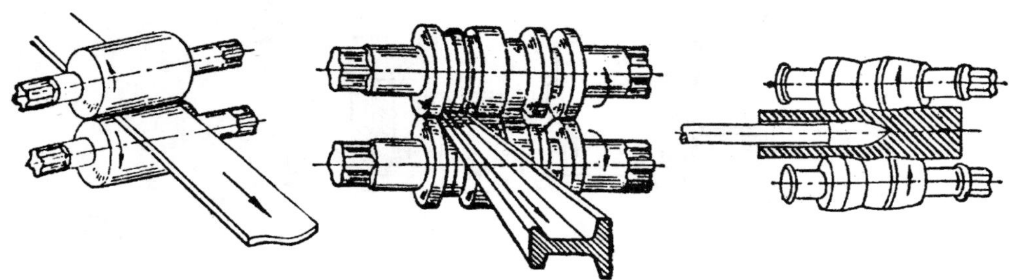

图3-1 钢板、型钢和无缝钢管的轧制

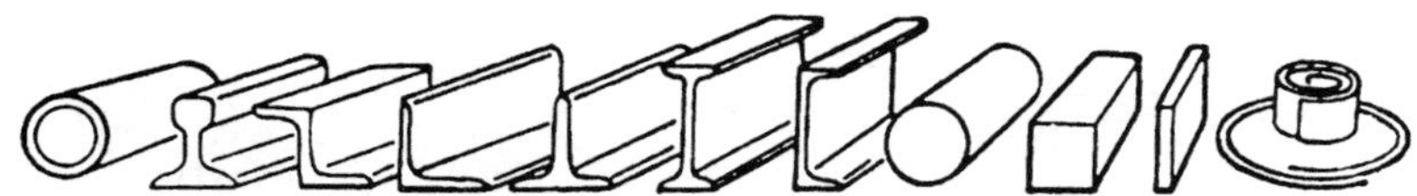

图3-2 轧制的钢材

(2) 挤压。挤压是指金属坯料在挤压模内受压被挤出模孔而变形的压力加工方法，如图3-3所示。挤压按金属流动方向与凸模运动方向的不同，可分为三种：①正挤压，金属流动方向与凸模运动方向相同，如图3-3(a)所示；②反挤压，金属流动方向与凸模运动方向相反，如图3-3(b)所示；③复合挤压，一部分金属的流动方向与凸模运动方向相同，另一部分金属的流动方向与凸模运动方向相反，如图3-3(c)所示。

挤压可以获得各种复杂截面形状的型材、管材、毛坯或零件，如图3-4所示。

(3) 拉拔。拉拔是指利用拉力，将金属坯料拉过拉拔模的模孔而成形的压力加工方

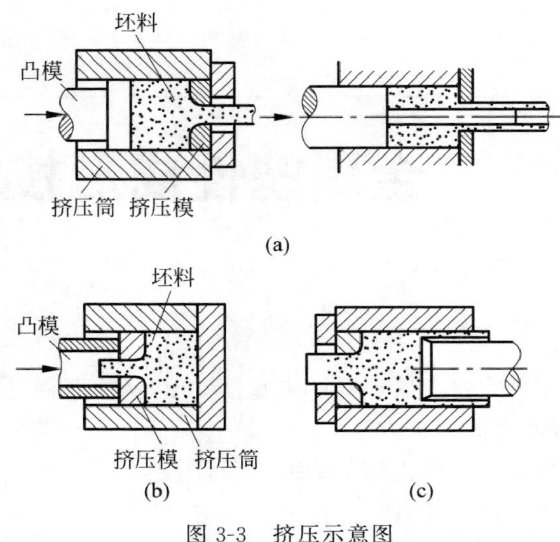

图 3-3 挤压示意图
(a) 正挤压；(b) 反挤压；(c) 复合挤压

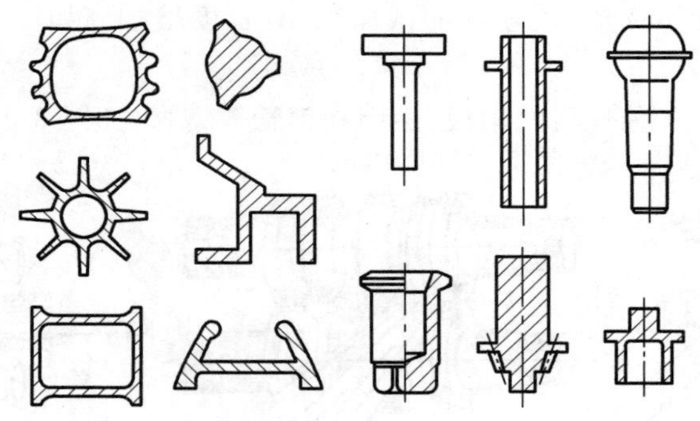

图 3-4 挤压产品

法，如图 3-5 所示。拉拔一般是在室温下进行的，故又称冷拔。拉拔时坯料截面减小，长度增加。拉拔主要用于生产各种细线材、薄壁管和特殊几何形状截面的型材，如图 3-6 所示。

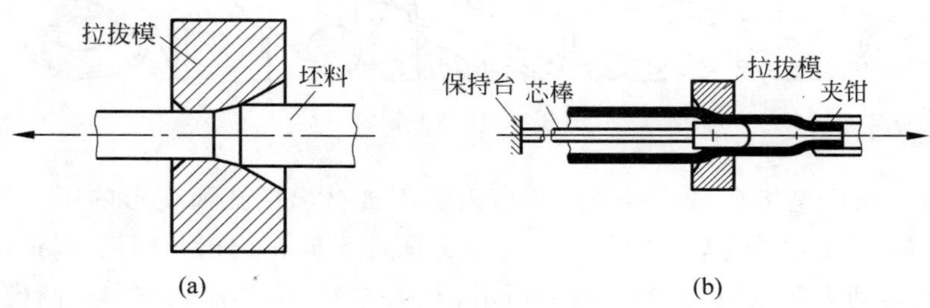

图 3-5 拉拔示意图
(a) 拉拔型材或线材；(b) 拉拔管子

(4) 自由锻。自由锻是指利用冲击力或压力，使放在上下砧之间的金属坯料变形，从而得到所需锻件的压力加工方法。

图 3-6 拉拔产品截面形状

(5) 模锻。模锻是指利用冲击力或压力,使放在锻模模膛内的金属坯料变形,最后充满模膛而成形的压力加工方法。

(6) 板料冲压。板料冲压是指利用压力,使放在冲模间的金属板料产生分离或变形的压力加工方法。

一般常用的金属型材、板材、管材和线材等原材料,大都是在冶金企业通过轧制、挤压和拉拔等方法制成的。机器制造工业常用自由锻、模锻和板料冲压等锻压方法制造毛坯和零件。由于金属压力加工不但能获得组织致密、力学性能好的工件,而且具有生产效率高、材料消耗少等优点,所以在国民经济中得到广泛的应用。

3.1 金属塑性成形基础

3.1.1 金属塑性变形的实质

金属在外力作用下首先产生弹性变形,当外力增加到金属的屈服强度时,产生塑性变形。金属在塑性变形过程中一定有弹性变形存在。当外力去除后,弹性变形将恢复。

1. 单晶体的塑性变形

单晶体塑性变形的主要方式是滑移,如图 3-7 所示。滑移是指在切应力作用下,晶体的一部分原子相对于另一部分原子,沿着一定的晶面(滑移面)和一定的方向(滑移方向)产生的位移。

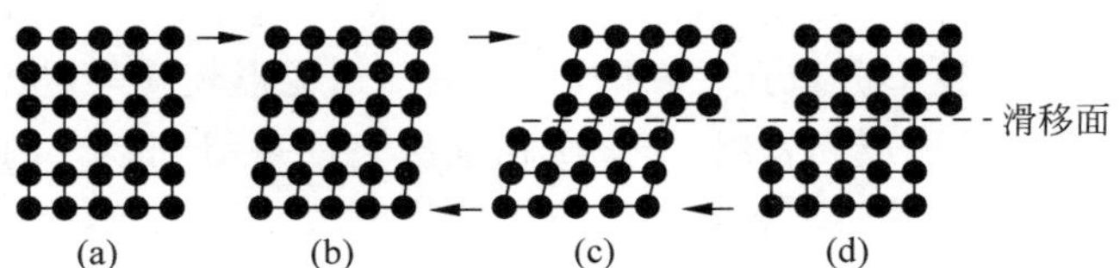

图 3-7 单晶体滑移变形示意图

(a) 未变形; (b) 弹性变形; (c) 弹塑性变形; (d) 塑性变形

滑移面是晶体中原子排列最密的晶面,滑移方向也是滑移面上原子排列最密的方向。晶体中滑移面和滑移方向数目越多,产生滑移的可能性越大,塑性越好。

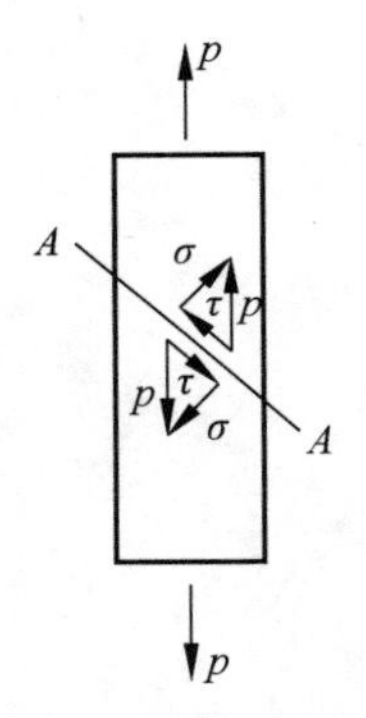

图 3-8 金属拉伸时的应力分析

作用在金属上的外力，可沿任意截面分解为正应力和切应力，如图 3-8 所示。

正应力可使金属截面 A-A 两侧的原子沿垂直于该截面的方向拉开，当正应力增大时，原子间距离拉开到一定程度，原子间的结合力遭到破坏，晶体就会断裂。切应力能使金属截面 A-A 两侧原子沿平行于该截面方向移动。这种移动主要是由金属晶体的滑移形成的。

实际晶体不像理想晶体那样完美，晶体内部存在着一系列原子错排的缺陷，称为位错。晶体中的位错可以在较小的切应力作用下，从一个相对平衡位置移动到另一个位置，形成位错运动。因此，实际晶体的滑移不像理想晶体那样，而是通过位错运动实现的，如图 3-9 所示。

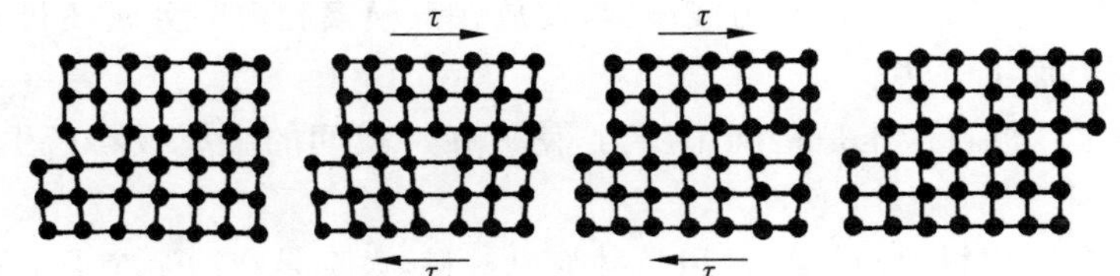

图 3-9 位错运动产生晶体滑移过程示意图

2. 多晶体的塑性变形

多晶体的塑性变形是由每个晶粒的塑性变形组成的，如图 3-10 所示。塑性变形首先在滑移面与外力成 45°角的晶粒内开始，因为与外力成 45°角的滑移面最易变形，产生的切应力最大。如图 3-10 中的 A 晶粒。A 晶粒的晶内滑移，必然受到邻近排列位向不同晶粒(如 B、C 晶粒)的阻碍，也受到晶界的影响。随着晶内滑移的进行，滑移阻力不断增大。与此同时，晶体排列位向不适于产生滑移的晶粒(如 B、C 晶粒)将发生滑动和转动，使自己的排列位向适于产生滑移，而逐渐开始滑移。这样，逐批进行的晶内滑移与晶粒的转动构成了多晶体的塑性变形。

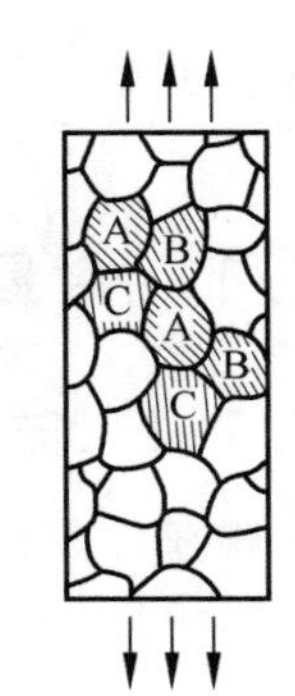

图 3-10 多晶体变形示意图

多晶体塑性变形时的特点：①各个晶粒的变形是不均匀的；②变形抗力大；③晶粒间产生转动。

金属晶粒越细小，变形抗力就越大，塑性也越好。晶粒越细，在一定体积内的晶粒数目越多，则在同样变形量下，变形分散在更多的晶粒内进行，变形较均匀，从而减少了局部应力集中的程度，推迟了裂纹的形成和发展，使金属在断裂之前可得到较大的塑性变形量，提高金属的塑性。因此压力加工希望金属坯料具有细晶粒组织。

3.1.2 金属塑性变形的基本规律

1. 金属塑性变形的规律

1) 体积不变定律

金属塑性变形后的体积等于其塑性变形前的体积，这一规律称为体积不变定律。钢锭经锻造后其致密度增加，体积略有减少，但因相对数量很小，可以忽略不计。计算坯料尺寸时，都依据体积不变定律。

2）最小阻力定律

塑性变形时，变形体内质点间或局部区域间的相对位移，以及变形工具与坯料间的相对位移均称为金属流动。变形体内任一质点或微小区域的流动总是沿着阻力最小的方向进行，这一规律称为最小阻力定律。

不同截面试样的镦粗变形可以说明这一定律。圆形截面的金属朝径向流动，正方形、长方形截面则分成四个区域分别向四个边流动，最后逐渐变成圆形、椭圆形，如图 3-11 所示。

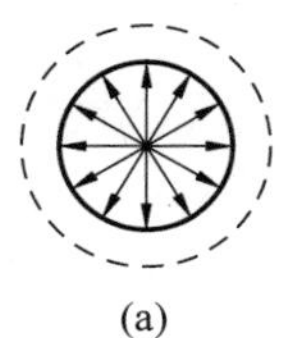

(a)

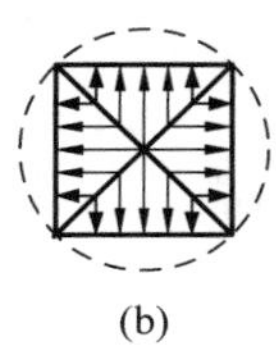

(b)

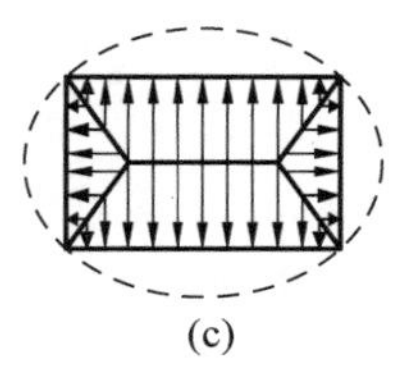

(c)

图 3-11　不同截面试样镦粗时金属的流动方向示意图

(a) 圆形；(b) 正方形；(c) 长方形

由此可知，圆形截面金属在各个方向上的流动最均匀，故镦粗时总是先把坯料锻成圆柱体。

3）塑性变形的不均匀性

金属塑性变形时，锻件与工具接触面之间存在着摩擦力，变形中由于摩擦力的存在，使金属产生内应力和不均匀变形。不均匀变形在锻压加工中难以完全避免，会造成锻件内部组织和性能的不均匀，影响锻件内部及表面质量，甚至造成锻件内部或外部的裂纹，使锻件报废。

在平砧上对圆柱体坯料进行镦粗，镦粗后圆柱体高度减小，侧表面形成鼓形，变形区按变形程度大小大致可分为三个区，如图 3-12 所示。区域Ⅰ为难变形区，区域Ⅱ为剧烈变形区，变形最大，区域Ⅲ变形介于Ⅰ、Ⅱ之间。产生变形不均匀的原因，除工具与毛坯接触面的摩擦力影响，与工具接触的上、下端面处金属（Ⅰ区）由于温度下降快、变形抗力大，比中间处（Ⅱ区）的金属变形困难也有关。

2. 控制金属流动的方法

影响金属流动的因素主要有变形金属与工具接触面上的摩擦力，工具与坯料间的相互作用，坯料的化学成分、组织和温度等。

改变工具与坯料接触面的形状和尺寸，可以减少在某一方向上的流动，增大在另一方向上的流动。在 V 形砧间拔长时，V 形砧侧表面限制了展宽变形，强化了伸长变形，如图 3-13 所示。

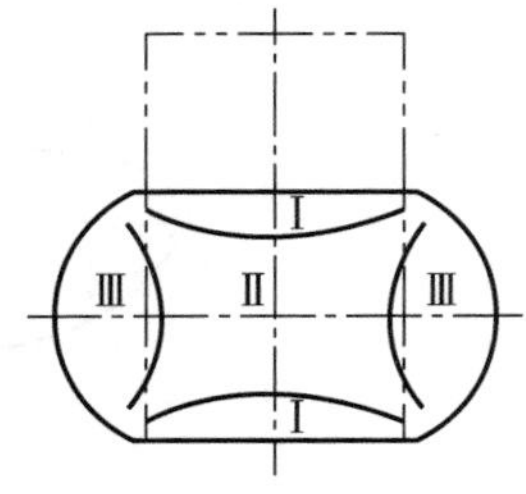

图 3-12　镦粗时变形程度分区示意图

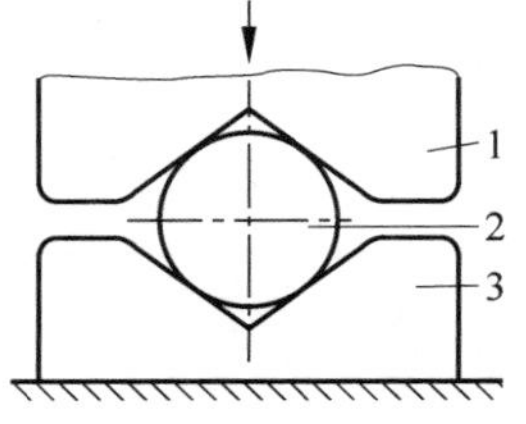

1、3—V 形砧；2—锻坯。

图 3-13　在 V 形砧中拔长

锤上锻造时,锻锤吨位必须足够,否则变形局限于表层,中心部分不能锻透。

改变坯料与工具接触面的状态,也可以降低变形抗力,例如使工具表面光滑、减少锻件表面氧化皮以及使用润滑剂等。

3.1.3 塑性变形后金属的组织和性能

1. 加工硬化

金属进行塑性变形时,随着变形程度的增加,其强度和硬度不断提高,塑性和冲击韧性不断降低,这种现象称为加工硬化。

加工硬化是由塑性变形时金属内部的组织变化引起的,如图 3-14 所示。①各晶粒沿变形最大的方向伸长,且其排列位向逐渐趋于一致;②晶粒内部位错密度增加,晶格严重扭曲,产生内应力;③滑移面和晶粒间产生碎晶。这样,就增加了进一步滑移的阻力,使金属的继续塑性变形越来越困难,即产生了加工硬化。压力加工中,为了使变形顺利进行,需要消除加工硬化。

2. 回复和再结晶

加工硬化使金属的内能升高且处于不稳定状态,使得金属具有自发地恢复到稳定状态的倾向,但在室温下不易实现。如将塑性变形后的金属加热到一定温度,使原子热运动加剧,就会产生回复和再结晶,进而消除加工硬化。图 3-15 为塑性变形后的金属加热时组织和性能的变化。

1)回复

当加热温度不高时(图 3-15 中 $t_0 \sim t_1$),晶格扭曲被消除,内应力明显降低,但力学性能变化不大,只是部分地消除了加工硬化,这一过程称为回复。这时的温度称为回复温度。一般纯金属的回复温度为

$$T_{回复} = (0.25 \sim 0.3) T_{熔点}$$

式中:$T_{回复}$ 为金属的回复温度,K;$T_{熔点}$ 为金属的熔化温度,K。

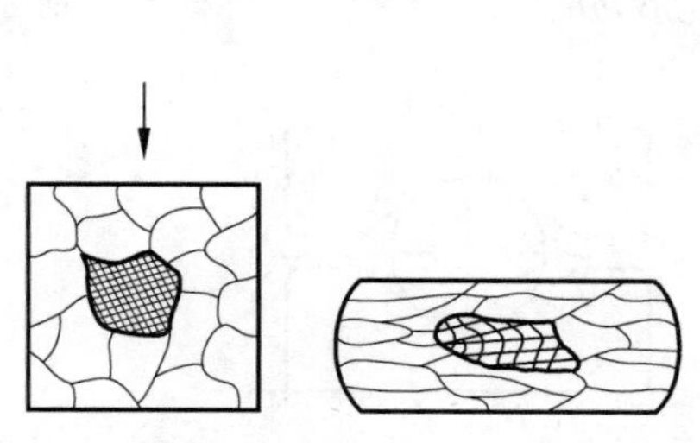

图 3-14 金属塑性变形的组织变化

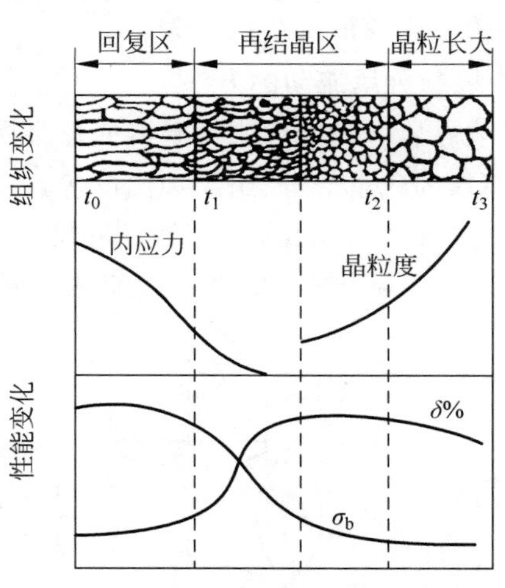

图 3-15 塑性变形后的金属加热时组织和性能的变化

2）再结晶

进一步升高温度(图 3-15 中 $t_1 \sim t_2$)，这时原子具有较大的活动能力，能以某些碎晶或杂质为晶核，成长为新的等轴细晶粒，这一过程称为再结晶。

再结晶使金属的强度和硬度明显下降，塑性和韧性显著提高，从而消除了全部加工硬化。开始产生再结晶的温度称为再结晶温度。一般纯金属的再结晶温度为

$$T_{再结晶} \approx 0.4T_{熔点}$$

式中，$T_{再结晶}$为纯金属的再结晶温度，K。

合金中的杂质和合金元素会阻碍原子的扩散，使再结晶温度提高。例如，纯铁的再结晶温度为 450℃，而低碳钢则为 540℃左右。

生产中，消除金属加工硬化的热处理方法称为再结晶退火，再结晶退火时应正确掌握加热温度和保温时间。再结晶完成后，若再继续升高温度(图 3-15 中 t_2 以上)或过多地延长加热时间，则晶粒还会不断长大，使金属力学性能下降。

应注意，再结晶是金属固态下的结晶过程，可以细化晶粒。但再结晶不同于金属的同素异构转变，因其不发生晶体结构的变化。只有产生加工硬化的金属，才能进行再结晶。

3. 冷变形、温变形和热变形

1）冷变形

金属在回复温度以下的变形称为冷变形。冷变形过程中只产生加工硬化，而无回复和再结晶。冷变形后的金属具有加工硬化组织。

冷变形可以使工件获得较高的尺寸精度和表面质量。但变形抗力大，塑性低，需使用较大吨位的变形设备，同时变形程度不宜过大，以免工件破裂。在冷变形中，要根据加工硬化程度，进行再结晶退火(又叫作中间退火)，以利于进一步的变形加工。

冷变形也是强化金属的一种重要手段。一些用热处理难以强化的金属材料，如纯铜、纯铝、低碳钢和部分不锈钢等，常用冷变形来提高它们的强度和硬度。

2）温变形

金属在高于回复温度，并低于或稍高于再结晶温度时的变形，称为温变形。温变形过程中，既有加工硬化，又有回复，有时也产生部分再结晶，温变形后的金属具有部分加工硬化组织。

温变形与冷变形相比，金属塑性较好，变形抗力较小，能产生较大的变形量，与热变形相比，坯料表面氧化较少，有利于提高工件的尺寸精度和表面质量，而且也能起强化金属的作用。所以，近年来温变形工艺在工业生产中得到了一定的应用，如温挤压或温锻等，但温变形的温度范围比较小，工艺操作难度较大。

3）热变形

金属在再结晶温度以上的变形称为热变形。金属在热变形过程中，也产生加工硬化，但是加工硬化随时被再结晶所消除。热变形后的金属只有再结晶组织，而无加工硬化痕迹。

热变形时，变形抗力小，塑性好，可以用较小的作用力达到较大的变形量。所以，金属压力加工大多采用热变形方式来进行，如热锻、热轧和热挤压等。在实际热变形过程中，变形速度往往较大，为使再结晶能及时消除加工硬化，必须用提高温度的办法来加速再结晶过程。例如，低碳钢的再结晶温度为 540℃，而热变形温度则为 800～1250℃。

4. 金属锻件的特点

金属压力加工的原始坯料是铸锭，其内部组织不均匀，晶粒较粗大，并且有气孔、缩松、

非金属夹杂物等缺陷。这种铸锭经过压力加工后,内部组织和性能将发生显著变化,如图 3-16 所示。

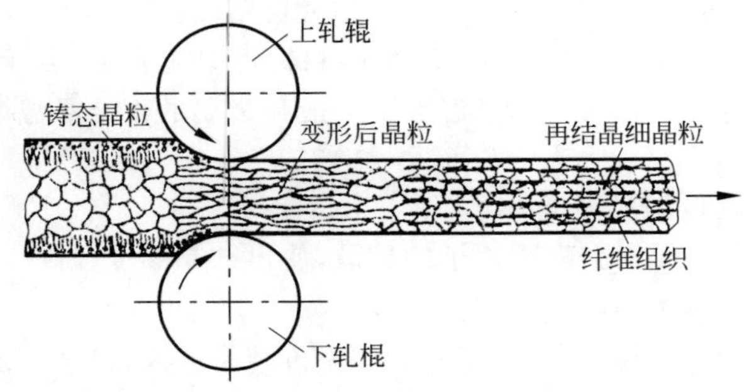

图 3-16 钢锭在热轧时组织变化示意图

1) 金属更加致密

某些铸造缺陷如气孔、缩松等被压合,金属更加致密。铸造组织(枝晶、柱晶和粗大晶粒)被破碎,并且(在热变形过程中)获得细化的再结晶组织。因此,金属的力学性能得到很大提高。

2) 形成纤维组织

金属晶界上的夹杂物随晶粒沿变形最大方向被拉长,这种组织称为纤维组织,或称流线。

纤维组织的明显程度与金属的变形程度有关。变形程度越大,纤维组织越明显。金属的变形程度常用锻造比 y 表示。坯料拔长时的锻造比为

$$y=\frac{F_0}{F}$$

式中:F_0 为坯料拔长前的横截面积,mm^2;F 为坯料拔长后的横截面积,mm^2。

一般当 $y>2$ 时,金属中开始形成纤维组织;$y>5$ 时,纤维组织已非常明显。

纤维组织使金属在性能上具有方向性。纵向(平行于纤维方向)上的塑性、韧性提高,而横向(垂直于纤维方向)上的则降低。表 3-1 为 45 钢力学性能与纤维方向的关系。

表 3-1 45 钢力学性能与纤维方向的关系

纤维方向	σ_s/MPa	σ_b/MPa	δ/%	ψ/%	α_K/(J/cm^2)
纵向	470	715	17.5	62.8	62
横向	440	672	10.0	31.0	30

纤维组织的稳定性很高,不能用热处理方法加以消除,只有经过塑性变形,才能改变其方向和分布。

在压力加工生产中应合理利用纤维组织。在设计和制造零件时,应使零件在工作中所受最大正应力方向与纤维方向重合,最大切应力方向与纤维方向垂直,并使纤维分布与零件的轮廓相符合,尽量不被切断。

如图 3-17 所示为用不同原料生产齿轮时纤维组织的比较。其中,图 3-17(a)采用轧制棒料经切削加工而成,受力时齿根处产生的正应力垂直于纤维,性能最差;如图 3-17(b)所示平行于纤维方向的齿根处正应力与纤维方向重合,性能优异;但垂直于纤维方向的齿根

处质量差；如图 3-17(c)、(d)所示纤维组织分布合理，齿轮的力学性能好，其中如图 3-17(d)所示纤维组织分布与齿轮整体轮廓最为一致，齿轮的使用寿命最高，材料消耗量最少。

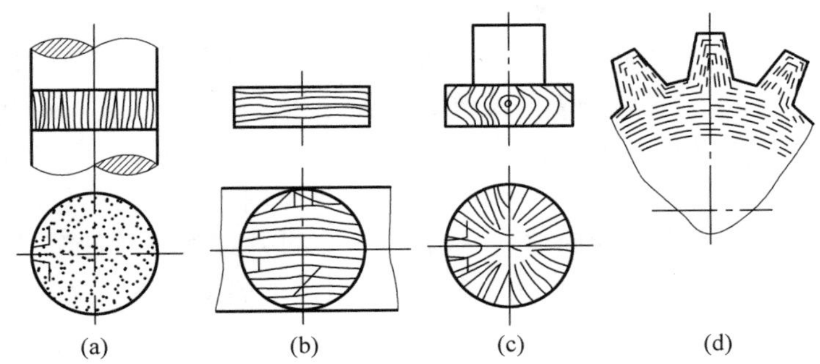

图 3-17 不同原料生产齿轮时的纤维组织示意图

(a) 用圆钢制造齿轮；(b) 用钢板制造齿轮；(c) 用圆钢镦粗制造齿轮；(d) 热轧齿轮

3.1.4 常用金属的锻造性能及其影响因素

1. 可锻性概念

金属的锻造性能即可锻性，是指金属材料在压力加工时获得优质产品难易程度的工艺性能。它常用金属的塑性和变形抗力来综合评定。塑性越高，变形抗力越小，金属的可锻性越好，反之则越差。

金属的塑性一般用延长率 δ 和截面收缩率 ψ 来表示。变形抗力一般用金属的屈服强度 σ_s 和抗拉强度 σ_b 来表示。变形抗力越小，变形越容易，所消耗的能量也就越少。所以，从压力加工工艺角度出发，希望金属具有高的塑性和低的变形抗力。

2. 影响可锻性的因素

金属的可锻性不是固定不变的，与金属的本质和加工条件密切相关。

1) 金属的本质

(1) 化学成分。不同化学成分的金属具有不同的可锻性。一般来讲，纯金属的可锻性比合金好。而钢的可锻性随碳和合金元素的质量分数的增加而降低。

(2) 组织结构。金属内部的组织结构不同，其可锻性有很大差别。固溶体(如奥氏体)的可锻性好，而金属化合物(如渗碳体)的差。金属在单相状态下的可锻性比在多相状态下的好。细晶粒金属的塑性较粗晶粒的好，虽然变形抗力也较大，但可锻性中，塑性是主要的，所以可锻性好。

2) 压力加工条件

(1) 变形温度。提高变形温度可以改善金属的可锻性。从表 3-2 可看出，随着温度的升高，45 钢的强度下降，塑性上升，即钢的可锻性变好。因此，压力加工都力争在高温下进行，即采用热变形。

表 3-2 45 钢在不同温度下的力学性能

温度/℃	20	800	1200
σ_b/MPa	600	50	20
δ/%	20	60	80

金属加热温度过高,会产生过热或过烧等缺陷。

加热温度过高而使奥氏体晶粒粗大的现象称为过热。过热会降低金属性能的力学性能。但是,过热可通过退火或正火来挽救。

加热温度过高,使金属的晶界严重氧化或局部熔化的现象称为过烧。过烧会造成金属性能极脆,致使零件报废。过烧是无法挽救的缺陷。

为了避免金属加热过程中产生过热或过烧等缺陷,热变形应在一定的温度范围内进行。

锻造温度范围是指始锻温度和终锻温度间的温度范围。始锻温度是指金属在锻造前加热允许的最高温度。始锻温度的确定,一般在不产生过热或过烧等缺陷的前提下,尽量提高,以提高金属的可锻性。终锻温度是指金属停止锻造的温度。终锻温度的确定,一般在锻造不产生裂纹的前提下,尽量降低,以扩大锻造温度范围,提高生产效率。

锻造温度范围是根据铁碳合金状态图确定的,如图 3-18 所示。碳素钢的始锻温度为 1050~1250℃,终锻温度为 800℃左右。

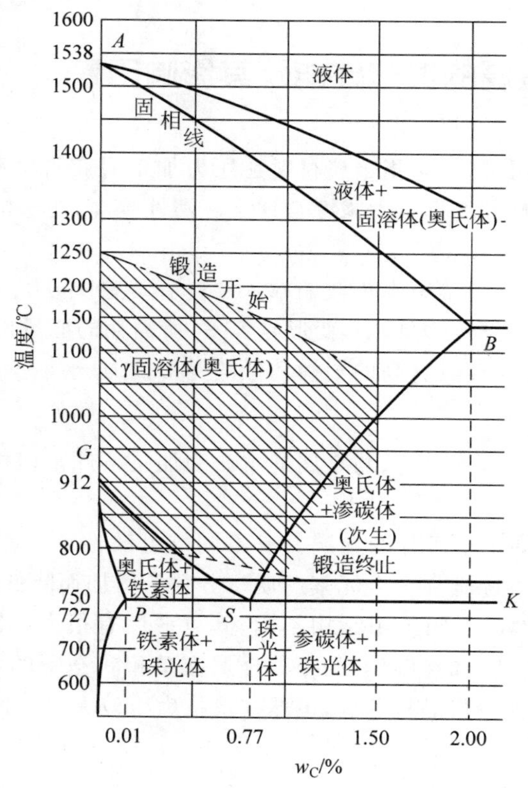

图 3-18 碳素钢的锻造温度范围

(2) 变形速度。变形速度即单位时间内的变形程度。变形速度对金属可锻性的影响如图 3-19 所示。金属随变形速度的增大,加工硬化现象显著,从而使金属塑性下降,变形抗力增大,如图 3-19 中 ω_k 点以前,导致金属可锻性降低。另一方面,消耗于塑性变形的能量有一部分转化为热能,使金属温度升高(称为热效应),如图 3-19 中 ω_k 点以后,可锻性提高。当变形速度超过临界变形速度 ω_k 后,热效应现象显著,使金属的温度超过再结晶温度,一方面,再结晶导致塑性提高,变形抗力减小,可锻性提高。另一方面,温度升高,可锻性提高。

在普通锻压设备上都不可能超过临界变形速度。所以，锻压生产中，应以较小的变形速度进行锻造，以利于提高金属的可锻性。

(3) 应力状态。应力状态是指金属在压力加工过程中实际所处的受力状态(压应力或拉应力)。

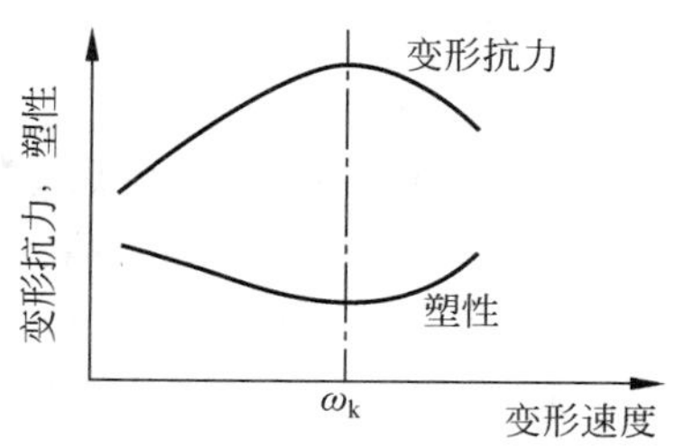

图 3-19　变形速度对金属可锻性的影响

实践证明，三个方向中压应力的数目越多，金属的塑性越好；拉应力的数目越多，金属的塑性越差。相同应力状态下的变形抗力大于相异应力状态下的变形抗力。这是因为，金属内部的气孔或微裂纹等缺陷，在拉应力作用下，极易扩展，造成裂纹，使金属失去塑性。压应力使各种缺陷受到抑制，不易扩展，故可提高金属的塑性。但压应力使金属内部摩擦增大，变形抗力亦随之增大。

用不同的方法进行变形时，金属实际所处的受力状态是不同的，因此可锻性也不同。例如，挤压时为三向受压，如图 3-20(a)所示，而拉拔时则为两向受压、一向受拉，如图 3-20(b)所示。

综上所述，金属的可锻性既取决于金属的本质，又取决于压力加工条件。在压力加工过程中，要力求创造最有利的压力加工条件，提高塑性，降低变形抗力。

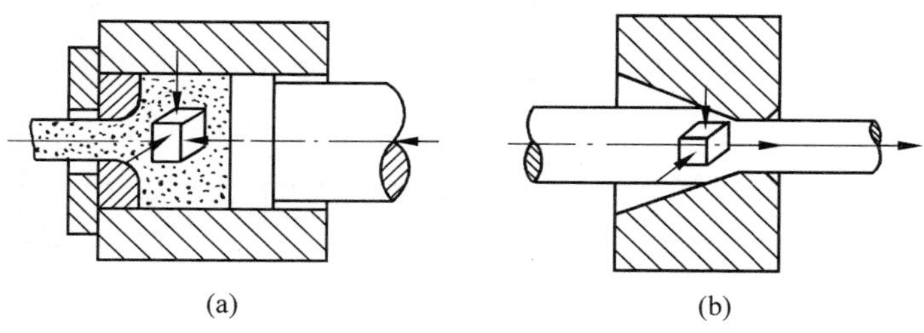

图 3-20　不同的方法变形时金属的应力状态

(a) 挤压；(b) 拉拔

3.2　自由锻

自由锻是指利用冲击力或压力，使放在上下砧之间的金属坯料产生塑性变形，从而获得所需锻件的压力加工方法，锻件的形状和尺寸主要靠工人的操作技术来控制。

自由锻分手工自由锻和机器自由锻两种，目前都采用机器自由锻。自由锻通常采用热变形，常以逐段变形的方式来达到成形的目的。自由锻所用的工具简单，具有较大的通用性，因此生产准备周期短、费用低。但是自由锻只能锻造形状简单的锻件，生产效率低，劳动强度大，锻件尺寸精度低、表面粗糙、机械加工余量大。自由锻只适用于单件和小批量生产。

自由锻可锻造的锻件质量从不及 1 kg 到 200～300 t。对于大型锻件，自由锻是唯一可能的锻造方法。

3.2.1　自由锻设备

自由锻设备按其对坯料产生的作用力的性质不同，可分为自由锻锤和水压机两大类。

1）自由锻锤

生产中使用的自由锻锤是空气锤和蒸汽-空气自由锻锤，其都是用冲击力使金属变形。自由锻锤的吨位用落下部分(包括工作缸的活塞、锤杆、锤头和上砧)的质量来表示，空气锤的吨位用一般为 50～1000 kg。蒸汽-空气自由锻锤的吨位一般为 1～5 t。

空气锤一般用于 100 kg 以下的中小型锻件的生产。蒸汽-空气自由锻锤吨位较大，常用于 100 kg～2 t 的中型和较大型锻件的生产。

自由锻锤产生的振动和噪声较大，不利于环境保护和工人的身心健康，因此不提倡使用大吨位的自由锻锤。

2）水压机

水压机是用静压力使金属变形。水压机的吨位用其工作时产生的最大压力来表示，一般为 5～150 MN。

水压机靠静压力工作，振动和噪声小，并且变形速度低(水压机上砧的移动速度为 0.1～0.3 m/s；锻锤锤头的移动速度可达 7～8 m/s)，有利于改善材料的可锻性，并容易达到较大的锻透深度。水压机常用于大型锻件的生产，所锻钢锭质量可达 300 t。

3.2.2 自由锻的基本工序

各种类型的锻件都是采用不同的锻造工序使坯料逐步变形锻造出来的。根据变形性质和变形程度的不同，自由锻工序可分为辅助工序、基本工序及修整工序。

辅助工序是为方便基本工序操作而进行的预先变形工序，如钢锭压钳把、倒棱和压肩等，如图 3-21 所示。

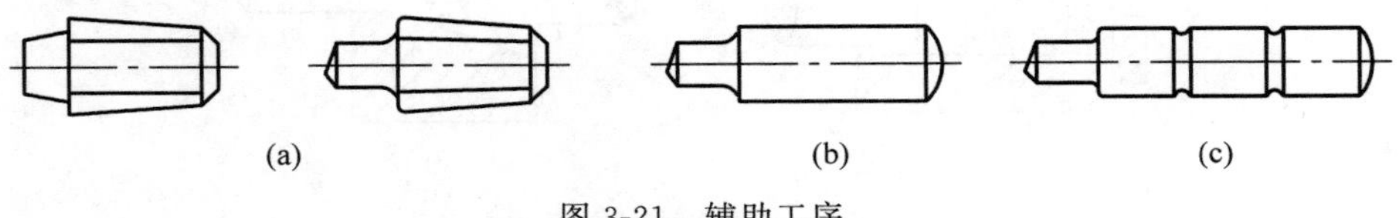

图 3-21 辅助工序

(a) 压钳把；(b) 倒棱；(c) 压肩

修整工序是用来精整锻件尺寸和形状的工序，如校直、滚圆和平整等，如图 3-22 所示。修整工序的变形量很小，常在终锻温度以下进行。

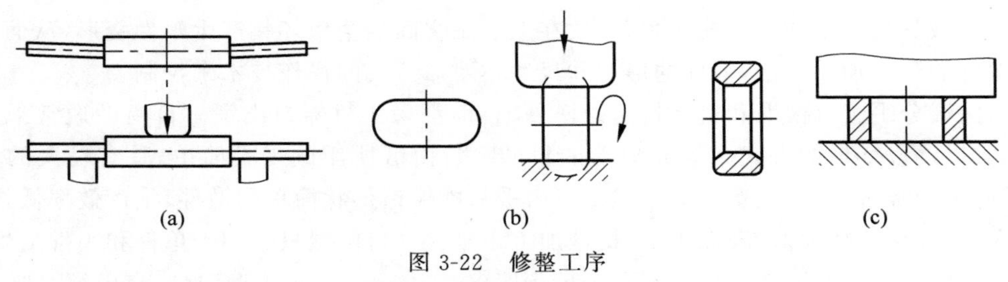

图 3-22 修整工序

(a) 校直；(b) 滚圆；(c) 平整

基本工序是指使坯料产生较大的塑性变形，以达到所需形状及尺寸的工艺过程，如镦粗、拔长、冲孔、切割、弯曲、扭转和错移等。表 3-3 为各基本工序的定义、图例、操作规程及应用。实际生产中最常用的是镦粗、拔长和冲孔三种工序。

表 3-3　自由锻基本工序图例及应用

序号	工序名称	定　　义	图　　例	操作规程	应　　用
1	1. 镦粗(图(a)); 2. 局部镦粗(图(b)); 3. 带尾梢镦粗(图(c)); 4. 展平镦粗(图(d))	1. 坯料的高度减低，截面积增大的工序称为镦粗； 2. 坯料的一部分加以镦粗的称为局部镦粗	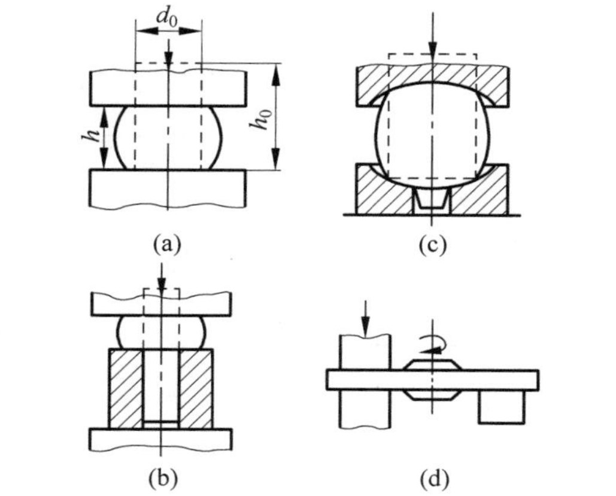 d_0 h h_0 (a)　(c) (b)　(d)	1. 坯料原始高度 h_0 与直径 d_0 之比小于 2.5，即 $h_0/d_0<2.5$，否则会镦弯； 2. 镦粗部分加热要均匀，以使变形均匀； 3. 镦粗面必须垂直于轴线	1. 用于制造高度小、截面大的工件，如齿轮、圆盘、叶轮等； 2. 作为冲孔前的准备工序； 3. 增加以后拔长的锻造比
2	1. 拔长(图(a)); 2. 带心轴拔长(图(b)); 3. 心轴上扩孔(图(c))	1. 缩小坯料截面积增加其长度的工序称为拔长； 2. 减小空心坯料的壁厚和外径增加其长度称为带心轴拔长； 3. 减小空心坯料的壁厚增加其内径和外径，以心轴代替下砧称为心轴上扩孔	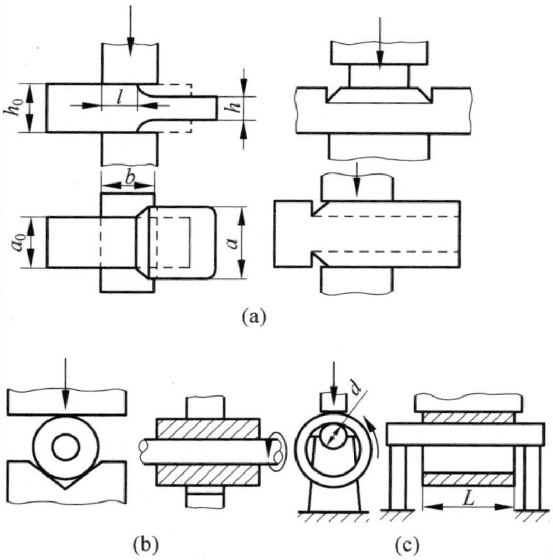 h_0 l h b a_0 a (a) d L (b)　(c)	1. 拔长面的 $l<a_0$，越小效率越高，$l=(0.4\sim0.8)b$(图(a))； 2. $a/h\leqslant2.5$ 以免坯料翻转 90°后造成弯折； 3. 拔长中要不断翻转坯料； 4. 心轴上扩孔的 $d\geqslant0.35L$，心轴要光滑	1. 用于制造长而截面小的工件，如轴、拉杆、曲轴等； 2. 制造空心件，如炮筒、透平主轴、圆环、套筒等
3	1. 实心冲子冲孔(图(a)); 2. 空心冲子冲孔(图(b)); 3. 板料冲孔(图(c))	在坯料中冲出透孔或不透孔的工序	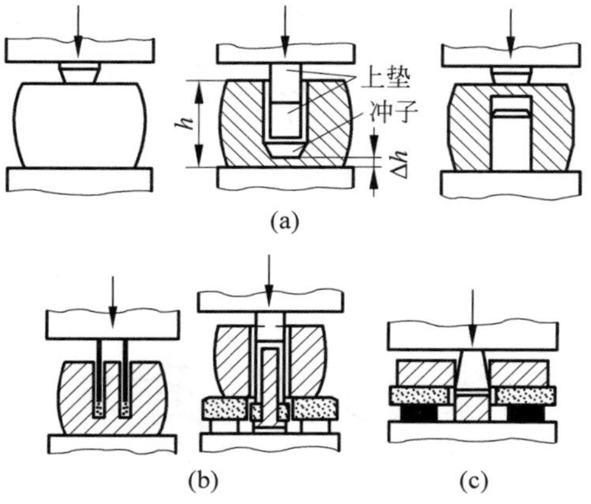 上垫 冲子 h Δh (a) (b)　(c)	1. 冲孔面应该镦平； 2. $\Delta h=15\%\sim20\%h$； 3. $d<450$ mm 的孔，用实心冲子冲孔；$d>450$ mm 的孔，用空心冲子冲孔(图(b))； 4. $d<25$ mm 的孔，一般不冲出	1. 制造空心工件，如齿轮坯、圆环、套筒等； 2. 锻件质量要求高的大工件，如大透平轴，可用空心冲子冲孔，以除去质量较低的中心部分

续表

序号	工序名称	定　　义	图　　例	操作规程	应　　用
4	切割	将坯料切开的工序称为切割	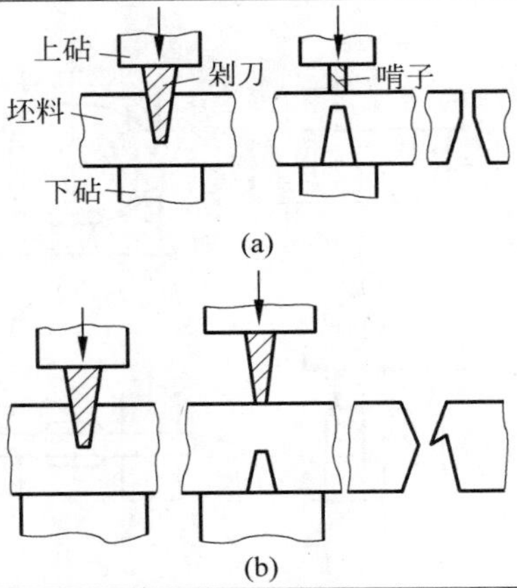 上砧 剁刀 哨子 坯料 下砧 (a) (b)	1. 单面切割：用剁刀切入坯料，直到剩余连皮很薄时，再翻转180°，用哨子或剁刀切开(图(a))； 2. 两面切割：用剁刀切入坯料2/3高度，再翻转180°切开(图(b))	1. 用于下料及切去工件两端的多余材料； 2. 用钢锭作坯料锻造时切头、切尾、分段等
5	弯曲	将坯料弯成曲线或一定角度的工序称为弯曲	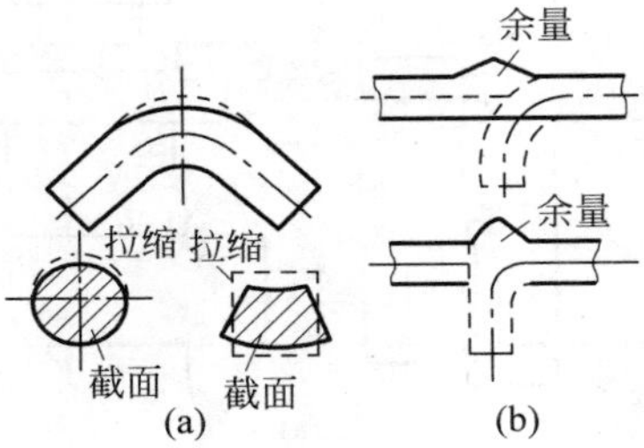 拉缩 拉缩 截面 截面 余量 余量 (a)　(b)	1. 弯曲时，坯料弯曲变形区内侧受压，外侧受拉，截面形状改变，面积减小(图(a))；弯曲前待弯部分应预留余量(图(b))； 2. 坯料加热部分不宜过长，最好仅加热待弯部分	用于制造各种弯曲类工件，如起重吊钩等
6	扭转	将坯料的一部分绕其轴线转一定角度的工序称为扭转	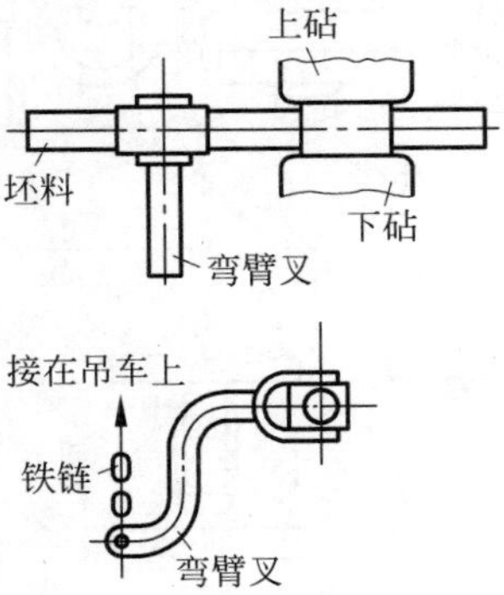 上砧 坯料 下砧 弯臂叉 接在吊车上 铁链 弯臂叉	1. 坯料受扭转部分不许存在裂纹、伤痕等缺陷； 2. 受扭转部分应加热到该金属所允许的最高温度，并保证均匀加热； 3. 扭转后应缓慢冷却，或退火处理	主要用于制造曲轴类工件
7	错移	将坯料的一部分相对于另一部分产生位移，位移后其轴线仍保持平行的工序称为错移	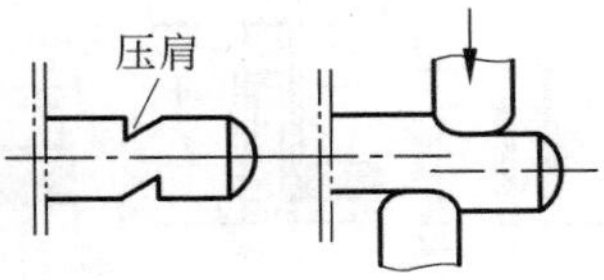 压肩	错移前需在错开处先压肩	用于制造曲轴类工件

3.2.3 自由锻工艺规程的制订

1. 绘制锻件图

锻件图是以零件图为基础，结合自由锻工艺特点绘制而成的。绘制锻件图应考虑以下几个因素。

1）敷料

为了简化零件形状、便于锻造而增加的一部分金属称为敷料(又称余块)。如零件上较小的孔、狭窄的凹挡、直径差较小而长度不大的台阶以及斜面和锥面等，都要加敷料。图3-23为单柄曲轴增加敷料的形状，其中斜线部分代表敷料。

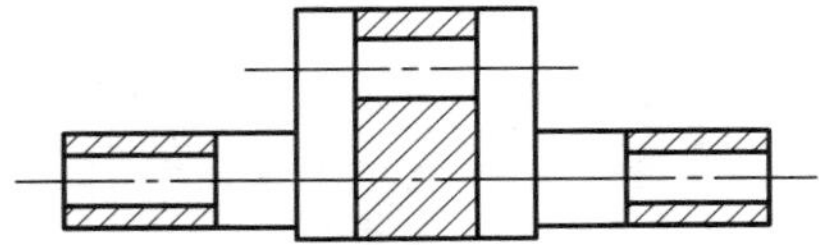

图3-23 单柄曲轴增加敷料的形状

2）机械加工余量

机械加工余量是指零件的加工表面上为机械加工而增加的一层金属。机械加工余量的大小与零件的形状、尺寸精度和表面粗糙度要求有关，同时还应考虑生产条件和工人的技术水平等。

3）锻件公差

锻件的尺寸所允许的偏差，称为锻件公差。具体数值可根据锻件形状和尺寸以及生产条件来选定。

典型锻件图如图3-24所示。在锻件图上，锻件的形状用粗实线描绘，锻件的尺寸和偏差标注在尺寸线上面。同时，为便于了解零件的形状和检查锻件的实际切削加工余量，用双点划线或细实线描绘出零件主要轮廓形状，并在尺寸线的下面加括弧标注出零件的尺寸。

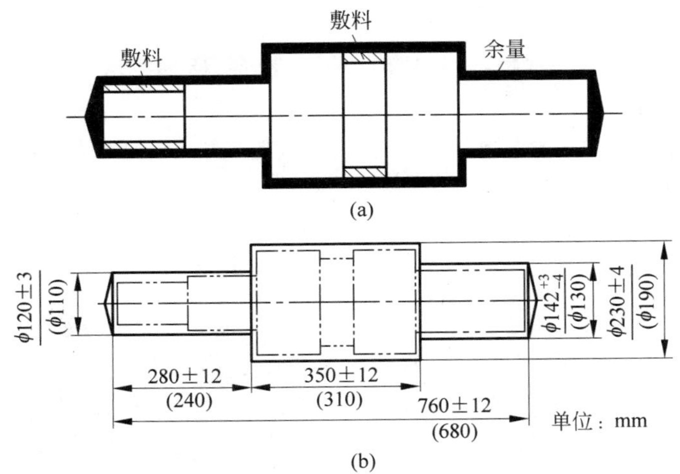

图3-24 锻件图

(a) 锻件的机械加工余量及敷料；(b) 锻件图

2. 确定坯料质量和尺寸

坯料有铸锭和型材两种，前者用于大、中型锻件，后者用于中、小型锻件。

1）确定坯料质量

自由锻所用坯料质量为锻件的质量与锻造时各种金属损耗的质量之和，可按下式计算：

$$G_{坯料}=G_{锻件}+G_{烧损}+G_{切损}$$

式中：$G_{坯料}$为坯料的质量，kg；$G_{锻件}$为锻件的质量，kg；$G_{烧损}$为坯料加热时表面氧化而烧损的质量，kg，钢料第一次加热取2%～3%$G_{坯料}$，以后各次加热取1.5%～2.0%$G_{坯料}$；$G_{切损}$为在锻造过程中冲孔冲掉的芯料或修切锻件端部切掉的料头质量。一般，用钢材作坯料时，切损的质量可按锻件质量的2%～3%计算。对于大型锻件，采用钢锭作坯料时，还要加上切掉锭头和锭尾损失的质量。

2）确定坯料尺寸

坯料的尺寸应按所采用的主要工序来确定。

当采用拔长工序锻造时，

$$F_{坯料}\geqslant yF_{锻件}$$

式中：$F_{坯料}$为坯料横截面积，mm^2；$F_{锻件}$为锻件最大横截面积，mm^2；y为拔长时的锻造比。

以碳素钢锭为坯料时，$y\geqslant 2.5\sim 3$；以型材为坯料时，$y=1.3\sim 1.5$；以合金结构钢钢锭为坯料时，$y\geqslant 3\sim 4$。

当采用镦粗工序锻造时，为避免产生镦弯现象，坯料的高径比（H_0/D_0）不得超过2.5，但过短的坯料不利于镦粗变形，因此坯料的高径比应大于1.25，即

$$1.25D_0\leqslant H_0\leqslant 2.5D_0$$

3. 选择锻造工序

选择锻造工序是指确定锻件成形所需的工序，并决定它们的顺序，因此需根据锻件的形状、尺寸和技术要求，结合各基本工序的变形特点，参照有关典型自由锻工艺确定。几种典型自由锻件的锻造工序见表3-4和表3-5。

此外，自由锻工艺规程的内容还包括确定锻造设备、所用工辅具、加热设备、加热次数、冷却规范和锻件的热处理等。

由锻造工艺规程各项内容所组成的工艺文件就是工艺卡。典型自由锻件（阶梯轴）的锻造工艺卡见表3-6。

3.2.4 胎模锻

胎模锻是指在自由锻设备上使用胎模生产模锻件的压力加工方法。

胎模锻一般采用自由锻方法制坯，然后在胎模中成形。胎模一般不固定在锤头和砧座上，而是平放在锻锤的下砧上。胎模锻可采用几副胎模，每副胎模都能完成模锻工艺中的一个工步，而且可以有几个分模面，又能局部成形。因此胎模锻能锻出形状较复杂的模锻件。

与自由锻相比，胎模锻操作简便，生产效率和锻件尺寸精度都较高，能锻出形状较复杂的锻件。与模锻相比，它不需要昂贵的模锻设备，工艺操作灵活，适应性强，而且胎模结构简单，制造容易，成本低。但是胎模锻件的尺寸精度不如锤上模锻件高，劳动强度仍较大。胎模锻适用于小型锻件的中小批生产，在没有模锻设备的中小型工厂应用较为广泛。

表 3-4　典型自由锻件的类型及工艺方案

序号	类别	图　　例	工步方案	实　　例
1	饼块类		镦粗或局部镦粗	圆盘、齿轮、叶轮、模块、轴头等
2	轴杆类		1. 拔长 2. 镦粗—拔长(增大锻造比) 3. 局部墩粗—拔长	传动轴、齿轮轴、立柱、连杆、摇杆等
3	空心类		1. 镦粗—冲孔 2. 镦粗—冲孔—冲子扩孔 3. 镦粗—冲孔—心轴上扩孔	圆环、齿轮、法兰、圆筒、空心轴等
4	弯曲类		弯曲	吊钩、弯杆、轴瓦等
5	曲轴类		1. 拔长—错移(单拐曲轴) 2. 拔长—错移—扭转(多拐曲轴)	各种曲轴、偏心轴
6	复杂形状类		前几类锻件工步的组合	阀杆、叉杆、十字轴等

表 3-5 典型自由锻件的锻造工艺

单位：mm

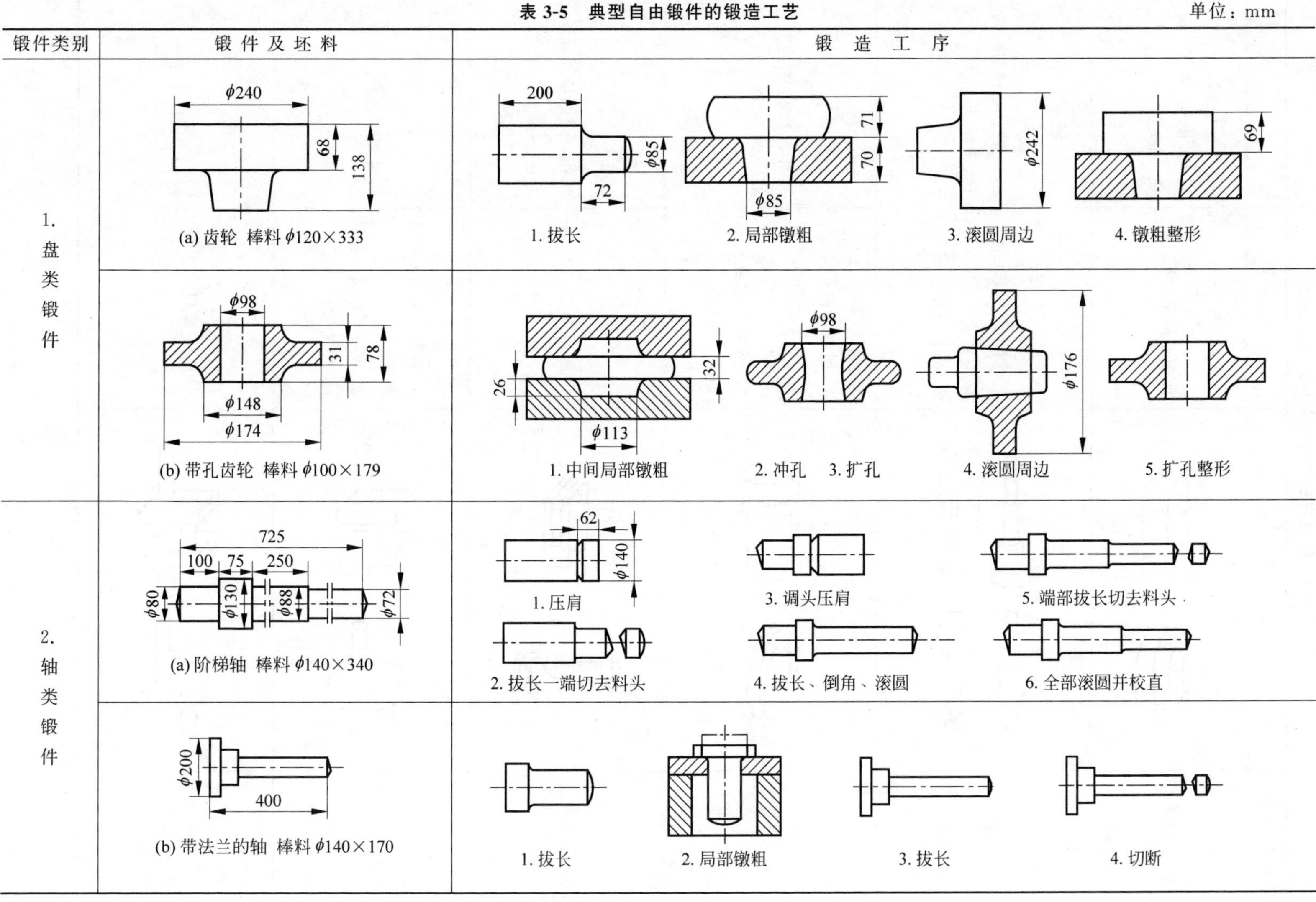

锻件类别	锻件及坯料	锻造工序
1. 盘类锻件	(a) 齿轮 棒料 φ120×333	1. 拔长　2. 局部镦粗　3. 滚圆周边　4. 镦粗整形
	(b) 带孔齿轮 棒料 φ100×179	1. 中间局部镦粗　2. 冲孔　3. 扩孔　4. 滚圆周边　5. 扩孔整形
2. 轴类锻件	(a) 阶梯轴 棒料 φ140×340	1. 压肩　2. 拔长一端切去料头　3. 调头压肩　4. 拔长、倒角、滚圆　5. 端部拔长切去料头　6. 全部滚圆并校直
	(b) 带法兰的轴 棒料 φ140×170	1. 拔长　2. 局部镦粗　3. 拔长　4. 切断

续表

锻件类别	锻件及坯料	锻造工序
3. 筒类锻件	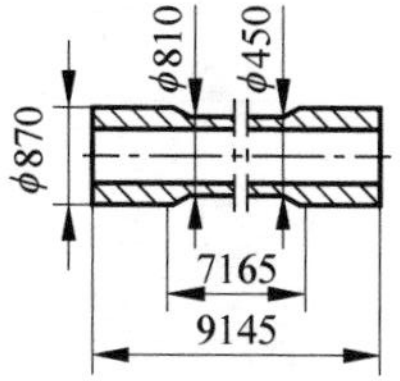 筒体 质量 28 t（φ870、φ810、φ450、7165、9145） 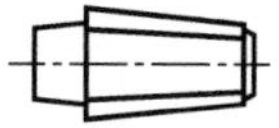 钢锭 49 t	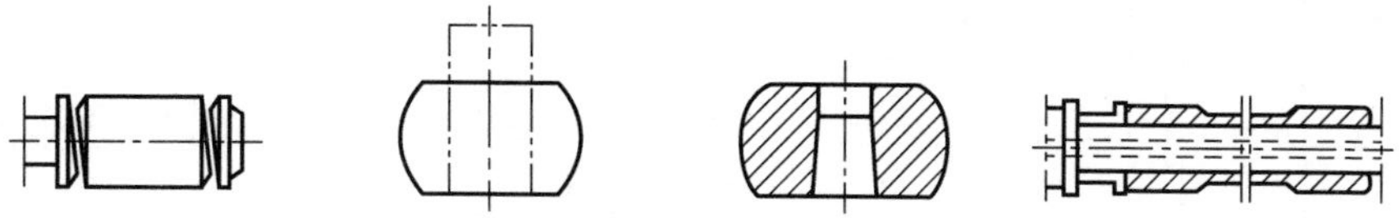 1. 拔长下料 2. 镦粗 3. 冲孔 4. 在芯轴上拔长
4. 曲轴类锻件	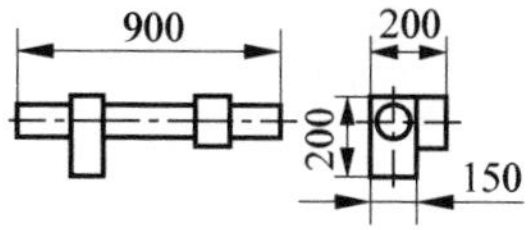 双拐曲轴 质量 120 kg（900、200、200、150） 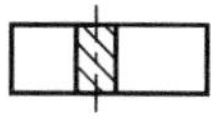 扁方钢 310×150 130 kg	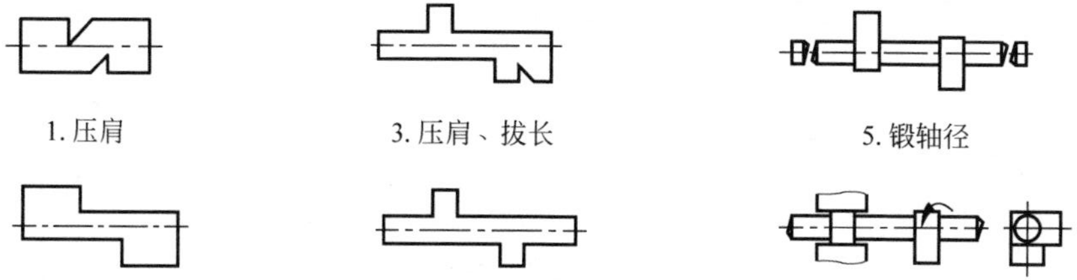 1. 压肩 2. 错移 3. 压肩、拔长 4. 拔长压出双拐 5. 锻轴径 6. 扭转
5. 弯曲类锻件	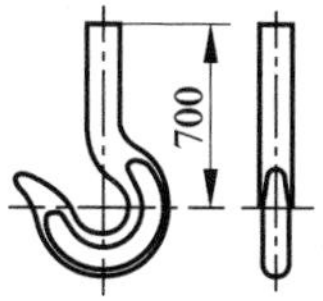 吊钩 质量 100 kg（700）  方钢 150×150 105 kg	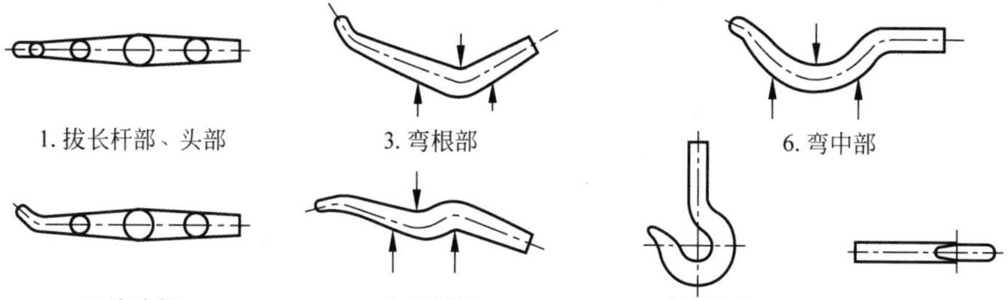 1. 拔长杆部、头部 2. 弯头部 3. 弯根部 4. 弯根部 6. 弯中部 6. 直立镦弯 6. 镦出斜面

表 3-6　典型自由锻件的锻造工艺卡　　单位：mm

锻造车间		页数	共页	第页
锻件草图	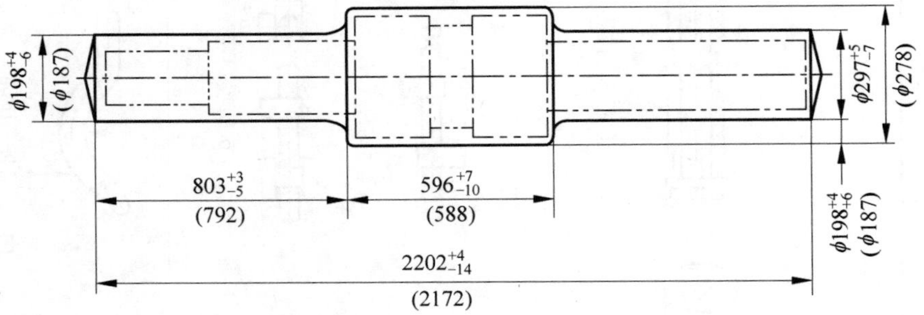 $\phi198^{+4}_{-6}$ ($\phi187$)　803^{+3}_{-5} (792)　596^{+7}_{-10} (588)　2202^{+4}_{-14} (2172)　$\phi297^{+5}_{-7}$ ($\phi278$)　$\phi198^{+4}_{+6}$ ($\phi187$)			

锻件名称	阶梯轴	材料平衡	锻件	702 kg	94.5%
钢号	45		烧损	29.7 kg	4%
坯料尺寸	□320×930		料头	11.1 kg	1.5%
锻造比	1.4		坯料	743 kg	100%

火次	温度	工序	工序草图	设备	工具
		坯料	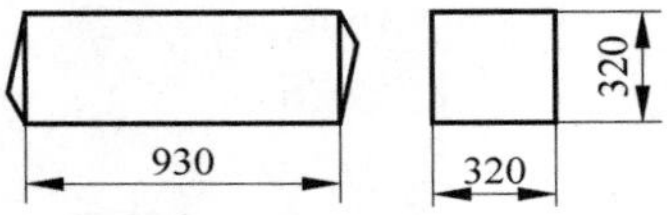 930　320　320		
1	1200～800℃	1. 倒棱拔长	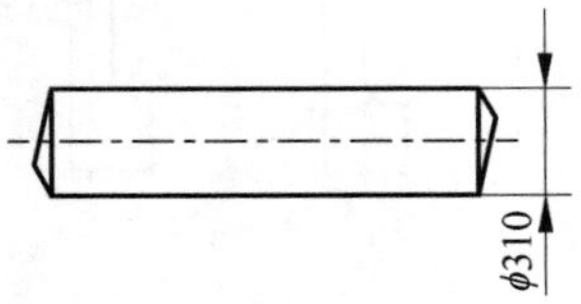 $\phi310$	5 t 锤	上平面砧 下平面砧 下 V 形铁
		2. 压肩	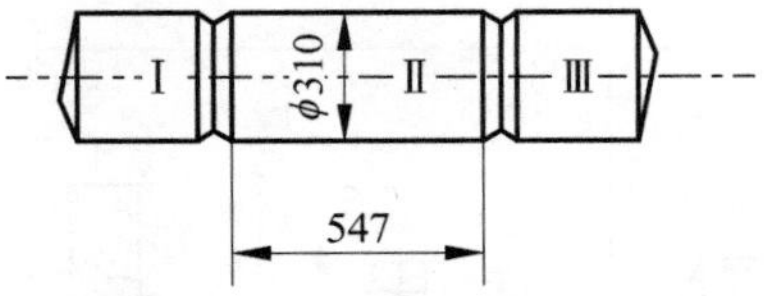 Ⅰ　Ⅱ　Ⅲ　$\phi310$　547	5 t 锤	压铁 上平面砧 下 V 形铁
		3. 拔长Ⅰ切料头	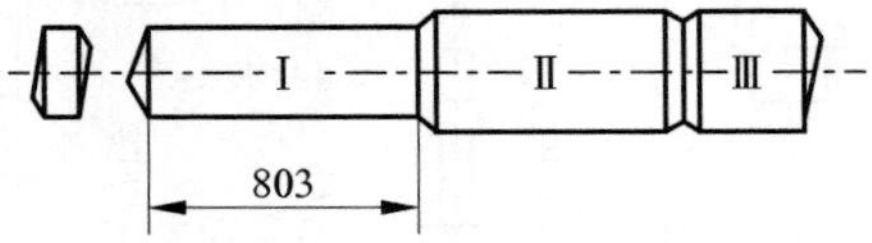 Ⅰ　Ⅱ　Ⅲ　803	5 t 锤	上平面砧 下 V 形铁
2	1200～800℃	4. 拔长ⅡⅢ 切料头 修整全长	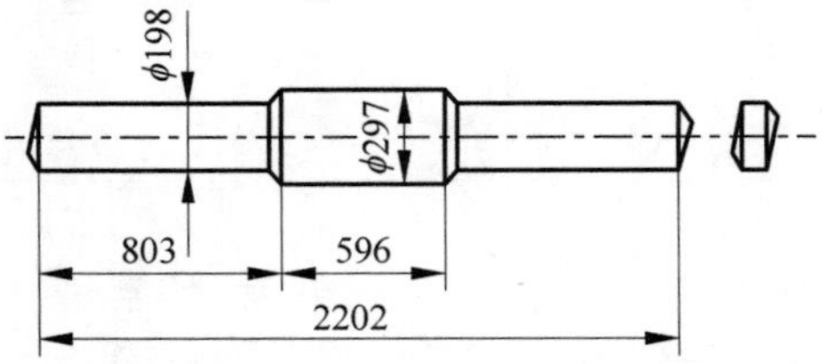 $\phi198$　$\phi297$　803　596　2202		上平面砧 下 V 形铁 剁刀

胎模种类较多，主要有扣模、筒模及合模三种。

（1）扣模。

如图 3-25(a)所示，扣模由上下扣组成；或只有下扣，而上扣以上砧代替，如图 3-25(b)所示。坯料在扣模中锻造时不翻转，但扣形后需翻转 90°在锤砧上平整侧面。扣模主要用于为合模制坯，也可以锻造侧面平直的非回转体锻件。

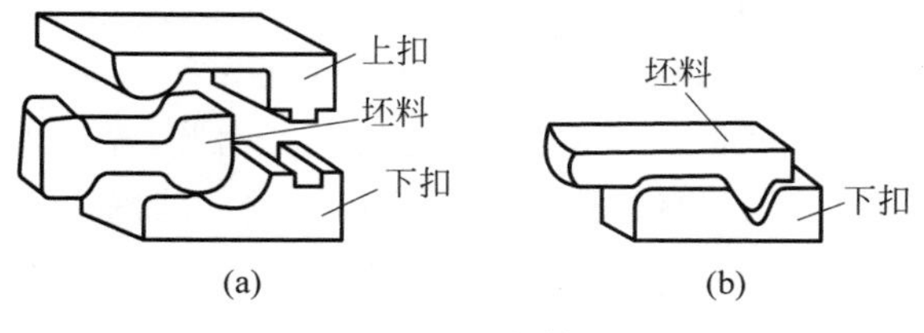

图 3-25　扣模

（2）筒模。

筒模分为开式筒模和闭式筒模两种。

开式筒模如图 3-26(a)所示，开式筒模只有下模，锻造时上砧直接锤击坯料，使坯料在模膛中成形。开式筒模主要用于锻造齿轮、法兰盘等回转体盘类锻件。

闭式筒模如图 3-26(b)所示，闭式筒模由下模和冲头组成。锤头的打击力通过冲头传给坯料，使其在封闭的模膛中变形，属无飞边胎模锻。主要用于端面有凸台或凹坑的回转体锻件的锻造。

对于形状复杂的锻件，还可在筒模内再加两个半模(即增加一个分模面)制成组合筒模，如图 3-27 所示。坯料在由两个半模组成的模膛内成形，锻后先取出两个半模，再取出锻件。

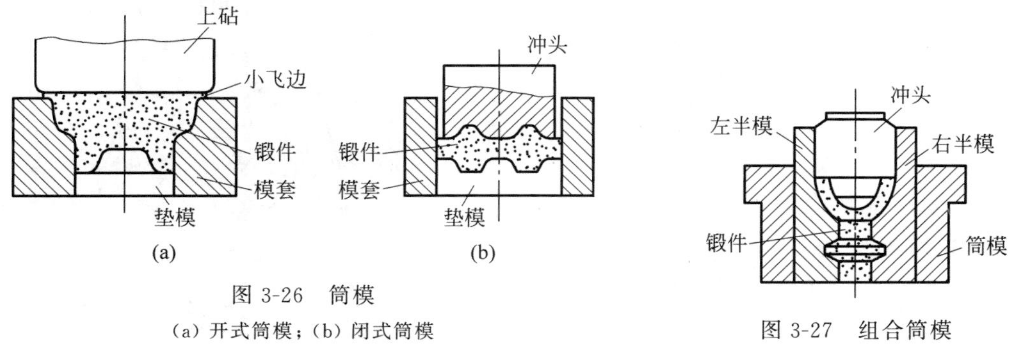

图 3-26　筒模

(a) 开式筒模；(b) 闭式筒模

图 3-27　组合筒模

（3）合模。

合模由上模和下模组成。为了使上下模吻合且不使锻件产生错移，需用导柱或导锁定位，如图 3-28 所示。合模模膛四周有飞边槽，锻后需要将飞边切除。合模一般用于生产形状较复杂的非回转体锻件。

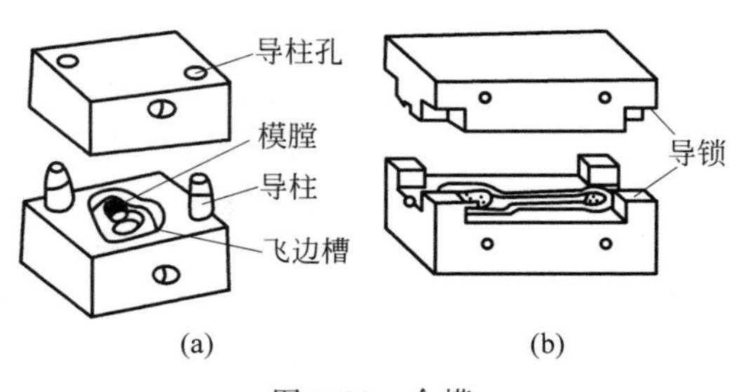

图 3-28　合模

(a) 导柱合模；(b) 导锁合模

3.3 模锻

模锻是指利用冲击力或压力,使放在锻模模膛内的金属坯料受压变形,最后充满模膛而成形的压力加工方法。

与自由锻比较,模锻生产效率较高,可以锻造出形状比较复杂的锻件,而且敷料较少。模锻件尺寸精度和表面质量较高,机械加工余量小,可以节省金属材料,减少机械加工工作量。模锻时坯料是整体变形,三向受压,变形抗力较大。因此,模锻件的质量受模锻设备吨位的限制,一般在 150 kg 以下。模锻适合于中小型锻件的大批量生产。

3.3.1 锤上模锻

1. 模锻设备

锤上模锻所用设备有蒸汽-空气模锻锤、无砧座锤和高速锤等。一般工厂中主要使用蒸汽-空气模锻锤,如图 3-29 所示。蒸汽-空气模锻锤的机架直接安装在砧座上,形成封闭结构,锤的刚度高,锤头与导轨之间的间隙较小;砧座较重(为落下部分质量的 20～25 倍),这样就可以保证模锻时上下模能够对准,从而获得形状和尺寸精确的模锻件。

蒸汽-空气模锻锤的吨位也用落下部分的质量表示。可用于模锻质量为 0.5～150 kg 的锻件。

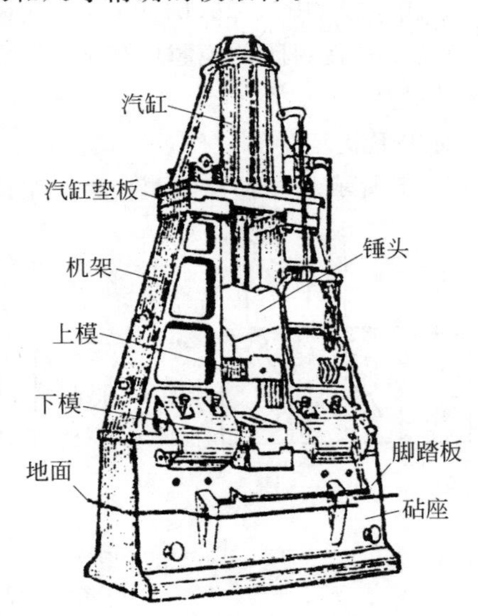

图 3-29 蒸汽-空气模锻锤

2. 锻模

锤上模锻用的锻模是由上模和下模两部分组成的,如图 3-30(a)所示。下模用楔铁固定在模垫上。上模用楔铁紧固在锤头上,随锤头一起作上下往复运动。上、下模设有一定形状的凹腔,称为模膛。模膛根据其功能的不同可分为模锻模膛和制坯模膛。

1) 模锻模膛

模锻模膛分为终锻模膛和预锻模膛两种。

(1) 终锻模膛。终锻模膛的作用是使坯料最后变形到锻件所要求的形状和尺寸。

终锻模膛的形状与锻件相同,尺寸比锻件放大一个收缩量。终锻模膛的侧壁带有模锻斜度,以便取出锻件;模膛的转角处应有圆角,以利于金属流动和提高锻模的使用寿命。模膛四周设有飞边槽,飞边槽由桥部和仓部组成。桥部用以增加金属从模膛中流出的阻力,促使金属充满模膛。仓部用以容纳多余金属。流入飞边槽的金属在上下模打靠前还能起一定的缓冲作用。对于具有通孔的锻件,不可能靠上、下模模膛的突起部分获得通孔,故终锻后在锻件孔内总要留下一层金属,称冲孔连皮。把飞边和冲孔连皮冲掉后,才能得到具有通孔的模锻件,如图 3-30(b)所示。

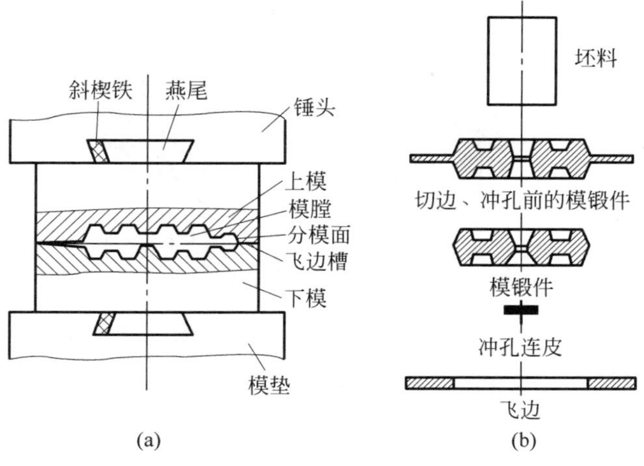

图 3-30　单膛锻模及模锻件

(a) 单膛锻模；(b) 模锻件

(2) 预锻模膛。预锻模膛的作用是使坯料变形到接近锻件的形状和尺寸，以便终锻时容易充满终锻模膛，减少终锻模膛的磨损。预锻模膛不设飞边槽，模膛容积应稍大于终锻模膛，模膛圆角也较大，而模膛斜度一般与终锻模膛相同。对于形状简单或生产批量不大的模锻件可不设置预锻模膛。

2) 制坯模膛

对于形状复杂的模锻件，为了使坯料形状基本接近于模锻件形状，使金属能合理分布和很好地充满模锻模膛，就必须预先在制坯模膛内制坯。制坯模膛有以下几种。

(1) 拔长模膛。用它来减小坯料某部分的截面积，以增加该部分的长度。拔长模膛分为开式和闭式两种，如图 3-31 所示。

(2) 滚压模膛。用它来减小坯料某部分的横截面积，以增大另一部分的横截面积，使金属按模锻件的形状分布。滚压模膛分为开式和闭式两种，如图 3-32 所示。

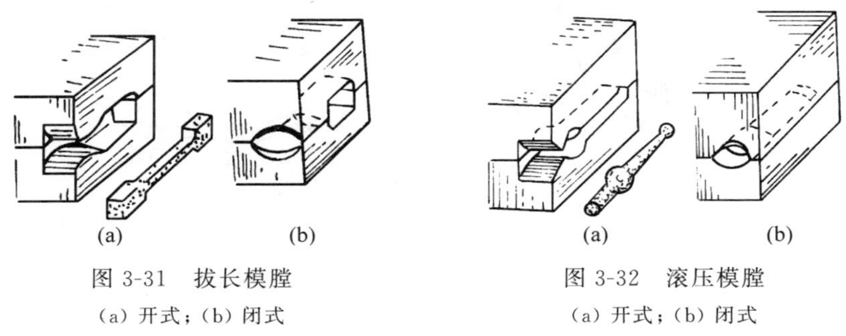

图 3-31　拔长模膛

(a) 开式；(b) 闭式

图 3-32　滚压模膛

(a) 开式；(b) 闭式

(3) 弯曲模膛。对于弯曲的杆类模锻件，需用弯曲模膛来弯曲坯料，如图 3-33(a)所示。

(4) 切断模膛。它是在上模与下模的角部组成的一对刀口，用来切断金属，如图 3-33(b)所示。

根据模锻件形状复杂程度的不同，所需模膛数量也不同。

锻模可以分为单膛锻模和多膛锻模。单膛锻模是指在一副锻模上只有一个终锻模膛的

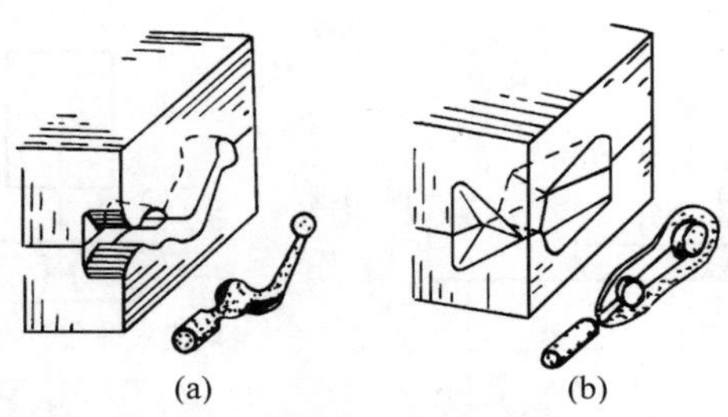

图 3-33　弯曲模膛(a)和切断模膛(b)

锻模,多膛锻模是指在一副锻模上具有两个或两个以上模膛的锻模,如图 3-34 所示为弯曲连杆模锻件的多膛锻模。

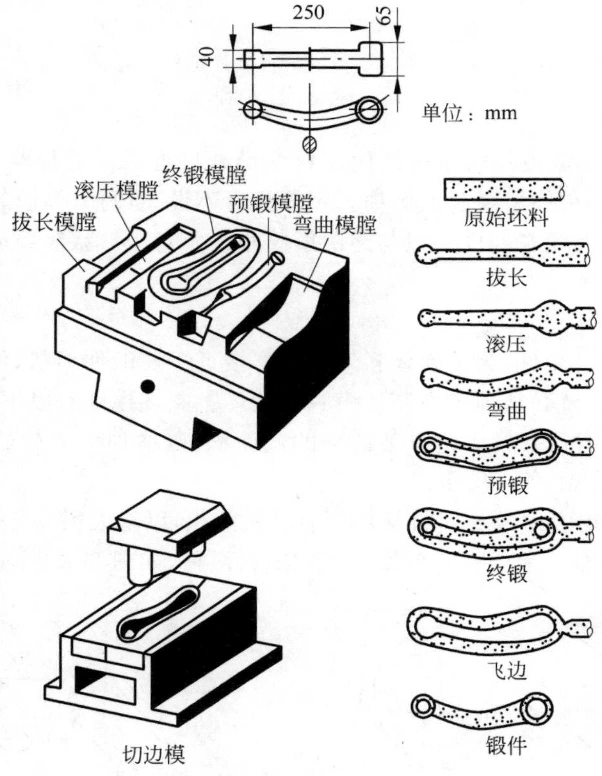

图 3-34　弯曲连杆模锻过程

3. 模锻工艺规程的制定

1）绘制模锻件图

模锻件图是确定模锻工艺、设计和制造锻模、计算坯料以及检验锻件的重要技术文件。它是根据零件图并考虑下列主要因素绘制而成的。

(1) 选择分模面。分模面是上下锻模的接触面。分模面的位置关系锻件的成形、出模、锻模制造和材料利用率等一系列问题。选择分模面必须按以下原则确定。

① 最好使分模面为一平面，并使上下锻模的模膛深度基本一致。

② 要保证模锻件能从模膛中顺利取出。如图 3-35 所示零件，若选 *a-a* 面为分模面，则无法从模膛中取出锻件。所以，分模面一般应选在零件的最大截面上。

③ 应使零件上所加敷料最少。若选图 3-35 中的 *b-b* 为分模面，则零件中间的孔锻造不出来，其敷料最多，增加了机械加工的工作量。

④ 尽量使模膛深度最小。这样金属容易充满模膛，也便于取出锻件，并有利于锻模的制造。如图 3-35 中的 *b-b* 面，就不适合作分模面。

⑤ 容易发现上下锻模的错移。这样可以及时调整锻模位置，避免由于上下锻模的错移而造成大量废品。为此，分模面应选在零件最大截面的中部，如图 3-35 所示，不应选 *c-c* 面作为分模面，而应选 *d-d* 面。

按上述原则综合分析，如图 3-35 所示零件中，*d-d* 面是最合理的分模面。

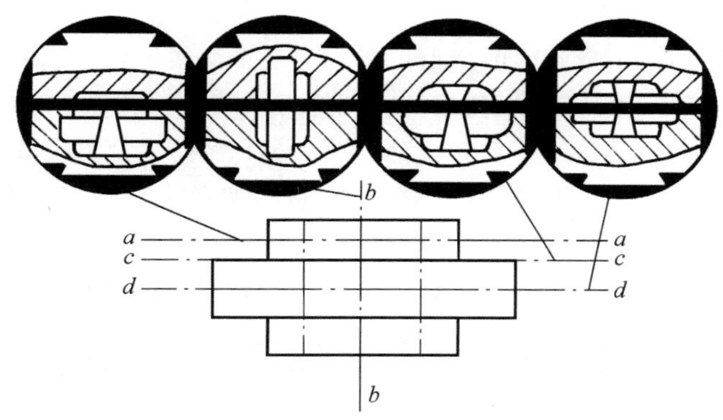

图 3-35 分模面的选择

（2）确定敷料、机械加工余量和模锻公差。模锻时，金属坯料是在锻模中成形的，因此模锻件的形状可以比较复杂，尺寸也较精确，所以敷料较少，机械加工余量和公差也比自由锻件小得多。

一般，零件上若存在不容易直接模锻成形的小凹挡、小孔、齿轮的齿槽和各种键槽，以及阻碍锻件从模膛中取出的局部形状等，就应加敷料以简化形状，便于模锻。零件上凡需机械加工的表面，均应留出机械加工余量。对于孔径 $d>25$ mm 的带孔模锻件，孔应锻出，但需留冲孔连皮。

（3）确定模锻斜度和圆角半径。模锻件上平行于锤击方向的表面必须具有斜度，以便于从模膛中取出锻件，这一斜度称为模锻斜度。模锻斜度分为外壁斜度和内壁斜度，在同一模锻件上内壁斜度应比外壁斜度大，如图 3-36 所示。

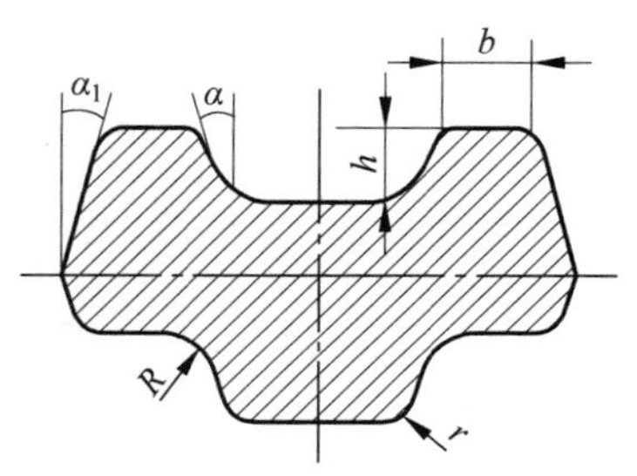

图 3-36 模锻斜度和圆角半径

模锻件上所有两表面的交角处均需做成圆角，以利于金属充满模膛和提高锻模寿命。锻件的内圆角半径比外圆角半径大。模膛深度越深，越应取较大的圆角半径。

图 3-37 为齿轮的模锻件图。图上内孔中部的两条平行实线为冲孔连皮切掉后的痕迹线。模锻件图的锻件轮廓线用粗实线表示，零件主要轮廓线用双点划线或细实线表示。

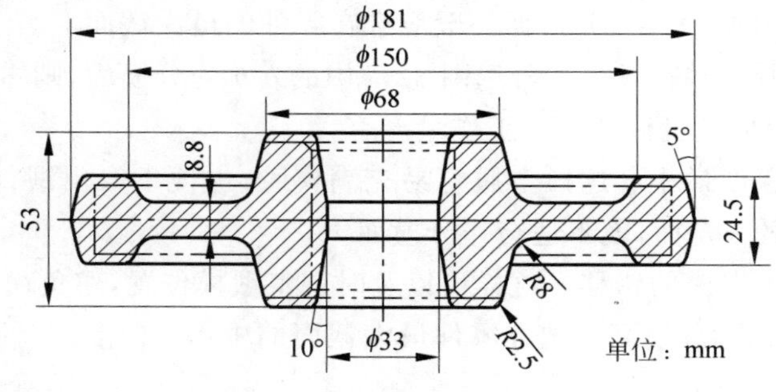

图 3-37　齿轮的模锻件图

2）确定模锻工步

坯料在一副锻模的一个模膛内的变形过程称为一个模锻工步。模锻工步的名称与模膛的名称相同，如拔长工步、滚压工步、预锻工步和终锻工步等。模锻工步主要是根据模锻件的形状和尺寸来确定的。模锻件按形状可分为两大类：一类是盘类模锻件，如齿轮、十字轴和法兰盘等，如图 3-38 所示；另一类是长轴类模锻件，如台阶轴、曲轴、连杆、变速叉和弯曲摇臂等，如图 3-39 所示。

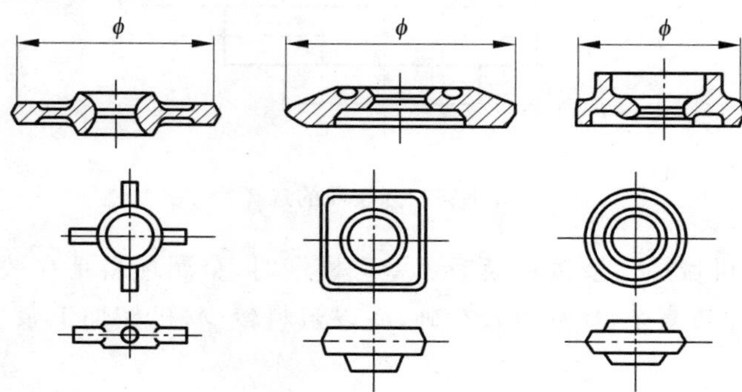

图 3-38　盘类模锻件

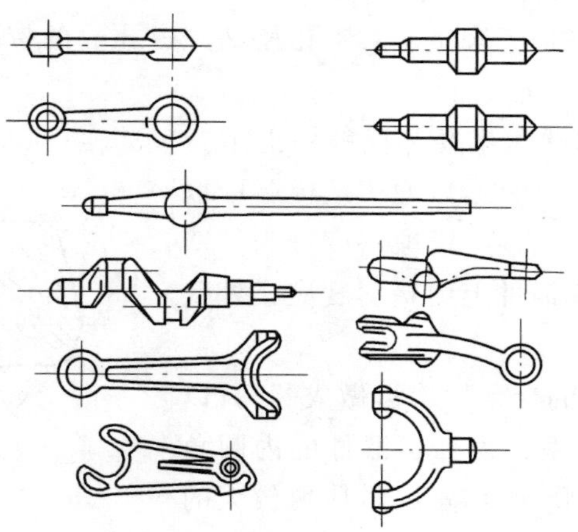

图 3-39　长轴类模锻件

表 3-7 为锤上模锻件分类及其模锻工步的示例。

表 3-7　锤上模锻件分类及其模锻工步示例

模锻件分类		模锻工步示例	主要模锻工步
盘　类		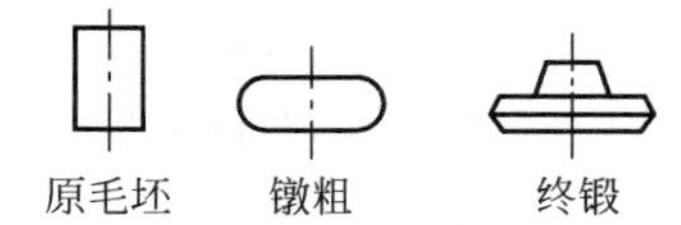 原毛坯　镦粗　终锻	镦粗、(预锻)、终锻
长轴类	直轴类	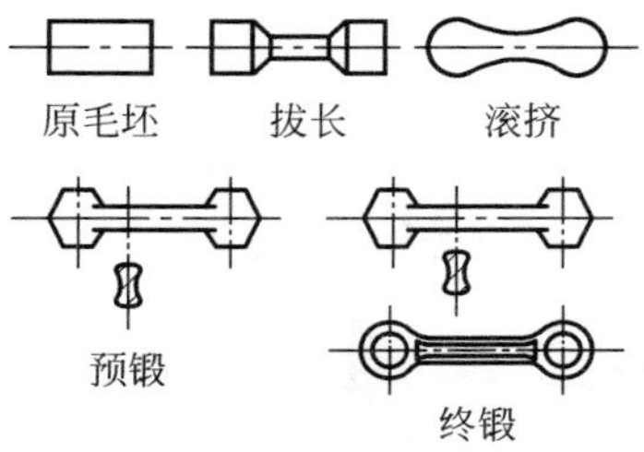 原毛坯　拔长　滚挤　预锻　终锻	拔长、滚压、预锻、终锻
	弯轴类	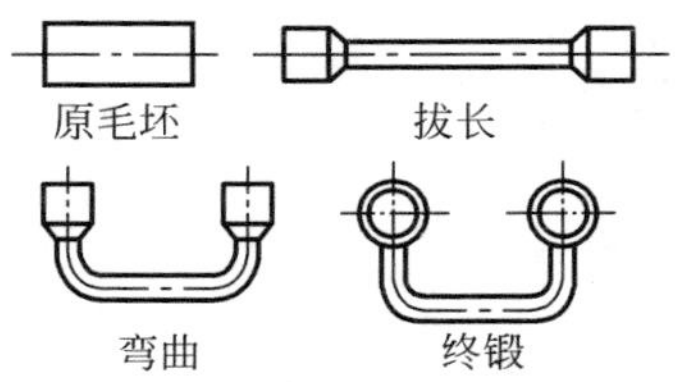 原毛坯　拔长　弯曲　终锻	拔长、滚压、弯曲、(预锻)、终锻

4. 模锻工艺过程

锤上模锻的一般工艺过程如下。

(1) 下料。把方形截面或圆形截面的轧材切成所需长度的坯料。

(2) 加热。模锻前需将坯料在加热炉中加热到规定的始锻温度,而且要均匀热透。

(3) 模锻。坯料从开始变形到最后成形,一般都是在锻模的相应模膛里经过数个模锻工步完成的。

(4) 切边和冲孔。终锻工步得到的锻件一般都带有飞边和冲孔连皮,需在切边(冲孔)压力机上将它们切除。

(5) 校正。有些锻件由于受力不均、冷却收缩不一致等,常会产生变形,需把变形矫正。

(6) 热处理。模锻件热处理的目的是改善性能、消除内应力、细化晶粒,以及为最终热处理做好组织准备。模锻件常用的热处理有退火、正火和调质等。

(7) 表面清理。去除锻件在生产过程中形成的氧化皮和毛刺等,以提高锻件表面质量。锻件表面清理干净之后,也容易显露表面缺陷,便于检验。表面清理的方法有滚筒清理、喷丸清理、酸洗和砂轮打磨等。

(8) 精压。尺寸精度和表面质量要求高的模锻件,应在精压机上进行精压。通过精压,可使锻件尺寸公差达到 0.1～0.25 mm,表面粗糙度为 Ra0.4～0.8。

(9) 检验。模锻件质量检验是保证质量的必要措施。检验的内容包括几何形状和尺寸检验、表面质量检验、内部缺陷检验、显微组织检验、力学性能检验和化学成分检验等几个方面。

3.3.2 曲柄压力机上模锻

1. 曲柄压力机的工作原理

曲柄压力机的传动系统简图如图 3-40 所示。曲柄压力机的动力是电动机,通过三角皮带轮和齿轮减速,并经摩擦离合器带动偏心轴旋转,再通过曲柄连杆机构,使滑块沿压力机的导轨作上下往复运动。锻模的上下模板分别安装在滑块和楔形工作台上,随着滑块上下运动。

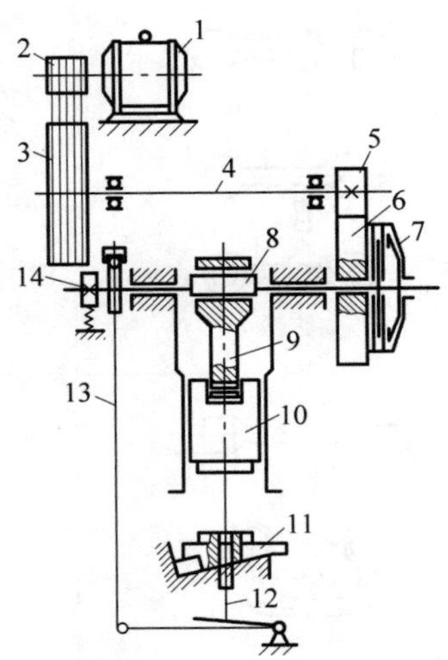

1—电动机;2、3—三角皮带轮;4—传动轴;5、6—齿轮;7—摩擦离合器;
8—偏心轴(曲柄);9—连杆;10—滑块;11—楔形工作台;12—下顶杆;
13—下顶杆机构;14—制动器。

图 3-40 曲柄压力机传动系统简图

曲柄压力机的吨位用工作时所产生的最大压力来表示,一般为 2~120 MN。

2. 锻模

曲柄压力机上模锻一般都采用通用模架和镶块组成的组合式锻模,如图 3-41 所示。模架包括上下模板、导柱导套式导向装置以及镶块紧固零件等,通常都采用标准结构。上下模膛制成镶块,用螺栓和压板分别固定在上下模板上,上下模板通过导柱导套导向,以保证上下模膛准确对合。模膛中设有顶杆,模锻结束后能自动把锻件从模膛中顶出。模膛磨损后,镶块可以单独更换,这样既能节省贵重的模具钢,又便于制造。

3. 曲柄压力机上模锻的特点

(1) 曲柄压力机产生静压力,滑块下行到接近最低点时的速度很慢,所以曲柄压力机工作时无振动,噪声小。

(2) 曲柄压力机机身的刚度大,导轨与滑块间的间隙小,因此能锻出尺寸精度较高的模锻件,锻件的公差、机械加工余量比锤上模锻的小。模膛中设有顶杆,可自动把锻件从模膛中顶出,所以模锻斜度比锤上模锻的小。

(3) 曲柄压力机的传动是机械传动,滑块行程不变。因此曲柄压力机上模锻时每一个模膛都是一次成形,生产效率较高,模锻操作简单,容易实现机械化和自动化。

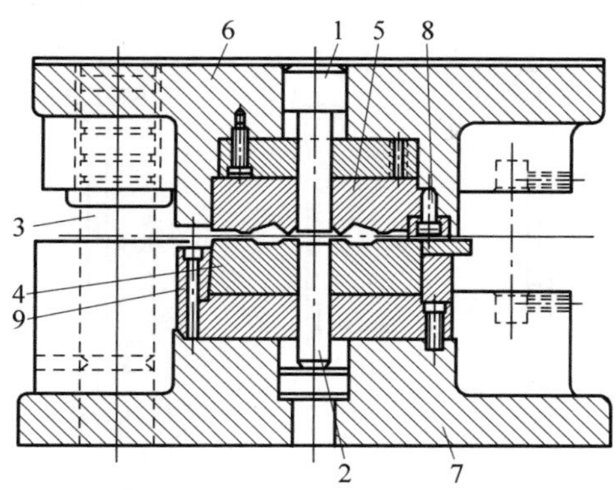

1、2—上、下顶杆；3—导柱；4、5—上、下模膛镶块；
6、7—上、下模板；8—螺栓；9—压板。

图 3-41　组合式锻模结构

(4) 由于滑块行程速度慢，每一个模膛又都是一次成形，所以打击惯性作用小，金属沿模膛高度方向充填能力较差，沿水平方向的流动较强烈，这样容易形成较大的飞边，而模膛深处较难充满。所以对于形状较复杂的锻件，终锻前应采用预成形和预锻工步。如图 3-42 所示即经预成形、预锻和终锻的齿轮模锻工步。同样的齿轮锻件，如采用锤上模锻，则坯料经镦粗台预镦并去氧化皮后，只要用一个终锻模膛在多次锤击下就能锻成。

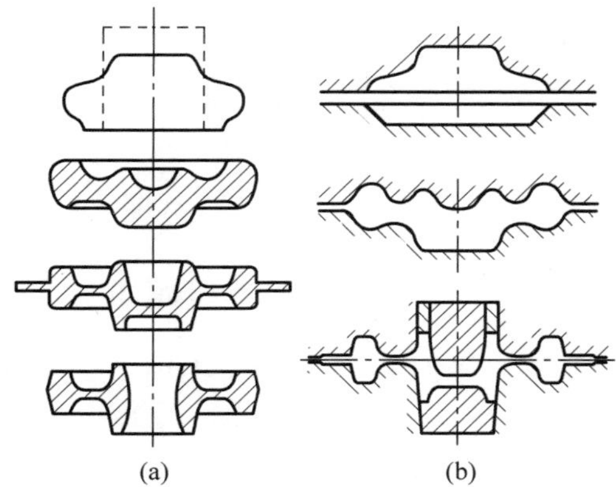

图 3-42　曲柄压力机上模锻齿轮工步

(a) 坯料变形过程；(b) 模膛

(5) 曲柄压力机滑块的行程和压力不能随意调节，不宜进行拔长和滚压工步。如像气阀这样带头部的杆类锻件，可先在平锻机或电镦机上进行头部镦粗，如图 3-43 所示。

(6) 曲柄压力机上模锻，坯料表面的氧化皮不易清除。因此，最好使用无氧化的加热方法，或者在热坯料送进压力机之前用有效的方法把氧化皮清除掉。

3.3.3　平锻机上模锻

1. 平锻机及其工作原理

平锻机的主要结构与曲柄压力机基本相同，但其滑块是水平方向运动，故称平锻机。图 3-44 为平锻机的传动系统简图。

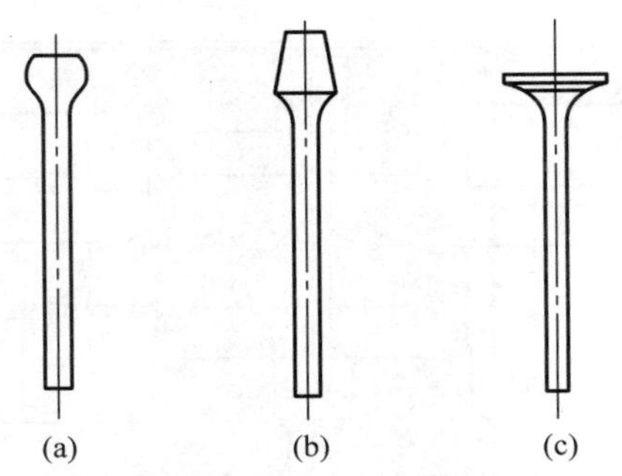

图 3-43　气阀模锻过程

(a) 电镦机制坯；(b) 平锻机制坯；(c) 曲柄压力机终锻

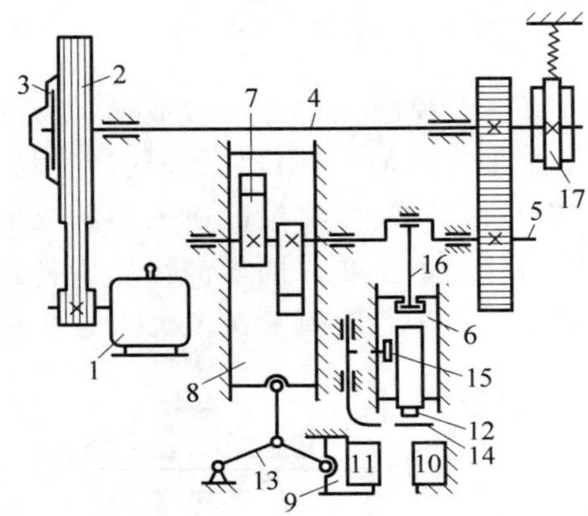

1—电动机；2—带轮；3—离合器；4—传动轴；5—曲轴；6—主滑块；7—凸轮；8—侧滑块；9—夹紧滑块；10—固定凹模；11—活动凹模；12—凸模；13—杠杆系统；14—挡料板；15—滚轮；16—连杆；17—制动器。

图 3-44　平锻机的传动系统简图

平锻机的锻模是由凸模 12、活动凹模 11 和固定凹模 10 三部分组成，并且具有两个互相垂直的分模面。主分模面在凸模与凹模之间，另一个分模面在活动凹模与固定凹模之间。其中凸模 12 装在主滑块 6 上，主滑块由曲柄连杆机构带动作前后往复运动。固定凹模 10 装在机座上，工作时固定不动。活动凹模 11 装在夹紧滑块 9 上，相对于固定凹模所作的横向开合运动是由曲轴 5 端的两个凸轮 7 带动侧滑块 8 和杠杆系统 13 实现的。模锻时，长杆棒料被活动凹模与固定凹模牢牢夹住，并由主滑块端部的凸模进行锻压。

平锻机的吨位是以凸模所产生的最大压力来表示的，一般为 0.5～31.5 MN，可加工 ϕ25～230 mm 的棒料。

2. 平锻机上模锻的模锻过程

平锻机上模锻的基本过程如图 3-45 所示。将加热的棒料放在固定凹模 1 内，棒料前端的位置由挡料板 4 决定，如图 3-45Ⅰ所示。然后主滑块向前运动，而在主滑块上的凸模 3 尚未与棒料接触之前，活动凹模 2 迅速将棒料夹紧。同时挡料板自动退出，如图 3-45Ⅱ所示。凸模继续向前运动，将棒料镦粗，金属充满模膛，如图 3-45Ⅲ所示。当主滑块回程时，凸模从凹模中退出，活动凹模回位，挡料板又恢复到原来位置上，锻件即可取出，如图 3-45Ⅳ所示。

3. 平锻机上模锻的工艺特点

由于平锻机锻模结构的特殊性，平锻机上模锻除具有很多曲柄压力机上模锻的特点，其还具有如下工艺特点：

(1) 平锻机上模锻时，可锻出带实心或空心头部的长杆类锻件和带头部的长管类锻件，也可用长棒料逐件连续模锻带通孔或不通孔的锻件；

(2) 锻模由三部分组成，具有两个互相垂直的分模面，因而可锻出表面带有凹挡及通孔的锻件，如汽车倒车齿轮，其平锻工步如图 3-46 所示；

(3) 平锻机上模锻的锻件敷料少、模锻斜度小，可以没有飞边，所以比其他设备上模锻节省金属，材料利用率可达 85%～95%。

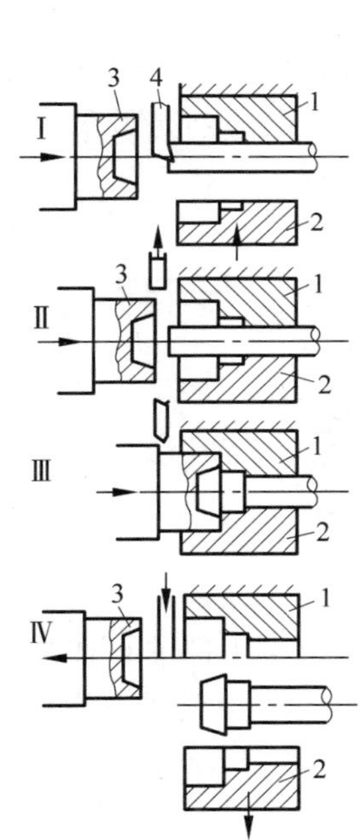

1—固定凹模；2—活动凹模；3—凸模；4—挡料板。

图 3-45　平锻机上模锻的基本过程

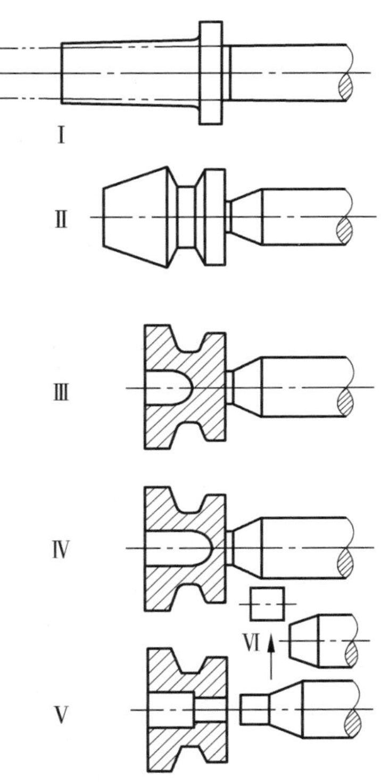

Ⅰ、Ⅱ—局部镦粗；Ⅲ—镦粗预成形；Ⅳ—冲孔成形；Ⅴ—穿孔；Ⅵ—切料头。

图 3-46　汽车倒车齿轮锻件平锻工步

3.3.4　摩擦压力机上模锻

摩擦压力机的传动系统简图如图 3-47 所示。电动机 5 通过皮带轮减速使主轴旋转，主轴上固定有两个摩擦轮 4。用操纵杆可使主轴沿轴向产生移动，这样就可使摩擦轮 4 与飞轮 3 的边缘靠紧，产生摩擦力而带动飞轮旋转。飞轮与不同的摩擦轮接触就能获得不同方向的旋转，飞轮上固定着螺杆 1，螺杆 1 下端用轴承与压力机滑块 7 相连。螺杆 1 通过固定在机架 8 上的螺母 2 可实现上下运动，使滑块沿压力机导轨 9 上下运动。模锻时上模装在滑块下端，下模则固定在工作台 10 上。

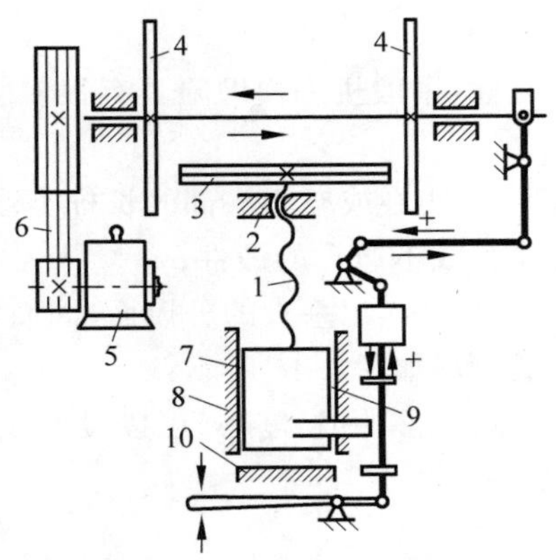

1—螺杆；2—螺母；3—飞轮；4—摩擦轮；5—电动机；
6—皮带；7—滑块；8—机架；9—导轨；10—工作台。

图 3-47　摩擦压力机传动系统简图

摩擦压力机的吨位用工作时所产生的压力来表示，一般为 0.63～10 MN。生产中 3.5 MN 以下的摩擦压力机使用较多，主要用于生产小型锻件，特别是带头部的杆类锻件，如铆钉、螺钉、气阀等，如图 3-48 所示。

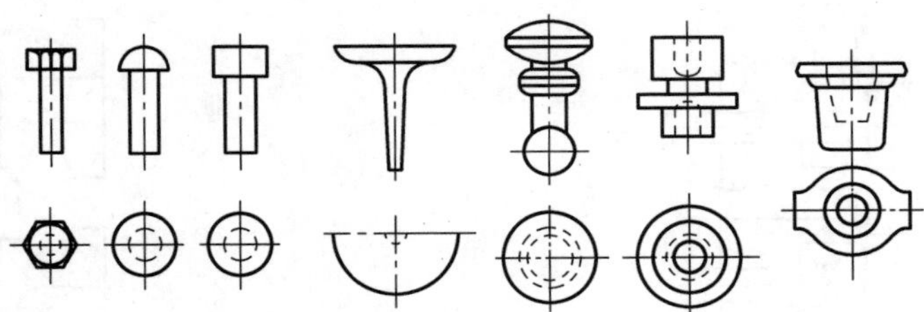

图 3-48　摩擦压力机上模锻的锻件

在摩擦压力机的工作台下，常装有下顶杆机构，用以顶出带头部的长杆类锻件，或者用以顶开垂直分模的组合凹模，以便取出锻件。摩擦压力机滑块运动速度缓慢，所以生产效率较低。但是对塑性较差的金属锻件，由于可以提高金属的可锻性，反而有利，所以摩擦压力机适合模锻低塑性的金属锻件。由于摩擦压力机承受偏心载荷能力差，所以通常只适用于单膛锻模进行模锻。摩擦压力机具有结构简单、造价低、使用维修方便等优点，所以广泛用于小型模锻件的中小批量生产。

3.3.5 锻造工艺方案的选择

生产一种锻件，根据工厂的具体条件不同，可采用不同的锻造工艺方案。例如，汽车发动机连杆可以采用锤上模锻、曲柄压力机上模锻和摩擦压力机上模锻，也可以采用胎模锻。即使在同一种锻压设备上，也可采用不同的工艺方案。因此需对各种工艺方案进行全面的比较分析。在满足零件使用性能和质量要求的前提下，以生产成本最低、劳动生产效率最高为最佳的工艺方案。

生产批量与锻件成本有直接关系，常成为工艺方案选择的主要依据。

图 3-49 为同一种锻件采用不同的锻造方法时，成本随生产批量而变化的一般情况。从

图中可知，采用自由锻时，随着每批生产数量的增加，每个锻件的成本下降很慢；若采用自动生产线模锻时，当生产数量超过一定值后，生产成本比生产批量小时下降很多。

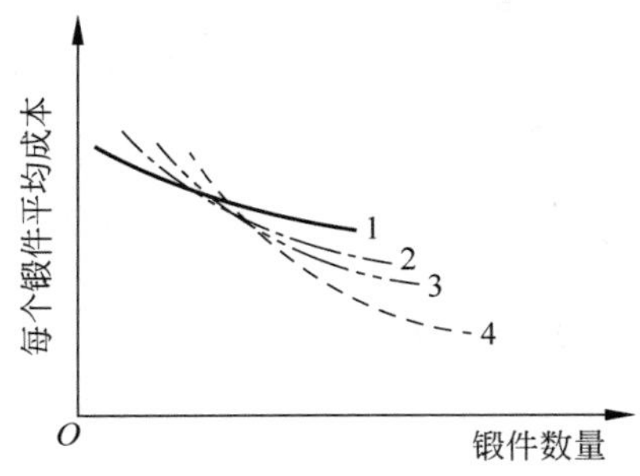

1—自由锻；2—胎模锻；3—一般模锻；4—自动生产线模锻。

图 3-49　不同锻造工艺的锻件批量对成本的影响

表 3-8 为工厂按锻件生产批量的不同而选用不同锻造方法的大概范围。

表 3-8　按生产批量选用锻造方法

生产批量	锻件大小	锻造方法	使用设备	生产效率	锻件精度	劳动条件
单件、小批量生产	中、小型锻件 中、较大型锻件 大型锻件	自由锻	空气锤 蒸汽-空气锤 水压机	低	低	差
中、小批量生产	中、小型锻件	胎模锻	空气锤 蒸汽-空气锤	较高	较低	差
大批量生产	中、小型锻件	模锻	各种模锻锤 曲柄压力机 平锻机	高 很高 高	中 高 较高	较差 好 较好
中批量生产	小型锻件		摩擦压力机	较高	较高	好

3.4　板料冲压

板料冲压是指利用压力，使放在冲模间的板料产生分离或变形的压力加工方法。

板料冲压一般是在冷态下进行的，所以又叫作冷冲压。只有当板厚超过 8～10 mm 时，才采用热冲压。

板料冲压所用的原材料，必须具有足够高的塑性。

板料冲压的冲压操作简单，生产效率很高，工艺过程便于机械化和自动化；可冲压形状复杂的零件，而且废料较少；产品具有较高的尺寸精度和表面质量，一般不需要进一步的机械加工。

板料冲压的应用非常广泛，在汽车、拖拉机、航空、电机、电器、仪表、日用品制造业以及国防工业中都占有极其重要的地位。

3.4.1　冲压设备

1. 剪床

剪床的用途是把板料剪成一定宽度的条料，主要用于备料，以供下一道冲压工序使用。

剪床为曲柄连杆机构,有斜刃剪床和平刃剪床。在剪切厚而窄的条料时,则采用上下刀片刃口平行的平刃剪床。现代剪床可剪切厚度达 42 mm 的金属板料。

2. 冲床

冲床是一种曲柄连杆机构。它是板料冲压生产中的主要设备。

冲床的结构形式很多,按床身结构不同可分为开式冲床和闭式冲床两类。开式冲床一般用于冲压中小型冲压件,而闭式冲床可冲压中、大型冲压件。

3.4.2 板料冲压的基本工序

板料冲压的基本工序可分为分离工序和变形工序两大类。

1. 分离工序

分离工序是指使板料的一部分与另一部分相互分离的工序,如剪切、冲裁和修整等。

1) 剪切

使板料沿不封闭的轮廓线分离的工序称为剪切。它属于备料工序,其任务是根据冲压工艺的要求,将板料剪成一定尺寸的条料或其他形状的坯料。

2) 冲裁

使板料沿封闭的轮廓线分离的工序称为冲裁。

冲裁主要是指落料和冲孔,如图 3-50 所示。落料是指被冲落的部分为工件,而带孔的周边是废料;冲孔是指被冲落的部分为废料,而带孔的周边是工件。落料和冲孔这两个工序的板料变形过程是相同的。

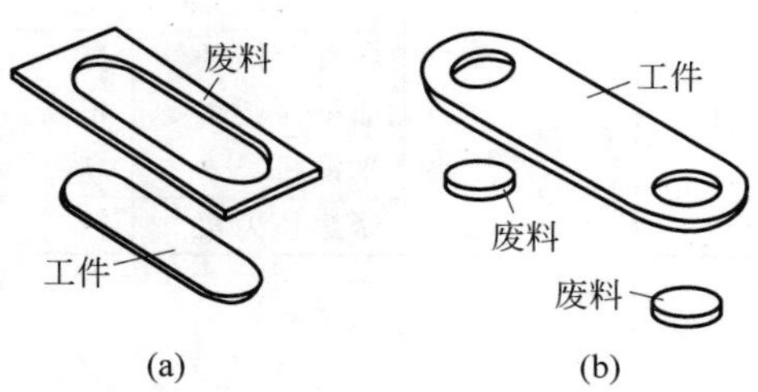

图 3-50 冲裁示意图

(a) 落料;(b) 冲孔

板料的冲裁变形过程大致可分为弹性变形阶段、塑性变形阶段和断裂分离阶段,如图 3-51 所示。

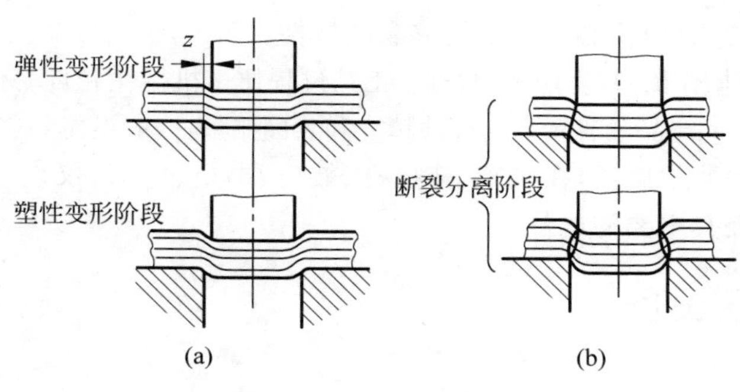

图 3-51 冲裁变形过程

冲裁凸模接触板料后，使板料在凸凹模的刃口附近变形，随着变形程度的增大，板料变形区加工硬化加剧，而且产生应力集中，所以板料先后在凹模和凸模的刃口附近出现微裂纹。凸模再继续加压，已形成的上下微裂纹逐渐扩展并向内延伸。如凸凹模间隙合适，上下裂纹就能相迎重合，实现分离。板料的落下部分塞满凹模孔，而另一部分则夹紧凸模。

冲裁凸凹模的间隙对冲裁件的剪断面质量有极其重要的影响，当间隙合适时，上下裂纹相迎重合，剪断面质量较高。如果间隙过小或过大，上下裂纹均不能相迎重合，使剪断面产生毛刺，影响剪断面的质量。

冲裁模的合理间隙与板料的力学性能和厚度有关。对于板厚 $s<4$ mm 的低碳钢，一般单边合理间隙取板料厚度的 5%～10%（即 $z=5\%\sim10\%s$）。

冲裁时，落料件的尺寸取决于凹模刃口的尺寸，冲孔件的尺寸取决于凸模刃口的尺寸。所以，落料模的凹模刃口尺寸应等于落料件的外形尺寸，而凸模刃口尺寸应等于凹模刃口尺寸减去 2 倍间隙值；冲孔模的凸模刃口尺寸应等于工件孔的尺寸，而凹模刃口尺寸应等于凸模刃口尺寸加上 2 倍间隙值。

在落料前，还应考虑落料件在板料上布置的方法，称为排样。排样合理可以提高材料的利用率。排样方法分为有接边排样和无接边排样，如图 3-52 所示。有接边排样材料消耗较多，但冲压件尺寸准确，剪断面质量较高，毛刺少；无接边排样材料利用率很高，但冲压件尺寸不容易准确，主要用于质量要求不高的冲压件。

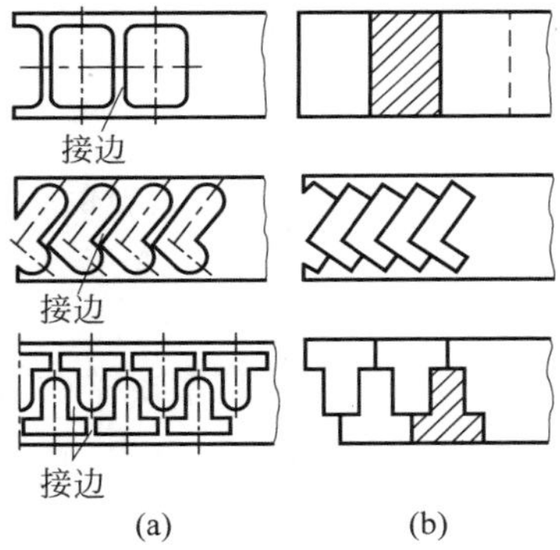

接边
接边
接边
(a)　(b)

图 3-52　有接边和无接边的排样法
(a) 有接边；(b) 无接边

3）修整

当零件尺寸精度和剪断面质量要求较高时，在落料和冲孔后，应进行修整工序。修整分外缘修整和内孔修整，如图 3-53 所示。

修整是利用修整模沿外缘或内孔刮削一薄层金属，以切掉冲裁件剪断面上的剪裂带、塌角和毛刺，从而提高冲裁件的尺寸精度和表面质量。修整后冲裁件的尺寸精度可达 IT6～IT7，表面粗糙度 Ra 0.8～1.6。

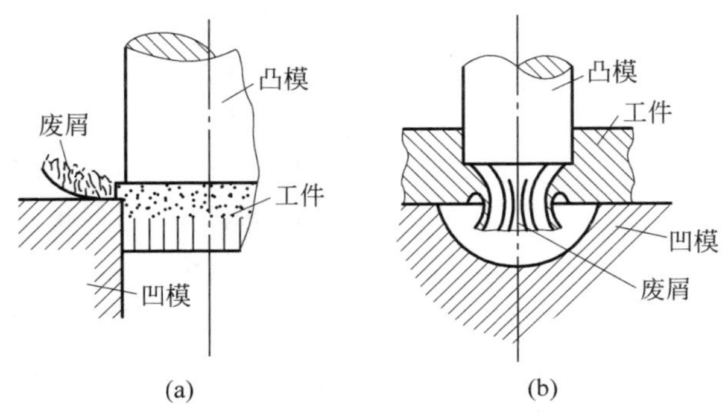

图 3-53　修整工序
(a) 外缘修整；(b) 内孔修整

2. 变形工序

变形工序是指使板料的一部分相对于另一部分产生位移而不破裂的工序，如弯曲、拉深、翻边和胀形等。

1）弯曲

弯曲是指板料的一部分相对于另一部分沿直线（称为弯曲线）弯成一定角度的工序，如图 3-54 所示。弯曲时板料的变形区在弯曲件的弯曲圆角范围内，直边部分不发生变形。

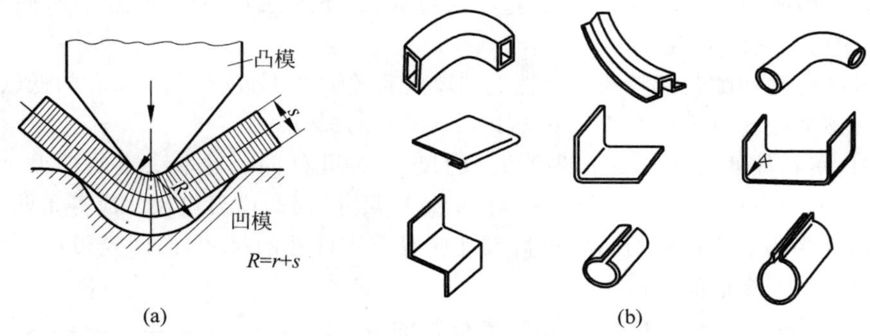

图 3-54 弯曲

(a) 弯曲过程；(b) 典型弯曲件

在弯曲圆角范围内，板料的内侧受压应力，产生压缩变形；外侧受拉应力，产生拉伸变形，板料的表层受力最大，变形也最大。当板料外侧的拉应力超过板料的抗拉强度时，即会产生裂纹，称为弯裂。

弯曲变形程度主要取决于弯曲半径 r 和板料厚度 s，而与板料的弯曲角度无关。弯曲半径 r 越小，板料厚度 s 越大，则弯曲变形程度越大，造成的拉伸应力就越大，越容易弯裂。

为防止弯裂，应控制最小弯曲半径为 $r_{min}=(0.25\sim1)s$。材料塑性越好，最小弯曲半径就可以越小。

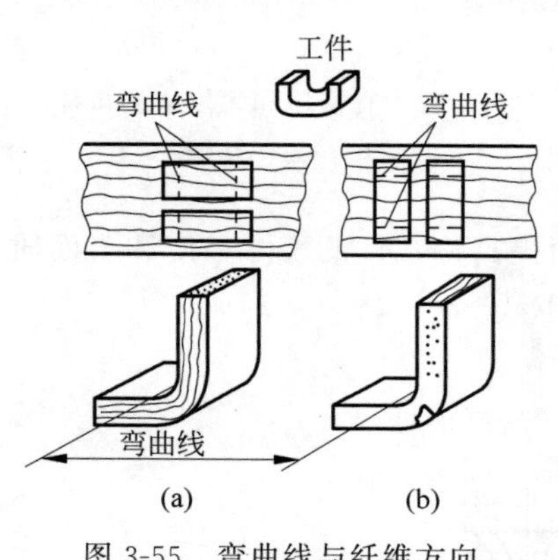

图 3-55 弯曲线与纤维方向

(a) 合理；(b) 不合理

弯曲用板料在剪切或落料排样时应尽可能使弯曲线与板料纤维方向垂直，以合理利用板料的纤维组织，如图 3-55(a)所示。若弯曲线与纤维方向一致，则容易产生弯裂，如图 3-55(b)所示。如果因冲压件整体结构导致弯曲线无法与纤维方向垂直时，则弯曲半径应适当增大。当弯曲结束时，工件所弯曲的角度由于弹性变形的恢复而略有增加，此现象称为回弹现象。一般板料的回弹角为 0°～10°。因此在设计弯曲模时必须使模具的角度比工件弯曲角度小一个回弹角，以便在弯曲后得到较准确的弯曲角度。

2）拉深

使坯料变形成开口空心件的工序称为拉深。

拉深过程如图 3-56 所示。放在凹模上的直径为 D_0 的平板坯料，在凸模压力作用下，外部环形部分（外径为 D_0，内径为 d_1）逐渐向模具中心变形，被拉入凸模和凹模的间隙中，形成空心制件。

在拉深过程中，与凸模端面接触的拉深件的底部一般不变形，称为未变形区。已经形成的拉深件侧壁是由外环部分拉入凹模得到的，称为已变形区，已变形区受到拉应力，发生拉伸变形，厚度减薄。坯料平面外环部分，称为变形区，变形区受到径向拉应力，在径向拉应力的作用下，同时产生圆周方向的附加切向压应力，使变形区产生圆周方向的压缩变形，向凸模移动，其圆周方向上的尺寸也随之减小，逐渐被拉入凹模，得到拉深件。

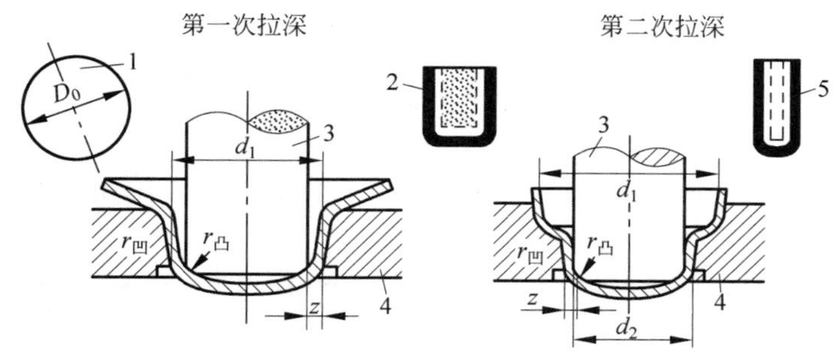

1—坯料；2—第一次拉深的工序件，即第二次拉深的坯料；3—凸模；4—凹模；5—成品拉深件。

图 3-56 拉深过程

坯料拉深的变形程度用拉深系数 $m=d_1/D_0$（即拉深后拉深件直径 d_1 与拉深前坯料直径 D_0 之比）表示。拉深系数越小，变形程度越大，坯料所受的应力越大。

拉深过程中易产生的缺陷是拉裂和起皱。

当拉深的变形程度过大时，由于已变形区的拉应力很大，并在凸模圆角区附近形成应力集中，所以拉深时坯料的拉裂经常发生在凸模圆角区附近，如图 3-57 所示。

图 3-57 拉裂的拉深件

为了防止拉裂，必须控制拉深过程中的变形程度。一般，拉深系数 $m=0.5\sim0.8$。对于塑性好的材料，m 可取小值。同时拉深模的凸凹模工作部分均应做成圆角，其半径 $r_凸\leqslant r_凹=(4\sim10)s$；凸模和凹模之间的间隙也应稍大于板料的厚度，一般取 $z=(1.1\sim1.2)s$。因为间隙过小，拉深件与模壁的摩擦力增大，所以促进产生拉裂。

对于直径较小而高度较大的拉深件，若由于拉深系数的限制，拉深系数 $m<0.5$，一次不能拉深成形时，则可进行多次拉深。多次拉深时，应使拉深系数 $m\geqslant m_1\times m_2\times m_3\times,\cdots$，如果 $m\geqslant m_1\times m_2\times m_3$，即表明需经过 3 次拉深。如图 3-58 所示为进行多次拉深的过程。

以如图 3-58 所示圆筒件为例，多次拉深的计算过程如下所述。

多次拉深的总拉深系数 m 为

$$
\begin{aligned}
m &= m_1\times m_2\times\cdots\times m_{n-1}\times m_n \\
&=(d_1/D)\times(d_2/d_1)\times\cdots\times(d_{n-1}/d_{n-2})\times(d_n/d_{n-1}) \\
&=d_n/D=d/D
\end{aligned}
$$

式中：m_1、m_2、…、m_{n-1}、m_n 为各次拉深的拉深系数；d_1、d_2、…、d_{n-1}、d_n 为各次拉深后的半成品或拉深件筒部直径，mm；D 为毛坯直径，mm；d 为拉深件筒部直径，mm。

多次拉深时，由于金属在拉深过程中产生加工硬化，故拉深系数应一次比一次略大，从

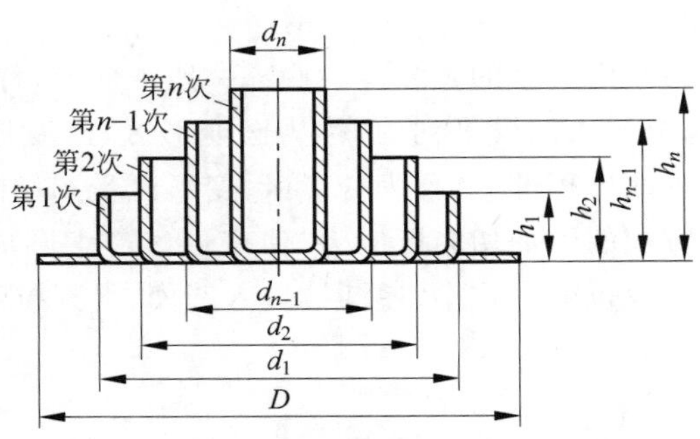

图 3-58 多次拉深时圆筒直径的变化过程

而使每次拉深的变形程度递减。而且,还应视前次拉深后产生加工硬化的程度进行中间再结晶退火,以恢复塑性,避免产生拉裂。

拉深时通常都要加润滑剂,以减小摩擦力,提高拉深件的表面质量和模具寿命。

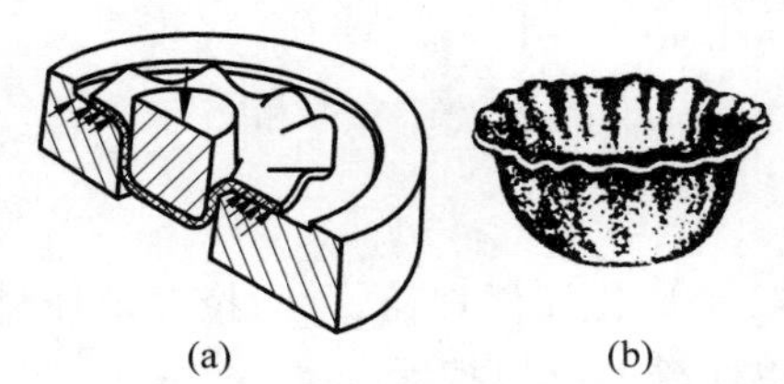

图 3-59 拉深件的起皱
(a) 起皱的形成;(b) 起皱的拉深件

在拉深过程中,坯料的变形区在附加切向压应力作用下还容易产生起皱现象,如图 3-59 所示。

防止起皱的方法是在拉深模上设置压边圈,通过压边圈的压力 Q 的作用,达到防止起皱的目的,如图 3-60 所示。

用拉深工序可以制成筒形、阶梯形、锥形、球形、方盒形和其他不规则形状的薄壁零件。

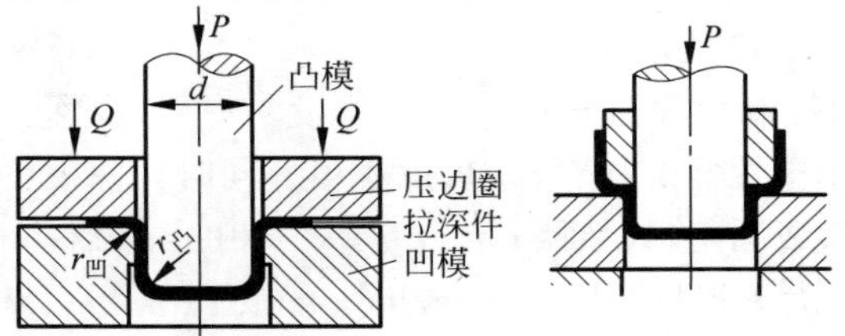

图 3-60 带压边圈拉深

3) 翻边

翻边是指将制件的孔缘或外缘沿曲线翻成一定角度的工序。翻边分为内孔翻边和外缘翻边,如图 3-61 所示。由于翻边是沿曲线变形的,所以坯料的变形不同于弯曲变形。

内孔翻边过程如图 3-62 所示。翻边前坯料预冲孔的直径是 d_0,翻边变形区是内径为 d_0 而外径为 D 的环形部分。在翻边过程中,变形区径向和切向都受拉应力作用,其中径向拉应力较小,所以主要是在切向拉应力作用下产生切向拉伸变形,使内孔边缘不断扩大,厚度逐渐减薄。直到翻边结束时形成竖直的凸缘。

内孔翻边时的变形程度可用翻边系数 K_0 计算,

$$K_0=\frac{d_0}{D}$$

式中: d_0 为翻边前孔的直径,mm; D 为翻边后所得竖边的直径,mm。

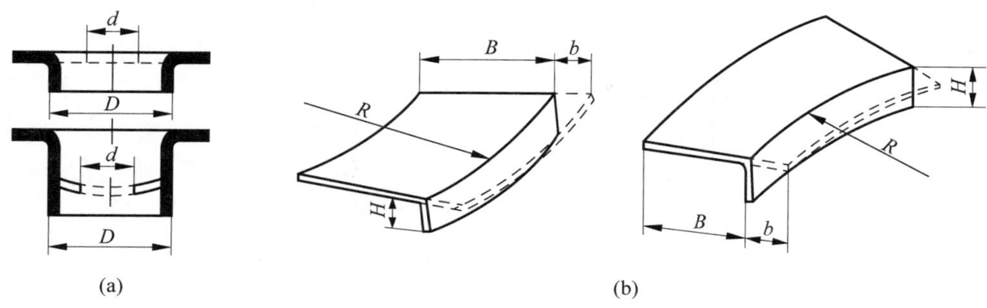

图 3-61　翻边

(a) 内孔翻边；(b) 外缘翻边

翻边时的变形程度不能过大，否则翻边的竖直凸缘容易产生裂纹，称其为翻裂。为了防止翻裂，翻边系数 K_0 一般为 0.68～0.72。

当零件所需翻边凸缘的高度较大，翻边系数 $K_0 < 0.68$ 时，不能直接翻边成形，可采用先拉深，然后在此拉深件底部冲孔，再进行翻边的工序，见图 3-61(a)的下方图示。

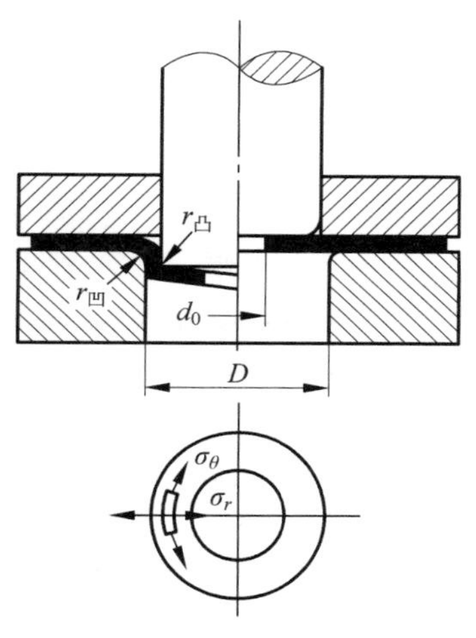

图 3-62　内孔翻边过程

4）胀形

胀形是指对板料或管状毛坯的局部施加压力，使变形区内的材料在双向拉应力的作用下，厚度变薄而表面积增大，以获得需要的几何形状。根据毛坯的形状可分为平板毛坯胀形和管状毛坯胀形两种，如图 3-63 所示。胀形可以用于压制加强筋，或增大半成品的部分内径等，如图 3-64 所示。图 3-64(a)是用橡皮压加强筋；图 3-64(b)是用橡皮芯子来增大半成品中间部分的直径。

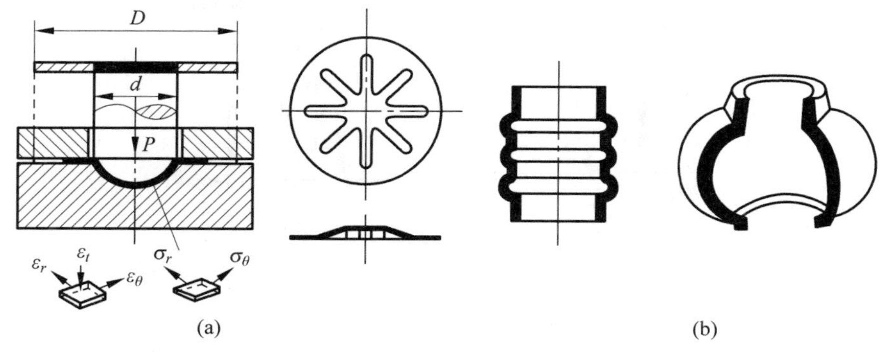

图 3-63　胀形

(a) 平板毛坯胀形；(b) 管状毛坯胀形

胀形时，材料一般不会发生失稳起皱现象。若变形量过大，材料严重变薄，会导致胀裂。其中，平板毛坯胀形的特点在于，当 $D/d<3$ 时，工件产生拉深变形；当 $D/d>3$ 时，

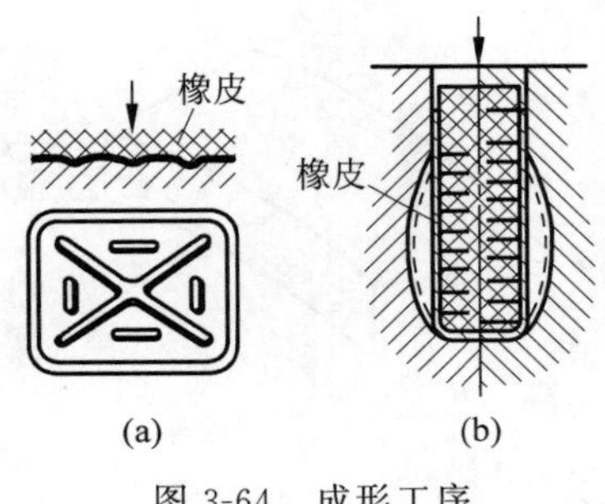

图 3-64　成形工序

工件才发生胀形变形。胀形变形时，塑性变形仅局限于直径为 d 的区域内的材料。

利用板料冲压制造产品零件时，工序的选择、工序顺序的安排，以及各工序应用次数的确定，都以产品零件的形状、尺寸精度要求以及每道工序中材料所允许的变形程度为依据。图 3-65 为汽车消音器零件的冲压工序。

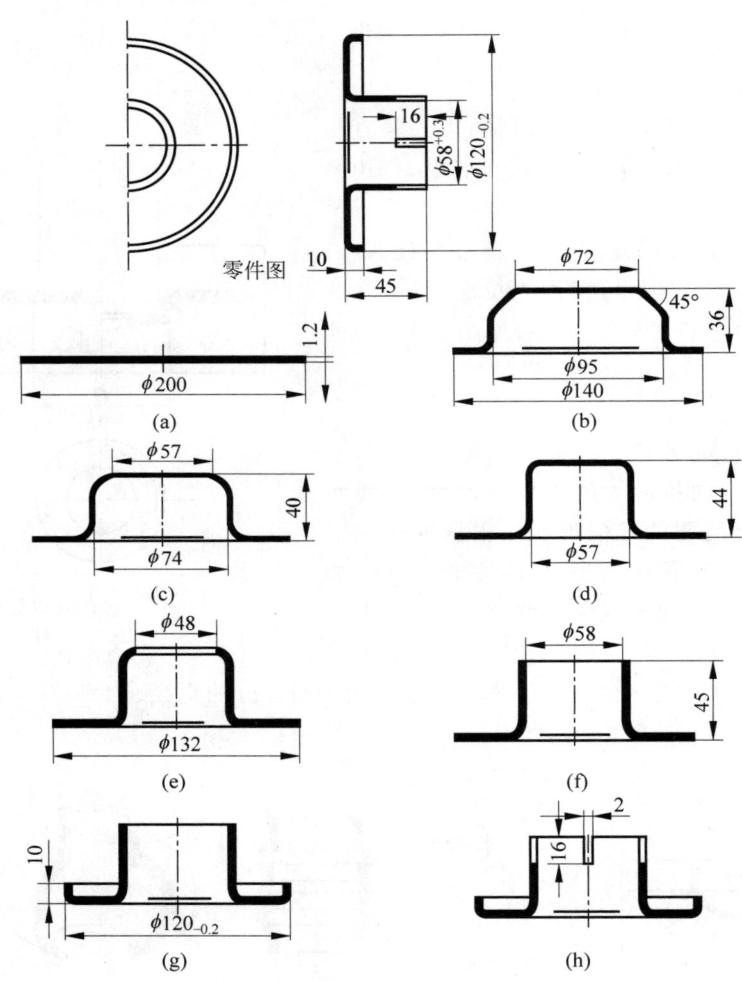

图 3-65　汽车消音器零件的冲压工序

(a) 落料；(b) 第一次拉深；(c) 第二次拉深；(d) 第三次拉深；
(e) 冲底孔和修边；(f) 内孔翻边；(g) 外缘翻边；(h) 切口

3.4.3　冲模的分类和结构

冲模是冲压生产中必不可少的专用工具，冲模结构的合理与否，对冲压件质量、冲压生产效率以及模具寿命等都有很大的影响，冲模按工序组合程度可分为简单模、连续模和复合模三种。

1）简单模

在冲床的一次冲程中只完成一个冲压工序的模具，称为简单模。

如图 3-66 所示为落料用的简单模。凹模 2 和卸料板 7 用螺钉固定在下模板 4 上，下模板用螺栓固定在冲床的工作台上。凸模 1 用压板 6 固定在上模板 3 上，上模板则通过模柄 5 与冲床的滑块连接。因此，凸模可随滑块作上下运动。为使凸模向下冲压时能对准凹模孔，并保持凸凹模之间的均匀间隙，通常用导柱 12 和导套 11 导向。条料 14 在凹模上面沿两个导尺 9 之间送进，碰到挡料销 10 停止。冲模工作时，凸模冲下的工件 15 进入凹模孔，而残余废料 16 则夹在凸模上，随同凸模一起回程向上时，碰到卸料板 7 被推下。这样，条料就可继续在导尺间送进。重复上述动作，就可冲下第二个工件。

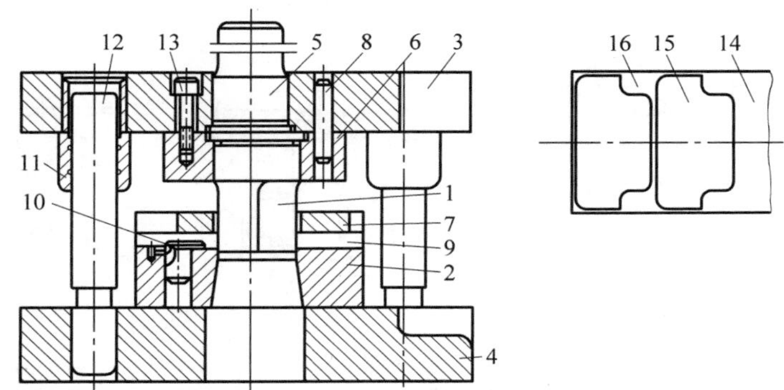

1—凸模；2—凹模；3—上模板；4—下模板；5—模柄；6—压板；7—卸料板；8—定位销；
9—导尺；10—挡料销；11—导套；12—导柱；13—螺钉；14—条料；15—工件；16—残余废料。

图 3-66　简单模

2）连续模

在冲床的一次行程中，在模具的不同部位上同时完成 2 道以上冲压工序的模具，称为连续模。图 3-67 为冲制垫圈的连续模工作部分简图。

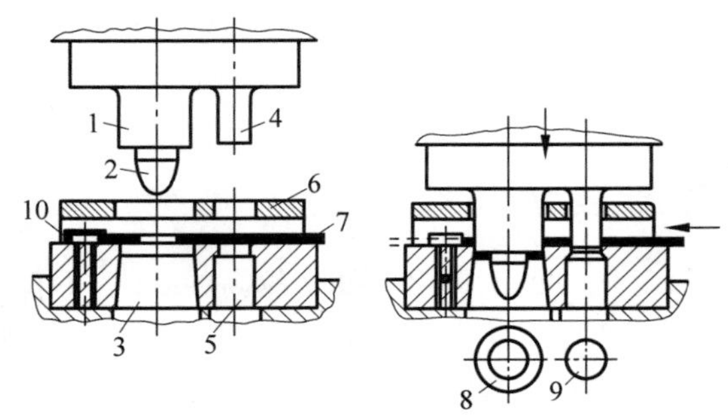

1—落料凸模；2—导正销；3—落料凹模；4—冲孔凸模；5—冲孔凹模；
6—导板兼作卸料板；7—条料；8—零件；9—废料；10—挡料销。

图 3-67　连续模工作部分简图

凸模1、4与导板6上相应的孔配合导向。导板6又兼作卸料板用。模具开始工作时，模具上的临时挡料销(图中未画出)限定条料7的初始位置，冲孔凸模4冲出条料7的第一个孔。临时挡料销在弹簧的作用下自动复位。然后将条料7再向前送进，由固定挡料销10定位，上模第二次下降时，落料凸模1端面上的导正销2对准条料7上已冲出的第一个孔，使条料7正确定位，并由落料凸模1冲下第一个零件。而冲孔凸模4则冲出第二个孔。当上模回程时，卸料板6从凸模1、4上推下残余废料，这时再将条料向前送进。如此循环就能连续冲制所需零件。

连续模与简单模相比，由于它同时完成2道以上冲压工序，所以可以提高工件的尺寸精度，减少模具和设备数量，提高生产效率，但模具结构较复杂。

3）复合模

在冲床的一次冲程中，在模具的同一部位上同时完成2道以上冲压工序的模具，称为复合模。图3-68为落料拉深复合模的工作部分简图。

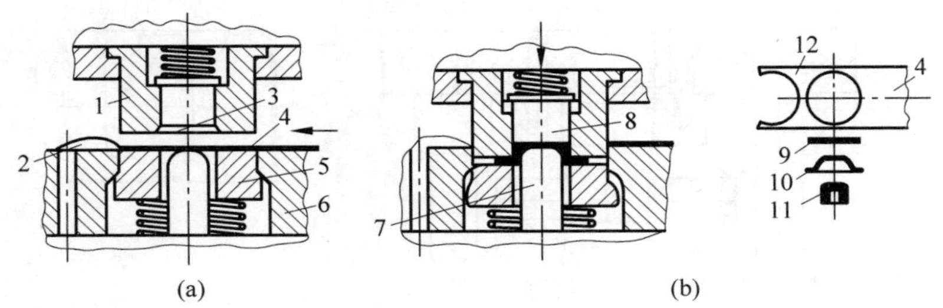

1—凸凹模；2—挡料销；3—拉深凹模；4—条料；5—压料圈（卸料器）；
6—落料凹模；7—拉深凸模；8—顶出器；9—落料件；10—拉深件；11—制件；12—废料。

图3-68 落料拉深复合模

复合模的最大特点是模具中有一个凸凹模1。凸凹模的外圆是落料凸模刃口，内孔则为拉深凹模。当滑块带着凸凹模向下运动时，条料首先由凸凹模1和落料凹模6进行落料。落料件被拉深凸模7顶住，滑块继续向下运动时，拉深凹模3随之向下运动进行拉深。顶出器8和卸料器5在滑块的回程中将制件11推出。卸料器5在拉深时还起压料圈作用。

复合模与连续模相比，可以提高工件的尺寸精度，提高生产效率，但模具结构复杂，适用于精度要求高的冲压件。

3.5 塑性成形新技术与智能化

随着工业的不断发展，对压力加工提出了越来越高的要求，不仅要求生产各种尺寸精度较高的毛坯，而且要求直接生产更多的零件。所以，近年来，在压力加工生产方面出现了许多其他的压力加工方法，例如精密模锻、超塑性成形、热冲压成形、内高压成形以及柔性多点成形等。

这些压力加工方法的工艺特点如下所述：

(1) 尽量使锻件的形状接近零件的形状，以便达到少、无切削加工的目的，同时得到合理的纤维组织，提高零件的力学性能和使用性能；

(2) 减小变形力,可以在较小的锻压设备上制造出较大的锻件;

(3) 广泛采用电加热和少氧化、无氧化加热,提高锻件表面质量,改善劳动条件。

1. 精密模锻

精密模锻是在模锻设备上锻造出形状复杂、尺寸精度高的锻件的模锻工艺。如精密模锻直齿圆锥齿轮,其齿形部分可直接锻出而不必再经切削加工。一般精密锻件的尺寸精度可达IT12～IT15,表面粗糙度Ra3.2～1.6。因此,精密模锻必须采取相应的工艺措施。例如,要求精确计算原始坯料的尺寸,严格按坯料质量下料,否则会增大锻件尺寸公差,降低精度。需要精细清理坯料表面,除净坯料表面的氧化皮、脱碳层及其他缺陷等。为提高锻件的尺寸精度和降低表面粗糙度,应采用无氧化或少氧化加热法,尽量减少坯料表面形成的氧化皮。精密模锻的锻件精度在很大程度上取决于锻模的加工精度,因此模具设计和制造必须精确,其模膛的尺寸精度一般应比锻件尺寸精度高两级。模锻时要很好地进行润滑和冷却锻模。精密模锻一般都在刚度大、运动精度高的模锻设备上进行,如曲柄压力机、摩擦压力机或高速锤等。

精密模锻的主要优点如下。

(1) 与普通模锻相比,机械加工余量少甚至为零;尺寸精度较高,即精密模锻件的尺寸公差比普通模锻件的尺寸公差小,一般仅为普通模锻件公差的一半,甚至更小;表面质量好,即精密模锻件的表面粗糙度较低。

(2) 与切削加工相比,锻件毛坯的形状和尺寸与成品零件接近,甚至完全一致,因而材料利用率高;金属纤维的分布与零件形状一致,因而使零件的力学性能有较大提高等。所以,精密模锻也称为少无切屑工艺。

精密模锻可以广泛用于大批量生产中、小型模锻件。例如,汽车、拖拉机中的直齿圆锥齿轮,发动机连杆,汽轮机叶片等。图3-69为直齿圆锥齿轮精密模锻的工艺过程。

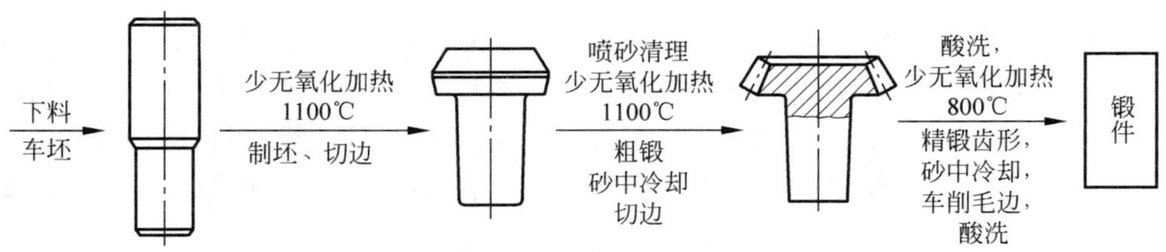

图3-69 直齿圆锥齿轮精密模锻的工艺过程

2. 特种轧制

1) 横轧

横轧是指轧辊轴线与坯料轴线互相平行的轧制方法,如齿轮轧制等。齿轮轧制是一种少无切削加工齿轮的新工艺,因需热变形,常称为热轧。直齿轮和斜齿轮均可用热轧制造,如图3-70所示。在轧制前,感应加热器先将毛坯外缘加热,然后轧轮1作径向进给,迫使轧轮与毛坯2对辗。在对辗过程中,毛坯上一部分金属受压形成齿谷,相邻部分的金属被轧轮齿部“反挤”而上升,形成齿顶。

与机械加工方法相比,热轧齿轮具有生产效率高、节省金属,以及齿部金属纤维未被切断、强度高、寿命长等优点,但齿轮的尺寸精度不高。对于尺寸精度要求较高的齿轮,可用热轧法先成形,然后再用冷轧达到要求的尺寸精度。

2）斜轧

斜轧亦称为螺旋斜轧,是轧辊轴线与坯料轴线成一定角度的轧制方法。

周期性截面材料的螺旋斜轧是采用两个带有螺旋型槽的轧辊,互相交叉成一定角度,并以相同方向旋转,使坯料在轧辊间既绕自身轴线转动,又向前运动,即螺旋运动,如图 3-71(a)所示。与此同时受压变形获得所需产品。钢球的螺旋斜轧是使棒料在轧辊间螺旋型槽里受到轧制,并被分离成单个球,如图 3-71(b)所示。轧辊每转一周即可轧制出一个钢球,轧制过程是连续的。斜轧还可直接热轧出带有螺旋线的高速钢滚刀、麻花钻头、自行车后闸壳以及冷轧丝杠等。

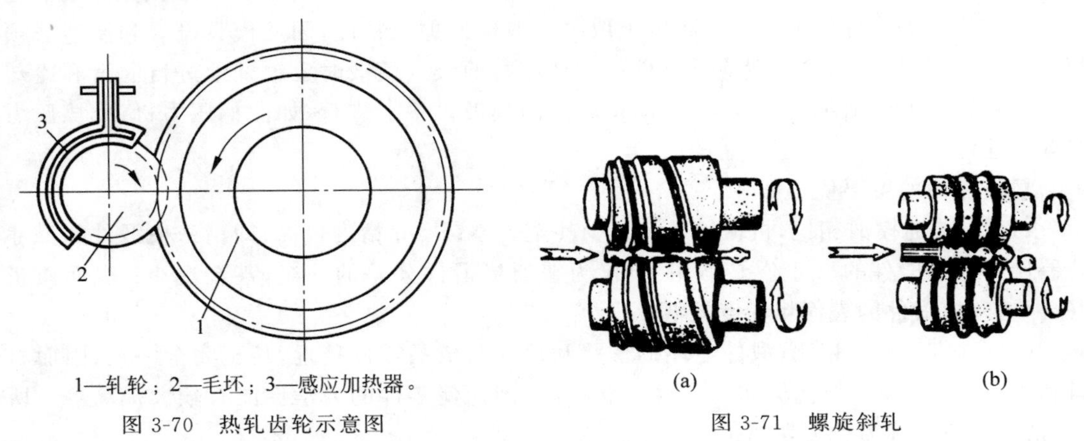

1—轧轮；2—毛坯；3—感应加热器。

图 3-70　热轧齿轮示意图

图 3-71　螺旋斜轧

3）楔横轧

楔横轧(cross wedge rolling, CWR)是指利用两个外表面镶有楔形凸块,并作同向旋转的平行轧辊,对沿轧辊轴向送进的坯料进行轧制的方法,如图 3-72(a)所示。

楔横轧的变形过程,主要是靠两个楔形凸块压缩坯料,使毛坯在模具的带动下旋转,毛坯发生径向压缩变形和轴向延伸变形,使坯料径向尺寸减小,长度增加,从而得到成形工件。通常工件的成形过程可分为三个阶段,即楔入阶段、展宽阶段和整形阶段,如图 3-72(b)所示。

楔横轧技术大致可以分为两大类：辊式楔横轧和板式楔横轧。辊式楔横轧按轧辊数目可分为单辊式、双辊式和三辊式三类；板式楔横轧可分为凹模式和平模式两类。辊式楔横轧机床的模具是扇形的,工作时要加导板,通常只用于轧制直径较大的阶梯形轴类零件,细长的轴类零件加工时容易发生卡料现象。板式楔横轧机床加工时不用导板,其产品精度比辊式楔横轧高,模具制造容易,机器造价低、寿命高,在国内外得到了较广泛的应用。实际工业生产中常见的有双辊式和平板式楔横轧机。

楔横轧是阶梯轴类零件塑性成形的新工艺,主要用于生产阶梯轴和锥形轴等各种对称的零件或毛坯。其主要优势如下。

(1) 材料利用率高。与切削加工相比,楔横轧轴类零件可节约 20%以上的材料。

(2) 生产效率高、产品质量好、尺寸精度高。楔横轧成形的零件无飞边,纤维流线沿工件外形连续分布,晶粒细小,疲劳强度和耐磨性能得到提升,径向精度可达±0.3 mm，轴向精度可达±0.5 mm。

(3) 坯料加热后进行楔横轧，与模具接触时间很短，因此变形力小、模具寿命高，工作过程中无冲击、噪声振动小，设备造价低，易实现机械化和自动化。

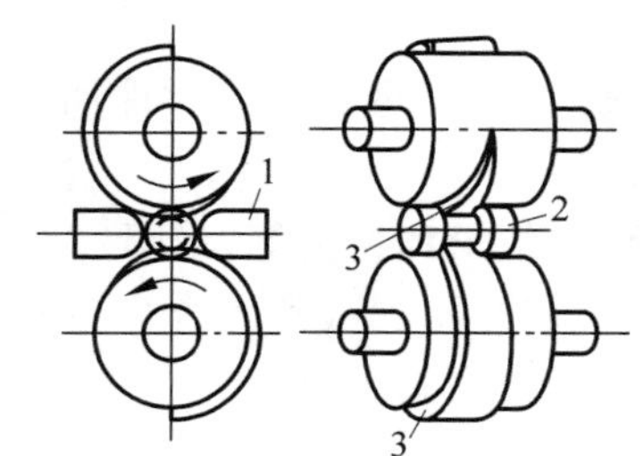

1—导板；2—轧件；3—带楔形凸块的轧辊。

(a)

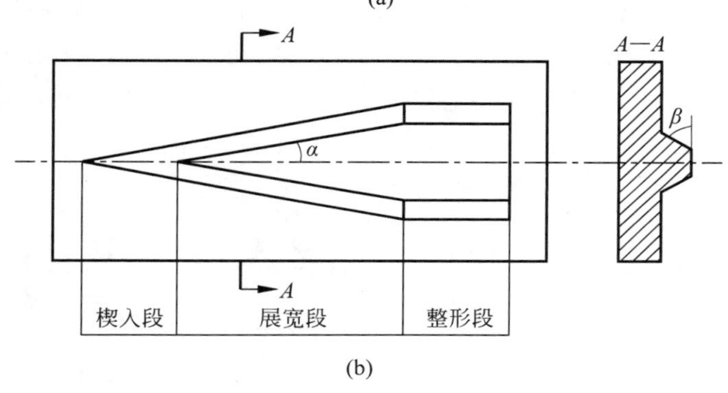

(b)

图 3-72　楔横轧

(a) 两辊式楔横轧；(b) 楔横轧成形过程

3. 摆动辗压

摆动辗压(通常简称为摆辗)是指采用连续局部加载成形，即上模的轴线与被辗压工件的轴线倾斜一个角度，模具一面绕轴心旋转，一面对坯料进行压缩(每一瞬时仅压缩坯料横截面的一部分)，从而获得所需形状和尺寸的制件，如图 3-73 所示。

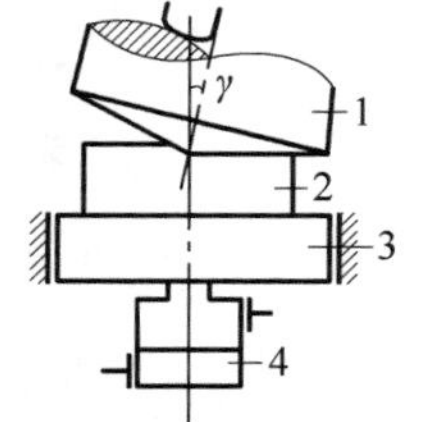

1—摆辗模头；2—工件；3—滑块；4—进给油缸。

图 3-73　摆辗工作原理图

摆辗模具的上模绕着锻件中心连续滚动，常见的轨迹有 4 种。不同轨迹适合于加工不同类型的零件，比如圆形轨迹适于法兰、轮毂和制动毂等回转体零件的加工；直线轨迹适于齿条等条状零件的加工；螺旋线适于对芯部强度要求高的盘状零件的加工；玫瑰线适于离合器壳和圆锥齿轮等表面结构较复杂的零件的加工。通过设置传动机构偏心套不同的速度值还可得到不同叶片数的玫瑰线轨迹(如日本、瑞士等国的摆辗机)，目前我国仍以圆形轨迹为主。

毛坯的摆辗成形与上模和下模形状都有关系，圆锥上模的母线形状决定了毛坯上表面的形状，如母线为直线，则辗压后的上表面为平面，若为曲线，则辗压后的表面为旋转曲面。

因此,通常摆动辗压将形状复杂的工件表面由下模来加压成形,而上表面一般由形状较简单的上模通过摆辗成形。

按加工毛坯的温度可分成热摆辗、温摆辗和冷摆辗 3 种。热摆辗一般选用不退火的热轧钢作为毛坯材料,摆辗温度约为 1000℃,以利于提高工件的表面质量,成形前模具应预热,并在模具表面喷涂润滑剂。温摆辗和冷摆辗成形件尺寸精度高,表面粗糙度可达 Ra0.1,可实现少或无切削加工。

摆辗可用于坯料的镦粗、铆接、缩口和挤出等,如图 3-74 所示。摆辗成形是一种先进的节能特种锻造加工方法,目前已经广泛用于汽车离合器盘毂、半轴、锥齿轮、法兰、同步器齿环及各类薄壁回转体等零部件的加工。其主要优势如下。

(1) 变形力小,适于加工饼盘类零件。摆辗上模与毛坯接触面积小,相同工件所需作用力仅为传统锻压方法的 10%,因此采用小型加工设备即可加工大型锻件。

(2) 工件质量好,摆辗件纤维流向合理,晶粒细小,抗拉强度、屈服强度和延展性等性能优异,表面光洁度好,冷摆辗和温摆辗可实现精密锻造,可加工厚度 1 mm 的零件。

(3) 机器噪声振动小,劳动环境好、劳动强度低,易实现机械化和自动化生产。

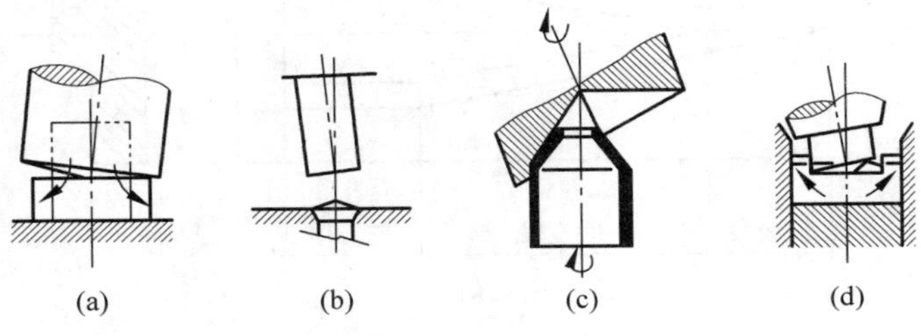

图 3-74 摆辗的工作类型

(a) 镦粗;(b) 铆接;(c) 缩口;(d) 挤出

4. 热冲压成形

自 20 世纪 80 年代,汽车工业发达国家开始使用高强度钢板(high strength steel,HSS)和超高强度钢板(advanced high strength steel,AHSS)作为汽车冲压材料。使用高强度钢板是汽车轻量化的一个途径,它在减轻零件质量、提高碰撞时的安全性和抗凹性方面有很好的表现。日本轻型汽车车身几乎都是用高强度钢板冲压的,相比以前使用的普通钢板,用更薄的高强度钢板就能达到相同的性能,甚至其强度远超普通钢板,因此在现在的汽车行业中得到了大量使用。

但是,因为以前其他材料的冲压几乎都是冷冲压,而高强度钢板在常温下塑性变形范围小,需要很大的成形冲压力,而且容易开裂、回弹严重,造成成形非常困难,超高强度钢板甚至无法进行冷冲压。为了解决这个问题,汽车冲压行业使用热冲压成形技术对高强度钢板进行冲压,在高温条件下,高强度钢板的以上问题就不再成为冲压的难题了。现在,国内的汽车整车厂也开始不同程度地使用高强度钢板。

热冲压成形是利用高强度钢板在高温状态下金属塑性和延展性提高、屈服强度迅速下降的特点,将板材加热到再结晶温度以上的某一适当温度,使板料处在奥氏体状态下对其进行冲压成形。通常将高强度钢板加热到 900℃进行冲压成形,再进行模具内急冷淬火处理,使钢板的抗拉强度达到 1450 MPa 以上。

高强钢板材热成形可分为直接热冲压成形和间接热冲压成形两种工艺，如图 3-75 所示。直接热冲压成形工艺流程为：落料—加热—冲压成形和淬火—去氧化皮—激光切边、割孔。间接热冲压成形工艺流程为：落料—冷冲压预成形—加热—冲压成形和淬火—去氧化皮—激光切边、割孔。间接法是在室温下成形出零件的大体形状，可以节省高温下保压时间，减少能耗。热成形工艺的核心技术是在保压定型过程中，零件在模具内淬火，这样既可以获得很高的强度，又避免了冷成形的回弹。

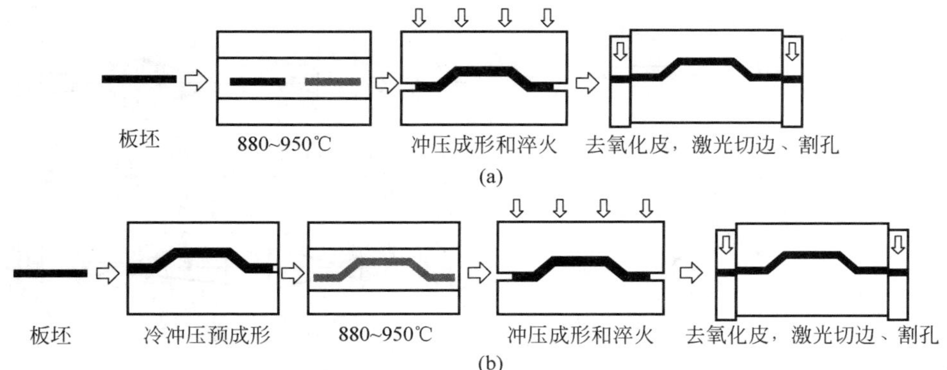

图 3-75　热冲压成形原理图

(a) 直接热冲压成形；(b) 间接热冲压成形

热冲压成形的设备需要落料机、加热设备、液压机、水循环装置、激光切割设备、去氧化皮设备和传送零件装置，设备复杂多样，前期投资较大。

热冲压工艺成形零件的主要特点如下。

(1) 高温下成形零件表面易氧化，表面质量相对较差。

(2) 材料塑性好，在成形过程中零件不易起皱和破裂，无回弹，尺寸稳定性较好。

(3) 冷却过程中由于温度分布不均匀，易产生热应力和热变形，严重时导致开裂。

(4) 材料通过加工变形和快冷，晶粒得到了细化，力学性能提高。材料经过变形和硬化后，强度提高，冷冲压切边冲孔已无法对其进行加工，达不到工艺和零件对精度的要求，需要使用昂贵的激光切割设备进行加工。

在热成形过程中，可以通过增加工序将总变形量分散到各成形工序上来解决热应力导致的裂纹问题；通过设计过渡结构规避起皱问题，使用合适的热处理工艺防止强度降低。另外，热冲压成形的问题还有：零件的后续切削加工难度大、生产设备复杂、模具工作环境温度变化频繁、模具易出现失效导致使用寿命下降等。但在高强度钢板冲压方面，冷冲压是无法替代热冲压的，因此热冲压成形仍有很好的发展前景。

5. 旋压成形

旋压成形是指利用旋压机使坯料和模具以一定的速度旋转，并在旋轮的作用下使坯料在旋轮接触的部位上产生局部变形，获得空心回转体的加工方法。旋压成形的主要优点是：变形区域为局部变形，耗能小；工装费用低；能够加工冲压方法无法加工的零件；工件的尺寸精度和表面精度好，如图 3-76 所示。

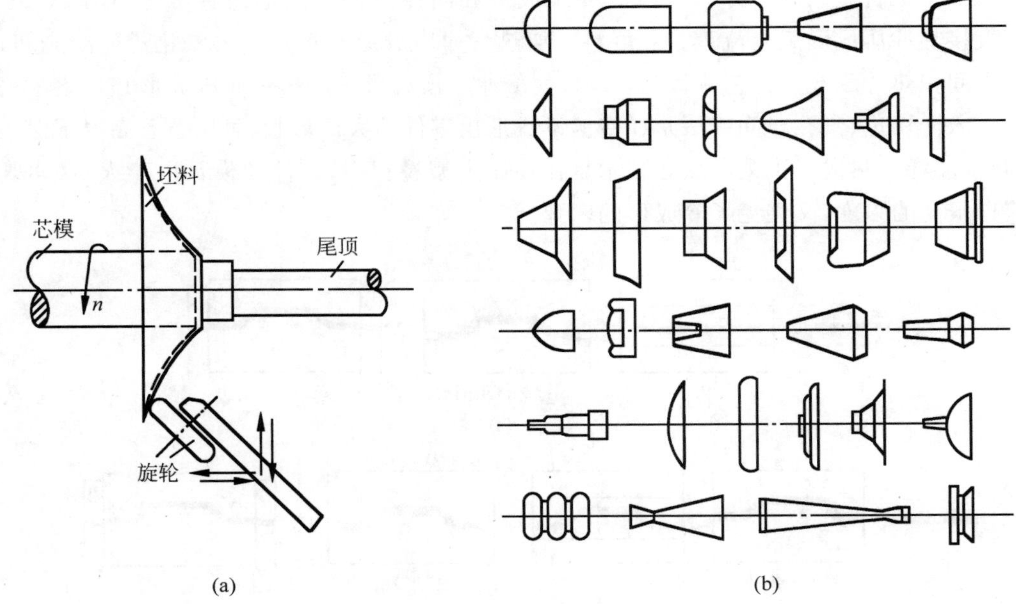

图 3-76 旋压成形

(a) 旋压成形原理图；(b) 旋压件的形状

6. 内高压成形

内高压成形(internal high pressure forming)是指以管材作坯料，通过管材内部施加高压液体和轴向补料把管材压入模具型腔，使其成形为所需形状的工件，由于使用乳化液(在水中添加少量防腐剂等成分)作为水传力介质，所以又称为管材液压成形(tube hydroforming)或水压成形。

根据塑性变形特点，内高压成形可分为变径管、弯曲管和多通管三类。

变径管是指管件中间一处或多处的管径或周长大于两端管径。其成形工艺过程可以分为三个阶段，如图 3-77 所示。图 3-77(a)为充填阶段，模具闭合后，将管的两端用水平冲头密封，使管坯内充满液体，并排出气体，实现管端冲头密封；图 3-77(b)为成形阶段，对管内液体加压胀形的同时，两端的冲头按照设定的加载曲线向内推进补料，在内压和轴向补料的联合作用下使管坯基本贴靠模具，这时除了过渡区圆角以外的大部分区域已经成形；图 3-77(c)为整形阶段，提高压力使过渡区圆角完全贴靠模具而成形为所需的工件。此种方法也可以生产矩形、梯形、椭圆形或其他异形截面的管材。

弯曲管件内高压成形工艺过程包括弯曲、预成形和内高压成形等主要工序，如图 3-78 所示。由于构件的轴线为二维或三维曲线，所以需要先经过弯曲工序，将管材弯曲成和零件轴线相同或相近的形状。为了确保管材顺利放到模具内，弯曲后一般要进行预成形。有时与液压冲孔工序结合，成形后在液压支撑下直接冲孔。

用于内高压成形的弯曲件，和其他弯曲件相比，除了保证弯曲轴线形状尺寸满足要求，更重要的是控制弯曲过程中的壁厚减薄量，这是保证内高压成形过程顺利进行的前提。弯曲后，如果零件截面简单或管材直径 d 小于模具型腔最小宽度 w，可以直接将弯曲后的管材进行内高压成形。如果零件的截面复杂或管材直径大于模具型腔最小宽度，管材不能放入模具型腔，还需要进行截面预成形工序。预成形工序主要有三个方面的作用：对于初始管材直径大于模具型腔宽度的成形过程，预成形过程将管材压扁使管材能够顺利放到内高压成形模具中，避免在合模的过程中出现飞边缺陷；预先合理地分配坯料，使零件在内高压成形过程中变形均匀，避免皱纹和破裂缺陷；通过合理的预成形形状，降低过渡圆角整形压力和控制壁厚，降低设备合模力，节约模具费用和提高生产效率。弯曲管件典型截面形状有四边形、多边形、椭圆和不规则截面。

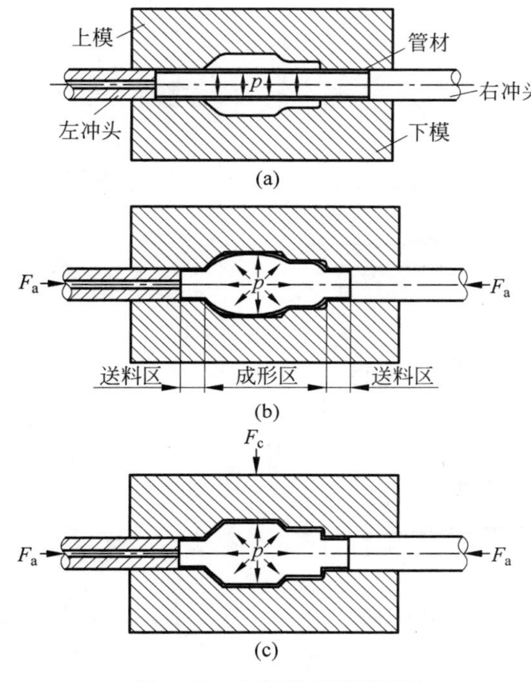

图 3-77　内高压成形原理图

(a) 充填阶段；(b) 成形阶段；(c) 整形阶段

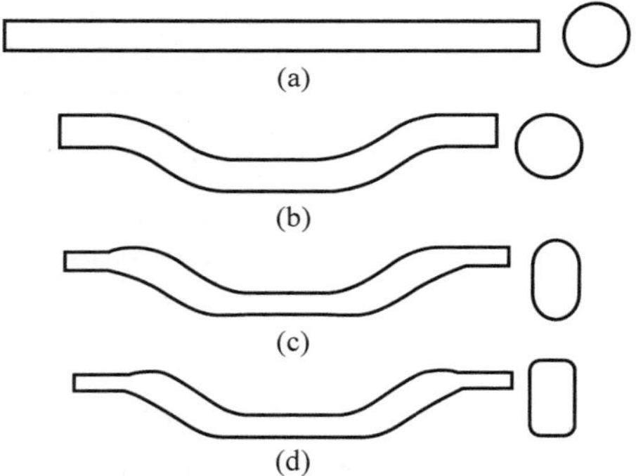

图 3-78　弯曲件内高压成形原理图

(a) 管材；(b) 弯曲；(c) 预成形；(d) 内高压成形

三通管的成形工艺过程分为三个阶段：成形初期(图 3-79(a))，管材内施加一定的内压，中间冲头不动，左右冲头同时进行轴向补料，支管顶部尚未接触中间冲头，处于自由胀形状态；成形中期(图 3-79(b))，从支管顶部与中间冲头接触开始，内压继续增加，按照给定的内压与三个冲头匹配的曲线，左右冲头继续进给补料，中间冲头开始后退，后退中要保持与支管顶部的接触，并对支管顶部施加一定的反推力，以防止支管顶部过度减薄造成开裂；成形后期(图 3-79(c))，左右冲头停止进给，中间冲头停止后退，迅速增加内压进行整形使支管顶部过渡圆角达到设计要求。

内高压成形技术是轻量化结构件的新型制造技术，可以减轻 30%左右的冲压件质量，而且空心轴比实心轴质量轻 40%～50%。在加工形状复杂的空心件方面，该技术相对于传统工艺有突出的优势。以排气管为例，传统方法是采用整体铸造或多件单独成形的薄钢管焊接而成，铸件尺寸精度和表面质量都很差；而焊接件数量多且工艺复杂。内高压成形的排气管零件则不需要焊接，成形件精度高、质量轻，能整体成形复杂形状的零件，同时，冷作硬化效应提高了零件成形后的刚度。

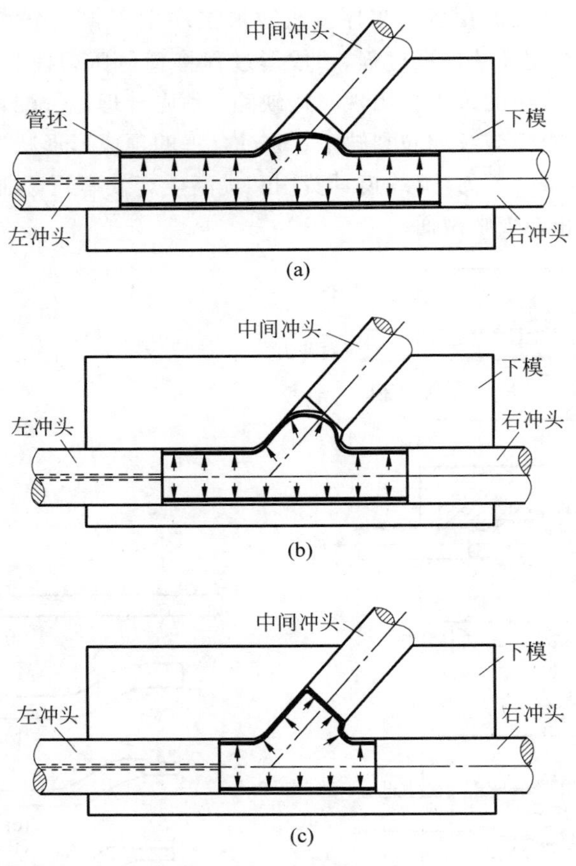

图 3-79 三通管内高压成形原理图

(a) 自由胀形阶段；(b) 支管成形阶段；(c) 整形阶段

内高压成形与早期的管材液压胀形技术有着本质区别。管材液压胀形技术内压较低、工艺参数控制水平低,仅能制造一些形状简单、精度较低的零件。直至 20 世纪 90 年代,在计算机控制技术和超高压动密封技术同时实现突破的条件下,以内压高达 400～600 MPa、内压与轴向位移可按给定加载曲线进行闭环控制为标志的内高压成形技术才应运而生。内高压成形装备的超高压力控制精度达到 0.2～0.5 MPa,位移控制精度达到 0.05 mm,实现了工艺参数可控；同时,超高内压为提高零件的复杂程度和成形精度提供了条件,所制造的零件截面变化多端、形状保持性好,迅速获得汽车和飞机制造业的青睐。在解决了生产条件下超高压快速稳定密封和控制系统快速响应和反馈关键技术后,内高压成形实现了在 30 s 甚至更短时间内制造一个零件,因此在 20 世纪末它已逐渐成为汽车轻量化构件制造的主流技术之一。目前在欧美和日本、韩国等汽车工业发达国家,高档品牌汽车中空心零部件应用越来越多,如排气歧管、车架、各种支架部件、前轴、后轴、装配式凸轮轴、桥壳和部分车身覆盖件等。

目前,国内开发的自主品牌轿车副车架内高压成形件已开始批量生产,底盘前梁、仪表盘支架和排气管等十余种零件已批量供应"克莱斯勒"等国际品牌轿车,研制的火箭动力系统管路接头用于"长征"系列火箭。

7. 超塑成形

1991 年，日本大阪第 4 届先进材料超塑性国际会议（ICSAM）首次为超塑性做出通用定义：超塑性是指多晶体材料在失效前呈现出极高的拉伸伸长率的能力。当伸长率大于 200%时，即可称为超塑性。也有人用应变速率敏感性指数 m 来定义超塑性，当材料的 m 大于 0.3 时，材料即具有超塑性。

20 世纪 70 年代，美国罗克韦尔国际公司首先发明了超塑成形/扩散连接复合工艺，并成功用于钛合金结构件的制造。该工艺可实现结构复杂的结构件整体性成形，替代了传统机械加工、连接组合件，从而大大节省了连接、紧固和装配等工序，提高了构件的使用寿命和整体性能。该工艺已经被美国等发达国家认定为现代先进制造技术之一，是一种先进的轻量化结构成形方法。由于超塑成形易实现多部件一次性整体成形，结构强度明显提高，质量减轻，因此是当今航空航天工业中最受关注的加工新技术之一。除了在航空航天领域大量应用以外，超塑成形业已扩展到了汽车、火车、建筑和医疗等领域。

超塑成形在远低于常规成形的载荷下，可以成形出高质量、高精度、复杂的制件，并且可以精确地复刻模具精细的型面特征。目前超塑性成形最为常用的坯料为板材，主要采用气压胀形的方法，以超塑成形/扩散连接应用最广，用于成形两层或多层的结构件。

与传统板材拉深相比，超塑成形工艺可以大大降低成形力，而且只需单模成形，无需传统冲压工艺精确调模过程，可以降低生产成本。超塑性材料延伸率极高，因此可以一次性成形复杂的大型板材零件。超塑成形制件无残余应力，零件尺寸精度高、耐腐蚀。超塑成形方法是塑性变形能力较差材料的理想成形方式。超塑成形板坯价格高于普通材料，但批量生产时，零件的综合制造成本比传统成形方法节省 25%～35%，并且超塑成形零部件较传统成形零部件的质量可减轻 10%～40%。

板材超塑成形基本原理是：将被加热至超塑温度的板料压紧在模具上，在其一侧形成一个封闭的空间，在气体压力下使板料产生超塑性变形，并逐步贴合在模具型腔表面，形成与模具型面相同形状的零件，如图 3-80 所示。

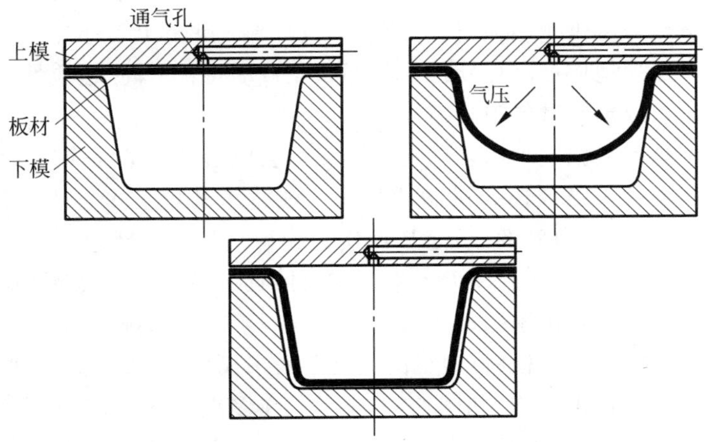

图 3-80　超塑成形原理图

超塑成形工艺过程一般包括以下步骤：备料、模具和板料升温、加压密封、充气成形、放气卸压和开模取件。材料在超塑状态下，塑性变形抗力急剧减小，塑性变形能力大幅度提高,并且几乎无应变硬化产生,近似呈黏性流动状态。

与传统塑性成形方法相比,超塑成形工艺具有十分显著的优势。

(1) 材料塑性高。在最佳超塑变形条件下,材料可以承受大变形而不被破坏。在拉伸变形过程中,宏观表现为无缩颈的均匀变形,最终断裂时断口部位的截面尺寸与均匀变形部位相差很小。材料的延伸率极高(据国外报道,延伸率甚至可达 5000%),超塑性材料的变形稳定性明显优于普通材料,从而能大幅提升材料成形性能,尤其适于航空航天工业难加工的钛合金、镁合金等零件的生产。

(2) 成形力小、模具寿命长。在最佳超塑变形条件下,材料的流动应力显著降低,在超塑性变形过程中的变形抗力很小。超塑成形的载荷低、速度慢、不受冲击,因此模具寿命长,还可以降低成形设备吨位和模具材料的要求,节约能源和投资成本。

(3) 工艺简单,坯料流动能力强,可一次成形复杂形状的工件。超塑成形时,金属流动性好。在恒温保压状态下,材料变形有蠕变机理作用,可以有效充满模具型腔各个部位,精细的尖角、沟槽和凸台也很易充满。因此,形状复杂的工件可将传统的多工序成形改为整体结构的一次成形,无需焊接和铆接等附加工序,从而大幅减少或取消零件加工余量,提高材料利用率。

(4) 成形质量好,无回弹变形问题,零件尺寸稳定。超塑成形过程是低速度、小应力的稳态塑性流变过程,成形后残余应力很小,不会产生裂纹、弹性回复和加工硬化。且成形后制件内部组织仍可维持等轴细晶形态,无各向异性,尤其适于曲线复杂、弯曲程度大、冷加工成形困难的各种零件。

8. 柔性多点成形

随着现代工业的飞速发展,形状复杂、具有各种空间构型的金属板料/型材成形件的需求越来越广。在实际工业生产中,传统的板料/型材成形方法如冲压、弯曲等,需要根据成形零件的形状和材质设计与制造相应的整体式模具,不同规格和特征的产品通常需要不同模具,模具的设计、制造、调试需要大量的人力、物力和工时。随着新产品的更新换代越来越快,多品种、小批量趋势越来越明显,传统的模具设计制造调试周期长、成本高,很难满足此类要求。开发能够迅速适应产品更新换代需要以及自动化程度高、适应性广的新技术、新设备,已成为板料/型材成形领域的迫切需要。

多点成形的构想就是在这种需求下提出的。多点成形是将柔性成形技术和计算机技术结合为一体的金属零件三维成形先进制造技术。该技术利用了多点成形设备的"柔性"特点,无需换模就可完成不同曲面的成形,从而实现无模成形;并且通过运用分段成形技术,可以实现小设备成形大型件,适合于大型板料/型材的成形,使生产效率大大提高。

多点成形基本原理是将传统的整体模具离散成一系列规则排列、高度可调的基本体(或称冲头)。在整体模具成形中,板料/型材由模具曲面来成形,而多点成形则由基本体群冲头的包络面(或称成形型面)来完成,如图 3-81 所示。在多点成形中,各基本体的行程可分别调节,改变各基本体的位置就改变了成形曲面,也就相当于重新构造了成形模具,实现了多点成形的柔性化。

多点成形设备主要分三大部分,即计算机辅助设计(CAD)软件系统、计算机控制系统及多点成形压力机。多点成形压力机又包括上、下基本体群及基本体行程调整机构、板料/

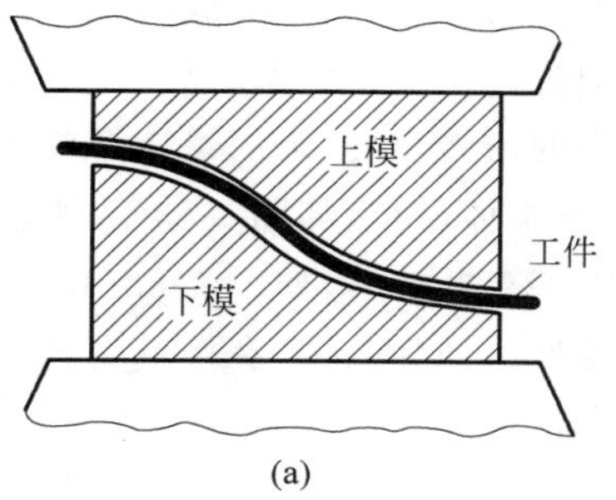

(a)

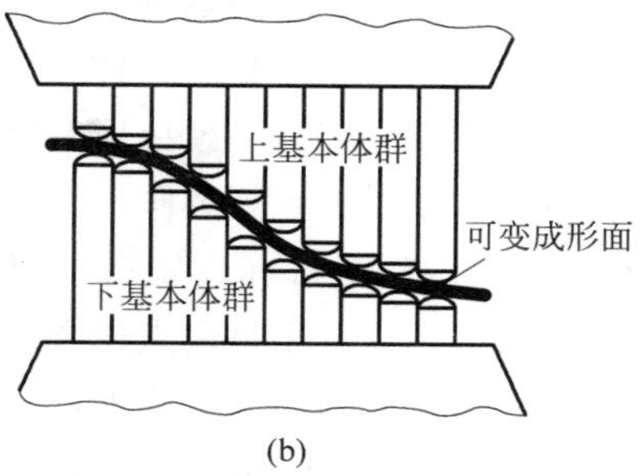

(b)

图 3-81　整体式模具成形与柔性多点成形对比图

(a) 整体式模具成形；(b) 柔性多点成形

型材成形加载机构。CAD 软件系统根据要求的成形件目标形状进行几何造型、成形工艺计算，将数据文件传给计算机控制系统，计算机控制系统根据接受的数据控制多点成形压力机的基本体行程调整机构，构造基本体群成形面，然后控制板料/型材成形加载机构成形出所需的零件产品。

1）板料多点无模成形

板料多点无模成形是以板料为原始坯料，成形前基本体并不进行预先调整，在成形过程中，每个基本体根据需要分别移动到合适的位置，形成制品的包络面。这种成形方法的各基本体间都有相对运动，每个基本体都可单独控制，每对基本体都相当于一台小型压机，故称为多点压机成形法，如图 3-82 所示。多点压机成形时能够充分体现柔性特点，不但可以随意改变材料的变形路径，而且可以随意改变板料的受力状态，使被成形件与基本体的受力状态最佳，实现最佳变形。此外，也可以在成形前把基本体调整到所需的适当位置，使基本体群形成制品曲面的包络面，在成形时各基本体间相对运动。此种方法其实质与传统模具成形基本相同，只是把模具分成离散点。

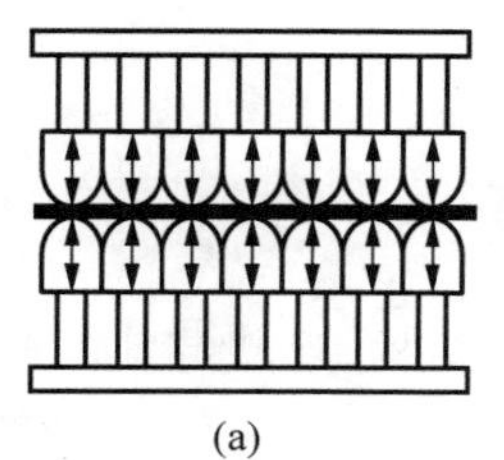

(a)

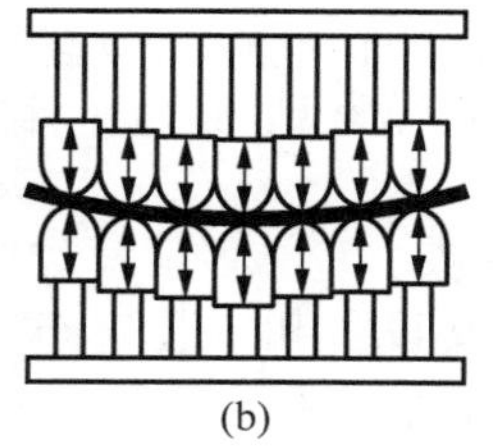

(b)

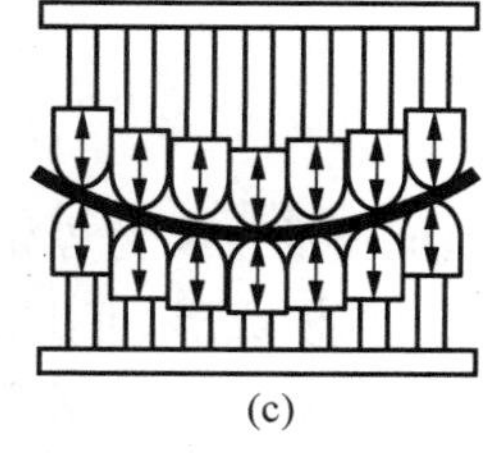

(c)

图 3-82　板料多点压机成形原理图

(a) 初始状态；(b) 成形状态；(c) 终止状态

2）型材多点拉弯成形

型材的多点拉弯成形是以型材为原始坯料，将型材在水平和垂直方向上分别形成不同弯曲几何形状的成形工艺。该工艺继承了拉弯工艺的高效性，同时吸收了多点成形技术的先进成形思想，弥补了传统拉弯成形工艺柔性差，不能三维成形的缺点，其整个成形过程如图 3-83 所示。采用离散化单元体设计方法，将型材构件多点拉弯模具的成形面离散为若干个基本体。每个基本体的形状和位置均可调整，并且可更换基本体头部。

在成形过程中，首先应调整各个基本体的位置参数，使其头部端面形成的包络面构成目标零件的几何形状。在轴向拉力的作用下，型材被预先拉伸至塑性状态，以有效减小成形件的回弹变形。在贴合模具前，预拉伸后的型材进行适当的扭转变形，以满足成形要求。在夹钳的带动作用下，型材在水平方向上弯曲成形，逐渐与基本体贴模，如图 3-83(a)所示。当夹钳在水平方向上运动至目标位置后，型材在垂直方向上弯曲成形，如图 3-83(b)所示。随后，进行补拉、卸载，完成型材多点拉弯成形。根据试拉件的回弹数据，在模具的若干个基本体上进行位置或角度调整，即可成形出合格的三维拉弯扭构件。

由于模具的基本体头部形状可以快速更换，基本体的位置实现多个自由度调节，所以一套多点拉弯成形模具可成形不同构件截面、不同成形曲率的构件，这种方法可以极大地减少模具的总体数量。整套装备结构简单、安装方便、生产效率高、成本大大降低。

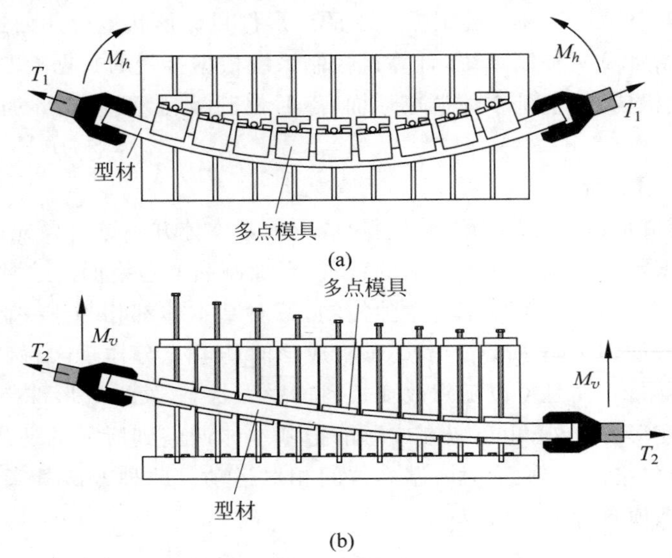

图 3-83 型材多点拉弯成形原理图

(a) 水平方向拉弯；(b) 垂直方向拉弯

柔性多点成形的主要优势如下。

(1) 实现了无模成形，可实现一套设备和工装生产不同结构、形状特征的产品，无需针对每种产品单独设计开发和制造相应的模具。与整体式模具成形方法相比，节省了多套模具的设计、制造、安装调试等大量的成本与工时，特别适于形状复杂、结构特征多变、小批量、多品种的产品生产。

(2) 成形质量高，设计自由度大。产品成形面的形状可通过对各基本体运动的实时控制自由地构造出来，甚至在板料/型材成形过程中都可随时进行调整。因此板料/型材成形路径是可以改变的，这也是整体模具成形无法实现的功能。结合有效的数值模拟技术，设计优化的成形路径，可有效消除成形缺陷，消除回弹，减小残余应力，提高成形能力。

(3) 设备通用性强，适用范围宽，易实现自动化。

目前，多点成形技术已经应用于高速列车流线型车头、船体构件成形、建筑物构件的成形及医学工程等众多领域。

3.6　塑性成形工艺设计

3.6.1　零件的自由锻结构工艺性

采用自由锻件作为零件的毛坯，在设计时，除满足使用性能的要求，还必须考虑自由锻的工艺特点，使零件结构符合自由锻的工艺性要求，达到锻造方便、节约金属、容易保证锻件质量和提高生产效率的目的。零件的结构应尽量采用简单的、对称的、由平面和圆柱面组成的形状。零件的自由锻结构工艺性举例见表 3-9。

表 3-9　零件的自由锻结构工艺性举例

序号	工艺性差	工艺性好	说　　明
1	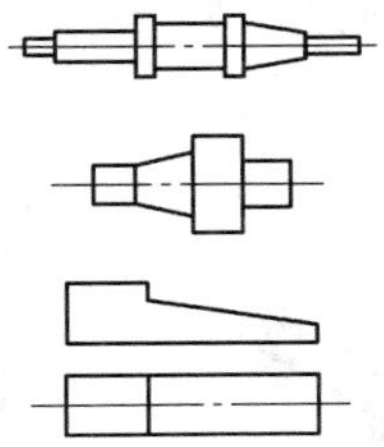	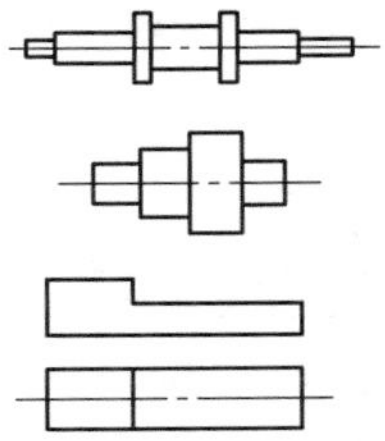	圆锥体的锻造需专用工具，锻造比较困难，应尽量避免；与此相似，斜面也不易锻出，也应尽量避免
2	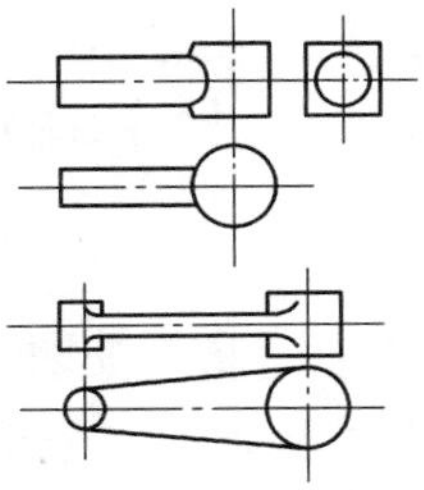	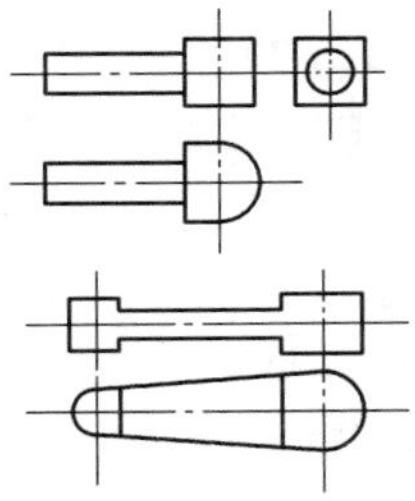	几何体的交接处不应形成难锻的复杂曲线，应采用平面与圆柱、平面与平面交接
3	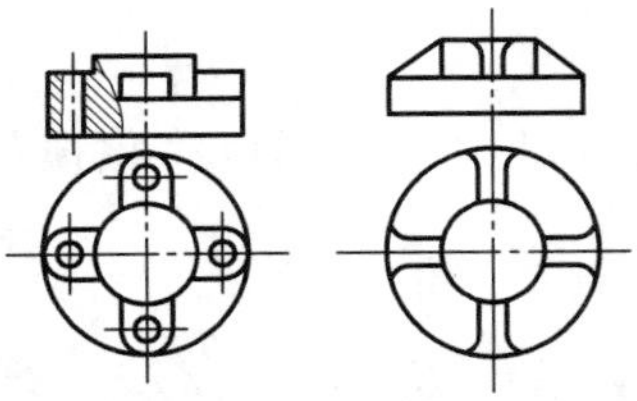	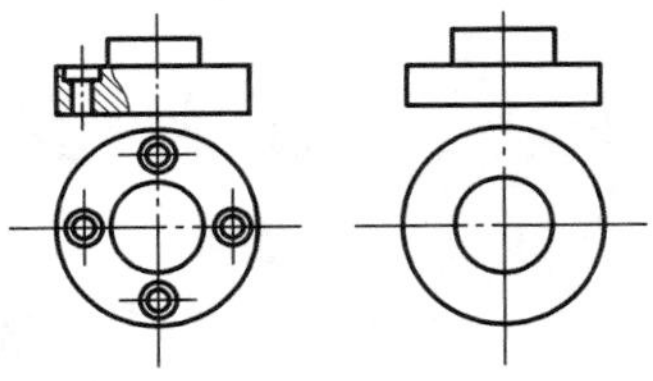	加强筋、局部凸台、椭圆形或工字形截面以及空间曲线形表面极难锻造，应避免

3.6.2　零件的模锻结构工艺性

采用模锻件作为零件的毛坯，在设计时，除满足使用性能的要求，还必须考虑模锻的工艺特点，使零件结构符合下列原则，以便于模锻生产和降低成本。

(1) 合理的分模面。

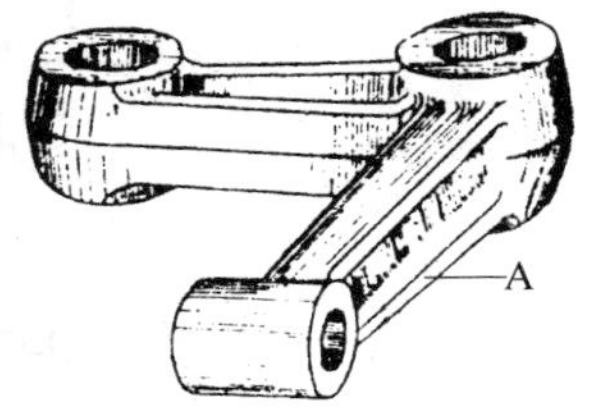

图 3-84　设计不合理的零件

零件必须具有一个合理的分模面，以保证模锻件易于从锻模中取出，并且敷料最小、易于模锻等。为此，零件上与分模面垂直的表面应尽可能避免有凹槽和孔。如图 3-84 所示零件因为选不出一个能够出模的分模面,所以无法模锻。如果允许 A 臂旋转 90°,工艺性就可以改善。

(2) 模锻斜度和圆角。

模锻斜度是指在零件结构设计时,零件上与锤击方向平行的非加工表面,应设计出的斜度。两非加工表面之间的交角均应为圆角。

(3) 零件外形应力求简单。

零件外形应力求简单、平直和对称,尽量避免零件截面间差别过大,或具有薄壁、高筋、长而复杂的分枝和多向弯曲等结构。因为这样的零件模锻困难、生产效率低。如图 3-85(a)所示模锻件的最小与最大截面积之差较大,而且该零件的凸缘厚度过薄,所以模锻时难以充满模膛。如图 3-85(b)所示模锻件的直径很大而厚度很薄,模锻时薄壁部分冷却速度大,金属流动阻力很大,所以模锻困难。如图 3-86(a)所示为汽车羊角轴件原设计,有一个高而薄的凸缘,模锻时很难充满模膛,也很难从模膛中取出锻件。现改为图 3-86(b)的形状,工艺性就能得到明显改善。

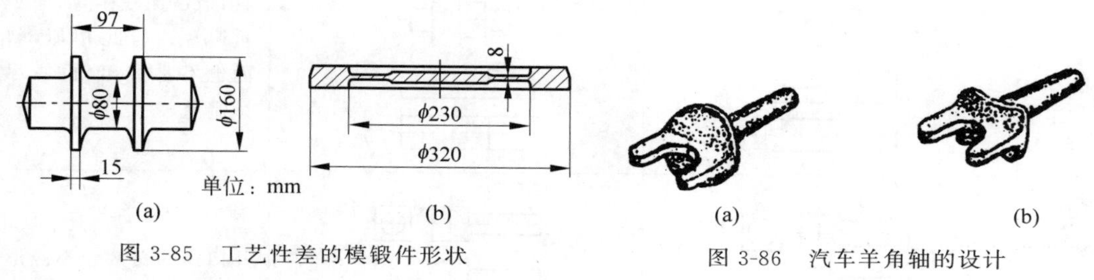

图 3-85 工艺性差的模锻件形状

图 3-86 汽车羊角轴的设计

(4) 避免深孔或多孔结构。

在零件结构允许的条件下,设计时应尽量避免有深孔或多孔结构。如图 3-87 所示齿轮零件上的四个 ϕ20 mm 的孔,并非零件使用所必须,这种多孔结构增大了模锻的难度,不利于降低成本。

(5) 采用锻-焊结构。

在可能的条件下,形状复杂的零件应采用锻-焊结构,以减小敷料,简化模锻工艺,如图 3-88 所示。

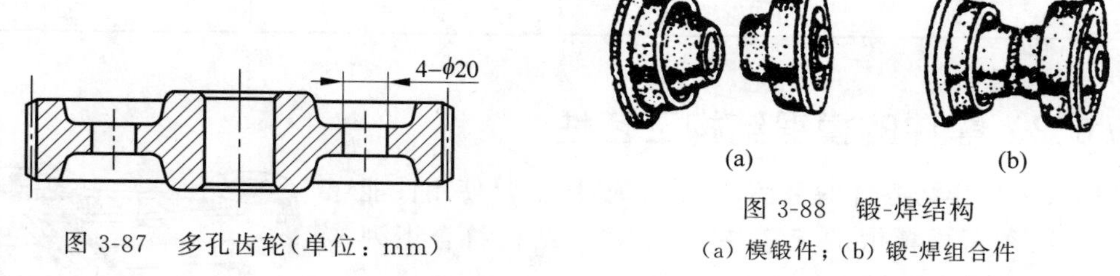

图 3-87 多孔齿轮(单位:mm)

图 3-88 锻-焊结构

(a) 模锻件;(b) 锻-焊组合件

3.6.3 板料冲压件结构工艺性

冲压件的设计不仅应保证它具有良好的使用性能,而且也应具有良好的冲压工艺性能。以保证冲压件质量、提高生产效率、减少材料的消耗、延长模具寿命和降低成本等。

1. 对冲裁件的要求

（1）落料件的外形和冲孔件的孔形应力求简单、对称，尽可能采用圆形、矩形等规则形状，并尽量使其在排样时将废料降低到最少的程度。

如图 3-89 所示零件在同样能满足使用要求的条件下，其外形由图 3-89(a)改为图 3-89(b)，材料利用率就可以从 38%提高到 79%。

（2）孔及其相关尺寸的设计应如图 3-90 所示。

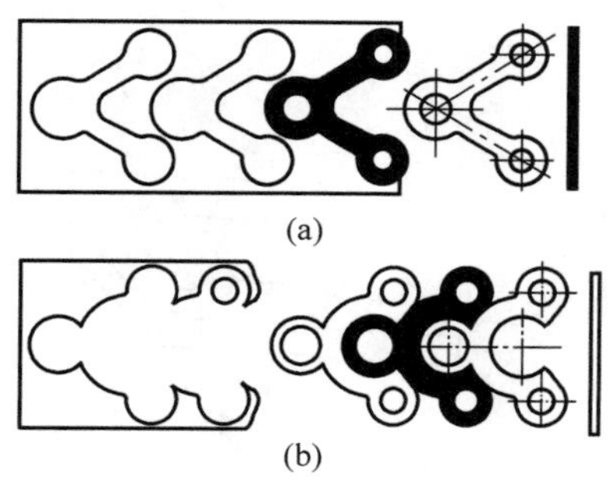

图 3-89　零件形状与节约材料的关系

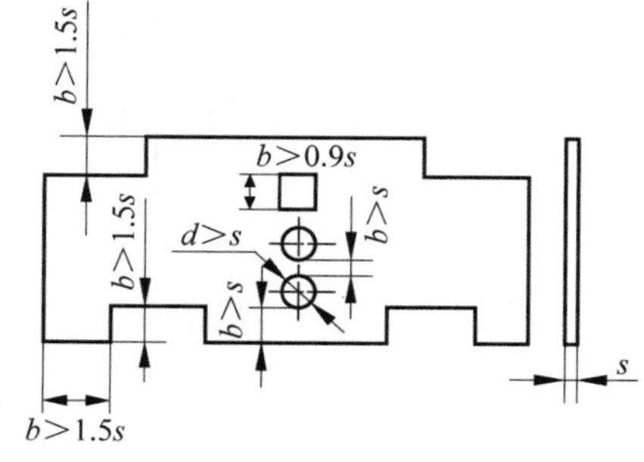

图 3-90　冲孔件尺寸与厚度的关系

冲圆孔时，孔径 d 应大于材料厚度 s；方孔的边长 b 应大于 $0.9s$；孔与孔之间、孔与工件边缘之间的距离 b 应大于 s；外缘凸出或凹进的尺寸 b 应大于 $1.5s$。

（3）冲孔件或落料件上直线与直线、曲线与直线的交接处，均应圆弧连接，最小圆角半径数值见表 3-10。

表 3-10　冲裁件的最小圆角半径

工序	圆弧角	最小圆角半径			
		黄铜、紫铜、铝	低碳钢	合金钢	
落料	$\alpha \geqslant 90°$	$0.24s$	$0.30s$	$0.45s$	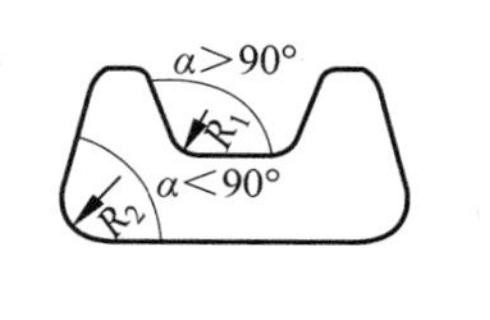
	$\alpha < 90°$	$0.35s$	$0.50s$	$0.70s$	
冲孔	$\alpha \geqslant 90°$	$0.20s$	$0.35s$	$0.50s$	
	$\alpha < 90°$	$0.45s$	$0.60s$	$0.90s$	

2. 对弯曲件的要求

（1）弯曲件形状应尽量对称，弯曲半径不能小于材料允许的最小弯曲半径，并应合理利用材料的纤维组织，以免弯裂。

（2）弯曲件的直边过短不易弯曲成形，应使弯曲件的直边长度 $H>2s$，如果要求 H 很短，则需先留出适当的余量以增大 H，弯曲后再切去多余材料，如图 3-91 所示。

（3）弯曲带孔件时，为避免孔的变形，孔的位置应如图 3-92 所示。图中 L 应大于$(1.5\sim2)s$。

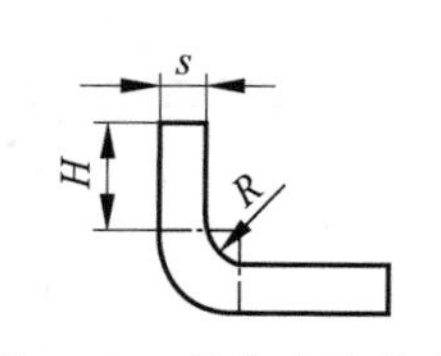

图 3-91　弯曲直边长度

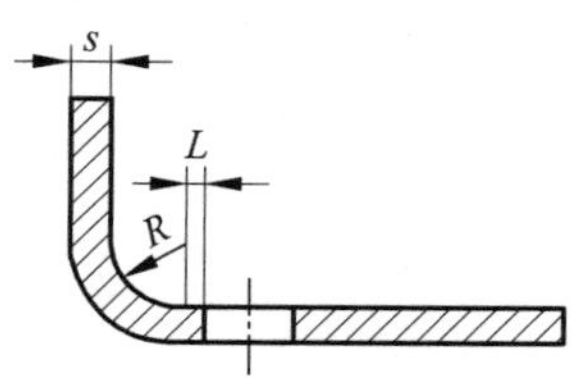

图 3-92　带孔的弯曲件

(4) 冲压件的边缘弯曲时，弯曲变形部分应远离应力集中处，以避免应力集中处因弯曲产生裂纹，如图 3-93(a)所示；或在易产生应力集中处，开工艺槽，如图 3-93(b)和(c)所示。

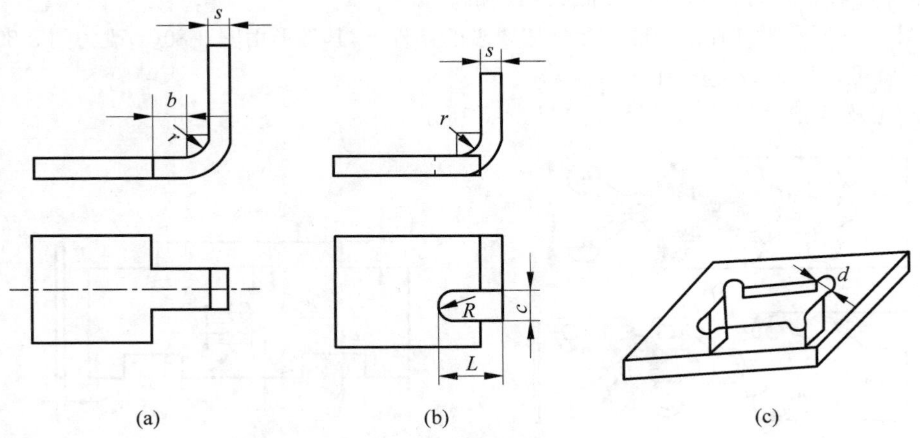

图 3-93　冲压件边缘弯曲形状的设计

3. 对拉深件的要求

(1) 拉深件外形应尽量简单、对称，且不宜过高，以便减少拉深次数。如汽车消音器后盖零件，如图 3-94 所示，在不影响使用性能的情况下，由图 3-94(a)简化成图 3-94(b)，可以简化冲压工序，材料消耗减少 50%。

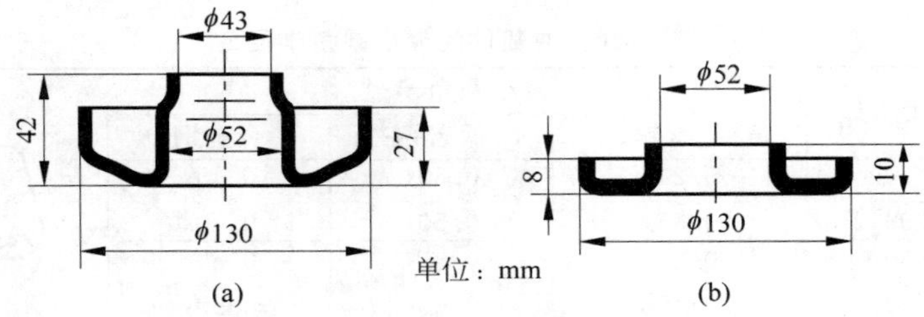

图 3-94　汽车消音器后盖零件结构

(2) 拉深件的圆角半径不能过小，最小圆角半径如图 3-95 所示。

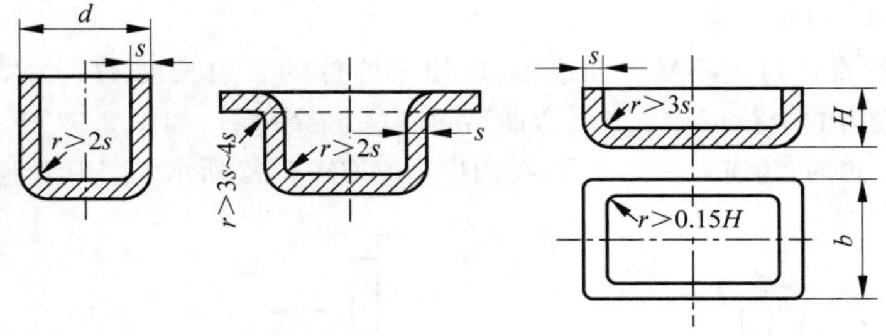

图 3-95　拉深件的最小圆角半径

4. 改进结构型式，以便简化工艺和节省材料

(1) 采用冲焊结构。对于形状复杂的冲压件，可分解成若干个简单件分别冲制，然后再焊成整体件,如图 3-96 所示。

(2) 采用冲口工艺,以减少组合件数量。如图 3-97 所示,原设计用三个件铆接或焊接组合,现采用冲口工艺(冲口、弯曲)制成整体零件,可以节省材料,简化工艺过程。

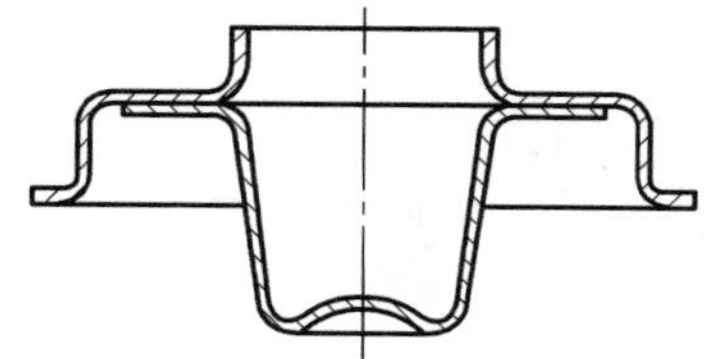

图 3-96 冲焊结构件

5. 冲压件的厚度

在强度、刚度允许的条件下,应尽可能采用较薄的材料来制作零件,以减少金属的消耗。对局部刚度不够的地方,可增设加强筋等,如图 3-98 所示。

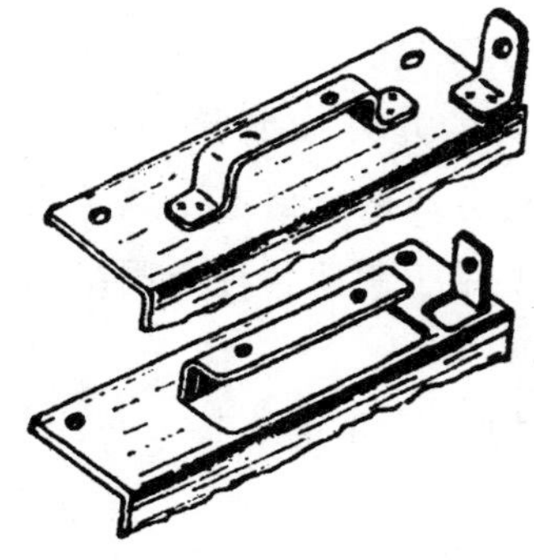

图 3-97 冲口工艺的应用

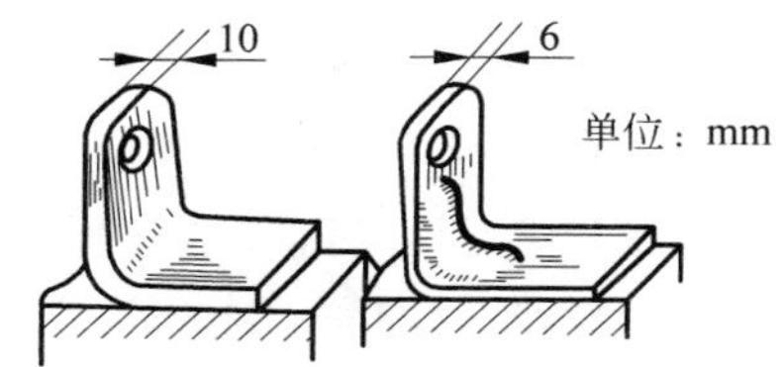

图 3-98 使用加强筋实例

6. 冲压件的尺寸精度和表面质量

对冲压件的尺寸精度要求,不应超过冲压工艺所能达到的一般尺寸精度,并应在满足使用要求的情况下尽量降低。

冲压工艺的一般尺寸精度如下：落料不超过 IT10,冲孔不超过 IT9,弯曲不超过 IT9～IT10。

拉深件高度尺寸精度为 IT8～IT10,直径尺寸精度为 IT9～IT10。

一般地,对冲压件表面质量所提出的要求,尽可能不要高于原材料所具有的表面质量。

第4章

金属连接成形技术

在工业生产中，将两个或两个以上金属工件连接在一起的方法有两大类：一类是可拆卸的方法，如螺栓连接、铆钉连接等；另一类是不可拆卸的方法，如焊接。

焊接是指通过加热或加热的同时又加压的手段，使分离的金属产生原子间的结合与扩散，形成牢固接头的永久性连接的工艺方法。焊接主要用于制造各种金属结构和机械零件及一些零部件的修复。

焊接结构有许多优点。与铆接结构相比，焊接结构一般可节省 15％～20％的金属，焊接结构还有好的密封性，如图 4-1 所示。

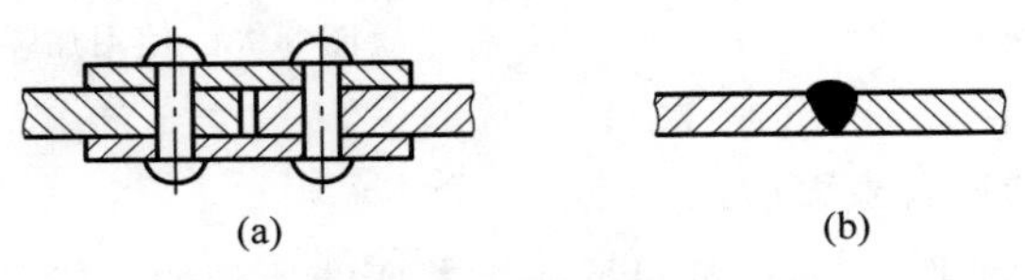

图 4-1　铆接与焊接比较

(a) 铆接结构；(b) 焊接结构

与整体铸造结构或锻造结构相比，采用铸-焊、锻-焊联合结构，可以用化大为小，化复杂为简单的方法来制造产品，以提高工厂生产能力，并且可以保证产品结构的质量，如图 4-2 所示的水轮机主轴的几种设计方案。

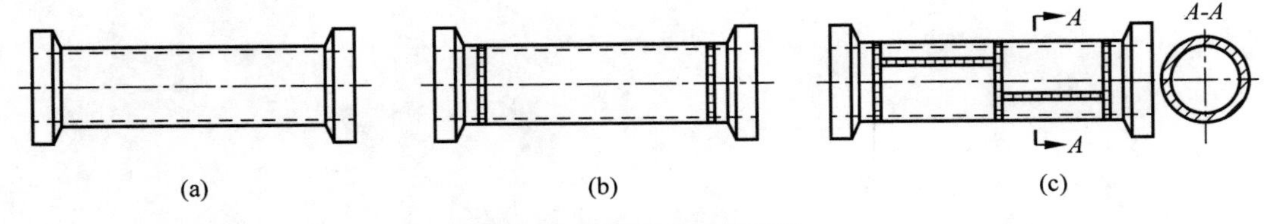

图 4-2　水轮机主轴的设计

(a) 整体铸造结构；(b) 铸-锻-焊结构；(c) 铸-焊结构

焊接方法可以制造双金属结构和复合层结构，也可在零件表面堆焊或喷焊一层特种合金，以提高结构或零件的性能和使用寿命。

焊接也存在一些问题，例如焊接结构有较大的焊接应力和变形；焊缝中易产生气孔、裂纹、夹渣等各类缺陷；某些金属材料的焊接还有一定困难。

4.1 金属连接成形基础

4.1.1 焊接的种类

焊接方法很多，按其焊接过程的特点，可以归纳为三大类。

1）熔化焊

熔化焊的特点是使用填充金属，将工件的结合处与填充金属加热到熔化状态，形成共同的熔池，并对熔池加以保护，熔池冷却结晶后，形成牢固的接头，如焊条电弧焊、埋弧自动焊和气体保护焊等。

2）压力焊

压力焊的特点是对工件的结合处加热的同时加压，使其产生塑性变形，促进原子的结合与扩散，将工件连接在一起。压力焊与熔化焊相比，不需要填充金属，焊接过程中也不需要保护。常用的压力焊方法有电阻焊（点焊、缝焊和对焊）、摩擦焊等。

3）钎焊

钎焊的特点是使用比工件熔点低的钎料，将钎料置于工件的结合处并与工件一同加热，在工件不熔化的情况下，钎料熔化，填充到工件连接的间隙中，与被焊金属相互结合与扩散，冷却凝固后，将工件连接在一起。

作为焊接的热源应当是：温度足够高，热量高度集中，热源稳定连续。能够满足上述要求的热源目前有电弧热、化学热、电阻热、等离子弧热、电子束热和激光束热等，这些热源都有它们各自的特点，在焊接生产中均有不同程度的应用。

目前熔化焊中应用最广泛的热源是电弧热，常称焊接电弧。

焊接电弧是指在电极之间的气体介质的长时间而有力的放电现象。

电弧中充满了高温电离气体，且放出大量的热和强烈的光。电弧的热量与焊接电流和电压的乘积成正比，电流越大，电弧产生的热量就越多。

焊接电弧沿着长度方向可以分为三个区域，即阳极区、弧柱区和阴极区，如图4-3所示。

电弧中三个区域产生的热量是不同的。一般情况下，阳极区产生的热量比较多，约占电弧总热量的43%；阴极区因放出大量电子，消耗一定的能量，所以产生的热量较少，约占电弧总热量36%；其余21%左右的热量是在弧柱区产生的。

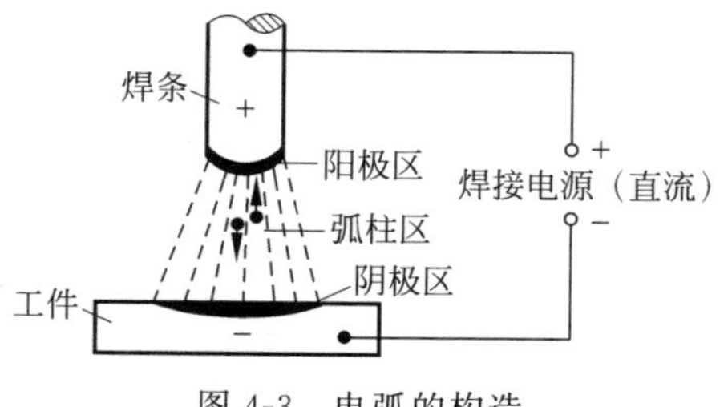

图4-3　电弧的构造

电弧中各区的温度分布，除了与各区中产生的热量有关，还与各区的散热条件及其他因素有关。阳极区和阴极区的温度因受电极材料散热条件的影响，温度不可能升得太高，其温度大致在电极材料的沸点左右。弧柱区虽然产生的热量不多，但因散热慢，所以其温度反而比两极高。一般阳极区的温度为2600 K，阴极区的温度为2400 K，弧柱区的温度最高可达6000～8000 K。

由于阳极区和阴极区的热量和温度有差别，所以当焊条电弧焊选用直流电源焊接时，就有电源极性的选择问题。

工件接电源的正极，焊条接负极，这种接法称为正接法，反之则称为反接法。

选择电源极性时主要根据焊条的性质和工件所需要的热量，例如用酸性焊条焊接厚板时，采用正接法，焊接薄板时则采用反接法；而用碱性焊条，一般要用反接法。

采用交流电弧进行焊接，由于电源极性不断变换，两极的热量和温度趋于一致，近似为它们的平均值，温度都在 2500 K 左右，所以也就没有电源极性选择问题。

4.1.2 熔化焊的冶金特点

焊接冶金过程是金属在焊接条件下的再熔炼过程。焊接冶金与普通冶金虽有共同之处，但在许多方面有很大差别，其主要表现在如下几点。

1. 焊接温度高

焊接热源和金属熔池(熔化的填充金属与熔化的被焊金属混合而成的液态金属)的温度比普通冶金的温度高，因而各种元素在高温作用下会强烈地蒸发和烧损，焊接区(电弧区和熔池区)的气体由分子状态分解成原子状态，提高了气体的活泼性，增加了冶金反应的激烈程度。

2. 金属熔池的体积小，保持在液态的时间短

焊接时由熔化的液态金属在工件的结合处形成一个体积很小的金属熔池，由于熔池周围是固态金属，冷却速度快，从而使熔池金属处于液态的时间短，各种冶金反应很难达到平衡状态，会造成焊缝金属的化学成分不均匀，有时气体及杂质来不及浮出熔池，还会在焊缝中产生气孔或夹渣等缺陷。

熔化焊一般是在空气中进行的，如果在无保护的条件下进行焊接，空气中的氧、氮和氢就会侵入熔池中，与合金元素发生化学反应，使一些合金元素严重烧损，并使焊缝金属的强度、塑性和韧性等明显降低。

氧、氮和氢能溶解在液态金属中，熔池温度越高，溶解度越大，在冷却过程中，溶解度减小，这些气体从熔池中析出聚集成气泡。由于熔池冷却凝固快，如果这些气泡来不及浮出，就会在焊缝中产生气孔缺陷。

基于上述焊接冶金过程的特点和所带来的问题，为了保证焊接质量，熔化焊过程中必须采取下列措施。

(1) 有效地保护，隔离空气。

目的是防止空气对焊接区的有害作用。不同的熔化焊方法，保护方式是不同的。

焊条电弧焊过程中，焊条药皮中的造气剂产生的保护性气体将空气与焊接区隔离，药皮中的造渣剂熔化发生冶金反应形成熔渣，覆盖在熔滴和熔池表面，隔离空气，这种保护方法称为气渣联合保护。埋弧自动焊是利用焊剂熔化发生物理化学反应形成的熔渣隔离空气，这种保护称为渣保护。气体保护焊是利用保护性气体形成的保护层来隔离空气，这种保护称为气保护。此外，还可以在真空条件下进行焊接，如真空电子束焊。

（2）控制焊缝金属的化学成分。

可以向焊条药皮或焊剂中加入合金元素，也可以在焊条芯或焊丝中加入合金元素，这些合金元素在焊接过程中过渡到焊缝金属中。这样，不仅可以补偿焊接过程中合金元素的蒸发、烧损，而且可以特意加入一些合金元素，以改善焊缝金属的力学性能。

（3）进行脱氧和脱硫、磷。

焊接过程中，不仅空气中的氧对金属有氧化作用，工件表面的氧化皮、铁锈、油污、水分及保护气体（如 CO_2）中分解出来的氧也对金属有氧化作用，所以除焊前要对工件进行仔细清理，还要进行脱氧，在焊接材料中加入脱氧剂，如焊条药皮或焊剂中的锰铁、硅铁和钛铁等。

焊缝中的硫、磷是有害的杂质，硫的质量分数高易使焊缝形成热裂纹，磷的质量分数高易使焊缝产生冷裂纹，所以要控制焊缝金属中的硫、磷的质量分数，依靠药皮或焊剂的造渣剂与液态金属发生冶金反应，进行脱硫、脱磷，以保证焊接质量。

4.1.3　焊接接头的组织及性能

在熔化焊条件下，焊接接头是由相互联系且在组织和性能上又有区别的两部分所组成，即焊缝和焊接热影响区。焊接接头的性能不仅取决于焊缝金属，而且与焊接热影响区有关。

1. 焊缝金属

焊缝金属一般是由熔化的填充金属和局部熔化的工件金属混合而成的熔池冷却凝固后形成的。焊接时熔池金属的结晶过程也是生核和晶核长大的过程，然而在焊接条件下，焊缝金属具有自身的结晶特点。

焊接过程中液态金属过热度很大，合金元素的蒸发、烧损比较严重，使熔池中作为非自发晶核（异质晶核）的质点比较少，焊缝金属的结晶在熔池壁表面上生核和长大。由于熔池散热最快的方向是垂直于熔池壁的方向，所以焊缝金属以柱状晶的形态结晶，向焊缝中心长大，如图 4-4 所示。

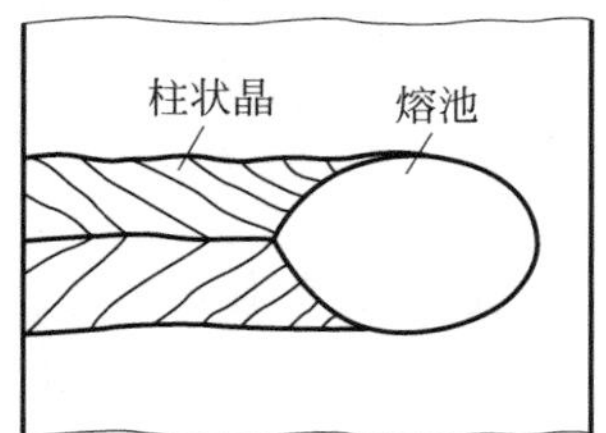

图 4-4　焊缝中的柱状晶体

在熔池结晶过程中，由于冷却速度快，已凝固的焊缝金属中的合金元素来不及扩散，造成化学成分不均匀，所以存在着偏析现象。此外，一些非金属夹杂物和气体如果来不及浮出，将造成夹渣和气孔缺陷。

焊接过程中，一般要通过焊接材料（焊条、焊丝、焊剂等）向熔池金属中加入一些合金元素，使焊缝金属合金元素的质量分数高于被焊金属。这样，不仅可以强化焊缝，而且可以细化焊缝的晶粒。

只要采用正确的焊接工艺,就可以避免在焊缝中产生夹渣、气孔和裂纹等缺陷,从而保证焊缝金属的性能不低于被焊金属的性能。

2. 焊接热影响区

在焊接热源的作用下,不仅使填充金属和被焊金属(称为母材金属)局部熔化形成金属熔池,而且焊缝附近的工件金属也受到热的影响,使其温度升高。随着与焊缝距离的不同,所受的热作用和升高的温度也不同。因此,焊缝附近区域的母材金属相当于受到了不同规范的热处理,使组织和性能发生变化。焊缝附近金属因焊接热作用而使组织和性能发生变化的这个区域称为焊接热影响区。

焊接热影响区的组织和性能,与焊缝附近的母材金属上各点所受到的焊接热作用有关,此外还与母材金属的化学成分及焊前热处理状态有关。

现以低碳钢为例说明焊接热影响区的组织和性能的变化,如图 4-5 所示,左侧是焊接热影响区各点焊接时达到的最高温度和组织变化情况,右侧为部分铁碳合金状态图。由于焊接热影响区中各点与焊缝的距离不同,受到的热作用不同,所以组织变化也不同,这样低碳钢的焊接热影响区又分为以下区域。

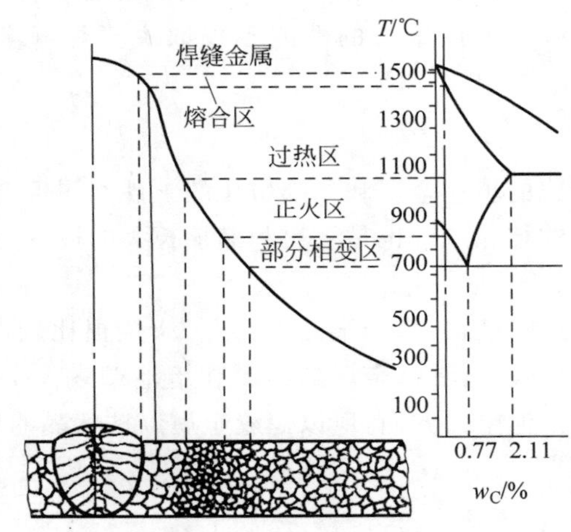

图 4-5 低碳钢焊接热影响区的组织分布

1) 熔合区

熔合区是焊缝与被焊金属的交界区,加热温度范围处于液、固相线之间。熔合区的组织中包括未熔化但因过热而长大的粗晶组织和部分新结晶的铸态组织。因此,在化学成分和组织性能上都有很大的不均匀性。这个区的范围很窄,甚至在光学显微镜下也难以分辨,但对焊接接头强度、塑性等有很大的影响,常是产生裂纹、造成脆断的发源地。

2) 过热区

过热区紧靠着熔合区,加热温度范围处于固相线与 1100℃之间。这个区域由于温度较高,晶粒急剧长大,获得晶粒粗大的过热组织,所以其塑性和韧性低。焊接刚度比较大的结构时,常在过热区产生裂纹。

3) 正火区

正火区的加热温度范围处于 1100℃与 A_3 线之间。这个区内的金属在该温度范围发生重结晶(铁素体和珠光体全部转变为奥氏体),相当于受到了一次正火处理,从而得到细小而均匀的铁素体和珠光体的组织。由于组织细小均匀,所以这个区的力学性能优于母材金属。

4）部分相变区

部分相变区的加热温度范围处于 A_3 与 A_1 线之间。这个区中部分金属发生重结晶(珠光体转变为奥氏体),冷却后得到细晶粒的珠光体,而未发生转变的铁素体冷却后则变为粗大的铁素体。这个区由于金属组织不均匀、晶粒大小不均匀,所以性能也不均匀。

部分相变区以后,母材金属的组织性能基本不发生变化,就不属于焊接热影响区了。

以上为低碳钢的焊接热影响区中主要组织变化和分布情况。必须指出,焊接热影响区中各区的组织变化和分布与被焊金属的化学成分及焊前的热处理状态有关。一些不易淬火的钢种(如 16Mn、15MnTi、15MnV 等低合金钢),其焊接热影响区中各区的组织基本与低碳钢相同。而容易淬火的钢种(如中碳钢、高碳钢、合金钢等),其焊接热影响区的组织变化和分布与被焊金属焊前的热处理状态有关。如果被焊金属焊前处于正火或退火状态,则焊接热影响区中除熔合区,在相当于低碳钢的过热区和正火区中,将出现马氏体组织,统称为淬火区。在相当于低碳钢的部分相变区中,发生部分相变,形成部分马氏体组织,称为部分淬火区。如果被焊金属焊前处于淬火状态,那么在焊接热影响区中除存在熔合区、淬火区和部分淬火区,还会在靠近部分淬火区的区域发生不同的回火转变,称为回火区,如图 4-6 所示。由于在焊接热影响区中出现淬火组织马氏体,其塑性、韧性低,所以容易产生焊接裂纹。

在熔化焊过程中,不可避免地要产生焊接热影响区。对于低碳钢,焊接热影响区中以熔合区和过热区对焊接性能的不利影响最大,因此应尽可能地减小焊接热影响区的范围,以减小对焊接接头的不利影响,保证焊接质量。

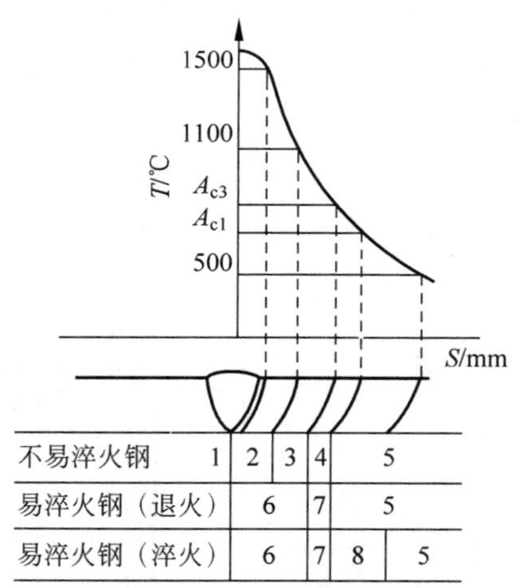

1—熔合区；2—过热区；3—正火区；4—部分相变区；5—未受影响的金属；6—淬火区；7—部分淬火区；8—回火区。

图 4-6　焊接热影响区分布特征

3. 改善焊接热影响区性能的方法

焊接热影响区的宽度受许多因素的影响。不同的焊接方法,不同的工件板厚和接头形式,不同的焊接规范及焊后冷却速度等,都会使焊接热影响区的宽度发生变化。用不同的焊接方法,焊接低碳钢时焊接热影响区的平均尺寸见表 4-1。

表 4-1 不同焊接方法焊接低碳钢时焊接热影响区的平均尺寸 单位：mm

焊接方法	各区尺寸			焊接热影响区总宽度
	过热区	正火区	部分相变区	
手弧焊	2.2	1.6	2.2	6.0
埋弧自动焊	0.8～1.2	0.8～1.7	0.7	2.3～3.6
气焊	21.0	4.0	2.0	27.0
电渣焊	18.0	5.0	2.0	25.0
电子束焊	—	—	—	0.05～0.75

为了提高焊接质量，要合理选择焊接方法和焊接工艺，尽量使焊接热影响区宽度减至最小。焊条电弧焊、CO_2 气体保护焊、氩弧焊和埋弧自动焊，其焊接热影响区都较气焊、电渣焊的小，宜优先选用。工艺上采用小直径的焊条(或焊丝)、小电流快速焊、多层焊，都可减小对工件的热量输入，有利于减小焊接热影响区的宽度。

焊后对工件进行热处理是改善和消除焊接热影响区常用且有效的工艺措施。对于低碳钢和低合金钢的重要结构和电渣焊的结构，焊后要进行正火处理。

焊前预热可减慢工件焊后的冷却速度，防止产生淬火组织，这对降低工件的焊接应力和裂纹倾向是十分有利的。

4.1.4 焊接应力、变形及裂纹

在焊接和随后的冷却过程中，工件上由于温度分布和变化的不同，会产生焊接应力和变形，甚至会出现裂纹。因此，在焊接时，必须尽量减小焊接应力和变形，并且要防止裂纹的产生。

1. 焊接应力和变形的产生

焊接过程中对工件进行不均匀的局部加热是产生焊接应力和变形的根本原因。现以平板对接焊为例，说明焊接应力和变形的产生过程，如图 4-7 所示。

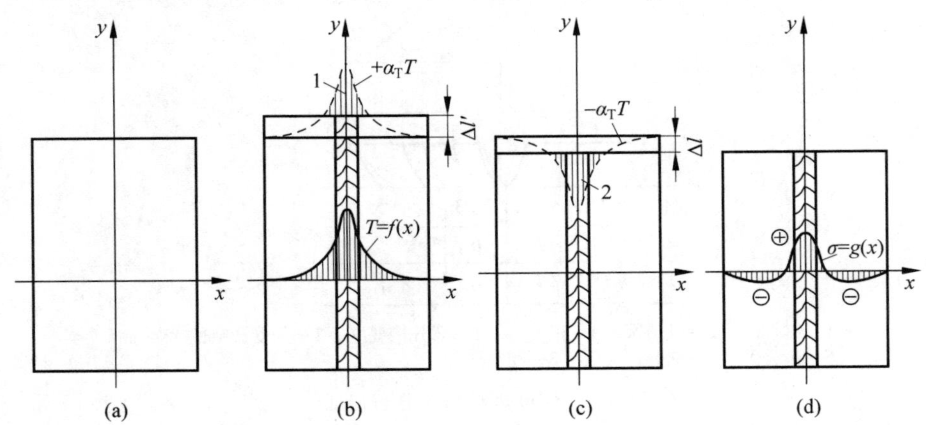

图 4-7 平板对接焊时焊接应力和变形的产生过程

$T=f(x)$为焊接时温度沿 x 轴的分布曲线；$\sigma=g(x)$为焊接应力沿 x 轴的分布曲线

焊接时，两平板对接在一起，对工件进行局部加热，温度沿工件横向的分布曲线为 $T=f(x)$，焊缝及附近区域被加热到很高温度，远离焊缝的金属加热的温度比较低，如图 4-7(b)

所示。金属受热后会膨胀,如果自由膨胀就如$+a_{\mathrm{T}}T$(a_{T}为金属的热膨胀系数;T为金属的最高加热温度)虚线所示,但由于被焊工件是一个整体,各处金属的膨胀都要相互约束,结果是整个被焊金属板均匀地膨胀,使金属板伸长了$\Delta l'$。这使焊缝及附近区域的金属出现了局部的压缩塑性变形,变形量与阴影线面积1成正比。

在工件冷却以后,如图4-7(c)所示,各处金属如果自由收缩,则应处于$-a_{\mathrm{T}}T$虚线相对应的位置,但由于受到相邻金属的约束,不能自由收缩,结果是整个金属板均匀地缩短了Δl。因此,使焊缝及附近区域的金属发生拉伸弹塑性变形,变形量与阴影线面积2成正比,导致该区域产生拉应力(+),而两边区域产生压应力(−),二者相互平衡,应力分布如图4-7(d)中$\sigma=g(x)$所示。这个应力分布,是工件焊后冷却到室温后产生的,并且残存在被焊工件的内部,是焊接残余应力,简称焊接应力。焊后整个被焊工件在长度上缩短了Δl,就是焊接残余变形,简称焊接变形。

焊接应力和变形总是同时存在的,焊接结构不会只有变形或只有应力,若被焊金属塑性较好和结构刚度较小,则焊接变形较大、焊接应力较小,反之则变形较小、应力较大。

2. 焊接变形的基本形式

被焊工件随着结构形式、焊缝位置的不同,焊后产生的变形是不同的,但最常见的是以下几种基本形式或者是几种基本形式的组合,如图4-8所示。

1)收缩变形

这种变形是由焊缝纵向及横向收缩引起的工件纵向及横向的尺寸变小,如图4-8(a)所示。

2)角变形

这种变形是在钢板焊接时,焊缝截面或焊缝布置上下不对称,焊缝截面大的部分横向收缩大而引起的,如图4-8(b)所示。

3)弯曲变形

这种变形是由焊缝布置在工件上不对称,焊缝纵向收缩而引起的沿工件长度方向的变形,如图4-8(c)所示。

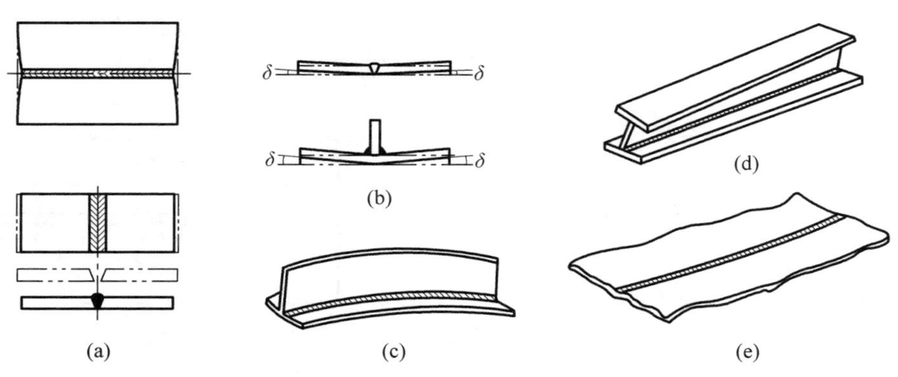

图4-8　焊接变形的基本形式

4)扭曲变形

这种变形是由焊缝在工件上不对称或焊接的顺序不合理,沿工件长度方向产生不均匀角变形而引起的,如图4-8(d)所示。

5）波浪变形

这种变形是当焊接薄板时，在焊接应力(特别是压应力)的作用下，薄板工件因丧失稳定性而引起的，如图 4-8(e)所示。

3. 减小焊接变形的工艺方法

在一般情况下，少量的焊接变形是允许的，但变形太大时，不仅影响焊接件的外形和尺寸，还会降低其装配精度和承载能力，更严重时会使焊接件报废，因此要尽量减小焊接变形。减小焊接变形可以从设计和工艺两方面着手解决。

1）加余量法

工件下料时，给工件尺寸加大一定的收缩余量，以补偿焊后的收缩。

2）反变形法

预先估计出变形的大小和方向，焊前使工件处于与焊接变形相反的位置上，用反变形抵消焊接变形。图 4-9 是反变形法减小焊接变形的实例。

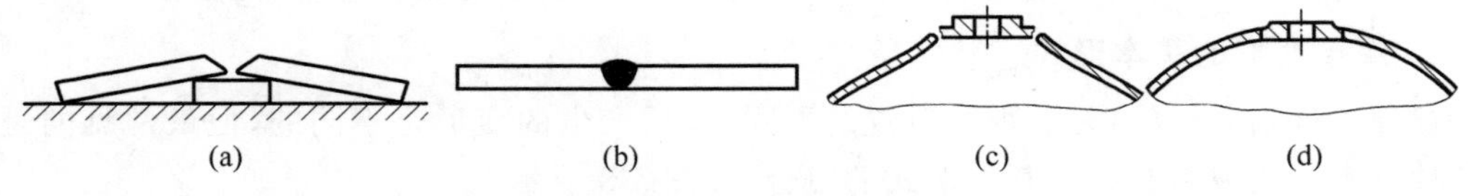

图 4-9 反变形法

(a) 平板焊前反变形；(b) 平板焊后；(c) 壳体焊前预弯反变形；(d) 壳体焊后

3）刚性固定法

焊前将工件夹紧固定，限制其产生焊接变形。

刚性固定法虽然能显著减小焊接变形，但会增大焊接应力，为防止产生焊接裂纹，其一般只用于塑性好的金属。

4）合理的焊接顺序

如果是对称焊缝或工件对称两侧都有焊缝，在选择焊接顺序时，应设法使两侧焊缝的收缩能相互抵消或减弱，如图 4-10 所示，数字表示焊接顺序。

如果焊缝较长时，常采用逆向分段焊法。把整个长焊缝分为长度为 150～200 mm 的小段，分段进行焊接，每小段的焊接方向与总的焊接方向相反，如图 4-11 所示。

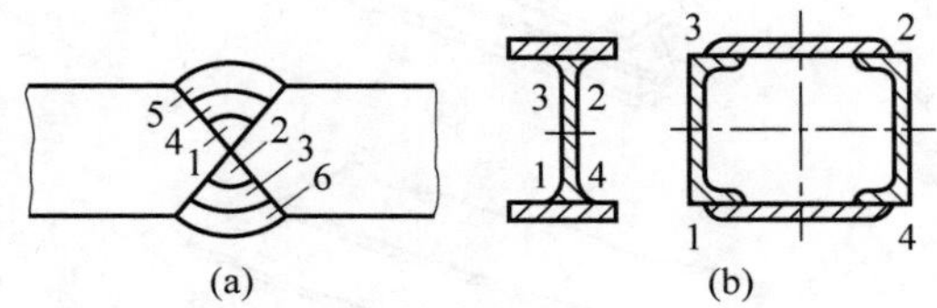

1—第1道焊缝；2—第2道焊缝；3—第3道焊缝；4—第4道焊缝；5—第5道焊缝；6—第6道焊缝。

图 4-10 合理的焊接顺序

(a) “X”形坡口焊接顺序；(b) 对称断面的焊接顺序

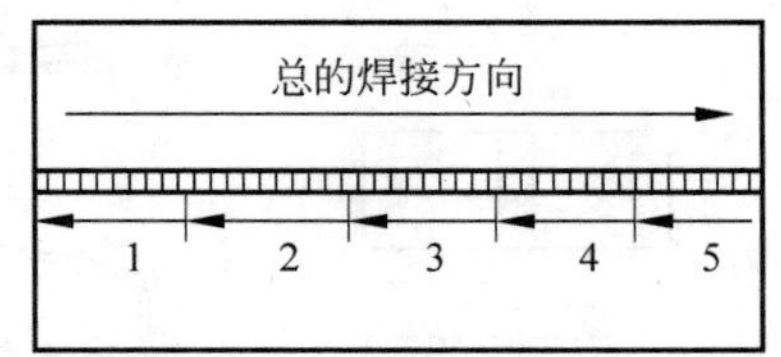

1—第1道焊缝；2—第2道焊缝；3—第3道焊缝；4—第4道焊缝；5—第5道焊缝。

图 4-11 逆向分段焊法

4. 焊接变形的矫正方法

合理的设计和工艺只能减小而不能完全消除焊接变形，当焊接变形超过允许值时，就必须进行矫正。矫正变形的基本原理是使工件产生新的变形，以抵消焊接变形。

1）机械矫正法

利用机械外力使工件产生与焊接变形方向相反的塑性变形。可以用压力机、矫直机等机械进行矫正，也可以用手工锤击来延展焊缝及其周围区域的金属，从而达到消除焊接变形的目的。

2）火焰加热矫正法

利用火焰加热工件的适当位置，使其在冷却收缩时产生与焊接变形方向相反、大小相等的新变形，来抵消焊接变形。火焰加热矫正可以用气焊炬，利用氧-乙炔火焰进行加热。这种方法灵活、简单、方便，应用广泛，一般用于矫正大型结构的变形，火焰加热矫正的关键在于正确地选择加热位置、加热范围和加热温度。图 4-12 为火焰加热矫正“T”形梁的弯曲变形，用火焰在梁的腹板位置上进行加热，加热范围为多个上宽下窄的三角形。火焰加热矫正法主要用于各种塑性好的低碳钢和部分普通低合金钢。脆性材料不能用此方法。

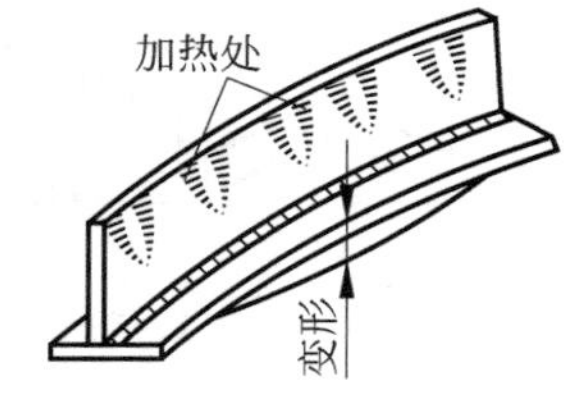

图 4-12　火焰加热矫正变形

5. 减小和消除焊接应力的措施

1）焊前预热

焊前将工件整体或局部预热到 150～350℃，然后进行焊接，这可减小工件与焊接接头的温度差，并使工件均匀地缓慢冷却，以减小焊接应力，同时还可以防止形成淬火区。

2）去应力退火

这是消除焊接应力最常用的方法。去应力退火可消除 80%～90%以上的焊接应力，效果最好。

如果没有退火设备或工件结构尺寸较大，可采用局部退火处理，将被焊工件局部应力大的地方加热到退火温度，然后缓冷。这种方法虽不能完全消除焊接应力，但可使应力分布比较平缓，起到部分消除应力的作用。

有些减小焊接变形的方法也可以减小焊接应力，例如采用加余量法、反变形法，以及合理安排焊接顺序等。

6. 焊接裂纹

当焊接应力，特别是当焊接接头产生的拉应力超过了金属的抗拉强度时，便会产生焊接裂纹。焊接裂纹是焊接生产中比较普遍而又十分严重的缺陷，它不仅会使已焊成的工件成为废品，而且有可能成为一种隐患，造成灾难性的事故。

焊接裂纹按产生的温度不同分为热裂纹和冷裂纹两大类，如图 4-13 所示。

1）热裂纹

热裂纹是在焊缝冷却过程中，处于固相线附近的高温阶段产生的，而且都是沿着晶界开裂，裂纹表面有氧化色，如图 4-13(a)所示。

热裂纹主要出现在含杂质较多的焊缝中，在焊缝结晶的最后阶段，由于杂质生成的低熔点共晶体，分布在焊缝金属的晶界上，形成晶间液态薄膜，使晶界的强度极低，在焊接拉应力的作用下开裂而形成热裂纹。

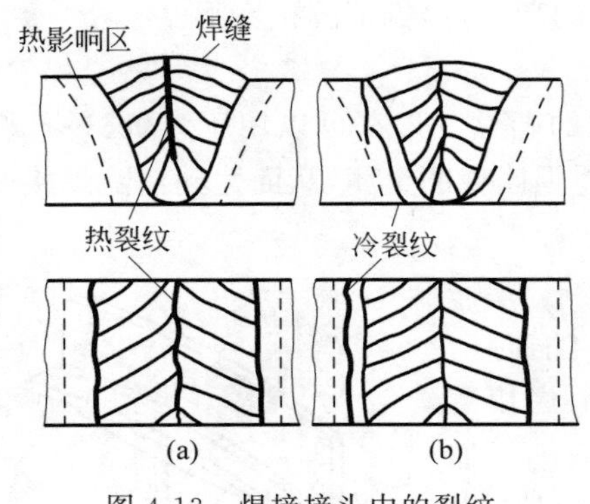

图 4-13 焊接接头中的裂纹

2）冷裂纹

冷裂纹一般出现在焊接热影响区中，如图 4-13(b)所示。冷裂纹一般是在 200～300℃以下较低温度区间产生的，主要发生在中碳钢、高碳钢和合金结构钢中。冷裂纹中最常见的是延迟裂纹，这种裂纹不是在焊后立即出现的，而是在焊后延续一段时间才产生的。焊缝及焊接热影响区中的含氢量、淬火组织和焊接应力是产生延迟裂纹的主要影响因素。

防止焊接裂纹一般从冶金和工艺两方面采取措施。

在焊接冶金上，要控制焊缝金属中有害杂质的含量，如焊接低碳钢、低合金钢以及不锈钢，最为有害的元素是 S、P、C，焊接材料中应限制这些元素的含量。向焊缝中掺入细化晶粒的元素（如 Mo、Ti、V、Nb 等），细化焊缝金属晶粒，可以提高其抗热裂纹性能。为防止接头出现冷裂纹，应选用低氢的焊接材料（如碱性焊条），且需焊前烘干。焊前还要对工件表面的油污、水分和铁锈等进行仔细清理，以消除氢的来源，降低焊缝金属中氢的含量。在焊接高强钢时，还可适当降低焊缝强度，以提高整个接头的塑性和韧性，提高抗冷裂纹性能。

在焊接工艺上，凡是能防止或减小焊接应力的措施均可减小焊接裂纹的倾向，例如改善被焊工件的应力状态，合理安排焊缝位置、焊接顺序、焊前预热、焊后缓冷，以及进行焊后热处理等。其目的是降低接头的淬硬（淬火后形成马氏体的硬度）程度，改善应力状态，并且有利于氢的逸出，从而降低焊接接头的裂纹倾向。

4.2 常见熔化焊方法

4.2.1 焊条电弧焊

焊条电弧焊，又称手工电弧焊（简称手弧焊），是目前应用最广泛的焊接方法。手弧焊所需的设备简单，操作灵活，对空间不同的焊接位置、不同型式的接头以及不同形式的焊缝均能方便地进行焊接，其缺点是劳动强度大，生产效率低。

1. 焊条电弧焊的焊接过程

焊条电弧焊是利用焊条与工件间产生的电弧，使工件和焊条熔化而进行焊接的，焊接过程如图 4-14 所示。

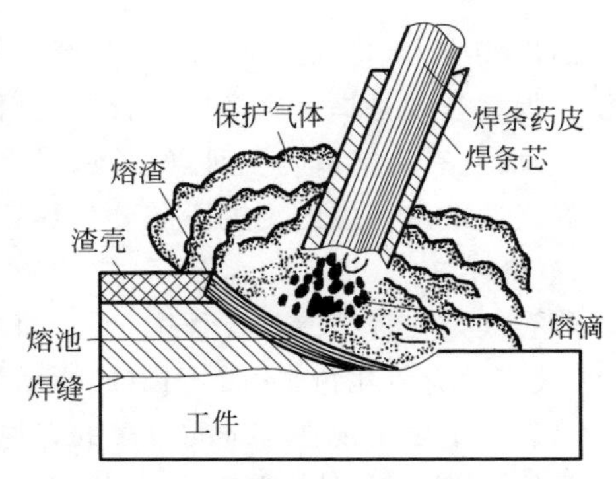

图 4-14 焊条电弧焊的焊接过程

电弧在焊条与工件之间引弧，电弧热使工件和焊条同时熔化。熔化的焊条金属形成熔滴，在各种力（如重力、电磁力、电弧吹力等）的作用下，熔滴过渡到工件上，与熔化的工件金属混合，形成金属熔池。电弧热还使焊条药皮分解、燃烧和熔化。药皮分解和燃烧产生的大量气体覆盖在电弧周围和熔池上面。药皮熔化包覆在熔滴表面，随熔滴一起落入熔池并与熔池中的液态金属发生物理化学反应，形成的熔渣从熔池中上浮，覆盖在熔池表面。气体和熔渣起到了防止液态金属与空气接触的保护作用。

当电弧向前移动时，形成新的熔池，而熔池后方的液态金属温度逐渐降低，凝固形成焊缝，覆盖在焊缝表面的熔渣也逐渐凝固成为渣壳。

2. 电焊条

电焊条（简称焊条）是焊条电弧焊最基本的焊接材料。焊条是由焊条芯和焊条药皮两部分组成的。

1）焊条芯

焊条芯简称焊芯，在焊接时起两个作用：①作为电极，传导焊接电流，产生电弧；②作为填充金属，与熔化的工件金属共同组成焊缝金属。

焊条电弧焊时，焊条芯金属占整个焊缝金属的50%～70%，焊条芯的化学成分直接影响焊缝质量。因此，焊条芯是经过特殊冶炼的钢丝，并专门规定了牌号及成分，这种焊接专用钢丝称为焊丝。

焊接低碳钢和低合金钢时，一般选用低碳钢焊丝为焊条芯，常用的有H08（焊08）和H08A（焊08高）等，其化学成分列于表4-2。“H（焊）”表示焊接用钢，“08”表示平均含碳量为0.08%，“A（高）”表示高级优质。

表4-2　常用碳素钢焊丝的牌号、成分及用途

钢　号	化学成分/%							用　　途
	C	Mn	Si	Cr	Ni	S	P	
H08	≤0.10	0.35～0.55	≤0.30	≤0.20	≤0.30	<0.04	<0.04	一般焊接结构
H08A	≤0.10	0.35～0.55	≤0.30	≤0.20	≤0.30	<0.03	<0.03	重要的焊接结构
H08MnA	≤0.10	0.80～1.10	≤0.07	≤0.20	≤0.30	<0.03	<0.03	用作埋弧自动焊

所谓“焊条直径”，是指焊条芯的直径，最小为ϕ0.4 mm，最大为ϕ9 mm，以直径为ϕ3.2～5 mm的应用最广。

焊接合金结构钢、不锈钢的焊条，应采用相应的合金钢、不锈钢的焊接钢丝作焊条芯。

2）焊条药皮

焊条药皮（简称药皮）的组成物相当复杂，一种焊条药皮的配方中，通常有七八种以上的原料。焊条药皮原料的种类、名称和作用见表4-3。常用焊条药皮配方见表4-4。

表4-3　焊条药皮原料的种类、名称和作用

原料种类	原料名称	作　　用
稳弧剂	碳酸钾、碳酸钠、长石、大理石、钛白粉、钠水玻璃、钾水玻璃	改善引弧性能，提高电弧放电的稳定性
造气剂	菱苦土、白云石、纤维素、大理石	造成一定量的气体隔绝空气，保护焊接熔滴和熔池
造渣剂	大理石、萤石、菱苦土、长石、锰矿、钛铁矿、钛白粉、金红石	造成具有一定物理和化学性能的熔渣，保护液态金属，并与液态金属发生冶金反应
脱氧剂	锰铁、硅铁、钛铁、铝粉、石墨	降低电弧的氧化气氛和熔渣的氧化性，去除金属中的氧

续表

原料种类	原料名称	作用
合金剂	锰铁、硅铁、铬铁、钼铁	使焊缝金属获得必要的合金成分
成形剂	白泥、云母、钛白粉、纤维素	使药皮具有一定的塑性、弹性和流动性，便于挤压在焊条芯上
黏结剂	钠水玻璃、钾水玻璃	将药皮牢固地粘在焊条芯上

表 4-4 常用焊条药皮配方

焊条牌号	药皮种类	药皮配方/%												
		金红石	大理石	菱苦土	钛白粉	萤石	锰铁	硅铁	钛铁	白泥	长石	云母	碳酸钠	水玻璃
结 422	钛钙型	30	12	7	8				12	14	9	7		适量
结 507	低氢型	5	45			25	5	5	13			2	1	适量

焊条药皮在焊接过程中起着非常重要的作用，是决定焊缝金属质量的主要因素之一。焊条药皮的主要作用如下。

(1) 机械保护作用。药皮分解、燃烧出的气体，以及其与液态金属发生冶金反应形成的熔渣，可隔离空气，防止有害气体侵入电弧区和熔池中。

(2) 冶金处理作用。药皮中的脱氧剂、造渣剂与液态金属发生冶金反应，除去有害杂质(如 O、H、S、P 等)，药皮中的合金剂添加有益的合金元素，使焊缝金属获得合乎要求的化学成分，满足性能的要求。

(3) 改善工艺性能。药皮中的稳弧剂使电弧容易引弧，放电稳定、飞溅少，并且焊缝成型美观，容易去除渣壳。

3) 焊条分类与牌号

按照国家标准，手弧焊用焊条共分九大类，即结构钢焊条(J)、耐热钢焊条(R)、不锈钢焊条(B)、堆焊焊条(D)、低温焊条(W)、铸铁焊条(Z)、镍及镍合金焊条(N)、铜及铜合金焊条(T)、铝及铝合金焊条(L)等。其中应用最多的是结构钢焊条。

一般的结构钢焊条牌号由一个汉字(或拼音字母)和三位数字组成，汉字(或拼音字母)表示焊条的种类，三位数字中前两位数字表示各大类中的若干小类(注意在各大类中，这两位数字表示的意义不同)，最后一位数字表示焊条药皮的类型和适用的焊接电源种类，见表 4-5。

表 4-5 各种牌号的药皮类型及焊接电源种类

牌号	类型	焊接电源种类	牌号	类型	焊接电源种类
××0	不属于规定的类型	不规定	××5	纤维素型	直流或交流
××1	氧化钛型	直流或交流	××6	低氢型	直流或交流
××2	氧化钛钙型	直流或交流	××7	低氢型	直流
××3	钛铁矿型	直流或交流	××8	石墨型	直流或交流
××4	氧化钛型	直流或交流	××9	盐基型	直流

例如，“结 422”的牌号中，“结”表示结构钢焊条，“42”表示焊缝金属的 $\sigma_b \geq 420$ MPa，“2”表示焊条药皮的类型为氧化钛钙型；适用的焊接电源种类为直流或交流。“结 507”的牌

号中,“结”表示结构钢焊条,“50”表示焊缝金属的 $\sigma_b \geqslant 500$ MPa,“7”表示焊条药皮的类型为低氢型;适用的焊接电源种类为直流。

国家标准还编制了焊条型号,E4303、E5015 和 E5016 等都属于结构钢用焊条。型号中的“E”表示焊条;“43”或“50”表示焊缝金属的抗拉强度的最小值分别为 430 MPa 和 500 MPa;第三位数字“0”或“1”表示适用于各种位置焊接(平焊、立焊、仰焊、横焊);第四位数字表示焊条药皮类型和焊接电源的种类,“3”表示药皮为钛钙型,可使用交流或直流焊机;“5”表示低氢(钠)型,使用直流焊机;“6”表示低氢(钾)型,可使用交流或直流焊机。

4) 酸性焊条和碱性焊条

结构钢焊条还常按其药皮熔化后形成熔渣的酸碱度,分成酸性焊条和碱性焊条。熔渣以酸性氧化物为主的,称为酸性焊条,例如,牌号中“结××1”“结××2”“结××3”“结××4”“结××5”都属于酸性焊条;熔渣以碱性氧化物为主的,称为碱性焊条,如“结××6”“结××7”焊条,碱性焊条因焊缝含氢量很低又称为低氢型焊条。

酸性焊条的脱氧能力差,因而焊缝金属含氧较高,并且合金元素的烧损较严重,又由于焊条的去硫、磷能力低,因此焊缝金属的塑性、韧性及抗裂性较差。但是,这种焊条的工艺性能好,可以采用交流、直流两种电源进行焊接,且电弧稳定、飞溅较少,焊后脱渣性好且焊缝成形美观,又由于钢中的碳氧化造成熔池沸腾,有利于已溶入熔池中气体、杂质的逸出,所以用酸性焊条焊接时对被焊工件上的铁锈、油污、水分的敏感性不大。酸性焊条价格便宜,因而获得了广泛的应用。

碱性焊条有较多的脱氧剂和合金剂,熔渣中形成较多的 CaO、CaF_2,具有良好的脱氧、氢、硫和磷的作用。因此,焊缝金属的塑性、韧性好,具有较高的抗裂性能。这种焊条主要用于重要结构和承受冲击载荷结构的焊接。但这种焊条在药皮中含有阻碍电离的物质 CaF_2,焊接时的工艺性差,需采用直流电源反接法(如“结××7”)。当药皮中加入适量的稳弧剂后,也可采用交流电源(如“结××6”)。此外,这种焊条的价格较高,对被焊工件表面的铁锈、油污、水分等比较敏感,因此焊前要仔细清理工件表面。碱性焊条在使用前必须进行烘干,且要保持一定温度,随用随取。

3. 焊条的选用原则

选择焊条的基本原则是使焊缝金属的性能符合于焊接结构性能的要求,如化学成分、力学性能及其他特殊性能,还要考虑被焊结构的特点、焊条的工艺性、现场条件及生产成本等。

1) 根据被焊金属的强度

由于结构钢主要用来制造各种受力结构或零件,所以要求焊缝金属与被焊金属的强度相等或相近。因此,焊条的选择应满足等强度原则,或者说,可按结构钢的强度选择相应等级的焊条。

2) 根据被焊结构的特点和工作条件

在承受冲击载荷或在低温、高压下工作的结构,除要求焊缝金属具有一定的强度,还要求其有较好的冲击韧性,此时要选用低氢型焊条。另外,对形状复杂、厚度大、刚度大的工件,也应选用低氢型焊条,以防止产生裂纹。

3) 根据具体施工条件及成本

为方便焊接和降低成本,在满足产品质量的前提下,应尽量选用工艺性好、价格便宜的酸性焊条。

特殊性能钢(如不锈钢、耐热钢等)及非铁金属焊接时,应选用相应的专用焊条,以保证焊缝金属的主要化学成分与被焊金属相同。

4. 焊条电弧焊工艺

1) 焊接空间位置

焊条电弧焊可以焊接各种空间位置的焊缝,如对接接头的四种空间位置:平焊、立焊、横焊和仰焊。平焊缝最容易焊接,也最容易保证焊缝质量,有条件时应尽量选用。立焊、横焊和仰焊因有液态金属和熔渣下流的趋势,焊接都比较困难,特别是仰焊,操作最为困难。

2) 开坡口

当被焊工件较厚,底部难以加热熔化时,常需将工件接头边缘加工成一定形状,以便能够焊透,这种焊前准备工作称为开坡口。焊条电弧焊焊接对接接头的开坡口情况如图 4-15 所示。当工件厚度小于 6 mm 时,不开坡口;当工件厚度大于 6 mm 时,为了保证焊透,常采用不同形状的坡口,如 V 形、X 形、U 形和双 U 形等。V 形与 X 形坡口相比,X 形坡口较 V 形坡口节省填充金属(焊条),另外 X 形坡口可对称两面轮流施焊,焊接变形小,但 X 形坡口焊接时必须翻转工件。当焊接厚度较大的工件时,常采用 U 形或双 U 形坡口,但这种坡口加工较困难。其他形式的接头也可开相应的坡口,以保证焊接质量。

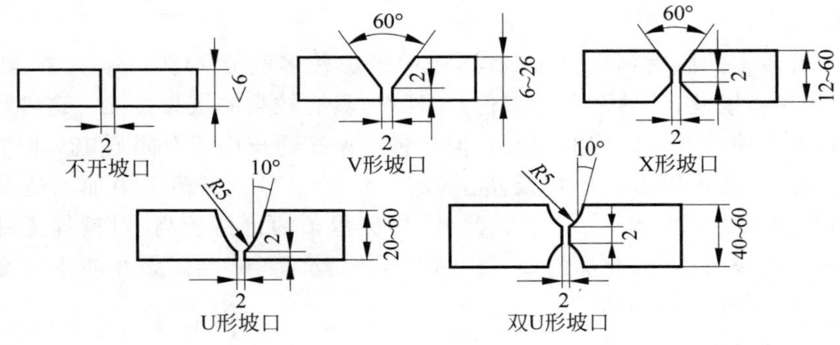

图 4-15 焊条电弧焊对接接头的坡口

3) 焊接规范

焊接时,为了保证质量而选定的物理量(如电流、电压及其他)称为焊接工艺参数,所选的各种工艺参数综合称为焊接规范。

(1) 焊条直径。焊条直径主要根据工件厚度、接头型式、焊缝位置以及焊接层数等来选择,工件厚度小于 4 mm 时,焊条直径约等于工件厚度;当工件厚度大于 4 mm 时,焊条直径可在 3~6 mm 范围内选择。多层焊时底层焊缝的焊条应选用较细直径的,以后各层可适当增大焊条直径,以提高焊接生产效率。立焊、横焊和仰焊时,应选用较细直径的焊条,避免熔池过大,从而导致液态金属和熔渣下流。

(2) 焊接电流。焊接电流主要取决于焊条直径。表 4-6 为各种直径焊条所使用的焊接电流范围。选择焊接电流时,还需考虑工件厚度、接头型式、焊缝的空间位置以及环境温度等因素。如焊接厚度较大的工件、环境温度较低的情况下,可选用焊接电流的上限,而厚度较小时,可适当减小焊接电流。在保证焊接质量的前提下,应尽量提高焊接电流,配合高的焊接速度，提高生产效率。此外，立焊、横焊和仰焊，由于熔池不易控制，所以焊接电流应比平焊时适当减小。

表 4-6　各种直径焊条所使用的焊接电流

焊条直径/mm	1.6	2.0	2.5	3.2	4.0	5.0	5.8
焊接电流/A	25～40	40～70	70～90	90～130	160～210	220～270	260～300

电弧弧长和焊接速度也会影响焊接质量和生产效率。如电弧过长，则电弧放电不稳定，增加飞溅，而且还会使空气侵入电弧和熔池中，降低焊接质量，因而要求电弧长度应尽量短些。

焊接速度不仅影响焊接生产效率，而且影响焊缝成形，一般情况下，焊条电弧焊中的电弧弧长和焊接速度都由手工操作来控制。

4.2.2　埋弧自动焊

埋弧自动焊是在焊条电弧焊的基础上发展起来的一种自动化焊接方法。埋弧自动焊时，电弧的引弧、焊丝送进、电弧沿焊接方向移动及焊接收尾，完全由机械来完成。

1. 埋弧自动焊的焊接过程

埋弧自动焊焊接电源的两极一端接在工件上，另一端经导电嘴接在焊丝上。焊机的送丝机构、焊剂漏斗、焊丝盘和操作盘等全部装在焊接小车上。焊接时，按“启动”按钮，焊接便可自动进行。图 4-16 为埋弧自动焊的焊接过程示意图。

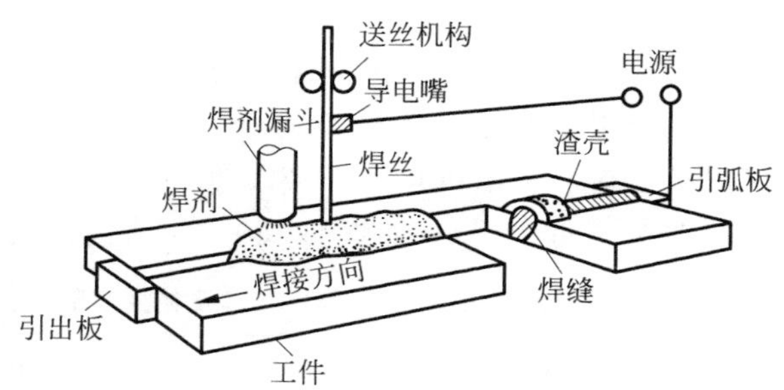

图 4-16　埋弧自动焊焊接过程示意图

焊前在焊缝两端焊上引弧板和引出板，焊接时，粒状焊剂从漏斗中不断流出，撒在工件接合处的表面上。焊机送丝机构将光焊丝自动送进，在引弧板上引弧，并保持一定的弧长，进行焊接。电弧在焊剂层下面放电，因此看不见弧光。电弧熔化被焊工件、焊丝和焊剂，液态金属形成熔池，熔化的焊剂与液态金属发生冶金反应形成熔渣覆盖在熔池表面。随着焊接小车沿轨道均匀地向前移动(或小车不动，工件以匀速运动)，电弧向前移动，形成新的熔池，后面的熔池冷却凝固形成焊缝，液态熔渣凝固形成渣壳，覆盖在焊缝的表面。最后电弧在引出板上停止，焊接结束。焊后将引弧板和引出板切掉，未熔化的焊剂可以收回，重新使用。

图 4-17 为埋弧自动焊的纵向截面图。焊接电弧埋在焊剂层下面，电弧热使工件、焊丝和焊剂熔化，以致部分蒸发。焊剂和金属蒸发的气体形成一个气泡，电弧就在这个气泡内放

电。气泡的上部被一层熔渣膜包围，这层渣膜不仅能隔离空气与电弧和熔池的接触，而且使弧光辐射不能散射出来，同时能防止金属熔滴向外飞溅。

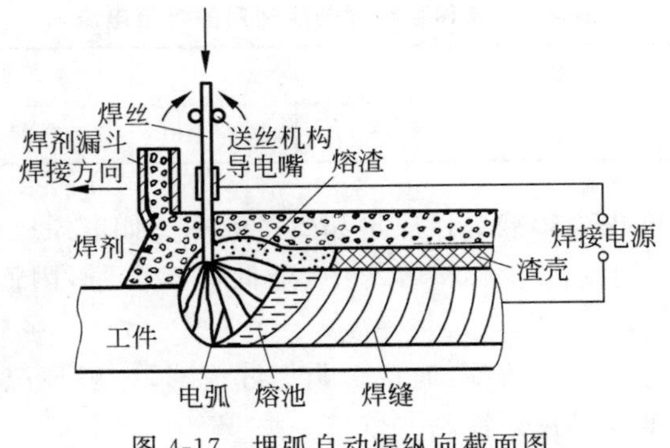

图 4-17 埋弧自动焊纵向截面图

2. 焊丝与焊剂

埋弧自动焊中所使用的焊接材料为焊丝和焊剂，相当于焊条电弧焊的焊条芯和焊条药皮，它们在焊接过程中起的作用也基本相同。

焊丝的化学成分与焊条芯的相同，常用的有 H08A、H08MnA、H08Mn2 等，配合适当的焊剂，可以焊接低碳钢和普通低合金钢。焊剂按用途可分为钢用焊剂和非铁金属用焊剂等。按制造方法又分为熔炼焊剂和非熔炼焊剂（陶质焊剂、烧结焊剂）两大类，常用的焊剂是熔炼焊剂。熔炼焊剂按化学成分又分为高锰、中锰、低锰和无锰等。常用的熔炼焊剂及使用范围见表 4-7。

由于焊丝和焊剂是分开的，所以在使用时焊丝和焊剂要适当配合才能获得优质焊缝。焊接普通碳素结构钢时，一般可采用两种配合方式。

（1）高锰焊剂（如焊剂 431）配合低碳钢焊丝 H08A，重要结构可用中锰焊丝 H08MnA。

（2）无锰焊剂（如焊剂 130）或低锰焊剂（如焊剂 230）配合高锰焊丝 H08Mn2。

表 4-7 常用熔炼焊剂牌号、配用焊丝及使用范围

牌号	焊剂类型	配用焊丝	使用范围
130	无锰高硅低氟	H08Mn2	低碳钢及普通低合金钢，如 16Mn 等
230	低锰高硅低氟	H08MnA、H10Mn2	低碳钢及普通低合金钢
250	低锰中硅中氟	H08MnMoA、H08Mn2MoA	15MnV、14MnMoV、18MnMoNb 等
260	低锰高硅中氟	Cr19Ni9	不锈钢等
330	中锰高硅中氟	H08MnA、H08Mn2	重要低碳钢及低合金钢，如 15MnTi、15MnV、16Mn 等
350	中锰中硅中氟	H08MnMoA、H08MnSi	含 Mn、Mo 或 Mn、Si 的低合金高强度钢
431	高锰高硅低氟	H08A、H08MnA	低碳钢及普通低合金钢

3. 埋弧自动焊的特点及适用范围

埋弧自动焊与焊条电弧焊相比，有如下优点。

(1) 生产效率高。

埋弧自动焊时,可以采用较大的焊接电流来提高焊丝的熔化速度,因此焊接速度可以大大提高。另外,由于焊接电流大,焊接的熔深较大,一般不开坡口,熔深可达 20 mm,所以较厚工件可以不开或少开坡口进行焊接。

(2) 焊接质量高。

埋弧自动焊时,所形成的熔渣对电弧空间和金属熔池的保护效果好。焊接过程由焊机自动控制,焊接质量高而且均匀稳定,焊缝成形好,表面光滑。

(3) 劳动条件好。

埋弧自动焊减轻了手工操作的劳动强度,没有弧光辐射,且烟雾也较少,消除了弧光和烟雾对焊工的有害影响。

但埋弧自动焊设备复杂,焊前对被焊工件的装配工作要求较严。埋弧自动焊一般限于水平位置焊缝的焊接,对薄板(厚度小于 3 mm)的焊接也受到一定的限制。目前埋弧自动焊常用于焊接生产批量较大,长而直且处于水平位置的焊缝或直径较大(一般要大于 500 mm)的环焊缝,图 4-18 为自动焊焊接环缝示意图。焊接时,工件以选定的速度旋转,焊丝位置不动,为防止熔池中液态金属流失,焊丝位置应逆旋转方向偏离工件中心线一定距离 a。

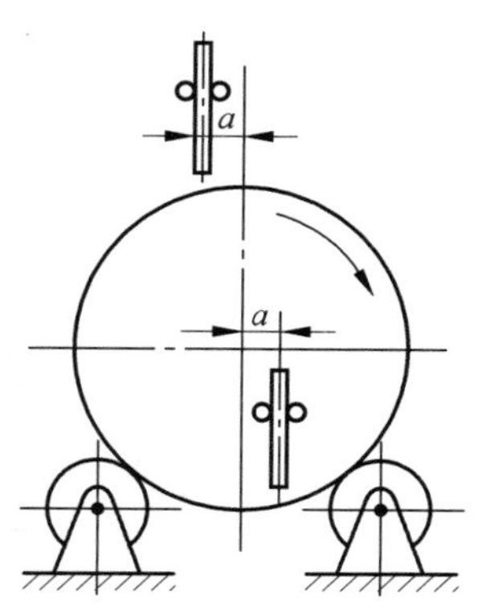

图 4-18 环缝自动焊示意图

4.2.3 气体保护焊

气体保护焊是利用气体作为保护介质的一种电弧焊方法。按电极材料的不同,气体保护焊可分为不熔化极(钨棒作电极)和熔化极(焊丝作电极)两种。按操作方法又可分为手工、半自动(自动送进焊丝,手工焊接)和自动(自动送进焊丝和焊接)气体保护焊。常用的保护气体有氩气、二氧化碳气体等。

与埋弧自动焊相比,气体保护焊用气体进行保护,可以明弧焊接。这样,不仅适宜全位置焊接,而且对熔池的可见性好,易于发现问题并及时处理,焊接过程不形成熔渣,焊后也不用清渣,并且容易实现焊接过程的自动化和半自动化,从而提高焊接生产效率。与焊条电弧焊相比,保护气流对电弧有压缩作用。这样,热量集中,使焊接熔池和热影响区较窄,变形和裂纹倾向较小,特别适用于薄板结构的焊接。

气体保护焊目前存在最大的困难是,不宜在室外有风的地方进行焊接,且设备比较复杂。

1. 氩弧焊

氩弧焊是以氩气作为保护气体的电弧焊。它是利用从喷嘴流出的氩气在电弧和熔池的周围形成连续封闭的气流,保护电极(钨极或焊丝)、熔滴和熔池不被氧化,避免空气对液态金属的有害影响。

氩弧焊按照电极材料的不同分为熔化极和不熔化极两种,如图 4-19 所示。

1) 熔化极氩弧焊(又称 MIG 焊)

采用连续送进的焊丝作为电极,在氩气流的保护下,依靠焊丝与工件之间产生的电弧熔化工件及焊丝进行焊接,如图 4-19(a)、(b)所示。

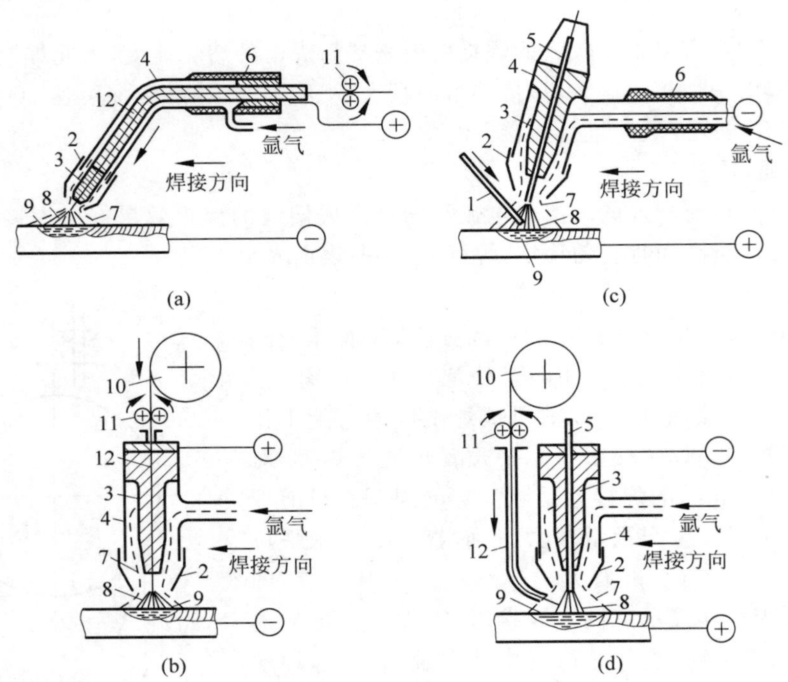

1—填充细棒；2—喷嘴；3—导电嘴；4—焊枪；5—钨极；6—焊枪手柄；
7—氩气流；8—焊接电弧；9—金属熔池；10—焊丝盘；11—送丝机构；12—焊丝。

图 4-19 氩弧焊示意图

(a) 半自动焊；(b) 自动焊；(c) 手工焊；(d) 自动焊

2) 不熔化极氩弧焊(又称钨极氩弧焊或 TIG 焊)

采用高熔点的钨棒作电极,在氩气流的保护下,依靠不熔化的钨棒与工件之间产生的电弧熔化工件及填充焊丝进行焊接,如图 4-19(c)、(d)所示。

氩气是一种惰性气体,用其作保护气体进行焊接时,既不与金属发生化学反应,也不溶解于金属中。因此,氩弧焊保护效果好,并且电弧稳定,产生的飞溅少,焊缝致密,成形美观。这种方法适应性广,可以焊接所有的钢材、非铁金属及其合金。但氩弧焊设备复杂,氩气价格较高,因而主要用于焊接铝、镁、钛等金属及其合金,不锈钢、耐热钢等合金钢,以及一些稀有金属等。

不熔化极手工氩弧焊和熔化极半自动氩弧焊主要用于焊接薄板工件的短焊缝或不规则焊缝,而不熔化极和熔化极自动氩弧焊主要用于焊接平直长焊缝或环形焊缝。

2. 二氧化碳气体保护焊

CO_2 气体保护焊是以 CO_2 作为保护气体进行焊接的一种熔化极电弧焊。图 4-20 为 CO_2 气体保护焊的焊接示意图。CO_2 气体从喷嘴以一定的流量喷出,焊丝由送丝机构通过软管,经导电嘴送出,焊丝与工件之间产生电弧,熔化焊丝和被焊工件、电弧和熔池均由 CO_2 气流保护,防止空气对液态金属的有害影响。

用 CO_2 作保护气体,虽然可使电弧和熔池与周围空气隔开,防止空气对焊缝金属的有害影响,但 CO_2 是氧化性气体,在电弧热作用下能分解($CO_2 \longrightarrow CO+O$),分解出的氧原子

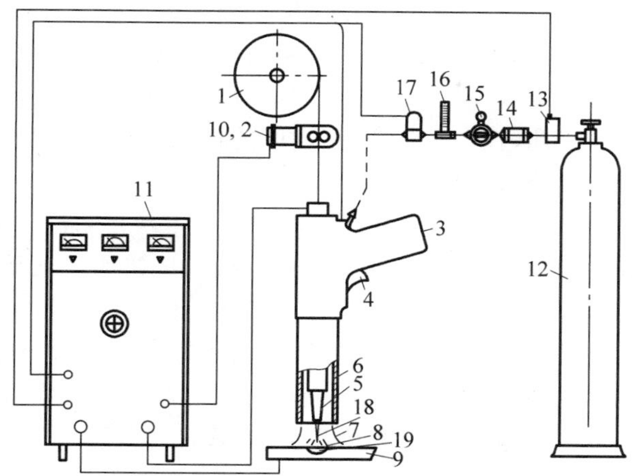

1—焊丝盘；2—送丝机构；3—焊枪；4—开关；5—导电嘴；6—喷嘴；7—CO_2气体保护区；8—电弧；9—工件；10—送丝电动机；11—CO_2焊接电源；12—CO_2气瓶；13—预热器；14—干燥器；15—减压阀；16—流量计；17—电磁器阀；18—焊丝；19—焊接熔池。

图 4-20 CO_2 气体保护焊示意图

可使焊缝金属氧化，使 C、Mn、Si 及其他合金元素烧损，从而使焊缝金属的性能严重降低。所以采用 CO_2 气体保护焊焊接极易氧化的材料是不允许的，其只能用来焊接低碳钢和低合金钢等。此外，CO_2 的氧化作用也可导致产生气孔和飞溅。为了保证焊缝金属有足够的力学性能，防止产生气孔，CO_2 气体保护焊必须采取脱氧措施，并向熔池中补偿合金元素，即在焊丝中加入一定量的 Mn、Si 等。

焊接低碳钢时常采用 H08MnSiA 焊丝，焊接低合金钢时常采用 H08Mn2SiA 焊丝。

CO_2 气体保护焊的操作方式可分为自动焊和半自动焊。半自动的 CO_2 气体保护焊中焊丝送进靠机械自动完成，而焊接操作由焊工手工完成。

CO_2 气体保护焊除具有气体保护焊的共同特点，由于 CO_2 气体来源广、价格低，所以焊接成本低，是焊条电弧焊和埋弧自动焊成本的 40%左右。另外，CO_2 气体保护焊对工件表面铁锈的清理工作要求不高，且焊缝含氢量低，裂纹倾向小。但 CO_2 气体保护焊飞溅较大，特别是焊接电流较大时，飞溅尤为严重。

目前 CO_2 气体保护焊已普遍用于汽车、造船、铁路客车、农业机械等制造部门，主要用于焊接低碳钢和低合金钢。

4.3 压力焊、钎焊

4.3.1 压力焊

压力焊是指对工件的结合处加热的同时又加压，使其产生塑性变形，促进原子的结合与扩散，将工件连接在一起的工艺方法。压力焊与熔化焊不同，不需外加填充金属，也不需要保护。压力焊包括电阻焊和摩擦焊等。

1. 电阻焊

电阻焊是指利用电流通过工件及其接触处所产生的电阻热作为焊接热源，将工件接触处加热到塑性状态或熔化状态,并在压力作用下形成焊接接头的一种压力焊方法。

在一般的情况下,由于金属表面有导电性较差的氧化膜等,所以两工件接触处的接触电阻总是比其内部的电阻大。当两工件通过一定的电流时,接触面首先被加热到较高温度,从而较早地到达焊接温度。因此,在电阻焊中,工件间的接触电阻热和工件产生的电阻热是焊接的主要热源。电阻焊主要分为点焊、缝焊和对焊。

1) 点焊

点焊工艺过程如图 4-21 所示。将工件(多是薄板)以搭接的形式放在两圆柱形的铜合金电极之间(铜合金电极也用于散失电极与工件之间产生的电阻热),并施加一定的压力,使工件紧密接触。然后通以强大的电流,使工件接触处金属局部熔化,形成"熔核"。熔核周围的金属则达到塑性状态,发生塑性变形。此时断电,熔核在压力作用下结晶。卸压后,即可获得组织致密的焊点。图 4-22 为点焊过程中压力和电流循环图。

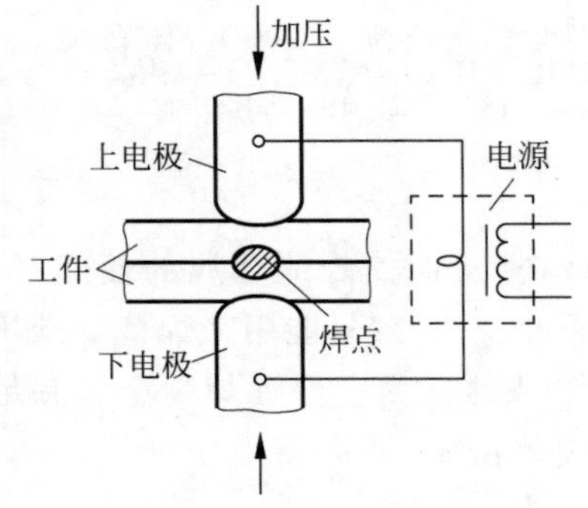

图 4-21　点焊工艺过程示意图

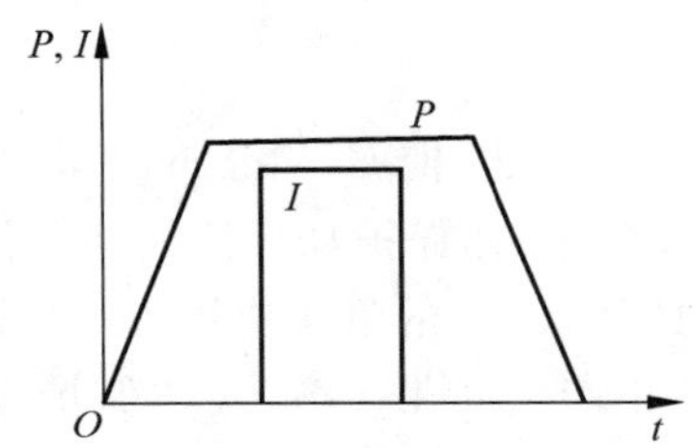

图 4-22　点焊过程中压力(P)和电流(I)循环图

焊完一个焊点后,焊下一个焊点时,有一部分电流会流经已焊好的焊点,使焊接处的电流变小,影响该焊点质量,这种现象称为分流现象,如图 4-23 所示。

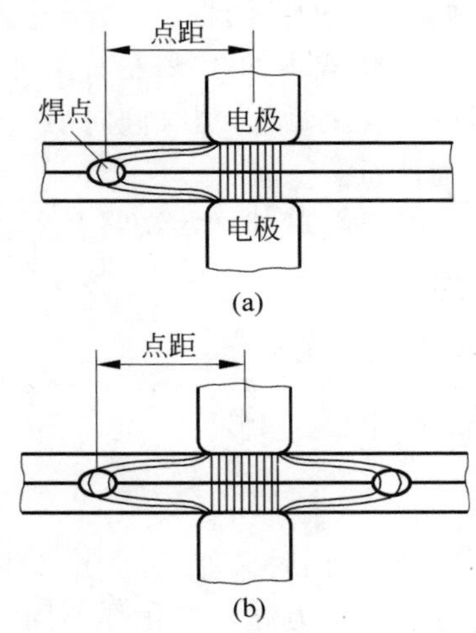

图 4-23　点焊中的分流现象

分流现象与工件材料及厚度有关,材料的导电性越强、厚度越大,分流现象越严重。加大点距可以减小分流。不同材料及不同厚度的工件,焊点间最小距离见表 4-8。

表 4-8 点焊接头点距

工件厚度/mm	点距/mm		
	结构钢	耐热钢	铝合金
0.5	10	7	11
1.0	12	10	15
1.5	14	12	18
2.0	18	14	22
3.0	24	18	30

点焊主要用于焊接薄板冲压结构，点焊工件厚度为 0.3～4 mm，几种典型的点焊接头型式如图 4-24 所示，点焊广泛应用于汽车、飞机、机车车辆及农业机械等工业部门。

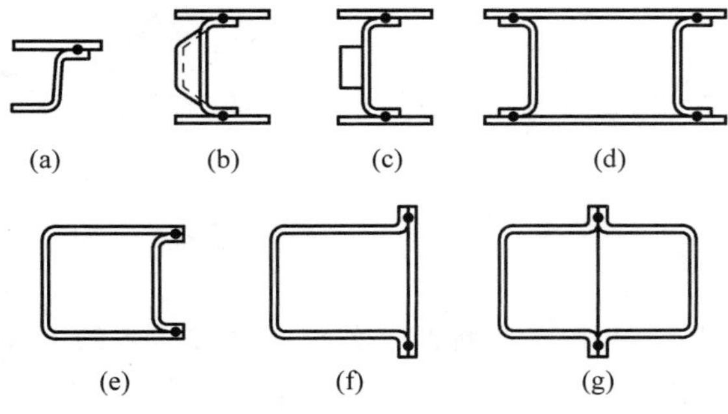

图 4-24 几种点焊接头型式

2）缝焊

缝焊焊接过程与点焊相似，只是用滚动圆盘状电极代替柱状电极。图 4-25 为缝焊过程示意图，缝焊时滚盘电极压紧工件并转动，带动工件向前移动，配合断续通电形成一个个彼此重叠的焊点，从而形成类似连续点焊的焊缝。图 4-26 为缝焊加压通电过程循环图。

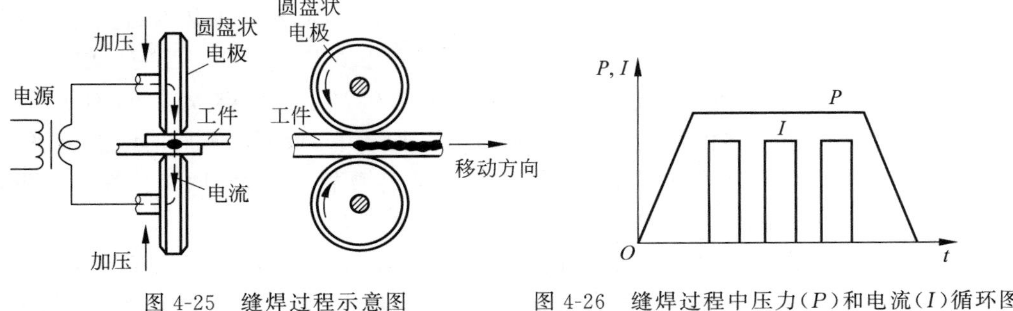

图 4-25 缝焊过程示意图

图 4-26 缝焊过程中压力（P）和电流（I）循环图

缝焊时由于焊点重叠，分流现象严重，且板料越厚，分流越严重，同时对电极加的压力也应越大，所以焊厚板时，焊机功率要增大，电极寿命会缩短，从焊接成本上考虑，采用其他焊接方法更为合适。因此缝焊只限于焊接 3 mm 以下的薄板结构。

缝焊工件不仅表面光滑平整，而且具有较高的气密性，因此常用其焊接要求密封的薄壁容器如汽车油箱、消音器等，广泛应用于汽车等制造业。

3）对焊

对焊是指将两个工件在对接接触面上焊在一起的方法。对焊工件均为对接接头，按加压和通电方式不同分为电阻对焊和闪光对焊两种，如图 4-27 所示。

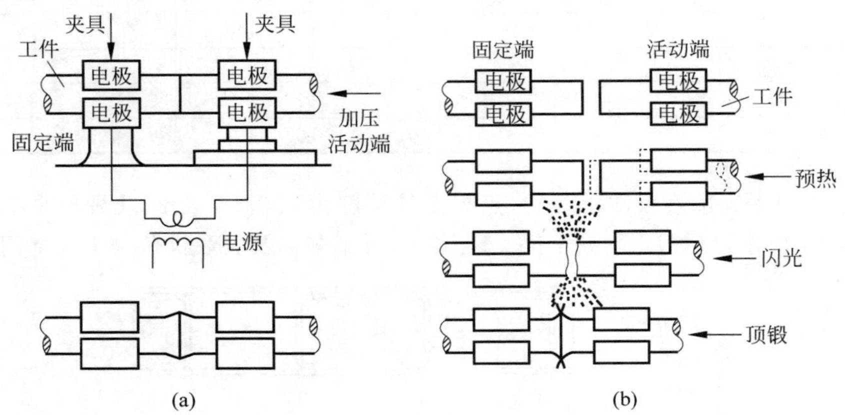

图 4-27　对焊示意图

(a) 电阻对焊；(b) 闪光对焊

(1) 电阻对焊。电阻对焊时，首先将两个截面相同或相近的工件装在对焊机的两个电极夹具中，对正夹紧，然后施加预压力使两个工件的端面紧密接触，随后通电。利用电流流过工件接触端面产生的电阻热，使工件接触处被加热到塑性状态，再施加较大的顶锻压力，同时断电，使工件接触处产生一定的塑性变形，形成焊接接头，如图 4-27(a)所示。

电阻对焊接头外形光滑无毛刺，但焊前对工件端部表面的加工和清理工作要求较高，否则易引起接触面加热不均匀及局部氧化或夹杂，质量不易保证。电阻对焊接头强度较低，尤其是冲击韧性差，所以电阻对焊一般只用于焊接截面简单、强度要求不高的工件。

(2) 闪光对焊。闪光对焊的焊接设备和工件的装夹方式与电阻对焊均相同，但操作方法不同。当工件对正夹紧后，首先接通电源，再使工件缓慢靠拢接触。由于工件端部表面微观不平整，所以某些点先接触，强大的电流通过这些接触点时，迅速加热并熔化这些接触点，在电磁力的作用下，熔化的液态金属发生爆破，以火花形式从接触面飞出，造成闪光。继续向前移动工件，又有新的点相接触、熔化和闪光。随着闪光过程的继续进行，不断加热工件端面。当工件端面全部熔化时，迅速对工件加压，并切断电源，工件端面的液态金属在压力作用下被挤出而形成毛刺，工件端面在压力作用下产生塑性变形，将两工件焊接在一起，如图 4-27(b)所示。

由于在闪光过程中，工件接触面的内部气压大于外部气压，阻止了空气的侵入，并且工件端面的氧化物和杂质一部分随闪光火花带出，另一部分在加压时随液态金属一起被挤出，所以闪光对焊接头中氧化物和夹杂物极少，因而接头质量高。但是闪光对焊过程中金属损耗大，工件要留有较大的余量，焊后接头有毛刺需要清理。

闪光对焊由于焊缝的强度高且塑性和韧性好，所以常用于重要和受冲击工件的焊接，在工业生产中得到广泛应用，例如硬质合金刀头与刀杆、钢轨、钢筋、管子、锚链和车轮轮圈的对焊等，图 4-28 为闪光对焊应用的实例。

对焊主要用于焊接截面小而长度大的工件。其工件对焊部位的截面形状应尽量相同，截面相差悬殊会影响接触处的均匀加热，而难以得到优质接头，因而要求两圆棒的直径、方形件的边长或管件的壁厚等的差值不应超过15%。图4-29为对焊接头形式。

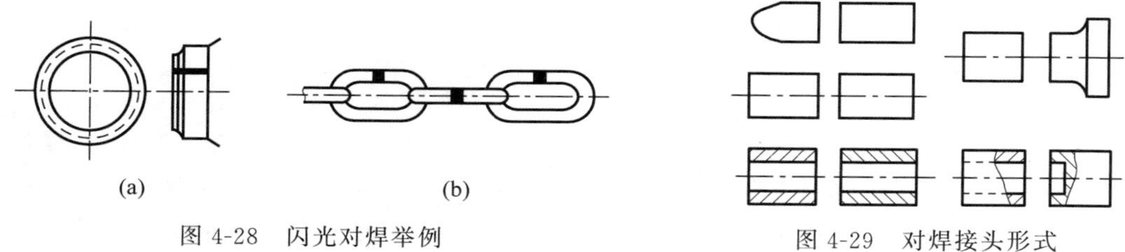

图4-28　闪光对焊举例

图4-29　对焊接头形式

2. 摩擦焊

摩擦焊是指利用工件接触端面相互摩擦所产生的热量作为焊接热源，将工件接合处加热到塑性状态，然后在压力作用下进行焊接的一种压力焊方法。

图4-30为摩擦焊焊接过程示意图。先将工件夹紧在焊机上，使两工件端面接触，然后使一个工件高速旋转，另一个工件向前顶进，两工件接触面相对摩擦而产生热量。利用摩擦热加热工件接触处，待加热到塑性状态时，紧急刹车，使工件停止转动，同时施加更大的顶锻压力，在两工件接合处产生塑性变形，使其焊接在一起。

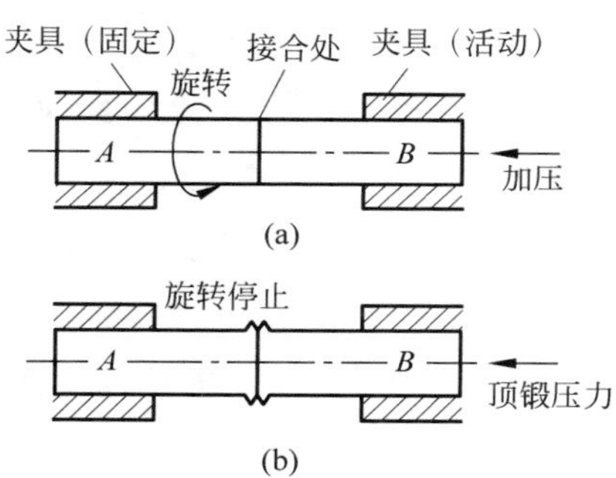

图4-30　摩擦焊焊接过程示意图

摩擦焊过程中，由于工件接触表面强烈地摩擦，使工件接合处的表面氧化膜及杂质破碎，并在压力作用下被挤出焊缝之外，所以接头质量好且比较稳定。摩擦焊设备简单，是一种高效率的自动化和半自动化的焊接方法，并且焊机功率小，与闪光对焊相比，电能消耗少。但要求刹车和加压装置的控制灵敏。

摩擦焊接头一般是等截面的，也可以是不等截面的，但要求有一个工件的截面为圆形或圆管形，为了使工件便于焊接，要避免设计薄壁接头。图4-31为摩擦焊的几种接头形式。

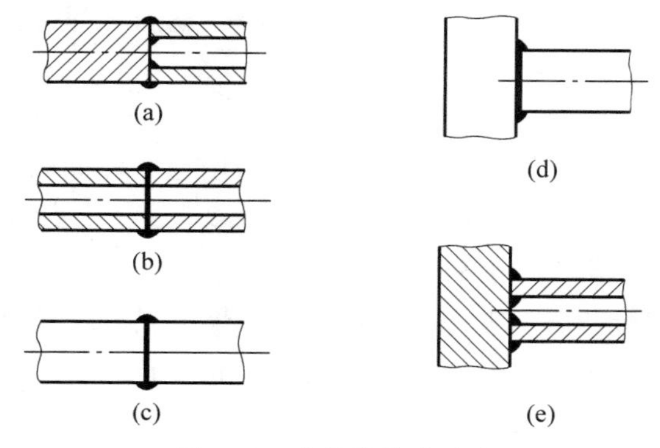

图4-31　摩擦焊接头形式

(a) 圆杆-圆管；(b) 圆管-圆管；(c) 圆杆-圆杆；(d) 板-圆杆；(e) 板-圆管

摩擦焊可以焊接各种钢材(如碳素钢、低合金钢、高速钢、不锈钢和耐热钢等)及非铁金属(如铝合金、铜合金和镍合金等)。摩擦焊不仅可以焊接同种金属,而且可以焊接异种金属如铝-铜、铝-钢接头。但有些摩擦系数低的材料,不宜采用这种方法进行焊接。

4.3.2 钎焊

钎焊是指工件与填充金属同时被加热,在工件不熔化的情况下,填充金属熔化、浸润并填满工件连接处的间隙,依靠原子之间的结合和扩散,形成牢固接头的一种焊接方法。

钎焊所用的填充金属称为钎料。钎焊时,液态的钎料是在毛细管的作用下,在工件间隙内流动,并与工件金属发生相互结合和扩散,形成焊缝。对钎料的基本要求是:低于工件金属的熔点;与工件金属有足够的浸润性;有适当的原子之间的结合和扩散能力等。根据钎料的熔点和钎焊接头的强度,钎焊可分为硬钎焊和软钎焊两大类。

1. 硬钎焊

钎料的熔点在450℃以上,接头的强度比较高,主要用于焊接受力较大和工作温度较高的工件,如自行车架、硬质合金刀具和钻探钻头等。常用的硬钎料有铜基钎料、银基钎料、铝基钎料和镍基钎料等。

2. 软钎焊

钎料的熔点在450℃以下,接头的强度比较低,主要用于焊接受力不大和工作温度较低的工件,如各种电器导线的连接及仪器仪表元件的钎焊。常用的软钎料有锡铅钎料、镉银钎料、铅银钎料和锌银钎料等。

钎焊时,为了保证接头质量,一般都要使用钎剂(或称溶剂)。钎剂在钎焊过程中所起的作用是:清除工件金属和钎料表面上的氧化膜及杂质;以液态薄膜的形式覆盖在工件金属和钎料的表面上,隔离空气起保护作用;降低液态钎料的表面张力,改善液态钎料对工件金属的湿润性,从而增大钎料的填充能力。

硬钎焊用硬钎剂,主要由硼砂、硼酸、氟化物、氯化物等组成;软钎焊用软钎剂,主要有松香和氯化锌溶液等。

钎焊按加热的方法不同,又分烙铁钎焊、火焰钎焊、电阻钎焊、感应钎焊、炉中钎焊和浸渍(盐浴)钎焊等。

钎焊多采用搭接接头或套接接头的型式,如图4-32所示,依靠增大搭接面积来提高接头的承载能力。钎焊前对工件的准备工作要求较高,例如装配间隙要均匀、平整,工件表面要仔细清理等。

钎焊时,对工件加热的温度相对较低,工件的组织和性能变化小,焊接变形小。钎焊接头表面光滑、平整、尺寸精度高,并能保证致密性。钎焊不仅可以焊同种金属或异种金属,而且可以焊金属与非金属材料。但钎料的价格较贵,成本较高,使钎焊应用受到了一定的限制。

目前,钎焊已广泛应用于机械制造、航空航天、原子能设备及电子工业等部门,其主要用于制造各种精密仪器、电气零部件、异种金属结构件以及某些复杂的薄板结构,也常用于各类导线及硬质合金刀具的连接。

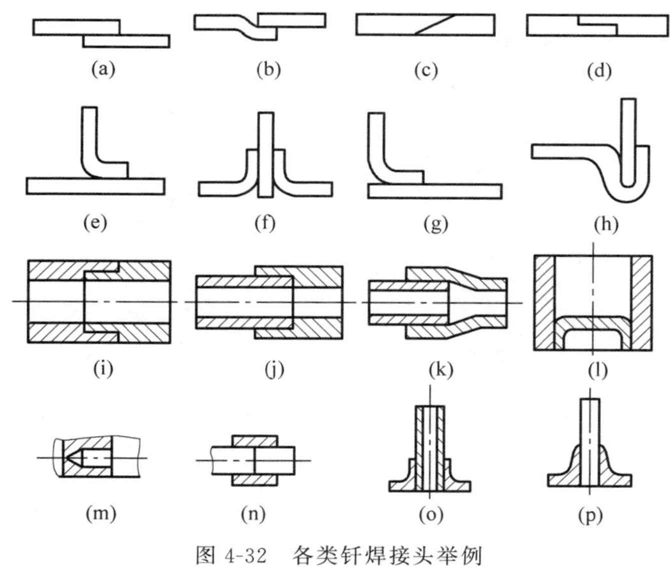

图 4-32　各类钎焊接头举例

4.4　焊接成形新技术及智能化

1. 电渣焊

电渣焊是指以电流通过液态熔渣所产生的电阻热作为热源，熔化填充金属和被焊的工件金属进行焊接的一种熔化焊方法。

电渣焊的焊接过程如图 4-33 所示。焊前先将被焊工件垂直放置，两工件之间要留有一定的间隙，在工件下端装好引弧板，上端装好引出板，并在工件间隙两侧装好强迫成形装置（铜冷却滑块）。这样在被焊处形成一个空腔，开始焊接时，在焊丝与引弧板之间引弧，并不断加入少量焊剂，电弧热量将焊剂熔化，形成液态熔渣的渣池。高温渣池具有一定的导电性，当渣池达到一定深度时，电弧消失，转变为熔渣所产生的电阻热过程，即转入电渣焊过程。当焊接电流从焊丝端部经渣池流向工件时，在渣池内产生大量的电阻热，熔化焊丝和工件边缘，熔化的金属沉积到熔渣下面，形成金属熔池。随着焊丝的送进，焊丝和工件边缘不断熔化，金属熔池不断上升，而熔池底部的金属凝固形成焊缝。焊接时，渣池始终浮在金属熔池上面，不仅保证了电渣焊过程的顺利进行，而且对熔池金属起到了良好的保护作用。随着渣池、金属熔池的不断上升和焊缝的形成，焊丝送进机构和强迫成形装置也不断向上移动，从而保证焊接过程的连续进行。焊后，将引弧板和引出板切掉。

电渣焊所使用的焊剂，要求其熔化后形成的熔渣应具有一定的导电性，故有专用的电渣焊焊剂，如常用的焊剂 360，主要用于焊接低碳钢和某些低合金钢。除专用焊剂，也可采用某些埋弧焊焊剂，如焊剂 431、350、250 等。电渣焊焊丝常采用含合金元素较高的焊丝，如 H08MnA、H08Mn2Si、H10Mn2 等。

电渣焊适合于焊接厚大（大于 30 mm）的工件，工件不需要开坡口可一次焊成，提高了焊接生产效率。电渣焊时，由于电渣焊的焊接速度较慢，焊缝区在高温停留时间较长，熔池中的气体和杂质较易析出，所以焊缝质量纯净，一般不易产生气孔和夹渣等缺陷，但焊接热

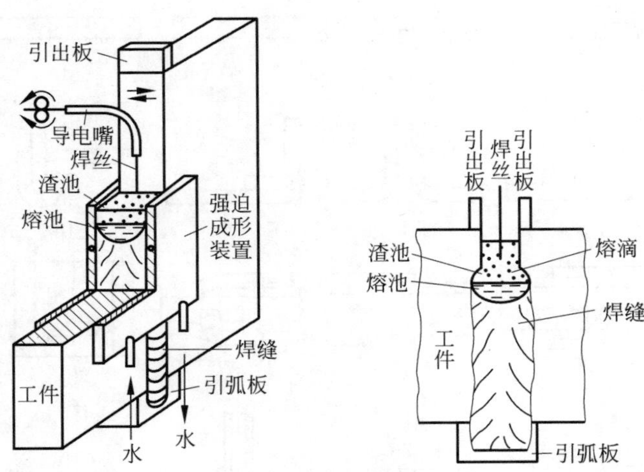

图 4-33 电渣焊焊接过程示意图

影响区比较宽且晶粒粗大。因此,电渣焊后一般需要对被焊工件进行热处理,如正火处理,以改善接头的组织和性能。

电渣焊主要用于大厚度结构的焊接,可以焊接大截面的直焊缝、大直径的环焊缝,也可以焊接变截面的焊缝。电渣焊适用于重型机械制造业,可以采用铸-焊或锻-焊组合结构。

2. 等离子弧焊

等离子弧是由等离子体组成,等离子体是物质的一种特殊状态,是已充分电离的气体,等离子弧是将普通电弧(或称自由电弧)进行强迫压缩、集中而获得的,比普通电弧温度更高(最高温度可达 24000～50000 K)、能量更集中,等离子弧焊就是以等离子弧作焊接热源进行焊接的一种熔化焊方法。

等离子弧发生装置如图 4-34 所示。钨极与工件间产生电弧,该电弧通过三种压缩效应得到等离子弧。

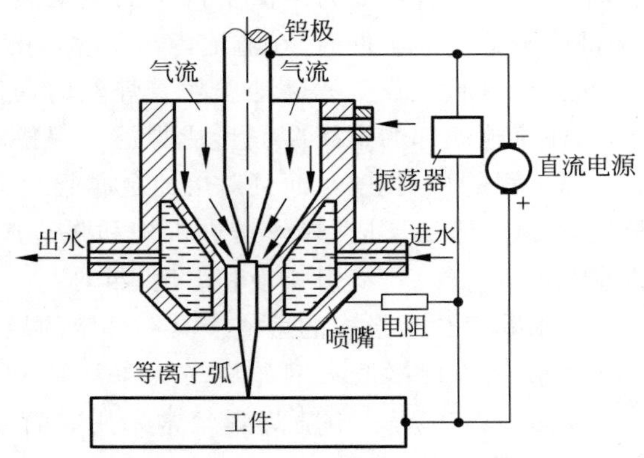

图 4-34 等离子弧发生装置原理图

(1) 机械压缩效应。

当电弧通过喷嘴的细孔道时,受到机械压缩,弧柱被迫缩小。

（2）热压迫效应。

当电弧发生装置内通入一定压力和流量的气体（氩气）时，冷气流包围着电弧，使电弧外围受到强制冷却，迫使带电粒子（电子和离子）向高温和高电离程度的弧柱中心集中，使弧柱中心电流密度急剧增加，电弧被进一步压缩。

（3）电磁收缩效应。

由于弧柱电流密度大，就产生了较大的自身磁场，电弧在磁力的作用下集中，使电弧进一步被压缩。

在上述三种效应作用下，弧柱被压缩到很细的范围内，电弧能量高度集中，电弧温度极高。当用小直径喷嘴、大的气体流量和增大电流时，等离子弧自喷嘴喷出的速度很高，具有很大的冲击力，这种等离子弧称为"刚性弧"，主要用于切割金属；反之，若将等离子弧调节成温度较低、冲击力较小时，称为"柔性弧"，主要用于焊接。

等离子弧焊接按其使用的电流大小分为大电流等离子弧焊和微束等离子弧焊。大电流等离子弧焊（即通称的等离子弧焊）由于采用的焊接电流较大，产生的等离子弧温度高，穿透力强，所以板厚 2.5～12 mm 可不开坡口，不加填充金属一次焊透而双面成型；厚度超过 12 mm 时，一般要开适当坡口和加填充金属。微束等离子弧焊采用小电流，电弧柔和且温度较低，可用于焊接 0.01～2.5 mm 的金属箔及薄板。

等离子弧焊的电弧稳定，热量集中，焊接热影响区小，焊接变形小，且生产效率高。这种方法适于焊接难熔、易氧化和热敏感性强的金属材料，如高合金钢、铜、铝、钛、钨、钼、钴及其合金等。目前等离子弧焊主要应用于化工、原子能、电子、精密仪器、航空航天及机械制造等领域。

等离子弧焊的主要缺点是设备复杂，气体消耗量大，只能在室内进行焊接。

3. 真空电子束焊

真空电子束焊是指利用在真空室（真空度高于 6.67×10^{-2} Pa）内高速聚焦的电子束轰击工件表面，电子束的动能转变成热能，作为焊接热源进行焊接的一种熔化焊方法。

图 4-35 为真空电子束焊焊接示意图。电子枪（包括灯丝、阴极和阳极等）、工件及夹具等全部装在真空室内。焊接时，电子枪的阴极通电加热到高温，发射电子，在阴极表面形成一团密集的电子云，这些电子在强电场的作用下被加速，经电磁透镜聚焦成电子流束，电子流束以极大的速度轰击工件表面，使工件熔化而形成焊缝。

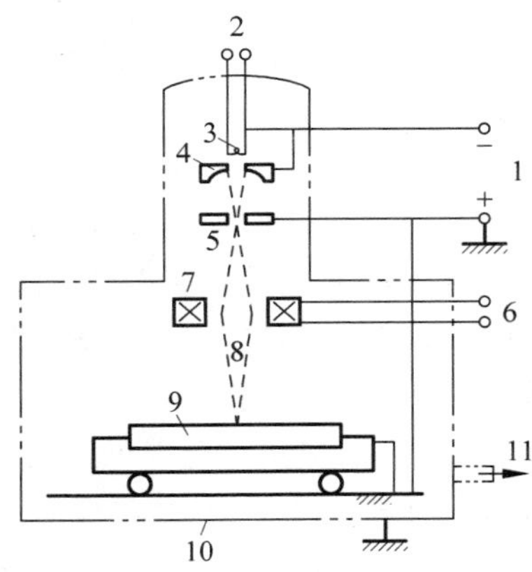

1—直流高压电源；2—交流电源；3—灯丝；4—阴极；5—阳极；6—直流电源；7—电磁透镜；8—电子束；9—工件；10—真空室；11—排气装置。

图 4-35　真空电子束焊焊接示意图

真空电子束焊过程中，工件不会受到空气的有害影响，无电极污染，焊缝金属纯度高，因此焊接质量高，可以焊接化学性质活泼、纯度高和极易被大气污染的金属，如铝、钛、锆、钼等及其合金、高合金钢等。此外，电子束能量密度大，熔深大，焊缝深而窄(深宽比可达 20∶1)，并且焊接热影响区小，基本上没有焊接变形，尺寸精度高。

但真空电子束焊的设备复杂，造价高，工件尺寸受真空室的限制。工件装配质量要求高，要求焊前接头平整清洁，装配紧密不留间隙。

目前真空电子束焊在原子能和航空航天等工业领域得到了广泛的应用，并已用于机械制造工业，如汽车双联齿轮中内齿圈和外齿圈的焊接。

近几年来出现了低真空(工作室真空度为 1.33～13.3 Pa)及非真空(在大气环境中焊接但需要采用保护气体)电子束焊接，这些方法设备较简单，成本较低，更适宜于一般工业生产。

4. 激光焊

激光焊是指利用激光照射在工件上由光能转变的热能作为焊接热源进行焊接的一种熔化焊方法。图 4-36 为激光焊示意图，激光器受激产生激光束，激光束经聚焦系统聚集成焦点，使能量进一步集中，照射在工件的接合处，熔化金属进行焊接。

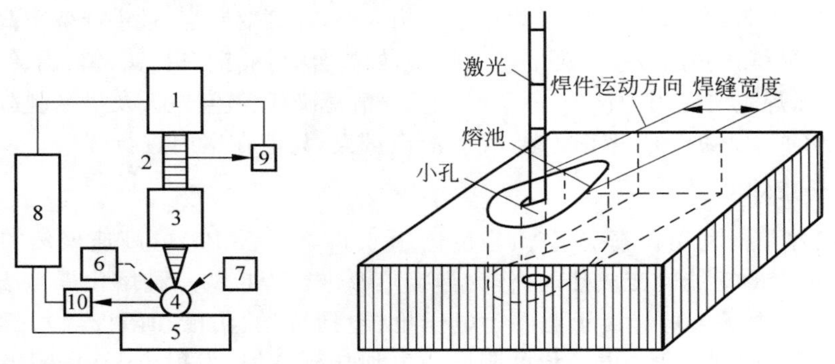

1—激光器；2—激光束；3—光学系统；4—工件；5—夹具；6—观测描准系统；7—辅助能源；8—程控设备。

图 4-36 激光焊设备的结构方块图

激光焊按激光器的运转方式可分为脉冲激光焊和连续激光焊两类，其中脉冲激光焊已获得广泛应用，适于微型件的焊接，如薄片与薄片、丝与丝之间的焊接，以及薄膜的焊接、电子器件密封缝的焊接。

激光焊的焊接装置不直接与被焊工件接触，焊缝金属无污染、纯度高。激光焊的激光辐射能量极其强大，可以焊接任何金属。辐射能释放极其迅速，不仅焊接生产效率高，而且工件金属不易氧化。激光焊能量密度高，热量集中，焊接热影响区窄，焊接变形小，可以焊接精密零件。此外，激光可经反射镜或光导纤维引到难以接近的部位，还可以通过透明材料进行焊接，因此激光焊具有很大的灵活性，可以焊接一般焊机无法伸入或无法安置的焊缝。

(1) 可焊接高焊点材料如钛、石英等，并能对异性材料进行焊接，效果良好。

(2) 聚焦光斑小，焊接速度快，作用时间短，热影响区小，变形小。

(3) 属于非接触式焊接，无机械应力和机械变形。

(4) 易与计算机联机，能实现精确定位，实现自动焊接。

(5) 可在大气中进行,无环境污染。

(6) 可焊接难接近的部位,可以远距离焊接。

(7) 激光束易实现按时间与空间分光,能进行多光束同时加工及多工位加工,为更精密的焊接提供了条件。

(8) 激光束功率密度很高,焊缝熔深大,速度快,效率高。

(9) 激光焊缝组织均匀、晶粒很小、气孔少、夹杂缺陷少,在力学性能、抗腐蚀性能和电磁学性能上优于常规焊接方法。

(10) 激光焊接具有熔池净化效应,能纯净焊缝金属。

激光以其优异的性能和高柔性、高效率等优点,作为焊接的手段应用于汽车制造业,是一种具有很大发展潜力的加工方法。激光焊接是一种高速、非接触式、变形极小的焊接方式,非常适合大量而连续的在线加工。随着汽车需求量的增加,安全性能的提高和轻量化的发展趋势,原来的点焊技术已经难以满足技术要求。激光焊接单位热输入量少、热变形小、焊缝深宽比大、焊接速度高、焊缝强度普遍高于母材,并具有单边加工、复杂结构适应性好、能焊接多层板、易于实现远程焊接和自动化等优点。

目前,激光焊已应用于无线电工程、电信器材、精密仪器等小型或微型件的焊接,如晶体管或集成电路引线、微型继电器和电容器管壳的封焊等。

激光焊接技术应用于汽车车身,能大幅度提高汽车的刚度、强度和密封性;降低车身质量并达到节能的目的;提高车身的装配精度,使车身的刚度提升30%,从而提高车身的安全性;降低汽车车身制造过程中的冲压和装配成本,减少车身零件的数目并提高车身一体化程度;使整个车身强度更高,安全性更好,并且降低了车辆行驶过程中的噪声和振动,改善了乘坐舒适性。在国外对汽车追求"安全第一"的环境下,激光焊接技术的发展很快,而且国外已经充分利用激光焊接技术进行铝合金车身的焊接,为铝合金车身的制造提供了有效的方法。同时,它推动了汽车在不降低刚度和强度的前提下,向轻量化设计方向发展。激光焊接在汽车工业中,特别是中高档车的生产中已成为标准。随着千瓦级激光成功应用于汽车制造业,激光焊接技术以其较高的焊接速度和优良的连接质量等优点,逐渐取代传统的焊接方式。

据统计,使用激光设备的车间,其占地面积比使用点焊设备的车间减少了40%。另外,车身焊接激光系统的使用使生产节拍加快,在"速腾"(SAGITAR)白车身焊接中,使用激光焊接时的生产节拍比传统方法快30%,而相应工位的操作工数量不到传统方法的1/2。

车顶激光焊接的主要特点是降噪和便于新的车身结构设计。沃尔沃(Volvo)公司是最早开发车顶激光焊接技术的厂家,现在欧洲各大汽车厂的激光器绝大多数用于车顶焊接。车身(架)激光焊可以提高车身强度和动态刚度。奔驰公司首先在C级车后立柱上采用了激光填丝焊接;菲亚特(Fiat)公司在著名的"法拉利"(Ferrari)车上完成120 m长的激光焊接。

随着人们对提高汽车结构安全性和减轻车身质量、降低油耗要求的关注,目前激光拼焊板在欧、美、日等的各大汽车厂的整车制造中已获得普遍应用,如行李箱加强板、行李箱内板、前轮罩、侧围内板、门内板、前地板、前纵梁、保险杠、横梁、轮罩、中立柱等。

使用拼焊板将不同强度或不同表面处理状态的零件通过激光焊接集成为一个大的毛坯并进行冲压,从而可以使模具的数量和后续的生产工序减少,既降低了成本,又提高了汽车零部件的质量,使零件结构得到最大限度优化,充分发挥不同强度和不同厚度板材的性能,并使汽车减重，降低零部件数量和保证安全，成为提高优化设计和制造技术的有效手段之一。

拼焊在汽车工业上的应用对于增加汽车安全性、减轻质量、减少加工工序、降低成本、提高生产效率、减少材料消耗及提高总成装配的精确性等具有重要作用。通过采用拼焊板技术，使车身零件数量减少约 25%，车身减重 20%，抗扭刚度提高 65%，振动特性改善 35%，并且增强了弯曲刚度。

5. 激光复合焊

激光-电弧复合焊接技术(简称为激光复合焊)是一种功能多、可靠性高、适应性强的精密焊接工艺方法，如图 4-37 所示。相对于单热源焊接，它能够通过两热源间的相互作用有效抑制和改善单热源焊接中的常见缺陷，如烧穿、咬边以及孔隙等。由于其热源具有极高的功率密度，所以焊接过程中热输入量极低，焊件具有变形量小、线能量小、热影响区窄以及接头力学性能好等优点。

其工作原理为，激光与电弧同时作用于金属表面的同一位置，焊缝上方因激光照射而产生等离子体云，等离子体云会降低激光能量利用率，当外加电弧之后，低温、低密度的电弧等离子体会稀释激光产生的等离子体，从而使激光的能量利用率显著提高；同时因电弧作用使母材金属温度升高，也提高了母材金属对激光的吸收率；激光熔化金属，为电弧提供了大量的自由电子，减小了电弧通道的电阻，这也不同程度地提高了电弧的能量利用率。

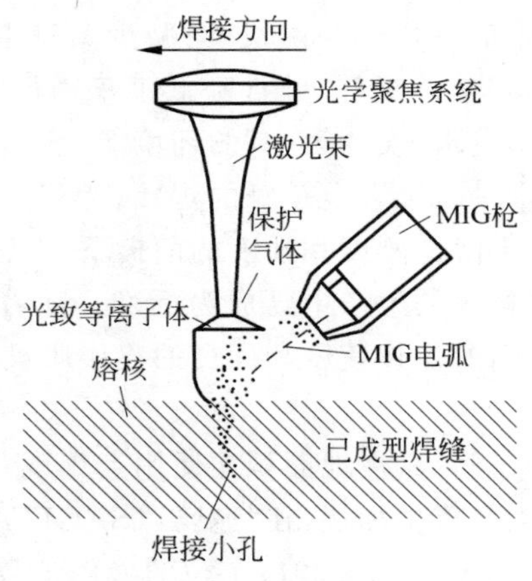

图 4-37　激光-电弧复合焊工作原理图

电弧焊接容易使用焊丝填充焊缝，采用复合焊会进一步扩大拼缝间隙的宽容度，减少或消除焊后接口部位的凹陷，改善焊缝形貌，提高焊缝质量，降低焊接成本。单独激光和电弧热源的作用区域小，复合焊中电弧的加入，扩大了热作用范围，熔化金属增多，桥接能力增强，降低了对焊件接口的装配要求；同时电弧的热作用范围大、热影响区扩大，温度梯度减小，冷却速度也较慢，熔池凝固过程减缓，可减少或消除裂纹和气孔的产生，从而增加焊接的可靠性和稳定性。

激光复合焊的另一特点是具有很宽的焊速调整范围。例如，采用激光复合焊焊接某车门对接接头时，焊接速度可达 1.2～4.8 m/min，焊丝送丝速度为 4～9 m/min，激光功率为 2～4 kW。因此激光复合焊对汽车工业来说具有极大的吸引力和经济效益。

6. 搅拌摩擦焊

搅拌摩擦焊(friction stir welding)是由英国焊接研究所提出的一种固态连接方法。此项技术原理简单,控制参数少,易于自动化,可将焊接过程中的人为因素降到最低,因而具有广泛的应用前景和发展潜力。与普通摩擦焊相比,搅拌摩擦焊可不受轴类零件的限制,可焊接直焊缝,还可以进行多种接头形式和不同焊接位置的连接。图 4-38 为搅拌摩擦焊原理示意图。搅拌摩擦焊方法与常规摩擦焊一样,也是利用摩擦热作为焊接热源。不同之处在于,搅拌摩擦焊焊接过程是由一个圆柱形的焊头伸入工件的接缝处,通过焊头的高速旋转,使其与焊接工件材料摩擦,从而使连接部位的材料温度升高软化,同时对材料进行搅拌摩擦来完成焊接。

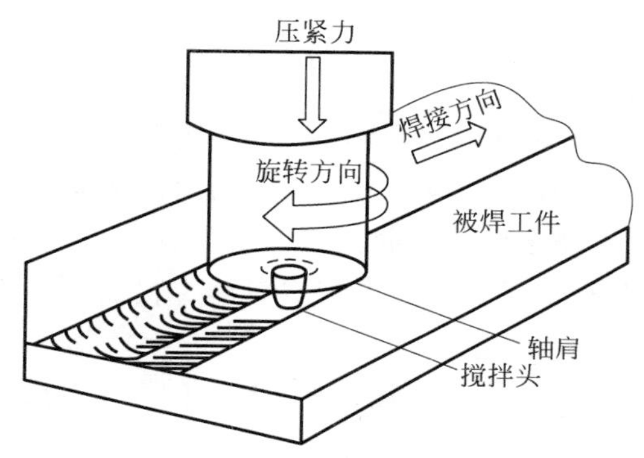

图 4-38 搅拌摩擦焊原理示意图

焊接接头形成过程如图 4-39 所示。在焊接过程中工件要刚性固定在背垫上,置于垫板上的对接工件通过夹具夹紧,以防止对接接头在焊接过程中松开,如图 4-39(a)所示。一个带有特型搅拌指头的搅拌头旋转,并缓慢地将搅拌指头插入两块对接板材之间的焊缝处,如图 4-39(b)所示。一般来讲,搅拌指头的长度接近焊缝的深度。当旋转的搅拌指头接触工件表面时,与工件表面的快速摩擦产生的摩擦热使接触点材料的温度升高,强度降低。搅拌指头在外力作用下不断顶锻和挤压接缝两边的材料,直至轴肩紧密接触工件表面,如图 4-39(c)所示。这时,由旋转轴肩和搅拌指头产生的摩擦热在轴肩下面和搅拌指头周围形成大量的塑化层,如图 4-39(d)所示。当工件相对搅拌指头移动或搅拌指头相对工件移动时,在搅拌指头侧面和旋转方向上产生的机械搅拌和顶锻作用下,搅拌指头的前表面把塑化的材料移送到搅拌指头后表面。在搅拌指头沿着接缝前进时,搅拌焊头前端的对接接头表面被摩擦加热至超塑性状态。搅拌指头和轴肩摩擦接缝,破碎氧化膜,搅拌和重组搅拌指头后端的磨碎材料。随后当探头离开时,尾部塑性金属流在挤压下重新结合形成固相焊缝,如图 4-39(e)所示。

搅拌摩擦焊的主要优点有如下几点。

(1) 焊接接头质量高。

焊接接头不易产生缺陷。焊缝是在塑性状态下受挤压完成的,属于固相,避免了熔焊时熔池凝固过程产生裂缝或气孔等缺陷。这为熔池凝固裂缝敏感材料的焊接提供了新工艺,例如,其焊接高强度铝合金是十分有利的。焊接接头热影响区显微组织变化小。固相焊加热温度低,热影响区金相组织变化小,例如亚稳态相能保持基本不变,故有利于焊接热处理

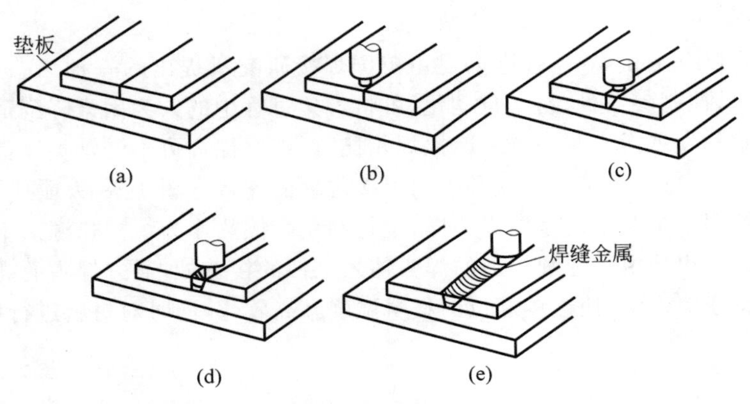

图 4-39 焊接接头形成过程

强化铝合金。焊接工件不易变形。焊接有刚性固定,且固相焊加热温度低,故焊接不易变形,焊接较薄铝合金结构如小板拼成大板的焊接极为有利,这也是熔焊方法难以做到的。

(2) 可一次完成较长、较大截面和不同位置的焊接。由于其不是依靠两焊接工件相对摩擦来进行焊接,从根本上改变了传统的摩擦焊只能焊接简单断面的局限性,扩大了应用范围。

(3) 操作便于机械化、自动化。其不需要熟练技巧的高水平焊工进行操作,因此质量稳定性好,重复性高。

(4) 低成本。其不需要填充材料,也不用保护气体;厚焊接件边缘不用坡口加工;焊接铝合金不用去除氧化膜,只需用溶剂擦去油污即可;对接容差可留有一定间隙,装配精度不要求十分苛刻;生产过程节能安全,无污染和烟尘。

目前,搅拌摩擦焊应用于汽车工业,主要是大批量铝合金汽车缝合坯料(tailor welded blanks,TWB)的制造以及小批量专用汽车零部件的制造。对于铝合金 TWB 零件制造,普通熔焊容易产生缺陷;电子束和激光等焊接技术要求高,操作复杂。搅拌摩擦焊在铝合金 TWB 零件上的应用,不但满足了结构强度的要求,而且光滑过渡的焊缝为焊后成形提供了基础,容易制造出批量化零件。搅拌摩擦焊可以用于众多汽车零件的制造,如汽车车体顶棚加强板、车体地板加强构件、铝合金发动机构架、发动机壳体内衬、悬架系统加强件、侧体内衬加强件、车门加强结构件和后门加强结构件等。

4.5 常用金属材料的焊接

4.5.1 金属材料的焊接性

1. 焊接性的概念

在一定的焊接工艺条件下获得优质焊接接头的能力,称为金属材料的焊接性。优质的焊接接头是指接头无缺陷(如气孔、夹渣或裂纹等),并且接头的力学性能、物理及化学性能等均符合规定的要求。

金属的焊接性反映了被焊金属对焊接加工的适应性,它既是设计焊接结构选材时必须考虑的因素,又是确定焊接方法和制定焊接工艺的重要依据。焊接性好的金属可以选用各种焊接方法进行焊接，工艺要求也比较简单；焊接性较差的金属焊接时，焊接方法的选择就受到一定的限制，工艺要求也比较严格；焊接性不好的金属，选择焊接方法时限制更大，工艺要求更加严格。

影响焊接性的因素很多，如被焊金属的化学成分、工件厚度、接头型式、焊接方法、焊接材料、焊接规范及其他工艺条件等，其中最主要的是被焊金属的化学成分。对于同一种金属，当采用不同的焊接方法和焊接材料时，所表现出的焊接性是不同的。例如，化学性质极活泼的铝及其合金，在氩弧焊出现之前，焊接是极困难的，当氩弧焊较为成熟以后，用氩弧焊焊接铝及其合金，就可以得到满意的接头。表 4-9 为常用金属材料的焊接性。

表 4-9 常用金属材料的焊接性

材料名称	焊接方法										
	气焊	手弧焊	埋弧焊	CO^2气体保护焊	氩弧焊	电子束焊	电渣焊	点焊、缝焊	对焊	摩擦焊	钎焊
低碳钢	A	A	A	A	A	A	A	A	A	A	A
中碳钢	A	A	B	B	A	A	A	B	A	A	A
低合金钢	B	A	A	A	A	A	A	A	A	A	A
不锈钢	A	A	B	B	A	A	B	A	A	A	A
耐热钢	B	A	B	C	A	A	D	B	C	D	A
铸铁	B	B	C	C	B	—	B	—	D	D	B
铜及其合金	B	B	C	C	A	B	D	D	D	A	A
铝及其合金	B	C	C	D	A	A	D	A	A	B	C
钛及其合金	D	D	D	D	A	A	D	B~C	C	D	B

注：A—焊接性良好；B—焊接性较好；C—焊接性较差；D—焊接性不好；(—)—很少采用。

2. 钢的焊接性估算方法

评定金属材料的焊接性主要包括两个方面的内容：一是焊接过程中形成完整焊接接头的能力，如接头产生各种缺陷(特别是裂纹)的倾向；二是焊接接头在使用条件下安全运行的能力(使用性能)，如焊接接头的力学性能及某些特殊的性能。金属的焊接性通常可以用各种试验来确定，如抗裂性试验、力学性能试验或其他有关方面的试验。

影响焊接性的主要因素是化学成分，其中碳对接头淬硬性(淬火后形成马氏体的硬度)和裂纹倾向的影响最为明显，至于其他元素的影响可以折合成碳的影响。因此，通常用碳当量来估算被焊钢材的焊接性。

碳素钢及低合金结构钢碳当量($C_{当量}$)的计算公式为

$$C_{当量}=C+\frac{Mn}{6}+\frac{Cr+Mo+V}{5}+\frac{Ni+Cu}{15}(\%)$$

式中的 C、Mn、Ni、Cu、Cr、Mo、V 为钢中该元素质量分数的百分数。

碳当量越大，钢的焊接热影响区硬度越高，产生焊接裂纹的倾向越大，焊接性越差。根据经验，$C_{当量}<0.4\%$时，钢的焊接性优良；$C_{当量}=0.4\%\sim0.6\%$时，钢的焊接性较差；$C_{当量}>0.6\%$时，钢的焊接性不好。

焊接性优良的钢材,焊接时一般不需要预热(但厚大工件或在低温下焊接时应考虑预热);焊接性较差的钢材,焊接时需要选用一定的焊接材料,采用适当的预热和一定的工艺措施;焊接性不好的钢材,焊接时需要采用更高的预热温度和严格的工艺措施。

在实际工作中应首先利用碳当量来估算钢材的焊接性,然后再根据具体情况通过试验来确定钢材的焊接性,以作为制定合理工艺规范的依据。

4.5.2 钢的焊接

1. 碳素钢的焊接

1) 低碳钢的焊接

低碳钢碳的质量分数低,塑性好,硬度低,焊接性好,采用任何一种焊接方法都能获得优质的焊接接头。熔化焊时根据等强度原则选择焊条或焊丝。焊接简单且承受静载荷的结构,可选用酸性焊条;焊接承受动载荷和复杂或大厚度的重要结构,最好选用碱性焊条。

焊接时,一般不需要采用特殊的工艺措施,焊后也不需要进行热处理。但是在低温下焊接大刚度工件时,应适当考虑焊前预热,预热温度为100～150℃。厚度大于50 mm的工件,应适当预热或焊后热处理,以减小或消除焊接应力。

2) 中、高碳钢的焊接

中碳钢碳的质量分数较高,焊接性较差。

(1) 焊接热影响区中易产生淬火组织及冷裂纹。中碳钢为易淬火钢,在焊接热影响区中会出现马氏体,形成淬火区。当工件刚度较大和工艺不当时,容易在淬火区产生冷裂纹。

(2) 焊缝金属易产生热裂纹。由于被焊金属碳的质量分数高,在焊接过程中被焊金属被熔化到焊缝金属中去,使焊缝金属的碳的质量分数增高,因此容易在焊缝中引起热裂纹。

为防止产生焊接裂纹,获得优质焊接接头,焊接中碳钢时通常采取如下措施。

(1) 尽可能选用抗裂性好的碱性焊条,以提高焊缝金属的塑性,降低裂纹倾向。

(2) 采取焊前预热的工艺措施,能减慢焊后的冷却速度,减小焊接应力和防止形成淬火区,从而防止产生冷裂纹。

高碳钢的焊接特点和采取的工艺措施与中碳钢基本相似。但高碳钢碳的质量分数更高,焊接接头产生裂纹的倾向比中碳钢更大,焊接性更差,因此焊接结构一般不选用高碳钢,高碳钢的焊接只限于高碳钢零件的修复。

焊接高碳钢时,多采用碳的质量分数低于被焊钢材的高强度低合金钢焊条,使焊缝金属的碳的质量分数降低,用合金元素来增加焊缝金属的强度。焊前要对工件进行预热,焊接时使用小电流,以减小熔深,焊后还应进行热处理,以消除焊接应力,防止产生裂纹,改善焊接接头的性能。

2. 普通低合金结构钢的焊接

普通低合金结构钢简称普低钢,是工业上应用较多的钢种。普低钢中除碳以外,还加入了少量其他的合金元素。普低钢因化学成分不同,力学性能差异较大,焊接性的差异也较大。强度等级较低的普低钢,焊接性接近于低碳钢,焊接时不需采取复杂的工艺措施,便可获得优质的焊接接头。强度等级较高的普低钢，碳及合金元素的质量分数较高，焊接性较差，焊接时需采取严格的工艺措施。

普低钢焊接时易出现的主要问题如下。

1）焊接热影响区的淬硬倾向

普低钢焊接时，焊接热影响区可能产生淬火组织（马氏体），硬度升高。普低钢的淬硬倾向与钢材的化学成分和强度等级有关，碳的质量分数较小、强度等级较低的普低钢，如300 MPa级的09Mn2、09Mn2Si钢等，淬硬倾向很小。350 MPa级的16Mn钢淬硬倾向也不大。强度等级大于450 MPa级的普低钢，淬硬倾向大，焊接热影响区中会产生马氏体，形成淬火区，使接头的硬度增加，塑性和韧性下降。

2）焊接接头的裂纹倾向

普低钢焊接接头在淬火组织、氢以及焊接应力的作用下，易产生冷裂纹。钢的淬硬倾向越大，产生冷裂纹的倾向越大。普低钢一般含碳都较低，且有一定量的锰，对脱硫有利，焊接接头产生热裂纹的倾向不大。

为了避免焊接热影响区的淬火组织和接头裂纹的产生，焊接普低钢采取的工艺措施如下。

(1) 强度等级较低的普低钢（如16Mn）在常温下焊接时，所采用的工艺与焊接低碳钢时基本相同。在低温下或大刚度、大厚度结构焊接时，为了防止产生淬火组织，要适当增大焊接电流、减慢焊接速度或进行预热。预热与否和预热温度随工件厚度及环境温度而定，表4-10为焊接16Mn钢的预热条件。在低温下使用的容器以及厚壁高压容器，焊后还需进行去应力退火。

表4-10　焊接16Mn钢的预热条件

工件厚度/mm	不同温度下焊接时的预热温度
<16	不低于－10℃不预热，－10℃以下预热100～150℃
15～24	不低于－5℃不预热，－5℃以下预热100～150℃
25～40	不低于0℃不预热，0℃以下预热100～150℃
>40	均预热100～150℃

(2) 强度等级较高的钢种，焊前一般需要预热，焊接时可以通过调整焊接规范来严格控制焊接热影响区的冷却速度，焊后还需要及时进行热处理，以消除氢的影响和焊接应力。生产中如不能立即进行焊后热处理，可先进行消氢处理，即将工件加热到200～350℃，保温2～6 h，以加速氢的扩散逸出，防止产生冷裂纹。

普低钢焊接时，焊接材料的选用原则主要是根据钢材的强度等级，焊缝金属的强度一般稍高于被焊金属的强度即可，不宜超过太多，否则将使焊接接头塑性下降，严重时会造成裂纹。强度等级低的普低钢，厚度不大时，可选用酸性焊条，但大厚度或受力复杂的结构要选用抗裂性强的碱性焊条。强度等级高的普低钢，焊条电弧焊时应尽量选用碱性焊条，埋弧自动焊时要选用碱度高的焊剂配合适当焊丝，焊前还要烘干焊条和焊剂，并仔细清除工件表面的铁锈、油污和水分等，以减少氢的来源。表4-11为几种常用普低钢的焊接材料。

表 4-11 常用普低钢焊接材料选用表

强度等级/MPa	钢号	碳当量/%	手弧焊焊条	埋弧自动焊		预热温度
				焊丝	焊剂	
300	09Mn2 09Mn2Si	0.36 0.35	J422、J423 J426、J427	H08 H08MnA	431	
350	16Mn	0.39	J502、J503 J506、J507	H08A H08MnA H08Mn2	431	
400	15MnV 15MnTi	0.40 0.38	J506、J507 J556、J557	H08MnA H10MnS H10Mn2	431	厚板 ≥100℃
450	15MnVN	0.43	J556、J557 J606、J607	H08MnMoA H10Mn2	431 350	≥100℃
500	18MnMoNb 14MnMoV	0.55 0.50	J606 J707	H08Mn2MoA H08Mn2MoVA	250 350	≥150℃
550	14MnMoVB	0.47	J606 J707	H08Mn2MoVA	250 350	≥150℃

4.5.3 铸铁的焊补

某些有铸造缺陷的铸铁件和在使用中损坏的铸铁零件，在可能的情况下应予以焊补，以提高经济效益。

1. 铸铁的焊接特点

铸铁碳的质量分数高，对冷却速度非常敏感，是一种焊接性很差的金属材料，其焊接特点如下。

(1) 焊接接头易产生白口及淬火组织。

由于焊后的冷却速度比铸造时快得多，不利于石墨的析出，所以在焊缝及熔合区中容易产生白口组织，而在焊接热影响区中容易产生淬火组织。白口及淬火组织均是硬而脆的组织，使接头易产生冷裂纹。

(2) 焊接接头易产生裂纹。

铸铁强度低、塑性差，当焊接应力较大时，就会在焊接热影响区产生裂纹，甚至断裂。铸铁中较多的 C、S、P 等元素，以及焊接时产生的白口及淬火组织，增加了裂纹倾向。

2. 铸铁的焊补方法

铸铁常用的焊补方法有焊条电弧焊、气焊和钎焊等。按照焊前是否对工件进行预热，分为热焊法和冷焊法。

(1) 热焊法。

焊前将工件整体或局部预热到 600～700℃进行焊接，焊后缓慢冷却。采用焊条电弧焊焊补灰口铸铁时，可用铸铁芯铸铁焊条。

热焊法可防止接头产生白口、淬火组织和裂纹，焊补质量较好，但是此法生产效率低，成本高，工人劳动条件差，这种方法主要用于焊补刚度大、焊后需要机械加工的铸铁件。

有些铸铁件，可进行 300～400℃整体或局部预热，然后进行焊补，这种方法称为半热焊法。此法使劳动条件有所改善，焊补成本有所下降，效率有所提高，一般用于焊补缺陷处刚度比较小的铸铁件。

（2）冷焊法。

冷焊法一般采用焊条电弧焊，焊前对工件不预热，为了防止接头产生白口组织和裂纹，可以根据选用焊条种类的不同，采取不同的工艺措施。冷焊焊条分为两大类：一类为同质型焊条，即焊条芯金属为铸铁型；另一类为异质型焊条，即焊条芯金属为非铸铁型，如镍基铸铁焊条、高钒铸铁焊条及铜基铸铁焊条等。

采用同质型焊条焊补时，工艺上要求采用大电流、连续焊，控制焊后冷却速度，焊补处可获得铸铁组织，在刚度不大的部位上焊补时，一般也不会产生裂纹。这类焊条的优点是价格低廉，并且焊缝的颜色与被焊金属一致，适合于大型铸铁件及大缺陷的焊补。

采用异质型焊条焊补时，工艺上要求采用小电流、短段焊、断续焊，焊后立即锤击焊缝，以松弛焊接应力。这类焊条的焊缝金属塑性比较好，熔深浅时在熔合区中产生的白口组织较薄，产生裂纹倾向比较小。异质型焊条多用于小型铸铁件或小缺陷的焊补。

4.5.4 非铁金属的焊接

非铁金属的焊接比钢材困难，只有选择适宜的焊接方法和合理的工艺规范，才能获得优质的焊接接头。

1. 铜及铜合金的焊接

铜及铜合金的焊接性比较差，焊接时易出现的问题如下。

（1）易产生未焊透和变形缺陷。铜的导热系数比铁大得多。焊接时热量迅速从被焊处传导出去，使填充金属难以与被焊金属熔合在一起，易造成未焊透缺陷。铜的热膨胀系数和收缩率也比较大，再加上导热性强，被焊工件受热面积大，如工件刚度不大，则容易产生较大的焊接变形。当工件刚度较大时，变形受阻，则产生较大的焊接应力。

（2）热裂纹倾向大。铜在高温时易氧化，生成 Cu_2O。Cu_2O 与 Cu 形成低熔点共晶体，分布在晶界上，在焊接应力作用下，容易产生热裂纹。

（3）气孔倾向大。液态铜溶解氢的能力强，凝固时其溶解度急剧下降，析出氢而形成气泡。当气泡来不及逸出时，在焊缝中产生气孔。此外，析出的氢与 Cu_2O 反应生成的水蒸气，也增大了产生气孔的倾向。

（4）接头力学性能低。铜在固态时无同素异构转变，晶粒长大后不能细化，因此易在焊缝产生粗晶粒组织，在焊接热影响区中产生过热组织，降低焊接接头的力学性能。

为了获得优质焊接接头，铜及铜合金焊接时，常用的措施如下。

（1）采用热量集中且强的热源进行焊接。如果焊接热源的能量不足，就需对工件进行焊前预热，以弥补热传导的损失，并改善应力分布状况。

（2）焊前清理。去除工件表面氧化膜及杂质，以减少氧、氢的来源。还可选用含脱氧剂的填充金属，对熔池进行脱氧。

铜及铜合金可以采用气焊、焊条电弧焊、埋弧自动焊、氩弧焊及钎焊等方法进行焊接，目前采用氩弧焊是最好的焊接方法。

2. 铝及铝合金的焊接

铝及铝合金的焊接性比较差，焊接时存在的问题如下。

(1) 容易氧化。铝与氧的亲和力极大,易生成氧化铝(Al_2O_3)。氧化铝组织致密,熔点高达2050℃(铝的熔点为660℃),覆盖在铝的表面,阻碍了铝的导电和熔合。此外,氧化铝密度大,易使焊缝夹杂。

(2) 气孔倾向大。液态铝能溶解大量的氢,而固态铝几乎不能溶解氢,熔池凝固时,析出大量的氢,容易在焊缝中形成气孔。

(3) 裂纹倾向大。铝及铝合金的线膨胀系数比较大,收缩率也较大,易于产生焊接应力和裂纹。

此外,焊接时铝及铝合金由固态转变成液态时无颜色变化,给焊接操作带来困难,容易造成烧穿。为此,需要选择正确的焊接方法且严格控制焊接规范。目前焊接铝及铝合金最常用的方法是氩弧焊。氩弧焊保护效果好,热量集中,且具有阴极雾化(阴极破碎)作用,焊接质量好。不熔化极氩弧焊多用于薄板的焊接,而熔化极氩弧焊主要用于厚度在3 mm以上工件的焊接。填充金属可采用与被焊金属成分相近的焊丝。此外,铝及铝合金也可以采用气焊、电阻焊(点焊、缝焊)和钎焊等方法焊接。

不论采用哪种方法焊接,焊前都必须用化学清洗法或机械清除法对工件焊接处及焊丝表面的氧化膜和油污等进行彻底清理。

4.6 焊接结构设计

4.6.1 焊接结构材料的选择

设计焊接结构时,选择焊接结构材料的原则是:在满足使用性能要求的前提下,应尽量选用焊接性好的材料制造焊接结构。

碳的质量分数小于0.25%的低碳钢和小于0.2%的普低钢,有良好的焊接性,设计焊接结构时应尽量选用。碳的质量分数大于0.5%的碳素钢和大于0.4%的合金钢,焊接性不好,一般不宜选用。

强度等级低的普低钢,焊接性良好,可以用各种焊接方法进行焊接。其用来代替低碳钢,可以减轻结构质量。也可用普低钢代替强度相近的中碳钢,以改善焊接性。

强度等级较高的低合金钢,碳的质量分数也较低,焊接性虽比低碳钢差些,但是如果采用合适的焊接材料、合理的工艺措施,也可获得满意的焊接接头,可用于强度要求高的重要结构。

如果焊接结构中选用新钢种,应对此钢种进行必要的焊接性试验,以便为正确制定焊接结构设计及焊接工艺提供依据。

焊接结构还可以在不同部位选用不同性能的金属材料进行拼焊。对于异种金属的焊接,设计时要特别注意它们的焊接性。如果它们的化学成分和组织基本相近,焊接时的困难并不大,如低合金钢与其他碳素钢的焊接,一般要求接头强度大于被焊钢材的最低强度,只需采用相应的焊接材料和正确的焊接工艺即可。如果它们的化学成分和组织相差较大,焊接性比较差,则需选用特殊的焊接工艺和焊接材料。

4.6.2 焊接方法的选择

焊接方法的选择,应根据焊接结构材料的焊接性、工件厚度、焊缝长度、接头型式、生产批量及现场设备条件等综合考虑来决定。选择焊接方法的原则是：在保证获得优质焊接接头的前提下，优先选择常用的焊接方法。若生产批量较大，还必须保证该焊接方法有高的生产效率和低的成本。

例如，低碳钢焊接性好，可选用各种焊接方法，此时，如果工件是薄板轻型结构，无密封要求，可以采用点焊；若有密封要求，为密封容器，则可采用缝焊、CO_2 气体保护焊及钎焊，而缝焊和 CO_2 气体保护焊相比于钎焊，其生产效率高且成本低；如果工件为中等厚度，可采用埋弧自动焊、焊条电弧焊或 CO_2 气体保护焊；若工件为长直焊缝，生产批量也较大，可以选用埋弧自动焊，以提高生产效率；若为单件生产，或焊缝较短，又处于不同的空间位置，则可采用焊条电弧焊或半自动 CO_2 气体保护焊；如果为截面小且尺寸长的工件(例如棒材、管材、型材等)要求对接，宜采用对焊(电阻对焊或闪光对焊)或摩擦焊；如果为大厚度结构，可以采用电渣焊，也可采用手弧焊、CO_2 气体保护焊或埋弧自动焊进行多层焊。氩弧焊的成本高，不宜用来焊接低碳钢和普低钢。

如果焊接结构材料为合金钢、不锈钢或铜合金，可以选用焊条电弧焊，但质量要求较高时，则选用氩弧焊。如果焊接结构材料为铝合金，由于焊接性不好，应选用氩弧焊。

各种焊接方法特点见表 4-12。

表 4-12 各种焊接方法特点

焊接方法	热影响区大小	变形大小	生产效率	可焊的空间位置	使用板厚/mm*
气焊	大	大	低	全	0.5～3
手弧焊	较小	较小	较低	全	可焊 1 以上，常用 3～20
埋弧自动焊	小	小	高	平	可焊 3 以上，常用 6～60
氩弧焊	小	小	较高	全	0.5～25
CO_2 气体保护焊	小	小	较高	全	0.8～30
电渣焊	大	小	高	立	可焊 25～1000 以上，常用 35～400
等离子弧焊	小	小	高	全	可焊 0.025 以上，常用 1～12
电子束焊	极小	极小	高	平	5～60
点焊	小	小	高	全	可焊 10 以下，常用 0.5～3
缝焊	小	小	高	平	3 以下

* 主要指一般钢材。

4.6.3 焊接接头型式的选择

焊接接头是焊接结构最基本的组成部分，接头型式的选择应根据焊接结构形状、被焊工件的相互位置、工件厚度、焊后变形大小以及受力状态等各方面因素综合考虑决定，表 4-13 所示为几种常用焊接方法中所采用的焊接接头型式。厚板焊接时，为了使整个截面都能焊透，要在接缝处加工成一定形状的坡口，坡口的形状和尺寸(角度、钝边和间隙)是根据焊接条件、保证焊缝根部成形和填充金属使用最少等原则来确定的。

各类接头型式中应用最普遍的是对接接头，对接接头由于焊接变形和应力分布均匀，工作性能也比较好，而且不受厚度的限制，节省材料，方便检验。T 形接头和角接接头一般应用在空间类焊接结构的制造上，接头受力都比对接接头复杂。搭接接头，由于板材要重叠，金属消耗量比较大，增加了焊接结构的质量，而且受力状态复杂，所以设计时应尽量避免，但这种接头对装配尺寸要求不严格，常常用于装配要求简单的板状焊接结构，此外，搭接接头是薄板结构点焊和缝焊以及钎焊的基本接头型式。

表 4-13 常用焊接方法中采用的焊接接头型式 单位：mm

接头型式	对接接头	T形接头	角接接头	搭接接头
手弧焊	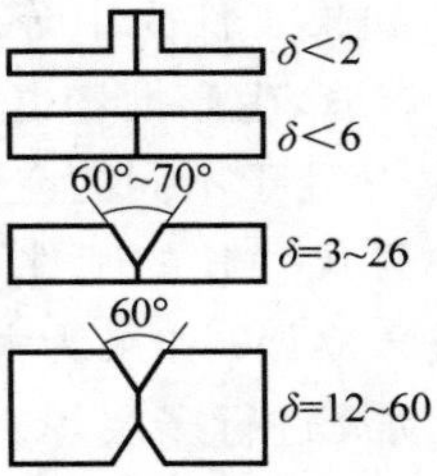 $\delta<2$ $\delta<6$ 60°~70° $\delta=3\sim26$ 60° $\delta=12\sim60$	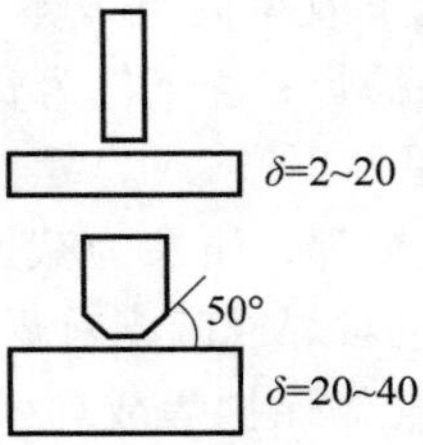 $\delta=2\sim20$ 50° $\delta=20\sim40$	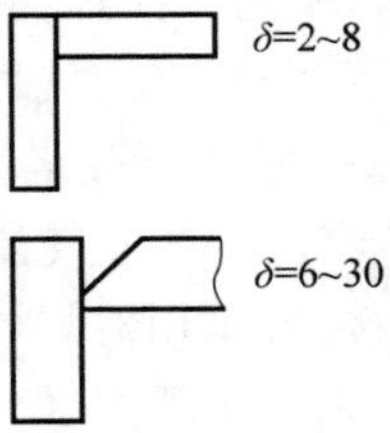 $\delta=2\sim8$ $\delta=6\sim30$	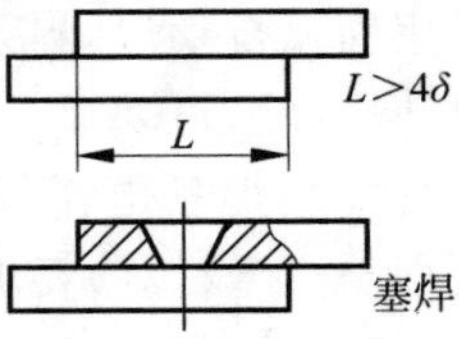 $L>4\delta$ L 塞焊
埋弧自动焊	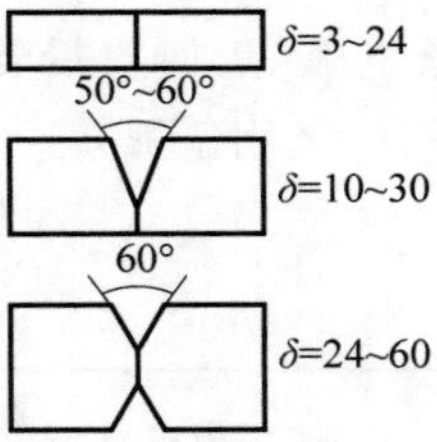 $\delta=3\sim24$ 50°~60° $\delta=10\sim30$ 60° $\delta=24\sim60$	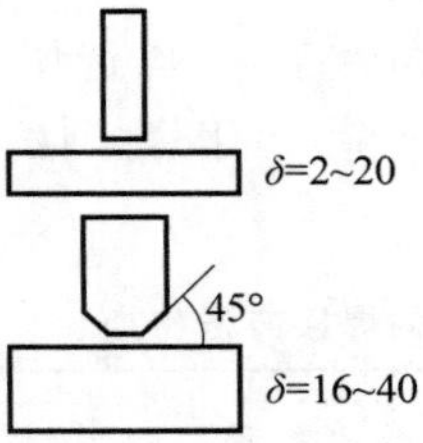 $\delta=2\sim20$ 45° $\delta=16\sim40$		
对焊	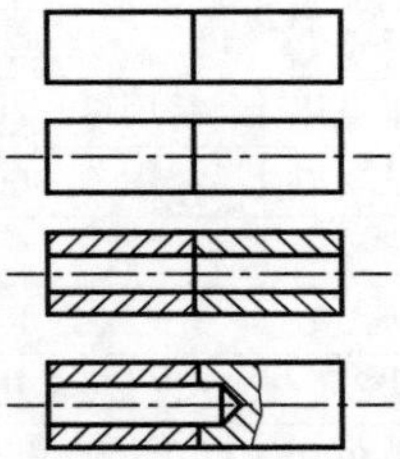	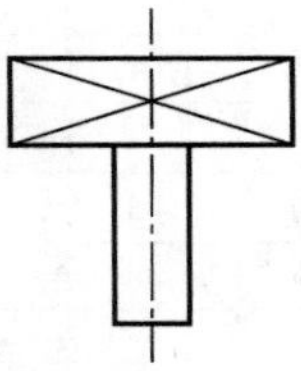		
点焊与缝焊	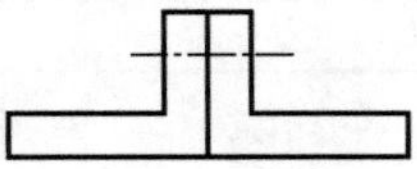	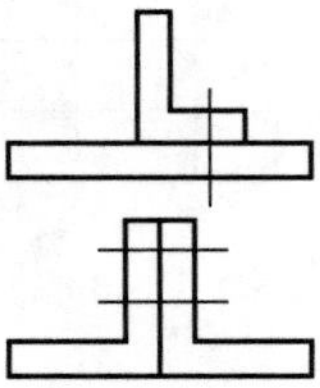	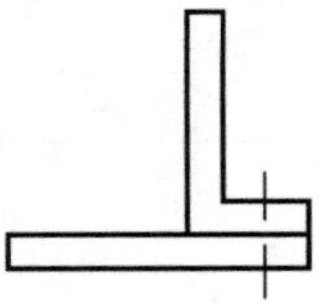	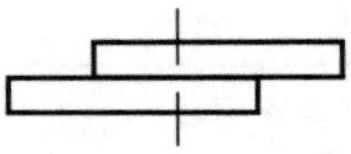
钎焊	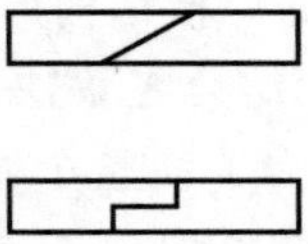	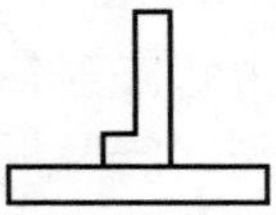	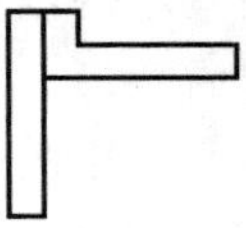	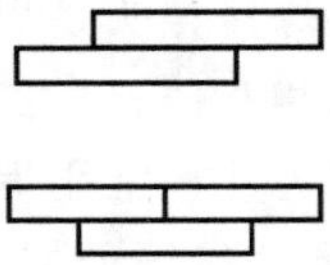

4.6.4 焊接结构工艺性

焊接结构工艺性是指焊接结构的设计，应在满足使用性能的前提下，便于施焊，减少焊接工作量，并且能保证焊接质量。因此，进行焊接结构设计时，必须考虑以下问题。

1. 焊缝布置应有利于减小焊接应力和变形

1）尽量减少焊缝数量

在设计焊接结构时应多采用型材或冲压件，来减少焊缝数量，如图 4-40 所示的箱体结构设计中，图 4-40(a)的设计需要四条焊缝，改进后用槽钢或冲压弯曲件代替板材，分别如图 4-40(b)、(c)所示，只需两条焊缝；图 4-41 为筋板结构的两种设计，图 4-41(b)中采用槽钢来加固，相比于图 4-41(a)中的辐射形筋板加固，可以减少焊缝的数量。

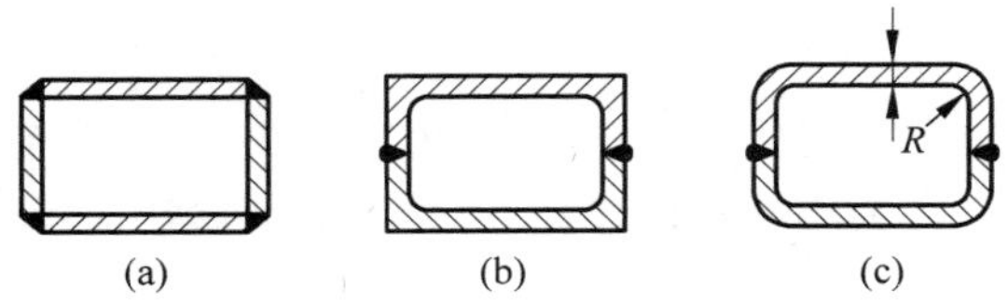

图 4-40　箱体结构设计

(a) 四条焊缝；(b) 两条焊缝；(c) 两条焊缝，U 形冲压件

2）避免焊缝密集和交叉

焊缝交叉或过分集中会造成焊接接头处严重过热，增大焊接热影响区范围，使组织恶化且增大焊接应力和变形，图 4-42(a)为不合理设计，图 4-42(b)为合理的设计。

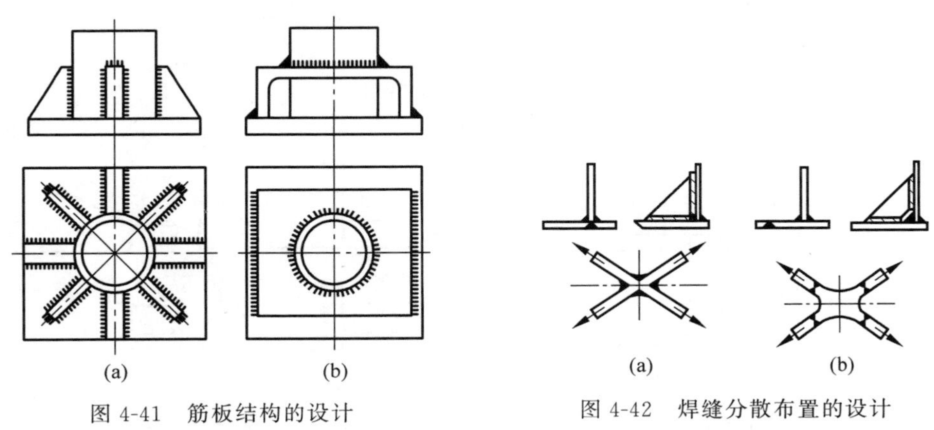

图 4-41　筋板结构的设计

图 4-42　焊缝分散布置的设计

(a) 不合理；(b) 合理

3）焊缝应尽量对称布置

焊缝对称布置，可使焊缝引起的变形相互抵消，这对减小梁、柱等焊接结构的焊接变形有明显效果。如图 4-43(a)、(b)所示的结构，焊缝位置不对称，焊缝收缩会产生较大的变形，改成图 4-43(c)、(d)和(e)结构后，焊缝布置对称，焊接变形较小。

2. 焊缝布置应考虑焊接结构的受力情况

焊接结构中焊接接头是易产生缺陷的薄弱环节，故在最大应力和应力集中的位置不应该布置焊缝，如图 4-44(a)所示的横梁，在横梁跨度的中间承受最大弯曲应力，板料的拼焊焊缝应避免放在横梁的中间位置，修改为图 4-44(b)的设计后，虽然增加了一条焊缝，但可以减小横梁焊接接头出现焊接裂纹的倾向性。压力容器通常采用球面封头，用对接焊缝与筒身相连，可以避开应力集中的转角位置，图 4-45(a)为不合理的设计，图 4-45(b)为合理设

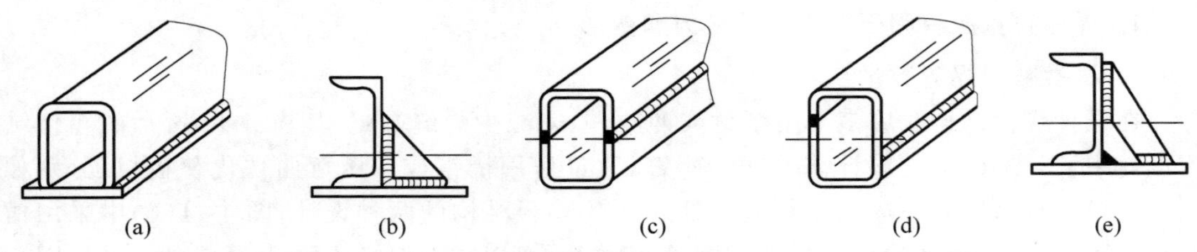

图 4-43　焊缝对称布置的设计

(a) 不合理；(b) 不合理；(c) 合理；(d) 合理；(e) 合理

计。在焊接结构中截面有急剧变化的位置，易产生应力集中，应避免布置焊缝，或使焊接接头处于平滑过渡，图 4-46(a)为不合理设计，应修改成图 4-46(b)的设计。

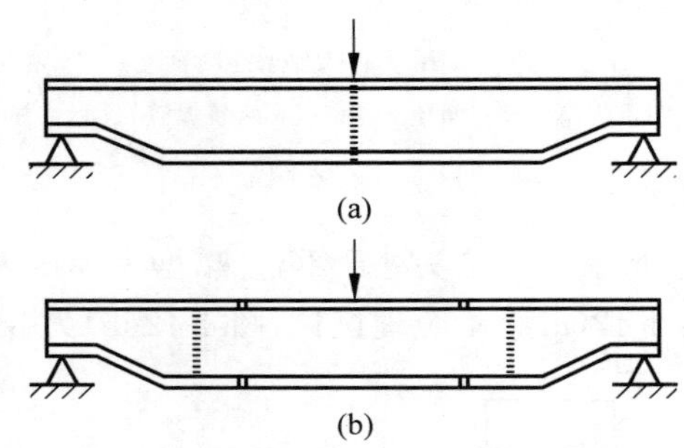

图 4-44　横梁的焊缝布置

(a) 不合理；(b) 合理

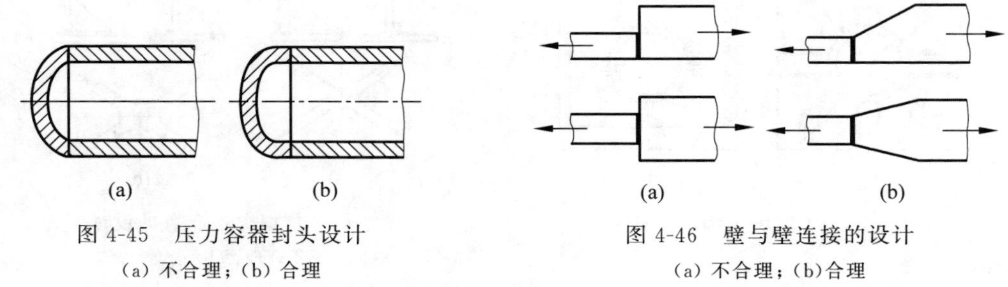

图 4-45　压力容器封头设计

(a) 不合理；(b) 合理

图 4-46　壁与壁连接的设计

(a) 不合理；(b)合理

3. 焊缝位置应远离加工表面

如果焊接结构的某些部件已有加工表面，焊缝位置应远离加工表面，以避免焊接变形和焊接应力影响加工表面的精度，如图 4-47 所示。

4. 焊缝位置应便于操作

焊缝布置必须有足够的焊接操作空间。例如，焊条电弧焊的结构要考虑有足够的焊接操作空间，如图 4-48 所示。埋弧焊结构应使接头处便于存放焊剂，如图 4-49 所示。点焊或缝焊结构应便于电极安放，如图 4-50 所示。

此外，焊缝应尽量布置成平焊位置，避免仰焊、横焊或立焊，并且尽量减少和避免大型构件的翻转，以提高生产效率。

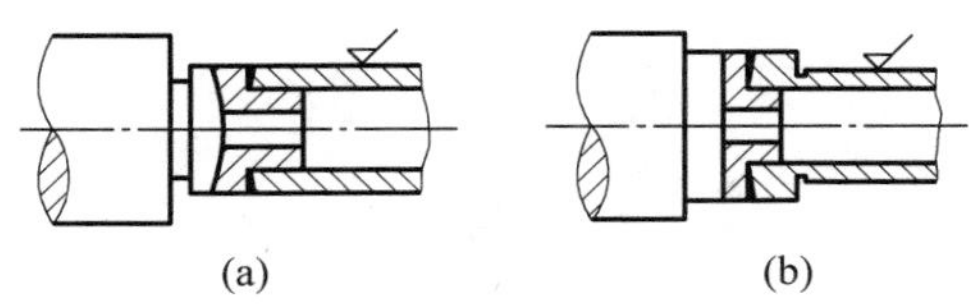

图 4-47　焊缝远离加工表面的设计

(a) 不合理；(b) 合理

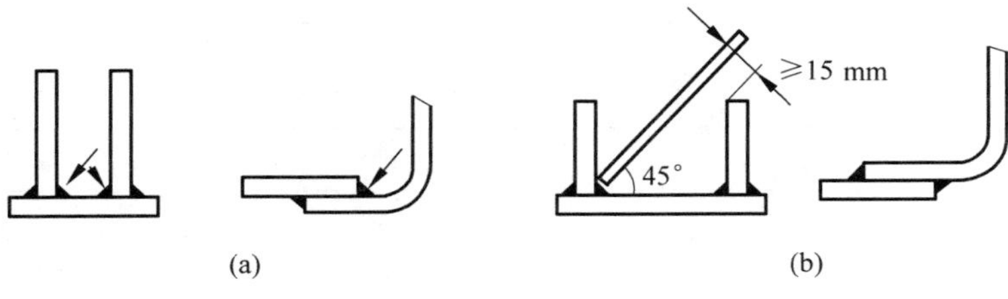

图 4-48　手弧焊结构的设计

(a) 不合理；(b) 合理

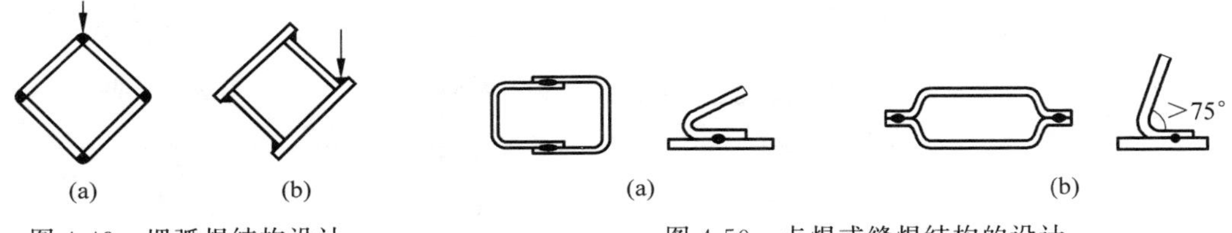

图 4-49　埋弧焊结构设计

(a) 不合理；(b) 合理

图 4-50　点焊或缝焊结构的设计

(a) 不合理；(b) 合理

4.6.5　焊缝符号的表示方法

焊缝符号一般由基本符号和指引线组成，必要时加上辅助符号、补充符号和焊缝尺寸。

基本符号是表示焊缝截面形状的符号。表 4-14 为常用的基本符号。辅助符号是表示焊缝表面形状特征的符号，见表 4-15。补充符号是为补充说明焊缝的某些特征而采用的符号，见表 4-16。

表 4-14　常见焊缝的基本符号表示法

名　　称	示　意　图	符　　号
I 形焊缝		
V 形焊缝		
单边 V 形焊缝		
带钝边 V 形焊缝		

续表

名　称	示 意 图	符　号
封底焊缝		
角焊缝	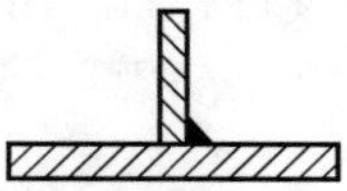	

表 4-15　焊缝的辅助符号

名　称	示 意 图	符　号	说　明
平面符号			焊缝表面平齐（一般通过加工）
凹面符号	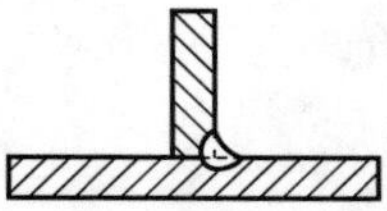		焊缝表面凹陷
凸面符号			焊缝表面凸起

表 4-16　焊缝的补充符号

名　称	示 意 图	符　号	说　明
带垫板符号			表示焊缝底部有垫板
三面焊缝符号	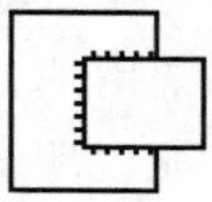		表示三面带有焊缝
周围焊缝符号	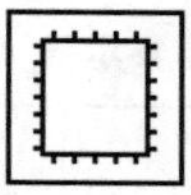		表示环绕工件周围有焊缝

完整的焊缝表示方法除基本符号、辅助符号和补充符号，还包括指引线、一些尺寸符号及数据。指引线一般由带有箭头的指引线（简称箭头线）和两条基准线（一条为实线，另一条为虚线）两部分组成，如图 4-51 所示。箭头可以指向焊缝侧，也可以指向非焊缝侧。当箭头指向焊缝侧时，将基本符号标在实线侧，如图 4-51(a)所示。当箭头指向非焊缝侧时，将基本符号标在虚线侧，如图 4-51(b)所示。标注对称焊缝及双面时，可不加虚线，如图 4-51(c)所示。

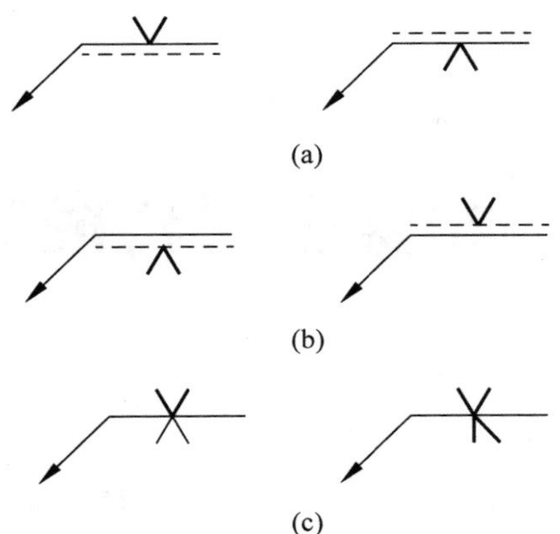

图 4-51 焊缝基本符号相对基准线的位置

(a) 焊缝在接头的箭头侧；(b) 焊缝在接头的非箭头侧；(c) 对称焊缝(左)和双面焊缝(右)

图 4-52 的标注表示平板对接焊缝，焊缝位置在箭头侧，为 V 形坡口，焊缝表面平整。图 4-53 的标注表示 T 形接头，双面都有焊缝，为角焊缝，焊缝表面弯曲。

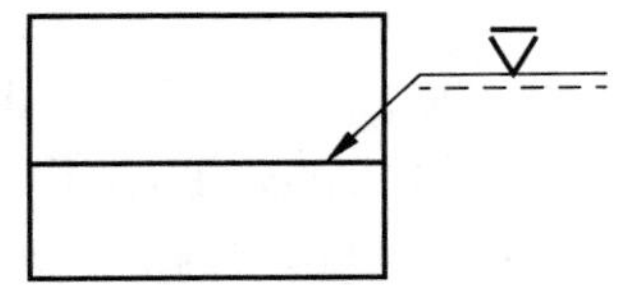

图 4-52 平板对接焊缝的标注

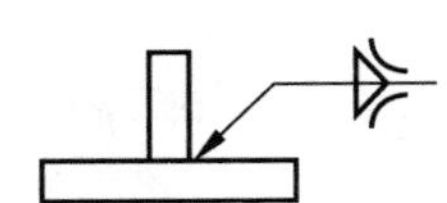

图 4-53 T 形接头焊缝标注

第5章

非金属材料成型技术

高分子材料广泛应用于人们的日常生活以及工业、农业和国防等国民经济的各个领域，占人们对材料需求量的60%，这是由它具有不同于金属材料和陶瓷材料的独特性能所决定的。高分子材料具有密度小、加工容易、品种多、适宜自动化生产、价格便宜等优点，因此近年来高分子材料的开发及其产量的增长都十分迅速。

5.1 高分子材料基础

高分子是由千百万个原子彼此以共价键链接起来的大分子。高分子分为天然高分子和人工合成高分子，工程中使用的高分子材料主要是人工合成高分子，又称高分子聚合物，简称高聚物。高分子的特点是分子量大，高达 $10^4 \sim 10^6$ g/mol，单个高分子包含的重复结构单元可达1000个以上。并且具有多分散性。通常把分子量在1万以上的分子称为高分子。

5.1.1 聚合物分子链的结构

聚合物分子链结构是指单个高分子的结构和形态。通常，合成高分子是由单体通过聚合反应连接而成的链状分子，又称为高分子链。高分子链中重复结构单元的数目称为聚合度(n)。重复结构单元称为链节，例如氯乙烯(VC)和聚氯乙烯(PVC)结构式如图5-1所示。

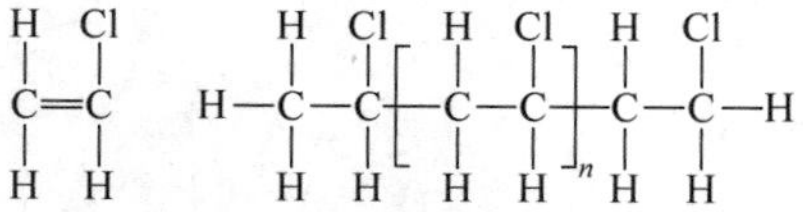

```
H  Cl            H  Cl   H  Cl   H  Cl
|  |             |  |  [ |  |  ] |  |
C==C         H—C—C—[—C—C—]—C—C—H
|  |             |  |  [ |  |  ]n|  |
H  H             H  H    H  H    H  H
氯乙烯                  聚氯乙烯
```

图5-1 氯乙烯和聚氯乙烯的结构式

高分子的链虽然很长，但通常不是伸直的，它可以蜷曲起来，在空间采取各种形态。这源自于在高分子的链上，单键的内旋转而产生的分子中的原子在空间位置上的变化，人们将高分子链的这种变化叫作构象。

高分子链能够改变其构象的性质，称为高分子链的柔顺性。通常，内旋转的单键数目越多，内旋转阻力越小，构象数越大，链段越短，柔顺性越好。

把高分子链上由若干个键组成的一段链作为一个独立运动的单元，称为“链段”，它是高分子中的一个重要概念。

高分子链的柔顺性和实际高分子材料的刚柔性不能混为一谈，两者有时是一致的，有时却不一致。判断材料的刚柔性，必须同时考虑分子内的相互作用以及分子间的相互作用和凝聚状态，这样才不至于得出错误的结论。

高分子链的构造是指高分子的各种形状。高分子链的构造一般分为线形、支化和交联网络（又称体形），如图 5-2 所示。

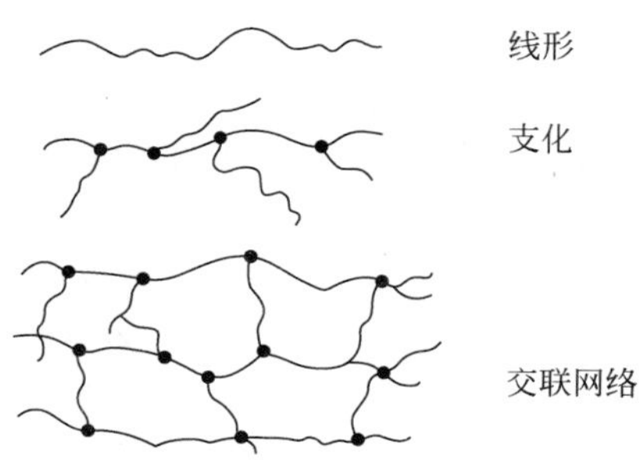

图 5-2　高分子链的构造

高分子链结构对聚合物的性能有很大影响。线形高分子聚合物分子间没有化学键结合，可以在适当溶剂中溶解，加热时可以熔融，易于加工成型。支化高分子聚合物的化学性质与线形高分子聚合物相似，但其物理力学性能和加工流动性能等受支化的影响显著。短支链支化破坏了分子结构的规整性，降低了晶态聚合物的结晶度。长支链支化严重影响聚合物的熔融流动性能。一般的交联网络高分子聚合物是不溶和不熔的，只有当交联程度不太大时，才能在溶剂中溶胀。

5.1.2　聚合物的凝聚态

聚合物的凝聚态是指高分子链之间的几何排列和堆砌状态，包括固体和液体。固体又有晶态和非晶态之分，非晶态聚合物属液相结构（即非晶固体），晶态聚合物属晶相结构。聚合物熔体或浓溶液是液相结构的非晶液体。液晶聚合物是一种处于中间状态的物质。聚合物不存在气态，这是因为高分子的分子量很大，分子链很长，分子间作用力很大，超过了组成它的化学键的键能。

1. 聚合物的结晶

聚合物按其能否结晶可以分为两大类：非结晶聚合物和结晶聚合物。非结晶聚合物是在任何条件下都不能结晶的聚合物，结晶聚合物是在一定条件下能结晶的聚合物，但结晶聚合物中一般也含有非晶态部分。结晶部分所占的质量（体积）分数称为结晶度。结晶聚合物中周期性规则排列的质点为高分子链的链节。

大量实验证明，如果高分子链本身具有必要的规整结构，同时给予适宜的条件（温度等），就会发生结晶，形成晶体。

聚合物在不同的结晶条件下，可形成多种结晶形式，如单晶、球晶、孪晶、伸直链片晶和串晶等。

由于聚合物分子具有长链结构的特点，结晶时链段并不能充分地自由运动，这就妨碍了分子链的规整堆砌排列。因而高分子晶体内部往往含有比低分子晶体更多的晶格缺陷。

(1) 结晶对密度的影响。

晶区中的分子排列规整,其密度大于非晶区,随着结晶度的增加,聚合物的密度也增大。从大量聚合物的统计发现,结晶和非晶的密度之比的平均值约为1.13。结晶聚合物成型过程的收缩率比非结晶聚合物大,收缩率亦随结晶度提高而增加。

(2) 结晶对光学性质的影响。

物质的折光率与密度有关,由于晶区与非晶区的密度不同,聚合物中晶区与非晶区的折光率不相同。光线通过结晶聚合物时,在晶区界面上必然发生反射和折射,不能直接通过。所以两相并存的结晶聚合物通常呈白色,不透明。结晶度减小,透明度增加,那些完全非晶的聚合物,通常是透明的。

当聚合物晶相密度与非晶密度非常接近时,光线在晶区界面上几乎不发生折射和反射;或者当晶区的尺寸小到比可见光的波长还小,这时光也不发生折射和反射,那么,即使有结晶,也不一定影响聚合物的透明性。

(3) 结晶对力学性能的影响。

一般随着结晶度增加,聚合物的屈服强度、模量和硬度等随之提高。但是,冲击强度随结晶度的增加而降低。

(4) 聚合物液晶。

一些聚合物的结晶结构受热熔融或被溶剂溶解之后,表现上虽然失去了固体物质的刚性,变成了具有流动性的液体物质,但结构上仍然保持着一维或二维有序排列,从而在物理性质上呈现出各向异性,形成一种兼有部分晶体和液体性质的过渡状态,这种中介状态称为液晶态,处在这种状态下的聚合物称为聚合物液晶。

不同液晶性的物质呈现液晶态的方式不同。一定温度范围内呈现液晶性的物质称作热致液晶;在一定浓度的溶液中呈现液晶性的物质称为溶致液晶。

2. 聚合物的熔融过程和熔点

物质从结晶状态变为液态的过程称为熔融。

结晶聚合物熔融过程与低分子晶体熔融过程的不同之处在于聚合物熔融过程有一较宽的温度范围,例如10℃左右,称为熔限。在这个温度范围内,发生边熔融边升温的现象。而小分子晶体的熔融发生在0.2℃左右狭窄的温度范围内,整个熔融过程中,体系的温度几乎保持在两相平衡的温度。

研究表明,结晶聚合物边熔融边升温的现象是由于结晶聚合物中含有完善程度不同的晶体。在通常的升温速度下,比较不完善的晶体将在较低的温度下熔融,比较完善的晶体则要在较高的温度下熔融,因而出现较宽的熔融范围。如果升温速度足够慢,不完善晶体可以熔融后再结晶而形成比较完善的晶体。最后,所有较完善的晶体都在较高的温度下和较窄的温度范围被熔融。

3. 聚合物的取向

聚合物取向结构是指在某种外力作用下,分子链或其他结构单元沿着外力作用方向择优排列的结构,如图5-3所示。很多高分子材料都具有取向结构,例如双轴拉伸和吹塑的薄膜,各种纤维材料以及熔融挤出的管材、棒材等。取向结构对材料的力学、光学和热性能影响显著。

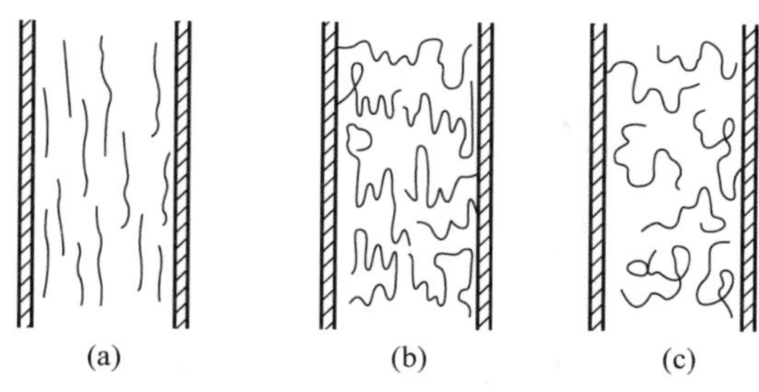

图 5-3 聚合物(无定型)的取向
(a) 未取向;(b) 链段取向;(c) 大分子取向

按照外力作用的方式不同,取向又可分为单轴取向和双轴取向两种类型。

单轴取向——材料只沿一个方向拉伸,长度增加,厚度和宽度减小,高分子链或链段倾向于沿拉伸方向排列。

双轴取向——材料沿两个互相垂直的方向拉伸,面积增加,厚度减小,高分子链或链段倾向于与拉伸平面平行排列,但在平面内分子的排列是无序的。

单轴取向最常见的例子是合成纤维的拉伸。薄膜也可以单轴拉伸取向。但是,这种薄膜平面上出现明显的各向异性,取向方向上原子间主要以化学键相连接,而垂直于取向方向上则是范德瓦耳斯力。结果薄膜的强度在平行于取向方向上虽然有所提高,但在垂直于取向方向上则降低了,实际使用中,薄膜将在这个最薄弱的方向上发生破坏,因而实际强度甚至比未取向的薄膜还差。双轴取向的薄膜,分子链取平行于薄膜平面的任意方向,在平面上就是各向同性的了。

非晶聚合物取向后,沿拉伸方向的拉伸强度、拉伸模量和冲击强度等均随取向程度的提高而增大,而垂直于取向方向的力学强度会显著降低。

结晶聚合物则随取向度的提高,材料的密度和强度都相应提高,但是伸长率降低。

聚合物取向后其他性能也要发生变化。比如,随取向度的提高,材料的玻璃化转变温度上升。由于取向存在一定的弹性形变,所以取向聚合物热收缩与取向度成正比。线膨胀系数在取向方向上比在未取向方向上小。

4. 高分子合金

高分子合金又称多组分聚合物。该体系中存在两种或两种以上不同的聚合物组分,不论组分之间是否以化学键相互连接。典型的高分子合金结构如图 5-4 所示。

高分子合金的制备方法可分为两类:一类称为化学共混,包括接枝共聚、嵌段共聚及相穿共聚等;另一类称为物理共混,包括机械共混和溶液浇铸共混等。

5.1.3 聚合物的分子运动特点和物理状态

结构是决定分子运动的内在条件,而性能是分子运动的宏观表现,所以了解分子运动的规律可以从本质上揭示出不同高分子纷繁复杂的结构与千变万化的性能之间的关系。

对于同一种聚合物,如果所处的温度不同,那么分子运动状况就不相同,材料所表现出的宏观物理性质也大不相同。了解聚合物在不同温度下呈现的力学状态,对于合理选用材料、确定加工工艺条件以及材料改性等都是非常重要的。

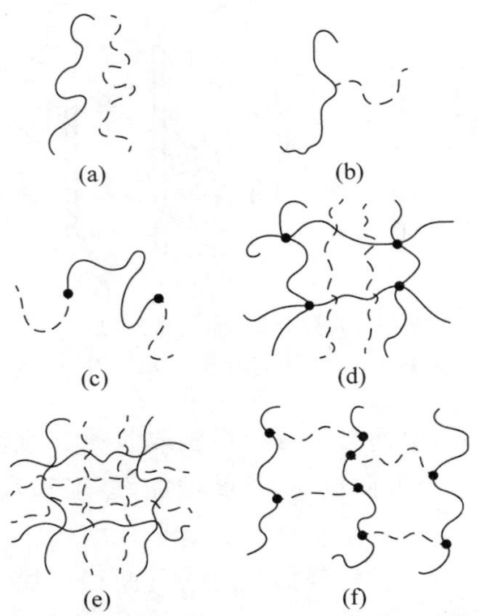

图 5-4 典型的高分子合金结构

(a) 聚合物共混物；(b) 接枝共聚物；(c) 嵌段共聚物；
(d) 半互穿聚合物网络；(e) 互穿聚合物网络；(f) 邻接聚合物

1. 聚合物分子运动的特点

(1) 高分子链的整体运动。

它是分子链质量中心的相对位移。例如，宏观熔体的流动是高分子链质心移动的宏观表现。

(2) 链段运动。

它是高分子区别于小分子的特殊运动形式。即在高分子链质量中心不变的情况下，一部分链段通过单键内旋转而相对于另一部分链段运动，使大分子可以伸展或卷曲，例如宏观上的橡皮拉伸和回缩。

(3) 链节、支链、侧基的运动。

这类运动对聚合物的韧性有着重要影响。侧基或侧链的运动多种多样。这类运动简称次级松弛，比链段运动需要更低的能量。

(4) 晶区内的分子运动。

晶态聚合物的晶区中，也存在着分子运动，例如晶型转变和晶区缺陷的运动等。

几种运动单元中，整个大分子链称作大尺寸运动单元，链段和链段以下的运动单元称作小尺寸运动单元。

2. 聚合物的物理状态

温度对聚合物的物理状态影响显著。模量-温度曲线可以有效地描述聚合物在不同温度下的物理状态。这里所说的“模量”是指材料受力时应力与应变的比值，表征材料抵抗变形能力的大小。模量越大，材料刚性越大。图 5-5 为线形、非晶态聚合物的模量-温度(E-T)曲线，它也表示出交联聚合物(点线)和结晶聚合物(虚线)的影响。$\lg E$ 对 T 的曲线显示了线形非晶态聚合物随着温度升高物理状态的 3 个区域。

(1) 玻璃态。

玻璃态区即如图 5-5 所示①处曲线的平台区域，在此区域内，聚合物类似玻璃，通常是脆性的。玻璃态聚合物的杨氏模量近似为 3×10^9 Pa，聚合物在玻璃态区的性能特点是由其在该温度下的分子运动特点所决定的，其分子运动主要限于振动和小尺寸运动单元的运动。

随着温度的提高，聚合物的物理状态开始发生显著的变化，模量迅速下降，通常取模量下降速度最大处的温度为玻璃化转变温度(T_g)，玻璃化转变温度(T_g)以下，仅仅只有 1～4 个主链原子可以运动，而在 T_g，有 10～50 个主链原子(即链段)获得了足够的热能以协同方式运动，聚合物的行为与皮革相似。

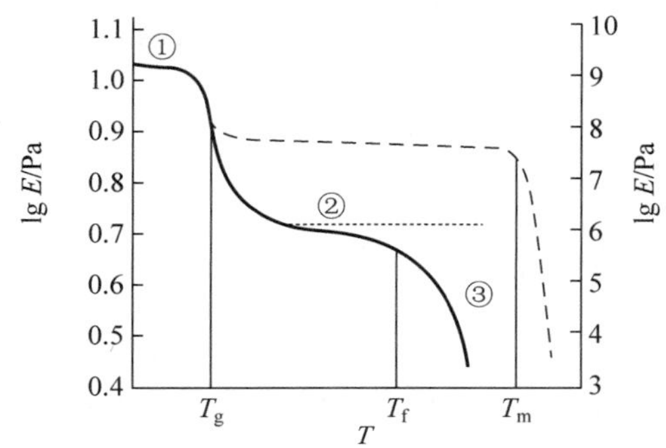

图 5-5 线形、非晶态聚合物的模量-温度(E-T)曲线

(2) 高弹态。

高弹态区即如图 5-5 所示②处曲线的平台区域，模量在到达该区域后又变为几乎恒定，其典型数值为 2×10^6 Pa。在此区域内，聚合物呈现橡胶的高弹性。如果聚合物为线形的，模量将缓慢下降。曲线平台的宽度主要由聚合物的分子量所控制，分子量越大，平台越长。对于半晶态聚合物，平台的高度由结晶度所控制，结晶平台一直延续到聚合物的熔点(T_m)，如图 5-5 中虚线所示。

(3) 黏流态。

黏流态区即如图 5-5 所示③处的区域，由黏流温度(T_f)开始。在这个区域内，聚合物开始呈现流动性，类似糖浆。聚合物开始呈现流动性的温度为黏流温度。该温度下，整个分子产生滑移运动，即产生流动，这种流动是作为链段运动结果的整链运动。对于交联聚合物，不存在③区，因为交联阻止了滑移运动，在达到聚合物的分解温度之前，一直保持在②区状态，直至发生分解，如图 5-5 中点线所示，如硫化橡胶。对于半晶态聚合物，模量取决于结晶度。无定形部分(非晶部分)经历玻璃—橡胶转变，但结晶部分仍然保持坚硬。在达到熔融温度(T_m)时，模量迅速降至非晶材料的相应数值。

3. 聚合物的玻璃化转变

非晶态聚合物的玻璃化转变，即玻璃-橡胶转变。晶态聚合物，则是指其非晶部分的对应转变。由于在晶态聚合物中，晶区对非晶部分的分子运动影响显著，情况比较复杂，所以像聚乙烯等高结晶度的聚合物，对其玻璃化转变温度至今尚有争议。

玻璃化转变温度(T_g)是聚合物的特征温度之一。所谓“塑料”和“橡胶”就是按它们的玻璃化转变温度是在室温以上还是在室温以下而言的。因此，从工艺角度来看，玻璃化转变温度 T_g 是非晶热塑性塑料(如聚苯乙烯、聚甲基丙烯酸甲酯(PMMA)、硬质聚氯乙烯等)使用温度的上限，是橡胶或弹性体（如天然橡胶、顺丁橡胶、苯乙烯-丁二烯-苯乙烯嵌段共聚物（SBS）等）使用温度的下限。

5.1.4 高分子材料的分类

高分子材料主要可分为塑料、橡胶、纤维、黏合剂和涂料等，本节只简单介绍塑料、橡胶和纤维。

1. 塑料

塑料根据其结构特点分为热塑性塑料和热固性塑料。热塑性塑料是指在一定温度范围内具有可反复加热软化、冷却后硬化定型的塑料，如聚乙烯、聚丙烯、聚苯乙烯、聚氯乙烯等。热固性塑料是指经加热（或不加热）就变成永久的固定形状，一旦成型，就不可能再熔融成型的塑料，如酚醛塑料、脲醛塑料等。

塑料按使用情况又分为通用塑料、工程塑料及特种塑料。随着应用范围的不断扩大，通用塑料和工程塑料之间的界限越来越不明显。

（1）通用塑料。

通用塑料价格便宜、产量大、成型性好，广泛用于日用品、包装、农业等领域，如聚乙烯、聚丙烯、聚氯乙烯、聚苯乙烯、酚醛和脲醛塑料。常用通用塑料的性能见表5-1。

表5-1 通用塑料的性能

项目	名称				
	聚丙烯（PP）	高密度聚乙烯（HDPE）	低密度聚乙烯（LDPE）	硬质聚氯乙烯（PVC）	聚苯乙烯（PS）
密度/(g/cm^3)	0.903～0.904	0.941～0.965	0.91～0.925	1.4～1.6	1.04～1.09
透明性	半透明～不透明	半透明～不透明	半透明		仅次于丙烯酸类
屈服强度/MPa	30～40	21～38	12～16	35～55	≥58.8
延伸率/%	>200	200～900	150～600	2～40	1～2.5
连续耐热温度/℃	120	121	80～100	65～80	60～75
脆化温度/℃	−10	−140～−100	−85～−55	−50～−60	−30
成型收缩率/%	1.0～2.5	2.0～5.0	1.5～5.0	1.0～1.5	0.4～0.7

（2）工程塑料。

工程塑料具有较高的强度和刚度，并具有较好的尺寸稳定性，如聚甲醛、聚砜、聚碳酸酯、聚酰胺、丙烯腈-丁二烯-苯乙烯共聚体（ABS）等。常用工程塑料的性能见表5-2。

表5-2 常用工程塑料的性能

项目	名称				
	聚碳酸酯（PC）	聚甲醛（POM）		聚酰胺（PA）	
		均聚甲醛	共聚甲醛	（PA66）	（PA6）
密度/(g/cm^3)	1.20	1.43	1.41	1.14～1.15	1.13～1.15
抗拉强度/MPa	60～70	68.6	59.8	>68.6	67～77.9
延伸率/%	70～120	40	75	60	150
熔融温度/℃	220～230	175	160	250～260	210～220

续表

项　目	名　称				
	聚碳酸酯(PC)	聚甲醛(POM)		聚酰胺(PA)	
		均聚甲醛	共聚甲醛	(PA66)	(PA6)
脆化温度/℃	－100	－40	－40	－30～－25	－30～－20
长期使用温度/℃	－60～120	90	100	82～149	79～121
成型收缩率/%	0.5～0.8	1.5～3.0	1.5～3.5	1.5	0.8～1.5

(3) 特种塑料。

特种塑料具有如耐热、自润滑等特异性能，可用于特殊要求，如氟塑料、有机硅塑料、聚酰亚胺等。

2. 橡胶

橡胶可分为天然橡胶和合成橡胶，具有高的弹性、阻尼性和绝缘性。

(1) 天然橡胶。

天然橡胶(NR)的弹性好、强度高、耐屈挠性好、绝缘性好。这些性能都是合成橡胶所不及的。因此，天然橡胶至今仍是最重要的一种橡胶。天然橡胶的加工性、黏合性、混合性良好。

(2) 合成橡胶。

合成橡胶的种类很多，按其性能和用途可分为通用合成橡胶和特种合成橡胶。通用合成橡胶一般用以代替天然橡胶来制造轮胎及其他常用橡胶制品，如丁苯橡胶、顺丁橡胶、氯丁橡胶、丁基橡胶、聚异戊二烯橡胶、乙丙橡胶、丁腈橡胶等。特种合成橡胶具有耐寒、耐热、耐油等特殊性能，用来制造特定条件下使用的橡胶制品，如氯磺化聚乙烯橡胶、氯化聚乙烯橡胶、硅橡胶、氟橡胶、丙烯酸酯橡胶、氯醇橡胶、聚硫橡胶等。一些常用合成橡胶的名称、特点和用途见表5-3。

表5-3　一些合成橡胶的特点和用途

名　称	特　点	用　途
丁苯橡胶(SBR)	耐候性、耐臭氧性、耐热性、耐老化性、耐油性都胜过天然橡胶；回弹性、耐寒性、动态特性、电性能等不如天然橡胶	有着和天然橡胶相同的用途，主要用于轮胎、软管、带子、鞋底等
氯丁橡胶(CR)	耐油性、耐臭氧性在通用橡胶中属于最高级别，耐老化性好，气体透过率低，耐磨耗性优良；电绝缘性差，可耐一般酸、碱，储藏稳定性差，属于高价产品	主要用于制造汽车零件(约占总量的一半)
丙烯酸酯橡胶(AR)	耐油性、耐臭氧性、耐热性、耐候性好(连续使用温度150～170℃)；耐寒性不好，耐水性差，易燃，不耐酸、碱，回弹性、耐磨耗性差，价格高	高温和有油的环境里使用的零件，如汽车耐热垫圈
聚硫橡胶(TR)	耐油性、耐臭氧性、耐候性好，耐寒性好，透气性小；加工性差，力学性能差，耐磨耗性差	耐油、耐溶剂性的软管、密封填料、垫圈等
聚氨酯橡胶(UR)	硬制品具有橡胶弹性，耐磨性、耐油性、低温性、耐老化性好，透气性小；易内部发热，摩擦系数比较大	以发泡体为主，也广泛用作实心车胎、水中轴承、密封垫圈、防震橡胶、弹性连接器等

3. 纤维

纤维分为有机合成纤维、无机纤维和天然纤维。无机纤维有金属纤维、碳纤维、硅系纤维及矿物纤维等；天然纤维有植物纤维（如麻、棉花等）和动物纤维（如羊毛、驼毛等）等。有机合成纤维主要有聚酯、聚酰胺、聚丙烯腈等。

聚酰胺纤维又叫作锦纶、尼龙（或耐纶），尼龙开始是杜邦公司的商品名。其特点是强韧，弹性高，质量轻，润湿时强度下降也很小，染色性好，拉伸弹性好，较难起皱，抗疲劳性好。约一半用作衣料，一半用于工业生产。在工业应用中，约 1/3 用作轮胎帘子线。

聚酯纤维又叫作涤纶，是生产量最大的合成纤维。其约 90%用作衣料，用于工业生产的只占 6%左右。

聚丙烯腈纤维包括丙烯腈均聚物及其共聚物纤维。其约 70%用作衣料，用于工业生产的只占 5%左右。

5.1.5 高分子材料的添加剂

随着高分子材料用途的多样化和成型加工技术的日益发展，对其质量的要求也在不断提高。为了改善高分子材料的性能，常将起到不同作用的添加剂加入高分子材料中，使之形成能满足实用要求的材料，这已成为高分子材料应用中的一大特征。

使用添加剂主要是使制品尽量达到所要求的性能，并且改善加工条件和降低生产成本。

1. 增塑剂

增塑剂加入聚合物后，塑料的玻璃化转变温度 T_g、熔点 T_m、黏流温度 T_f 降低，黏度减小，流动性增加，改善了某些塑料的加工性能，并能增加塑料的柔韧性和耐寒性。同时增塑剂的加入降低了塑料的抗拉强度、硬度和模量等，提高了塑料的伸长率和抗冲击性能。

橡胶加入增塑剂可使生胶软化，增加其可塑性以便于加工，从而减少动力消耗，能润湿炭黑等粉状添加剂，使其易于分散在胶料中，缩短混炼时间，提高混炼效果，增加制品的柔韧性和耐寒性，增进胶料的自黏性和黏性。

工业上使用的增塑剂还要考虑其效率和对制品性能的影响，及其毒性和环境保护问题。一般选用多种增塑剂并用才能达到理想效果。

2. 防老剂

高分子材料的老化本质上是高分子在物理结构或化学结构上的改变，使材料和制品在储存、使用过程中性能变劣。为了稳定材料的性能，延长制品的使用寿命，尤其是对那些老化速率较快的材料必须进行稳定化处理。

工业上消除或减少物理老化的方法，一般是通过采用适当的成型加工工艺，抑制分子链的运动来实现的。防止化学老化则需添加一些能抑制材料由光、热和氧等因素引起的高分子反应的物质，依其功能可分为热稳定剂、光稳定剂和抗氧剂等。

(1) 热稳定剂。

聚合物在加工成型过程中或在高温使用的条件下，会发生热分解、降解和交联等化学反应，影响制品性能和使用寿命。为了防止这些反应的发生，通常需要针对聚合物的类型、性质和实际情况加入各种热稳定剂。

（2）抗氧剂。

聚烯烃、聚苯乙烯、聚甲醛、聚氯乙烯、聚苯醚、ABS树脂等材料，在成型加工和使用过程中，受热、光、氧等作用会发生氧化降解反应而引起老化。加入抗氧剂可以阻止或推迟聚合物在正常或较高温度下的氧化过程。

（3）光稳定剂。

高分子材料在阳光、灯光和高能辐射照射下，会发生不同程度的光氧老化，出现泛黄、变脆、龟裂，失去光泽，力学性能大幅度降低等现象，以致最终丧失使用性能。许多在户外或灯光下使用的高分子材料制品中，光稳定剂都是必需的添加组分。

3. 填充剂、增强剂和偶联剂

（1）填充剂。

填充剂多数是指添加于塑料中的增容（量）剂，目的是增大塑料的体积，降低成本，也可改变产品的某些性能，例如提高弹性模量、压缩强度、硬度和热变形温度，改进表面质量，降低成型收缩率，提高尺寸的稳定性等。

（2）增强剂。

增强剂主要是玻璃纤维等纤维状物质，可以增加高分子材料的强度，提高复合材料的弹性模量，改进蠕变行为，提高弯曲模量等。对增强剂的基本要求，除与填充剂大体相同，还特别要求其具有与基体材料有良好的黏附性，并有一定长度。为了提高增强剂与基体的黏附性，一般要使用偶联剂。

玻璃纤维作为热塑性塑料的增强剂，在高强度复合材料的制造上十分重要。玻璃表面本身对塑料不具有亲和力，或亲和力极小，为了充分发挥其增强作用，需要涂覆偶联剂，如硅烷偶联剂。玻璃纤维的增强作用很大，加入量达30%，一般使抗拉强度提高1倍，弹性模量提高2倍。玻璃纤维增强塑料具有塑料和玻璃的优良综合性能，力学性能可接近金属水平。

（3）偶联剂。

偶联剂是指能增强填料与树脂间黏结力的物质，从而使材料具有优异的整体性能。例如，玻璃纤维增强材料常用硅烷类偶联剂进行表面处理；碳纤维常用表面氧化、表面晶须化处理；尼龙帘子布则常常需要经过浸渍专门配制的胶黏剂胶乳处理等，目的均是增大增强剂与基体树脂的黏附力。

4. 阻燃剂

由于高分子聚合物基本上属于含有碳和氢的有机化合物，所以大部分是可燃的。在此类聚合物中加入的阻燃性物质称为阻燃剂。随着高分子材料用途的日益发展，具有阻燃性质的高分子材料的应用也日益广泛。阻燃剂的消耗量已在高分子材料助剂中占第二位，仅次于增塑剂。

要注意的是，虽然通过使用阻燃剂能基本解决塑料与火焰接触的燃烧问题，但阻燃剂的有效性取决于与火焰接触的时间和火焰强度。一种塑料即使是含有最有效的阻燃剂，也无法抵御长时间的烈火。

除以上介绍的几种高分子材料添加剂，还有着色剂、润滑剂、发泡剂、抗静电剂、抗冲击剂、防霉剂和加工助剂等，其对高分子材料的加工和使用都起着非常重要的作用。

5.2 高分子材料成型工艺基础

高分子材料具有良好的可模塑性、可挤压性、可纺性和可延性。正是这些良好的加工性能为高分子材料提供了适于多种多样加工技术的可能性,也是高分子材料能得到广泛应用的重要原因。

5.2.1 聚合物的流变性

聚合物的流变性是指聚合物的流动和形变性能,为聚合物的成型加工奠定了理论基础。

绝大多数聚合物的成型加工都是在熔融态进行的,特别是热塑性塑料的加工,例如滚压、挤出、注射、吹塑、浇注薄膜以及合成纤维的纺丝等。因此,线性聚合物在一定温度下的流动性,正是其成型加工的重要依据。

液体流动阻力的大小以黏度表征。由于聚合物熔体内部存在大分子的无规热运动,使整个分子的相对位移比较困难,所以流动黏度比小分子液体大得多。

聚合物熔体或溶液的流动行为与小分子液体相比要复杂得多。在外力作用下,熔体或溶液不仅表现出不可逆的黏性流动形变,而且表现出可逆的弹性形变。这是因为聚合物的流动并不是高分子链之间简单的相对滑移,而是运动单元依次跃迁的总结果。在外力作用下,高分子链不可避免地要顺着外力方向伸展,除去外力,高分子链又将自发地卷曲起来。这种变化所致的弹性形变的发展和回复过程均为松弛过程,该过程取决于分子量、外力作用的时间和温度等。在成型加工过程中,弹性形变及其随后的松弛,与制品的外观、尺寸稳定性、内应力等有密切关系。

1. 聚合物的黏性流动

许多液体包括聚合物的熔体和浓溶液,聚合物分散体系(如胶乳)以及填充体系等,并不符合牛顿流动定律,这类液体统称为非牛顿流体,它们的流动是非牛顿流动。对于非牛顿流体的流动行为,通常可由它们的流动曲线做出基本的判定。图 5-6 为牛顿流体和非牛顿流体的流动曲线。非牛顿流体与牛顿流体的主要区别是流动曲线的斜率即黏度 η 不为常数,绝大多数实际聚合物熔体和溶液的流动行为都属于假塑性宾厄姆(Bingham)体。

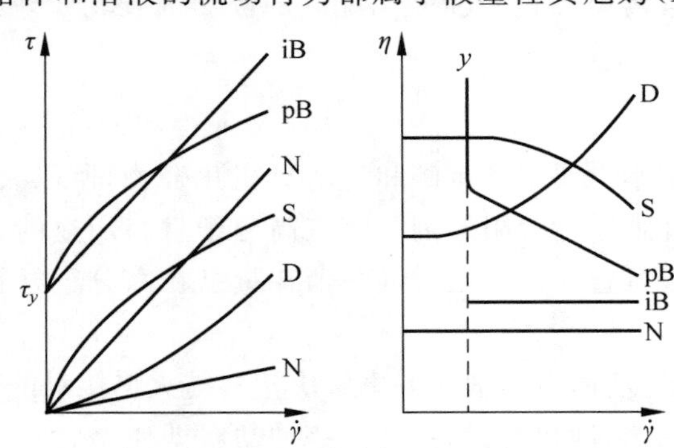

N—牛顿液体; D—切力增稠液体; S—切力变稀液体;
iB—理想的宾厄姆体; pB—假塑性宾厄姆体。

图 5-6 牛顿流体和非牛顿流体的流动曲线

实际聚合物熔体和溶液的流动行为可以用如图 5-7 所示的普适流动曲线来概括。由于涉及的切应力和切变速率变化范围很宽，所以表征切应力(τ)、切变速率(γ)和黏度(η)的流动曲线一般以双对数坐标画出，即 $\lg\tau$-$\lg\gamma$。

由图 5-7 可以看出，实际聚合物的流动曲线可以分为三个区域：在低切变速率下斜率为 1，符合牛顿流动定律，称作第一牛顿(流动)区，该区的黏度通常为零切黏度 η_0，即 $\gamma\to 0$ 的黏度。切变速率增大，流动曲线的斜率＜1，称作假塑性(流动)区，该区的黏度为表观黏度 η_a，且 γ 增大，η_a 减小。通常聚合物熔体成型时所经受的切变速率正在此范围内。

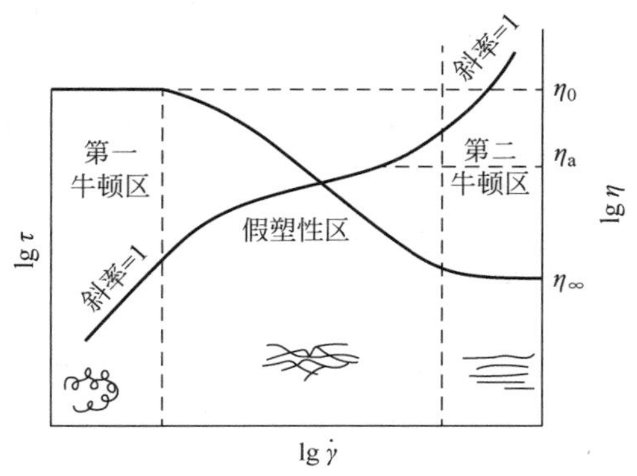

图 5-7　实际聚合物熔体的普适流动曲线

切变速率继续增大，在高切变速率区，流动曲线为另一斜率为 1 的直线，其也符合牛顿流动定律，称作第二牛顿(流动)区。高切变速率区的黏度为无穷切黏度或极限黏度 η_∞。一般在实验上达不到此区域，因为远未达到此区域的 γ 值以前已出现了不稳定流动。绝大部分聚合物熔体和溶液的零切黏度、表观黏度和无穷切黏度(或极限黏度)有如下大小顺序：

$$\eta_0 > \eta_a > \eta_\infty$$

对以上聚合物流动曲线的形状的解释有许多理论。如缠结理论、松弛理论等。现以缠结理论为例加以说明。在足够小的切应力 τ(或 γ)下，大分子处于高度缠结的拟网状结构，流动阻力很大。此时由于 γ 很小，虽然缠结结构能被破坏，但破坏的速度等于形成的速度，故黏度保持恒定的最高值，表现为牛顿流体的流动行为；当切变速率增大时，大分子在剪切作用下发生构象变化，开始解缠结并沿着流动方向取向。随着 γ 的增大，缠结结构被破坏的速度就逐渐大于其形成速度，故黏度不为常数，而是随 γ 的增加而减小，表现出非牛顿流体的流动行为；当 γ 继续增大，达到强剪切的状态时，大分子中的缠结结构几乎完全被破坏，γ 很高，来不及形成新的缠结，取向也达到极限状态，大分子的相对运动变得很容易，体系黏度达到恒定的最低值 η_∞，而且此黏度与拟网状结构不再有关，只和分子本身的结构有关，因而第二次表现为牛顿流体的流动行为。

除了用流动曲线以及表观黏度来评价聚合物的流动性，在工业上还常常采用另外一些更简单的物理量来评价，例如塑料工业中常用熔融指数，橡胶工业中常用穆尼(Mooney)黏度。

塑料的熔融指数是在标准化的熔融指数仪中测定的。首先将聚合物加热到一定温度，使之完全熔融；然后加上一定负荷(常用 2160 g)，使其从标准毛细管中流出；单位时间(一般以 10 min 计)流出的聚合物质量(克数)即该聚合物的熔融指数(MI)。

对于同一种聚合物,在相同的条件下,流出的量越大,熔融指数越大,说明其流动性越好。但对于不同的聚合物,由于测定时所规定的条件不同,所以不能用熔融指数的大小来比较它们的流动性。

以高密度聚乙烯(HDPE)为例,在 190℃、2160 g 荷重条件下测得的熔融指数可表示为 $MI_{190/2160}$。不同的加工条件对聚合物的熔融指数有不同的要求,通常,注射成型要求树脂的熔融指数较高,即流动性较好;挤出成型用树脂,其熔融指数较低为宜;吹塑成型用的树脂,其熔融指数介于以上二者之间,表 5-4 列出了不同熔融指数的 HDPE(0.94～0.96 g/cm^3)的应用范围。

表 5-4 不同熔融指数的 HDPE 的加工应用范围

熔融指数	加工应用范围	熔融指数	加工应用范围
0.3～1.0	挤出电缆	2.5～9.0	吹塑薄膜及制板
＜0.2	挤出管材	0.2～8.0	注射成型
0.2～2.0	吹塑制瓶	4～7	涂层

2. 影响流变性的主要因素

1) 温度、切应力、切变速率和液压

控制加工温度是调节聚合物流动性的重要手段。一般温度升高,黏度下降。各种聚合物的黏度对温度的敏感性有所不同。同一聚合物在不同的温度范围内,温度对黏度的影响规律也不一样,如图 5-8 所示。

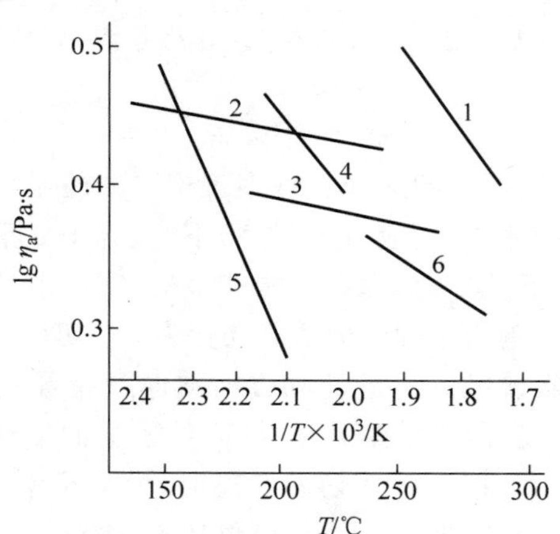

1—聚碳酸酯(4 MPa);2—聚乙烯(4 MPa);3—聚甲醛;
4—聚甲基丙烯酸甲酯;5—醋酸纤维素(4 MPa);6—尼龙(1 MPa)。

图 5-8 几种聚合物熔体的表观黏度和温度的关系

各种聚合物的表观黏度具有不同的温度敏感性。一般而言,分子链越刚硬或分子间作用力越大,对应的聚合物温度敏感性越强。例如,聚碳酸酯和聚甲基丙烯酸甲酯的熔体,温度每升高 50℃左右,表观黏度可以下降一个数量级。因此,在加工过程中,可采用提高温度的方法调节刚性较大的聚合物的流动性。而柔性高分子如聚乙烯、聚甲醛等,它们的流动活化能较小，表观黏度随温度变化不大，温度升高 100℃，表观黏度也下降不了一个数量级，故在加工中调节流动性时，单靠改变温度是不行的，需要改变切变速率。因为大幅度提高温度，可能造成聚合物降解，从而降低制品的质量。而且，成型设备等的损耗也较大。

多数聚合物熔体属于非牛顿流体，其黏度随切变速率的增加而降低，但各种聚合物黏度降低的程度不同。图 5-9 是几种聚合物的表观黏度与切变速率关系曲线。

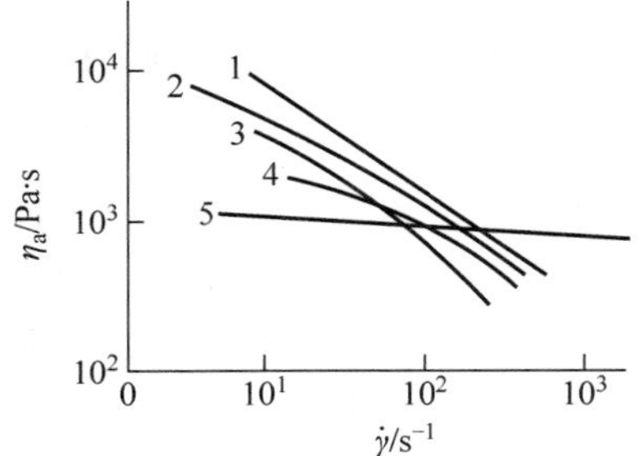

1—氯化聚醚（200℃）；2—聚乙烯（180℃）；3—聚苯乙烯（200℃）；
4—醋酸纤维素（210℃）；5—聚碳酸酯（302℃）。

图 5-9　切变速率对聚合物熔体表观黏度的影响

从图 5-9 可以看出，柔性链高分子的表观黏度随切变速率的增加而明显地下降，如氯化聚醚和聚乙烯；刚性链高分子的表观黏度也随切变速率的增加而下降，但下降幅度较小，如聚碳酸酯、醋酸纤维素等。这是因为，切变速率增加，柔性高分子链容易改变构象，即通过链段运动破坏了原有的缠结，降低了流动阻力；而刚性高分子链的链段较长，构象改变比较困难，随着切变速率增加，流动阻力变化不大。

切应力对聚合物黏度的影响与切变速率类似。同样，柔性链高分子是“切敏性”的。几种聚合物表观黏度与切应力的关系如图 5-10 所示。

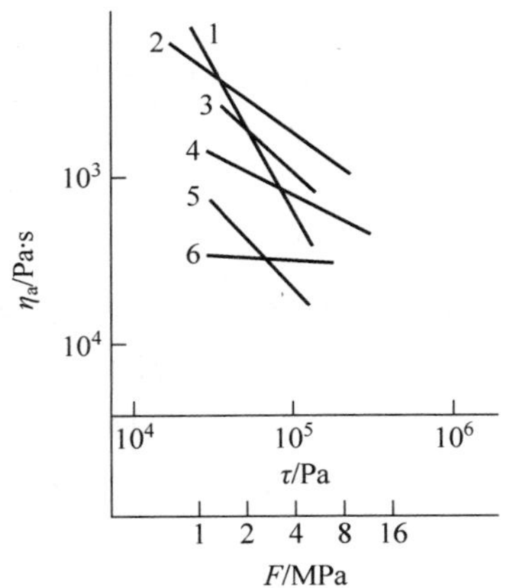

1—聚甲醛（200℃）；2—聚碳酸酯（280℃）；3—聚乙烯（200℃）；
4—聚甲基丙烯酸甲酯（200℃）；5—醋酸纤维素（180℃）；6—尼龙（230℃）。

图 5-10　几种聚合物熔体的表观黏度和切应力的关系

聚合物熔体剪切黏度的切变速率敏感性对成型加工极为重要。黏度降低,熔融聚合物较易加工,充模过程也较易流过窄小的管道。同时,又减少了大型注射机、挤出机运转所需的能量。所以,切敏性聚合物宜采用提高切变速率或切应力的方法(即提高挤出机的螺杆转速、注射机的注射压力等)来调节其流动性。

在注射、挤出等加工中,聚合物熔体还可能受到周围熔体的静压力作用,这种压力导致物料体积收缩,分子链之间相互作用增大,熔体黏度提高,甚至无法加工。因此,增大聚合物熔体所受到的静压力可起到与降低聚合物熔体成型温度类似的效果,图 5-11 为低密度聚乙烯(LDPE)的黏度与压力的关系。

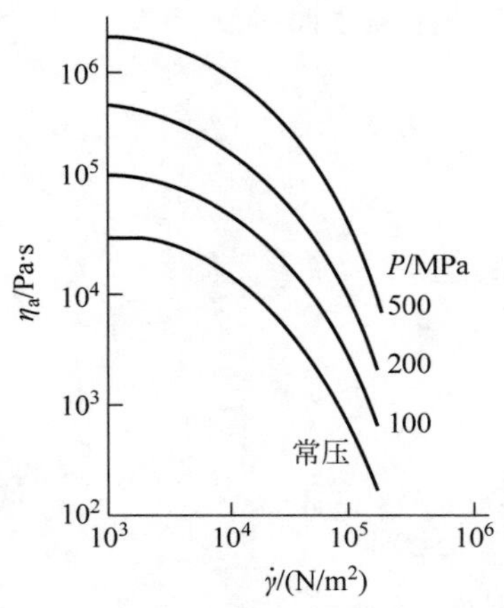

图 5-11 LDPE 的黏度与压力的关系

不同的聚合物,其黏度对压力的敏感性不同,压力的影响程度与分子结构、聚合物的密度和分子量等因素有关。例如,HDPE 比 LDPE 受压力影响小;同种材料,分子量高的聚乙烯比分子量低的聚乙烯受压力影响大。

2)分子量

降低分子量可以增加流动性,改善其加工性能。从成型加工考虑,希望聚合物有较好的流动性,这样可以使聚合物与添加剂混合均匀,充模良好,制品表面光洁。但过多地降低分子量又会影响制品的机械强度。所以,在聚合物加工时应当调节分子量的大小,在满足加工要求的前提下尽可能提高其分子量。

通常,天然橡胶分子量要求控制在 20 万左右,这是为了使材料有良好的高弹性;合成纤维分子量一般控制得比较低,为 2 万~10 万,否则聚合物在通过直径为 0.16~0.45 mm 的喷丝孔时会发生困难;塑料的分子量一般控制在纤维和橡胶之间。

不同的成型加工方去对分子量大小的要求也不相同。一般注射成型用的分子量较低,挤出成型用的分子量较高,吹塑成型(中空容器)用的分子量介于两者之间。

当分子量相同时,对于短支链,支链分子的黏度比直链分子的黏度略低。因为短支链的存在,使分子链缠结的可能性减小,分子间距离增大,分子间作用力减小,且支链越多越短,黏度就越低,流动性越好。

对于长支链,支链分子的黏度比直链分子黏度高。这是因为支链的长度超过了可以产生缠结的临界分子量,主链及支链都能形成缠结结构,故黏度大大增加。

由于短支链分子对降低物料黏度的效果很大,所以橡胶加工工艺上有时掺入一些支化的或已经降解的低交联度的再生胶来改善物料的加工性能。

3)共混

加入少量第二组分,有时可降低共混聚合物的熔体黏度,改善加工性能。例如,硬质聚氯乙烯管材挤出时,加入少量丙烯酸树脂,可以提高挤出速率,改善制品外观光泽;制造唱片用的氯乙烯-醋酸乙烯共聚物,加入 1% 低分子量聚氯乙烯,可使唱片质量显著改进。

3. 聚合物熔体的弹性表现

1）聚合物熔体的弹性形变

聚合物熔体是一种弹性液体，在切应力作用下，不但表现出黏性流动，产生不可逆形变，而且表现出弹性行为，产生可回复的形变。弹性形变的发展和回复过程都是松弛过程。

聚合物熔体的形变可分为可回复形变和黏性流动产生的形变。聚合物熔体的温度高、起始的外加形变大、维持恒定形变的时间长，均可使弹性形变部分减小。

2）法向应力效应

法向应力效应（包轴效应）是魏森贝格（Weissenberg）首先观察到的，故又称为魏森贝格效应。其现象是：如果用一转轴在液体中快速旋转，聚合物熔体或溶液与低分子液体的液面变化明显不同。低分子液体受到离心力的作用，中间部位液面下降，器壁处液面上升（图 5-12(a)）；高分子熔体或溶液受到向心力作用，液面在转轴处是上升的，在转轴上形成相当厚的包轴层（图 5-12(b)）。

包轴现象是由高分子熔体的弹性所引起的。由于靠近转轴表面熔体的线速度较高，分子链被拉伸取向缠绕在轴上。距转轴越近的高分子拉伸取向的程度越大。取向了的分子有自发恢复到蜷曲构象的倾向，但此弹性回复受到转轴的限制，使这部分弹性能表现为一种包轴的内裹力，把熔体分子沿轴向上挤（向下挤看不到），形成包轴层。

3）挤出物胀大

挤出物胀大现象又称巴勒斯（Barus）效应，是指熔体挤出模孔后，挤出物的截面积比模孔截面积大的现象。

挤出物胀大现象也是聚合物熔体弹性的表现。目前公认其至少由两方面因素引起。其一是聚合物熔体在外力作用下进入模孔，入口处流线收敛，在流动方向上产生速度梯度，因而分子受到拉伸力产生拉伸弹性形变，这部分形变一般在经过模孔的时间内还来不及完全松弛，出模孔之后，外力对分子链的作用解除，高分子链就会由伸展状态重新回缩为蜷曲状态，形变回复，发生出口膨胀。另一个原因是聚合相在模孔内流动时由于切应力的作用，表现出法向应力效应，法向应力差所产生的弹性形变在出模孔后回复，因而挤出物直径胀大（图 5-13）。当模孔长径比 L/D 较小时，前一原因是主要的；当模孔长径比 L/D 较大时，后一原因是主要的。

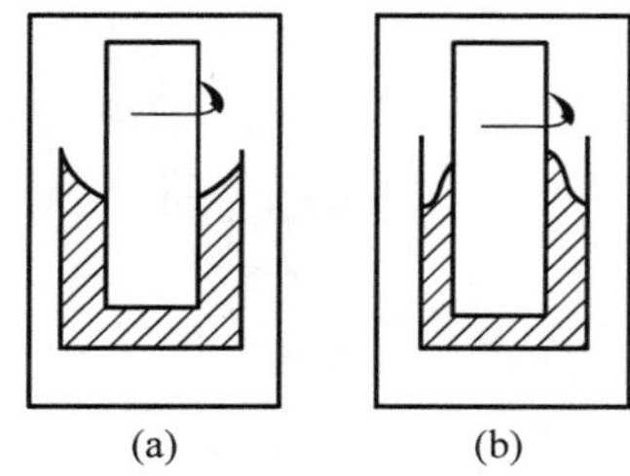

图 5-12　转轴快速旋转时熔体的液面变化

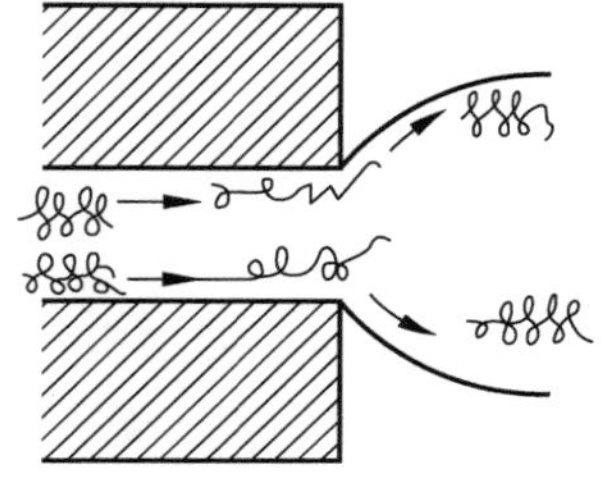
图 5-13　挤出物胀大现象中的弹性回复示意图

研究表明，加入填料能减小聚合物的挤出物胀大。刚性填料的效果最为显著。

挤出物胀大现象对纺丝、控制管材直径和板材厚度、吹塑制瓶等均具有重要的实际意义。为了确保制品尺寸的精确性和稳定性，在模具设计时，必须考虑模孔尺寸与挤出物胀大现象之间的关系，通常模孔尺寸应比制品尺寸小一些，才能得到预定尺寸的产品。

4）不稳定流动

聚合物熔体在挤出时，当切应力超过一极限值时，熔体往往会出现不稳定流动，挤出物外表不再是光滑的，如图 5-14 所示，最后导致不规则的挤出物断裂。

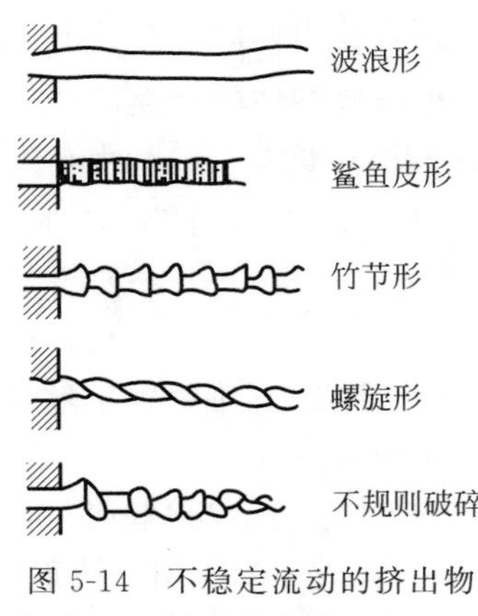

图 5-14 不稳定流动的挤出物外观示意图

引起聚合物弹性形变储能剧烈变化的主要流动区域通常是模孔入口处、毛细管壁处以及模孔出口处。

5.2.2 成型对聚合物结晶和分子取向的影响

1. 成型对聚合物结晶的影响

聚合物加工过程中，加工条件如温度和外力（拉应力、剪应力和压应力）等均会影响结晶过程。

（1）冷却速率的影响。

结晶聚合物在成型加工中，冷却速率的大小与结晶度高低、晶体的形态和晶体尺寸等有着密切关系。冷却速率适中，具有晶核生成速度与晶体生长速度最有利的比例关系，结晶较完善，结构较稳定。结晶聚合物在成型中常采用中等冷却速率。

（2）熔融温度和熔融时间的影响。

对于结晶度较高的聚合物，成型时的熔融温度较低或熔融温度下停留的时间较短，则熔体中就会残存许多的晶核，若成型时的熔融温度较高且停留时间较长，则熔体中就不会有残余晶核。前者在成型后冷却结晶速度快，晶体尺寸小而均匀；后者成型后冷却结晶速度慢，晶体尺寸大。

（3）应力作用的影响。

聚合物在成型过程中受到高应力作用时，具有加速结晶的作用，即所谓“应力致结晶”。这是由在应力作用下，聚合物熔体取向，诱发成核作用所致。熔体分子取向后，晶核生成时间大大缩短，晶核数量增加，以致结晶速度增加。

应力还对晶体的结构和形态有影响。例如，在剪切或拉伸应力作用下，熔体中常生成一长串的纤维状晶体；低压下能生成大而完整的球晶，高压下则生成小而形状不很规则的球晶。

（4）其他因素的影响。

某些固体物质加入聚合物中，形成晶核，加速聚合物结晶，这些物质称为成核剂。对聚合物进行退火处理，能促使分子链段加速重排，提高结晶度并使晶体结构趋于完善。对聚合物进行淬火处理，其结果与退火处理相反，淬火处理快速冻结了大分子链运动，阻止结晶。

2. 成型对聚合物分子取向的影响

1）流动取向

聚合物成型加工过程中，不可避免地会有不同程度的分子取向。

聚合物在成型加工过程中，熔体在成型设备的管道和型腔中流动，这是一种剪切流动。剪切流动中，在速度梯度的作用下，蜷曲状长链分子逐渐沿流动方向舒展伸长和取向。另外，由于熔体温度较高，大分子热运动剧烈，必然会使已取向的大分子回到蜷曲状态。因此，大分子流动取向的同时存在着解取向作用。

熔体流动过程中，取向结构的分布是有一定规律的，熔体进入截面尺寸较大的模腔后，压力逐渐降低，熔体前沿首先与温度很低的模壁接触，被迅速冷却而形成取向结构少或无取向结构的冻结层。但靠近冻结层的熔体仍然流动，且黏度升高，流动时速度梯度大。因此，其有很高的取向程度。模腔中心的熔体，速度梯度小，取向程度低，同时由于温度高，冷却速度慢，分子的解取向能较充分进行，故最终的取向度较低。图 5-15 是在注射成型的矩形长条试样中，取向结构的分布情况。图 5-16 为注射成型试样横断面取向度分布情况。

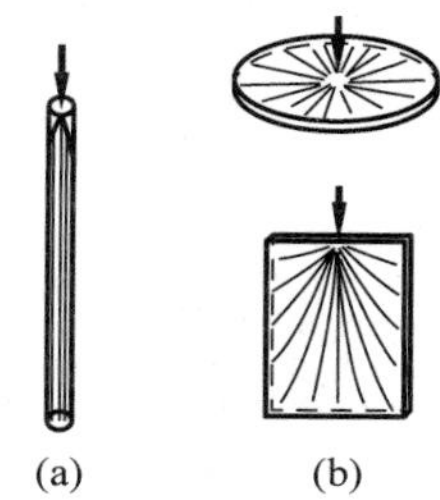

图 5-15　聚合物注射成型时的流动取向
(a) 单轴取向；(b) 双轴取向

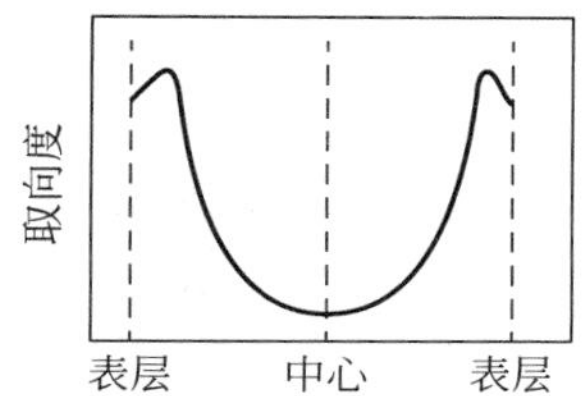

图 5-16　注射成型试样横断面取向度分布图

2）影响聚合物取向的因素

(1) 温度和应力的影响。温度升高，聚合物的黏度降低，在恒定应力下，有利于聚合物的取向，聚合物大分子热运动加剧也会使解取向很快发展。温度对聚合物取向和解取向有着相互矛盾的作用，在一定温度下，两个过程的发展速度不同。

(2) 拉伸比和拉伸速率的影响。拉伸比为材料拉伸后长度 L 与拉伸前长度 L_0 之比，即 $n=L/L_0$。拉伸比越大，取向程度越大。拉伸速率是通过松弛时间来影响取向作用的。拉伸速率适中时，较多的是大分子排直变形，有利于取向。

3. 聚合物的物理状态与加工成型的关系

聚合物物理状态的转变与聚合物的分子结构、聚合物体系的组成、所受应力和环境温度等密切相关。聚合物不同物理状态的性能决定了聚合物对加工技术的适应性，并使聚合物在加工过程中表现出不同的行为。图 5-17 为线形聚合物的物理状态与加工方法的关系。

处于玻璃化温度 T_g 以下的聚合物为坚硬固体，弹性模量高，形变小，故玻璃态聚合物不宜进行引起大变形的加工，但可通过车、铣、削、刨等进行机械加工。

在 T_g 以上的高弹态，形变能力显著增大。在 $T_g \sim T_f$ 温度区间靠近 T_f 一侧，由于聚合物黏性很大，可进行某些材料的真空成型、压力成型、压延和弯曲成型等。但高弹形变有时间依赖性，因此应充分考虑加工中的可逆形变，否则就得不到符合形状尺寸要求的制品，把制品温度迅速冷却到 T_g 以下是这类加工过程的关键。对结晶或部分结晶的聚合物，在外力大于材料的屈服强度时，可在玻璃化温度至熔点(即 $T_g \sim T_m$ 温度)区间进行薄膜或纤维的拉伸。由于 T_g 对材料力学性能有很大影响，所以 T_g 是选择和合理应用材料的重要参

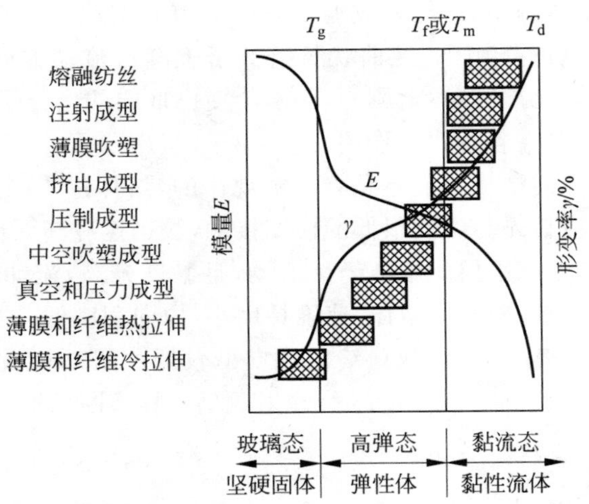

图 5-17 线形聚合物的物理状态与加工方法的关系示意图

数,同时也是大多数聚合物成型加工的最低温度。

高弹态的上限温度是 T_f,由 T_f(或 T_m)开始,聚合物转变为黏流态,通常又将这种液体状态的聚合物称为熔体。材料在 T_f 以上不高的温度范围常用来进行压延成型、某些挤出成型和吹塑成型等。生橡胶的塑炼也在这一温度范围,因为在这一条件下橡胶有较适宜的流动性,在塑炼机辊筒上受到强烈剪切作用,生橡胶的分子量能得到适度降低,转化为较易成型加工的塑炼胶。因此 T_f 与 T_g 一样都是聚合物材料进行成型加工的重要参考温度。

在比 T_f 更高的温度时,聚合物熔体形变的特点是在不大的外力下就能引起宏观流动,此时形变中主要是不可逆的黏性形变,冷却聚合物就能将形变永久保持下来,因此这一温度范围常用来进行熔融纺丝、注射、挤出和吹塑等加工。过高的温度将使聚合物的黏度大大降低,不适当的增大流动性容易引起诸如注射成型的溢料、挤出制品的形状扭曲和收缩的现象。温度高到分解温度 T_d 附近时,将引起聚合物分解。

5.2.3 聚合物的降解和交联

1. 聚合物的降解

通常称聚合物分子量降低的变化为降解。这一般是由于聚合物在成型、储存或使用过程中,由外界因素如物理(热、力、光、电等)、化学(氧、水、酸、碱、胺等)及生物(霉菌、昆虫等)等的作用而导致分子量降低,大分子结构改变。

聚合物在成型过程中的降解比在储存过程中遇到的外界作用要强烈,后者降解过程进行比较缓慢,又称为老化。老化过程中,使材料丧失弹性、变脆、不熔和不溶。

轻度的降解形成一些比原始聚合物分子量低但聚合度不同的同类大分子,使聚合物带色。进一步的降解会使聚合物分解出低分子物质,分子量或黏度降低,制品出现气泡和流纹等弊病,并因此削弱制品的各项性能。严重降解时,使聚合物破坏而得到单体或其他低分子物,使聚合物焦化变黑,产生大量的分解物质。

聚合物在加工过程出现降解后,制品外观变坏,内在质量降低,使用寿命缩短。因此加工过程大多数情况下都应设法尽量减少和避免聚合物降解。使用前应对聚合物进行严格干燥。对于那些热稳定性较差，加工温度和分解温度非常接近的聚合物，确定合适的加工温度范围尤为重要。某些聚合物的加工温度与热分解温度列于表5-5。

根据聚合物的特性，特别是加工温度较高的情况，在配方中考虑使用抗氧剂、稳定剂等以加强聚合物对降解的抵抗能力。

表5-5 某些聚合物的加工温度与热分解温度

聚合物	加工温度/℃	热分解温度/℃	聚合物	加工温度/℃	热分解温度/℃
聚苯乙烯	170～250	310	聚丙烯	200～300	300
聚氯乙烯	150～190	170	聚甲醛	195～220	220～240
聚碳酸酯	270～320	380	聚酰胺-6	230～290	360
氯化聚醚	180～270	290	天然橡胶	<100	198
高密度聚乙烯	220～280	320	丁苯橡胶	<100	254

2. 聚合物的交联

在聚合物的加工过程中，线形大分子链之间以新的化学键连接，形成三维网状或体型结构的反应称为交联。通过交联反应能制得交联(即体型)聚合物。与线型聚合物比较，交联聚合物的机械强度、耐热性、耐溶剂性、化学稳定性和制品的形状稳定性等均有所提高。所以，在一些对强度、工作温度和蠕变等要求较高的场合，交联聚合物有较广泛的应用。通过不同途径如以模压、层压等加工方法生产热固性塑料和硫化橡胶的过程，就存在着典型的交联反应。但在加工热塑性聚合物时，由于加工条件不适当或其他原因(如原料不纯等)也可能在聚合物中引起交联反应，使聚合物的性能改变。这种交联称为非正常交联，是加工过程要避免的。

在塑料成型工业中，常用硬化或熟化来代替交联一词。所谓"硬化得好"或"熟化得好"，是指交联度发展到一种最为适宜的程度，以致制品的物理力学性能达到最佳。当硬化不足(欠熟)时，塑料中常存有比较多的可溶性低分子物，而且交联作用也不够，使得制品的力学强度、耐热性、电绝缘性、耐化学腐蚀性等下降；而热膨胀后的收缩、内应力、受力时的蠕变量增加；制品表面变暗，容易产生裂纹或翘曲，吸水量也增大等。当硬化过度(过熟)时，会引起制品变色、起泡、发脆和强度降低等情况。

5.3 高分子材料的成型方法

5.3.1 注射成型

注射成型是塑料最重要的一种成型方法。除氟塑料外，几乎所有的热塑性塑料以及部分热固性塑料(酚醛塑料、氨基塑料等)都可用注射方法成型。注射成型制品占塑料制品总量的30%以上。

注射过程是将粒(粉)状塑料从注射机料斗送入已加热的料筒，经加热熔融后，受螺杆或柱塞的推动，熔融塑料通过料筒前端的喷嘴快速注入闭合塑料模具中，经冷却(热塑性塑料)或加热(热固性塑料)定形后，开启模具取得制品。

注射成型具有许多优点，例如成型周期短，能一次成型外形复杂和带嵌件的制品；对成型各种塑料的适应性强，生产效率高，易于自动化，更换原料及模具均很方便，产品更新快等。

1. 注射机

注射机的基本作用是加热塑料使其熔化，并对熔融塑料施加高压，使其快速射出而充满模腔。卧式塑料注射成型机如图 5-18 所示。

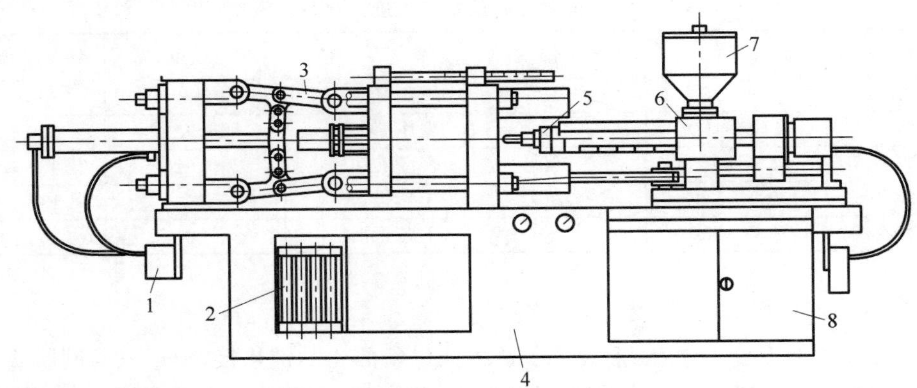

1—液压系统；2—冷却系统；3—合模部件；4—机身；5—加热系统；
6—注射部件；7—加料装置；8—电器控制系统。

图 5-18 卧式塑料注射成型机

2. 注射模具

注射模具是指成型时确定塑料制品形状、尺寸所用部件的组合。其结构形式主要由塑料品种、制品形状和注射机类型等决定，但基本结构是一致的，即主要由浇注系统、成型零件、结构零件等构成。图 5-19 为单分型面注射模。

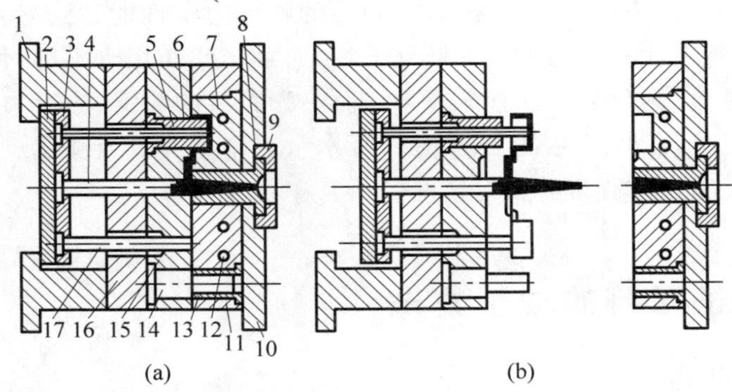

1—模脚；2—推板；3—推杆固定板；4—拉料杆；5—推杆；6—型芯；7—凹模；8—浇口套；9—定位圈；
10—定模座板；11—定模板；12—冷却水孔；13—导套；14—导柱；15—型芯固定板；16—支撑板；17—回程杆 。

图 5-19 单分型面注射模

(a) 工作状态；(b) 开模取制品状态

1）浇注系统

浇注系统的作用是保证从喷嘴射出的熔融塑料稳定且顺利地充满全部型腔，同时在充模过程中将注射压力传递到型腔的各个部分。浇注系统通常由主流道、冷料井、分流道和浇口四部分组成，如图 5-20 所示。

主流道与注射机喷嘴相连，顶部呈凹形。冷料井是设在主流道末端的一个空穴，用以收集喷嘴端部两次注射之间所产生的冷料，以避免冷料堵塞浇口或进入型腔。分流道是多腔模中连接主流道和各个型腔的通道，使熔料以等速度充满各个型腔。浇口是接通主（分）流道与型腔的通道，其作用是提高料流速度，使停留在浇口处的熔料早凝而防止倒流，便于制品与流道系统分离。

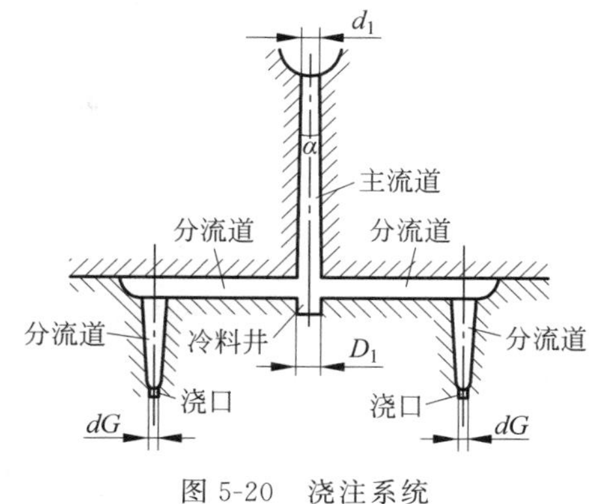

图 5-20　浇注系统

浇口形状、尺寸和位置的设计应根据塑料性质、制品尺寸和结构来确定。

2）成型零件

模具中用以确定制品形状和尺寸的空腔称为型腔，构成型腔的组件则统称为成型零件，包括凹模、凸模、型芯及排气口等。凹模又称阴模，是成型制品外表面的部件，多装在注射机的固定模板上，又称定模。凸模又称阳模，是成型制品内表面的部件，多装在移动模板上，又称动模。通常顶出装置设在凸模，以便制品脱模。型芯是成型制品内部形状（如孔、槽）的部件，型芯除要求较低的表面粗糙度，还应有适当的脱模斜度。排气口是设在型腔尽头或模具分型面上的槽形出气口，以便于型腔内气体及时排出。

3）结构零件

构成模具结构的各种零件称为结构零件，包括顶出系统、动（定）模导向定位系统、抽芯系统以及分型等各种零件。

3. 注射工艺过程

注射过程包括加料、塑化、注射、模塑、冷却和脱模等几个步骤，其中最主要的是塑化、注射和模塑三个阶段。

1）塑化

从料斗进入料筒的塑料，在料筒内受热达到流动状态并具有良好可塑性的过程称为塑化。注射工艺对塑化过程的要求是：塑料在进入模腔前应达到规定的成型温度并在规定时间内提供足够数量的熔料；熔料各点温度应均匀一致，不发生或极少发生热分解以保证生产的连续。

2）注射

将塑化良好的熔体在螺杆（或柱塞）推挤下注入模具的过程称为注射。塑料熔体自料筒经喷嘴、主（分）流道、浇口进入模腔需克服一系列的流动阻力，产生很大的压力损失（有30%～70%的注射压力将在此消耗掉）。为了能对进入型腔的熔料保持足够的压力使之压实，需要足够的注射压力。

3）模塑

注入模具型腔的塑料熔体在充满型腔后经冷却定形为制品的过程称为模塑。不管是何种形式的注射机，塑料熔体进入模腔内的流动情况均可分为充模、压实、倒流和浇口冻结后的冷却四个阶段。在连续的四个阶段中，塑料熔体的温度将不断下降，而压力的变化则如图 5-21 所示。

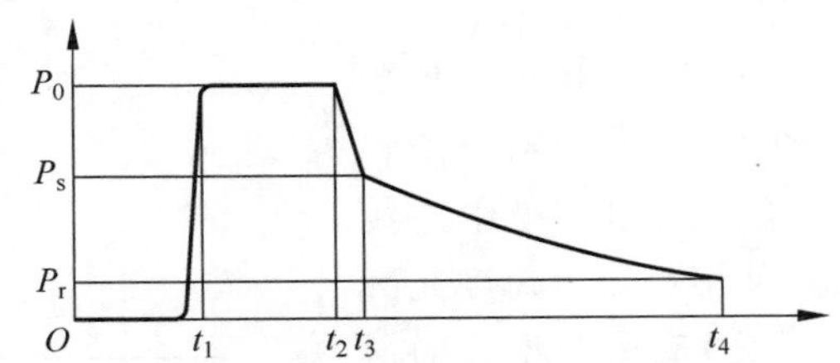

P_0—模塑最大压力；P_s—浇口冻结时的压力；P_r—脱模时残余压力。

图 5-21 模塑周期中塑料压力变化图

(1) 充模阶段($0\sim t_1$)。这一阶段从螺杆(柱塞)开始向前移动直至模腔被塑料熔体充满。充模开始一段时间里模腔内没有压力,待模腔充满时,模内压力迅速上升至最大压力 P_0。充模时间与注射压力有关。

(2) 压实阶段($t_1\sim t_2$)。这一阶段从熔体充满模腔至螺杆开始后退。这段时间内,型腔内的熔体因冷却而收缩,料筒内的熔料在螺杆的压力作用下向模内补缩。因此,压实阶段对提高制品的密度、降低收缩率和克服制品表面缺陷很重要。其中影响最大的是保压压力和保压时间。

(3) 倒流阶段($t_2\sim t_3$)。这一阶段从螺杆后退时开始至浇口处熔料冻结。此时型腔内的压力比流道内高,因此熔体会从型腔倒流进流道,导致型腔内压力的迅速下降,直至浇口冻结使倒流无法进行为止。如果螺杆后退时浇口处熔料已冻结,或者喷嘴中装有止逆阀,则不存在倒流阶段。压实阶段时间长,倒流少。浇口冻结时模内压力越高或温度越低,制品的收缩率越小。

(4) 冷却阶段($t_3\sim t_4$)。塑料熔体自注入模腔内即开始冷却,浇口冻结后的冷却阶段是从浇口的塑料完全冻结时起到制品从模腔中顶出时止。模内塑料在此阶段主要是继续冷却,以便制品在脱模时具有足够的刚度而不致发生扭曲变形。在这一阶段,随塑料温度逐渐下降,模内塑料体积收缩,模内压力降低。

4. 注射制品中的分子取向与内应力

在模塑过程中的四个阶段都会或多或少产生分子取向和内应力,取向程度和内应力大小及在制品内的分布,对注射制品的质量有不可忽视的影响。

注射制品各部分的取向方向和取向度在成型过程中很难准确控制,而且,由取向度不同引起的收缩不均,会使制品在贮运和使用中发生翘曲变形。因此,在设计和注射成型制品时,除某些可能利用不同取向度的制品,一般总是采取一切可能的措施减小因取向而引起的各向异性和内应力。

在注射制品的成型过程中,模具温度、制件厚度、注射压力、充模时间(注射速度)和料筒温度对分子取向度的影响较为显著,如图 5-22 所示。

在注射制品成型的充模、压实和冷却过程中,外力在模腔熔体中建立的应力,若在熔体凝固之前未能通过松弛作用全部消失而有部分存留下来,就会在制品中产生内应力。由于起因不同,注射制品中通常存在三种不同形式的内应力,即构型体积应力、冻结分子取向应力和体积温度应力。

构型体积应力是由制品几何形状复杂,不同部位的壁厚差较大,在冷却过程中各部分体积收缩不均而产生的内应力,可以通过热处理消除。冻结分子取向应力是冻结的取向结构

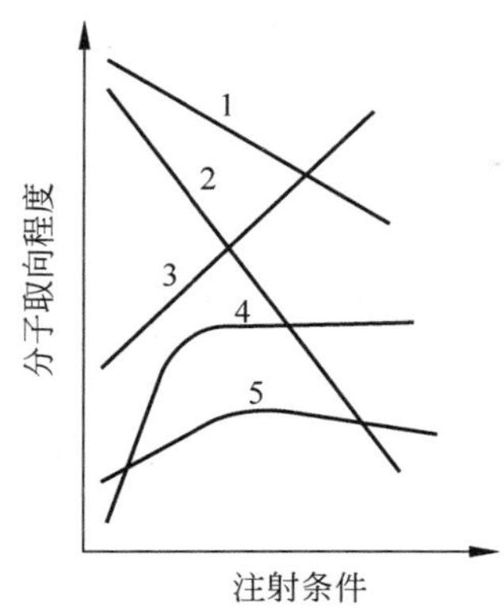

1—模具温度；2—制件厚度；3—注射压力；4—充模时间；5—料筒温度。

图 5-22　注射条件对分子取向的影响

导致制品产生的内应力。体积温度应力与制品各部分降温速率不等而引起的不均匀收缩有关，在厚壁制品中表现较为明显，这种形式的内应力有时会形成内部缩孔或表面凹痕。

在三种形式的内应力中，以冻结分子取向应力对注射制品的影响最大。成型过程中，注射制品存在有不同的取向方向和取向度分布，而且很难完全松弛掉。当制品冷却定形后，这些被冻结的取向结构就会导致制品产生内应力。凡能减小制品中取向度的各种因素，将必然有利于降低其取向应力。

内应力不仅是注射制品在贮运和使用中出现翘曲变形和开裂的重要原因，也是影响其光学性能、电学性能和表观质量的重要因素。特别是制品在使用过程中承受热、有机溶剂和其他能加速其开裂的介质时，消除或降低内应力，对保证制品正常使用具有重要的意义。

5. 注射制品的修饰及后处理

注射制品的修饰及后处理是指制品脱模后，实施手工或机械加工、抛光、表面涂饰、退火及调湿处理等，以满足制品外观质量、尺寸精度和力学性能的要求。其中修饰主要是指为改善制品外观而进行的操作。

1）退火处理

注射制品在成型过程中，由于在料筒内塑化不均或在模内冷却不均，会产生不均匀的结晶、取向和收缩，使制品存在内应力，从而降低了制品的力学性能、光学性能和尺寸精度，表面出现银纹甚至变形开裂。解决这些问题的方法之一是对制件进行退火处理。

经退火处理后可消除或减小制品内应力。塑料的分子链刚性较大，壁厚较大，带有金属嵌件，以及尺寸精度和力学性能要求较高的制品需要进行退火处理。

退火的方法是将制件置于一定温度的液体介质或热空气循环烘箱中静置一段时间，然后缓慢冷却至室温。退火温度控制在制品使用温度以上 10～20℃或塑料热变形温度以下 10～20℃。常用热塑性塑料的热处理条件见表 5-6。

表 5-6　一些热塑性塑料的热处理条件

热塑性塑料	处理介质	处理温度/℃	制件厚度/mm	处理时间/min
聚苯乙烯	空气或水	60～70	≤6	30～60
		70～77	>6	120～360

续表

热塑性塑料	处理介质	处理温度/℃	制件厚度/mm	处理时间/min
聚甲基丙烯酸甲酯	空气	75		16～20
聚砜	空气	165		60～240
尼龙 66	油	120	≤3	15
		130	3～6	20～30
		150	>6	30～60
尼龙 6	油	130	>6	15
	水	120	>6	25
聚甲醛	空气	160	2.5	60
	油	160	2.5	30
共聚甲醛	空气	130～140	1	15
	油	150	1	0
聚丙烯	空气	150	≤3	30～60
			≤6	60
高密度聚乙烯	水	100	≤6	15～30
			>6	60

2）调湿处理

聚酰胺类塑料制品在高温下接触空气易氧化变色，在空气中使用或储存时又易吸收水分而膨胀，需要很长时间尺寸才能稳定。将刚脱模的制品放在热水中，不仅可隔绝空气进行防止氧化的退火处理，同时还可以加快达到吸湿平衡，故称作调湿处理。经过调湿处理不仅可以减小制品内应力、提高结晶度，而且能加快达到吸湿平衡，使制品尺寸稳定。适量的水分还能对聚酰胺起着类似增塑剂的作用，从而改善制品的柔韧性，使拉伸强度和冲击强度提高。调湿处理的温度在水中通常为 100～120℃，在水与醋酸钾为 1∶1.25 的溶液中一般为 80～100℃，处理时间由聚酰胺塑料的品种、制件形状和厚度而定，参见表 5-6。

5.3.2 挤出成型

挤出成型简称挤塑，是借助螺杆的挤压作用使受热熔融的物料在压力推动下强制通过口模而成为具有恒定截面连续型材的成型方法，能生产管材、棒材、型材、单丝、板材、薄膜、扁带、电线电缆和涂层制品等。这种方法的特点是生产效率高，适应性强，几乎可用于所有热塑性塑料及某些热固性塑料。

1. 挤出设备

挤出设备目前大量使用的是单螺杆挤出机和双螺杆挤出机，后者特别适用于硬聚氯乙烯粉料或其他多组分体系塑料的成型加工，但通用的是单螺杆挤出机，如图 5-23 所示。

螺杆是挤出机的关键部件，通过它的转动，使机筒里的物料移动，得到增压，达到均匀塑化，如图 5-24 所示。同时还可以产生摩擦热，加速温升。根据螺杆各部分的不同功能，可分为进料段、压缩段和计量段。进料段是指自物料入口至前方一定长度的部分，其作用是让料斗中的物料不断地补充进来并使之受热前移。进料段的物料一般仍保持固体状态。压缩段是螺杆中部的一段，其作用是压实物料，使物料由固体逐渐转化为熔融体，并将夹带的空气向进料段排出。因此，该段的螺槽深度是逐渐缩小的，从而利于物料的升温和熔化。计量段

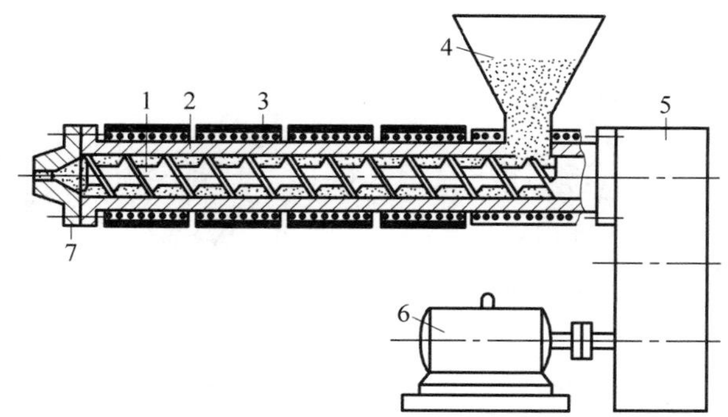

1—螺杆；2—机筒；3—加热器；4—料斗；5—减速器；6—电机；7—机头。

图 5-23 单螺杆挤出机工作原理

(也称均化段)是螺杆的最后一段，其作用是使熔体进一步塑化均匀并定量定压地由机头流道均匀挤出。

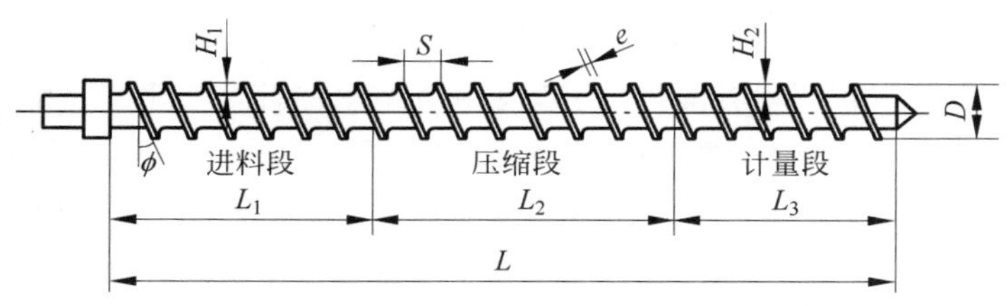

图 5-24 常规螺杆的基本结构

2. 挤出过程

图 5-25 为普通螺杆挤出机中的挤出过程简图。

挤出过程一般包括熔融、成型和定型三个阶段。第一是熔融阶段，固态物料通过螺杆转动向前输送，在外部加热和内部摩擦热的作用下逐渐熔化，最后完全转变成熔体，并在压力下压实。在这个阶段，物料的状态变化和流动行为很复杂。在物料完全熔化进入均化段中后，螺槽全部被熔体充满。旋转螺杆的挤压作用以及由机头、分流板、过滤网等对熔体的反压作用，使熔体的流动有正流、逆流、横流以及漏流等不同形式。其中横流对熔体的混合、热交换、塑化影响很大。漏流是在螺翅和料筒之间的间隙中沿螺杆向料斗方向的流动，逆流的流动方向与主流相反。漏流和逆流是由机头、分流板和过滤网等对熔体的反压引起的。挤出量随这两者的流量增大而减少。第二阶段是成型，熔体通过塑模(口模)在压力下成为形状与塑模相似的一个连续体。第三阶段是定型，在外部冷却下，连续体被凝固定型。

3. 几种常见的挤出成型工艺

采用挤出成型工艺的制品很多，制品的形状和尺寸差别很大，每种制品的生产都有特定的工艺和技术，并还需采用相应的辅助设备，每种制品都有各自的特点。

1) 热塑性塑料管材挤出成型

管材挤出时，塑料熔体从挤出机口模挤出管状物，先通过定型装置，按管材的几何形状、尺寸等要求使它冷却定型；然后进入冷却水槽进一步冷却，最后经牵引装置送至切割装置切成所需长度。

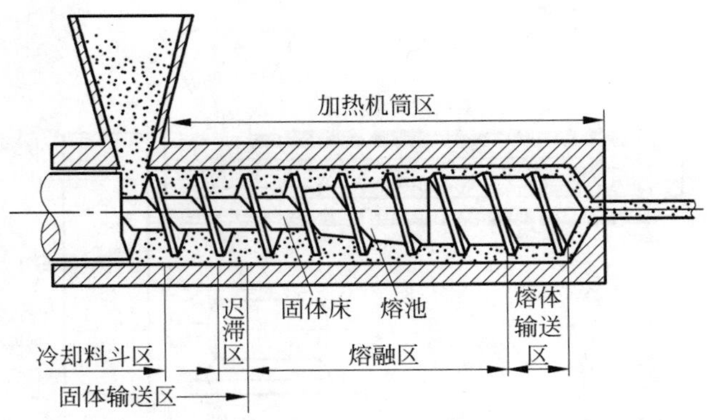

图 5-25 塑料在普通螺杆挤出机中的挤出过程简图

适用于挤出管材的热塑性塑料有聚氯乙烯、聚丙烯、聚乙烯、ABS、聚酰胺、聚碳酸酯和聚四氟乙烯(PTFE)等。塑料管材广泛用于输液、输油、输气等生产和生活的各个方面。

2）薄膜挤出吹塑成型

薄膜可采用片材挤出、压延成型或挤出吹塑成型方法生产，其中挤出吹塑成型方法用得最多。挤出吹塑成型是将塑料熔体经机头口模间隙挤出圆筒形的膜管，并从机头中心吹入压缩空气，把膜管吹胀成直径较大的泡管状薄膜的工艺。冷却后卷取的管膜宽即薄膜折径。采用挤出吹塑成型方法可以生产厚度为 0.008～0.30 mm，折径为 10～10000 mm 的薄膜，这种薄膜称为吹塑薄膜。图 5-26 为生产吹塑薄膜装置示意图。

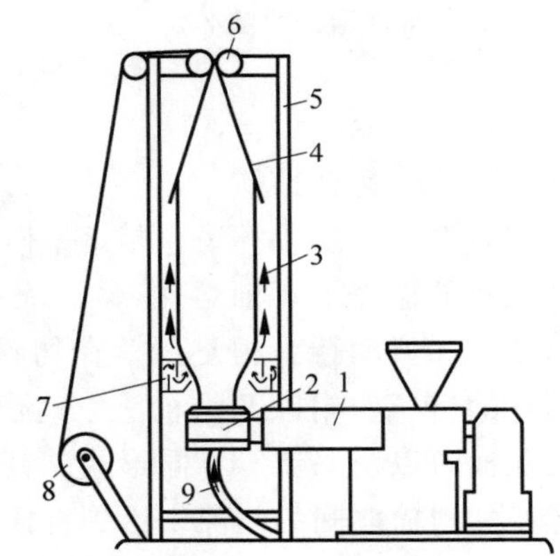

1—挤出机；2—机头；3—膜管；4—人字板；5—牵引架；6—牵引辊；7—风环；8—卷取辊；9—进气管。

图 5-26 吹塑薄膜装置示意图

3）板材的挤出成型

塑料板材的生产方式有多种，如压延法、层压法、浇注法及挤出法等。其中挤出法应用最多。用于挤出板材的塑料以 ABS、聚乙烯、聚氯乙烯、聚丙烯居多，还有抗冲击聚苯乙烯、聚酰胺、聚碳酸酯等。挤出板材的生产工艺流程如图 5-27 所示。

5.3.3 压制成型

压制成型是塑料成型加工技术中历史最久，也是最重要的方法之一，主要用于热固性塑

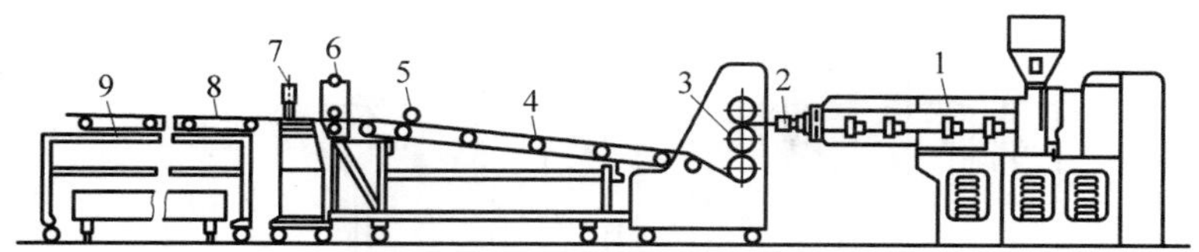

1—挤出机；2—机头；3—三棍压光机；4—冷却输送辊；5—切边装置；6—二辊牵引机；7—切割装置；8—板材；9—堆放装置。

图 5-27　挤出板材的生产工艺流程

料的成型。根据材料的性状和成型加工工艺的特征，又可分为模压成型和层压成型。

模压成型又称压缩模塑，这种方法是将粉状、粒状、碎屑状或纤维状的塑料放入加热的阴模模槽中，合上阳模后加热使其熔化，并在压力作用下使物料充满模腔，形成与模腔形状一样的模制品，再经加热（使其进一步发生交联反应而固化）或冷却（对热塑性塑料应冷却使其硬化），脱模后即得制品，如图 5-28 所示。

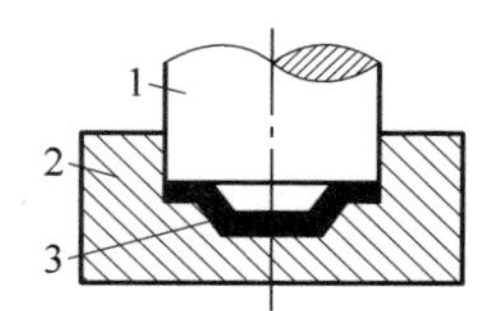

1—阳模；2—阴模；3—制品。

图 5-28　模压示意图

热固性塑料在模压过程中，流动性与温度的关系比热塑性塑料复杂得多。随着温度的升高，固体塑料逐渐熔化，流动性随之由小变大，交联反应开始后，塑料熔体的流动性则随着温度的升高而逐渐变小。若模压温度太高，可能导致交联固化速度过快，流动性迅速降低，造成充模不完全。模压温度也不能过低，因为这不仅影响固化速度，还会导致固化不完全，使制品的外观灰暗，甚至表面发生肿胀。

模压成型与注射成型相比，生产过程的控制、使用的设备和模具较简单，较易成型大型制品。热固性塑料模压制品具有耐热性好、使用温度范围宽、变形小等特点；但其缺点是生产周期长、效率低、较难实现自动化，工人劳动强度大，不能成型复杂形状的制品，也不能模压厚壁制品。用模压法加工的塑料主要有酚醛塑料、氨基塑料、环氧树脂、有机硅（主要是硅醚树脂制的压塑粉）、硬聚氯乙烯、聚三氟氯乙烯、氯乙烯与醋酸乙烯共聚物和聚酰亚胺等。

5.3.4　中空吹塑成型

中空吹塑成型是把熔融状态的塑料管坯置于模具内，利用压缩空气吹胀、冷却制得具有一定形状的中空制品的方法。主要用于聚乙烯、聚氯乙烯、聚丙烯、聚苯乙烯、聚对苯二甲酸乙二醇酯（PET）、聚碳酸酯等。中空吹塑成型可细分为三种：挤出吹塑、注射吹塑和拉伸吹塑。尽管方法不同，但原理是一样的，都是利用聚合物在黏流态下具有可塑性的特性，在冷却硬化前，用压缩空气的压力使熔融管坯发生形变，贴在模具内壁，再经冷却硬化，得到与模腔形状相同的制品。

1. 拉伸吹塑成型

拉伸的实施是使用拉伸棒将型坯进行纵向拉伸，然后吹入压缩空气吹胀型坯，起横向拉伸作用。因而制品具有典型的双向拉伸的特性，其透明度、冲击强度、表面硬度和刚性都有很大的提高。此法主要适用于聚氯乙烯、聚乙烯、聚丙烯等塑料瓶的生产。拉伸吹塑过程如图 5-29 所示。

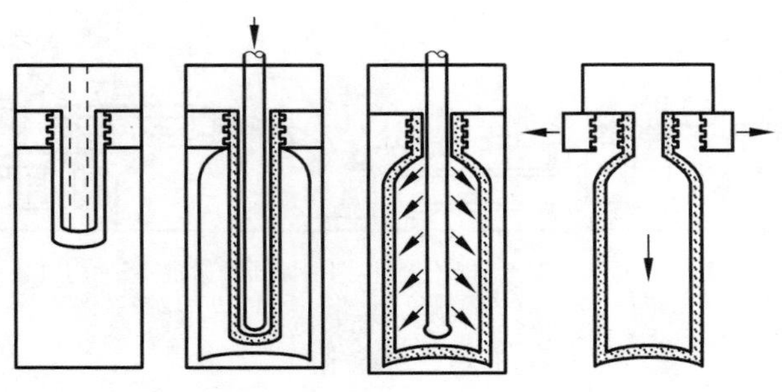

图 5-29 拉伸吹塑过程

2. 注射吹塑成型

这种方法首先用注射的方法制造型坯部分，接着把型坯连同模芯从模具中取出，转移到成型的空芯模具中进行吹塑。此法的优点是制品壁厚均匀，瓶口精密，废边料少。注射吹塑过程如图 5-30 所示。

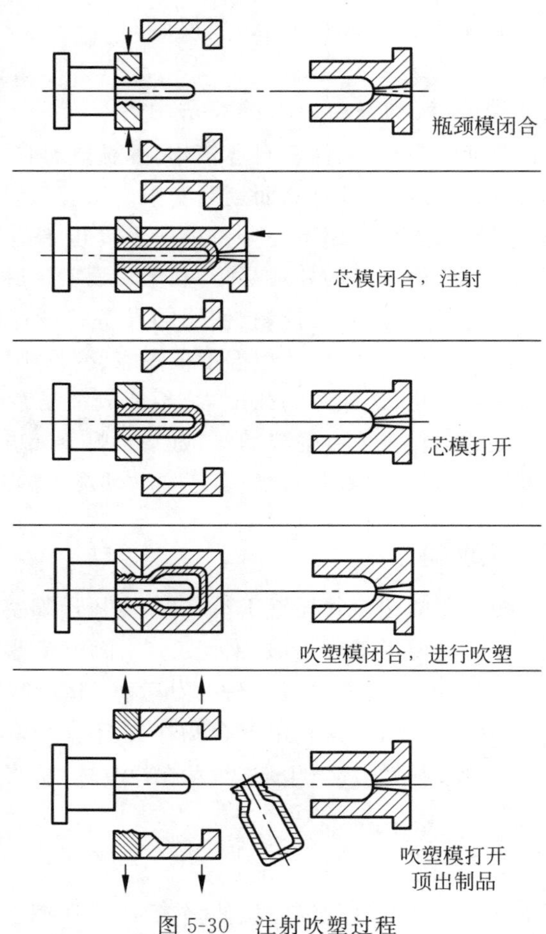

图 5-30 注射吹塑过程

5.3.5 橡胶加工成型

橡胶的加工分为两大类：一类是干胶制品的加工生产，另一类是胶乳制品的加工生产。

1. 干胶制品

干胶制品的原料是固态的弹性体，其生产过程包括素炼、混炼、成型、硫化四个步骤。

1）素炼

不加入添加剂，仅将纯胶（生胶）在炼胶机上滚炼。目的是使生胶受机械、热、化学三种作用而使分子质量降低，达到适当的可塑度，使之易与添加剂混合均匀。素炼主要用于天然橡胶，具有适当可塑度的一些合成橡胶可以不进行素炼而直接与经过素炼的天然橡胶并用。

2）混炼

将已经素炼的胶（包括混用合成胶）与添加剂混合均匀的过程。混炼在开放式炼胶机或密炼机中进行。橡胶加工时所需添加剂种类较多，主要有：硫化剂是使橡胶发生交联反应由线形结构变为适度的网状结构弹性体的物质，硫黄是最古老的硫化剂，也是目前最常用的硫化剂；硫化促进剂是使硫化剂活化，加快硫化速度或提高硫化剂使用效率的物质；增强剂是指能提高橡胶制品力学性能的物质，亦称活性填充剂，目前最常用的是炭黑。此外，还有填充剂、防老剂和润滑剂等添加剂。

3）成型

将混炼胶通过压延机、挤出机等制成一定截面的半成品，如胶管、胎面胶、内胎胶坯等；然后将半成品按制品的形状组合起来，或在成型机上定型，得到成型品。

4）硫化

硫化是指将成型品置于硫化设备中，在一定温度、压力下，通过硫化剂使橡胶发生交联反应，形成一定的网状结构，获得符合实用强度和弹性的制品的过程，是橡胶加工的关键工序。不同的橡胶种类，所采用的硫化剂或硫化体系有所不同。

2. 胶乳制品

胶乳制品是以胶乳为原料进行加工生产的。胶乳一般要加入各种添加剂，先经半硫化制成硫化胶乳，然后再用浸渍、压出等方法获得半成品，最后进行硫化获得制品。其中浸渍成型法多用于生产医用手套、劳保手套和气球等制品；压出（挤出）成型法可用于制造胶丝和胶管等制品。

5.4　高分子材料成型新技术与智能化

5.4.1　气体辅助注射成型

气体辅助注射成型（GAM）是一种新型的塑料加工技术，应用于生产以来发展很快，广泛用于生产汽车仪表板、内饰件、大型家具、各种把手以及电器设备外壳等制品。除一些极柔软的塑料品种，几乎所有的热塑性塑料和部分热固性塑料均可用此法成型。

气体辅助注射成型的原理如图5-31所示。在注射过程中，首先把部分熔体注入模具型腔，然后把一定压力的气体（通常是氮气）通过附加的气道注入型腔内的塑料熔体里。由于靠近型腔表面的塑料温度低、黏度大，而处于熔体中心部位的温度高、黏度低，所以气体易在中心部位或较厚壁的部位形成气体空腔。气体压力推动熔体充满模具型腔，充模结束后，利用熔体内气体的压力进行保压补缩。当制品冷却固化后，通过排气孔泄出气体，即可开模取出制品。

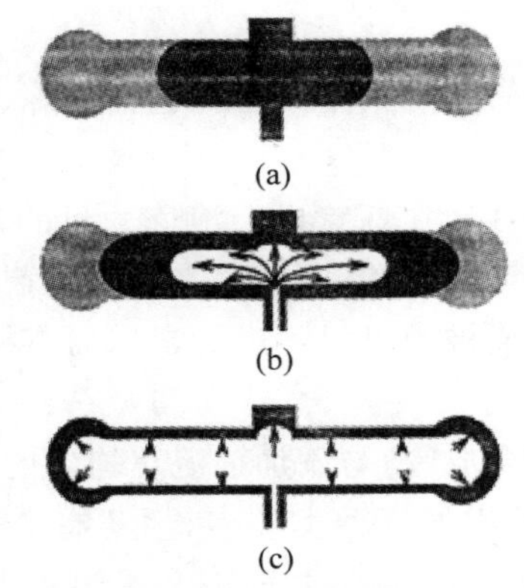

图 5-31 气体辅助注射成型原理图

(a) 熔体注射；(b) 注入气体；(c) 气体保压

气体辅助注射成型要在现有的注射机上增设一套供气装置方可实现。与普通注射成型相比，气体辅助注射成型生产周期缩短，因为气体辅助注射缩短了注射时间(注射量减小)，冷却时间也随制品厚度的减小而缩短；为了消除塑件的缩孔和凹痕，普通注射机注射和保压时型腔压力很大，而气体辅助注射成型只需较小的气体压力就能将塑料紧贴在模壁上，从而使锁模力大为降低，最多可降低 70%，可在锁模力较小的注射机上成型尺寸较大的制品；视制品大小、形状不同，制品质量一般可减少 10%～50%；由于保压时气体压力不高，可避免过大的内应力，制品翘曲变形小，尺寸稳定。

气体辅助注射成型工艺控制要求严格。一是气体注入的时间和压力要严格控制。过早注入，熔体外层未充分冷却，气体易穿透熔体前锋；过晚注入，熔体冷却凝固，不易形成气体空腔。二是模具温度要严格控制，使熔体在型腔内的冷却速度应有利于气体空腔的形成。

气体辅助注射成型工艺需增设供气装置和充气喷嘴，提高了成型设备的成本和复杂程度，而且对注射机的精度和控制系统有一定的要求。在注射成型时，制品注入气体与未注入气体的表面会产生不同的光泽，需用花纹装饰或遮盖。

5.4.2 双色/多组分注射成型

双色产品是由两种不同的塑料原料通过分别注射成型而形成的单一的注射产品。常见的产品有电器按钮、手机外壳、牙刷等。模具的定模安装在机器的固定模板上(图 5-32)，动模(两副或多副)则固定在注塑机的旋转板上。动模结构是相同的，定模结构由于注射的部位不同而不同。第一色塑料的注射系统向第一色塑料的模具型腔注入第一种塑料熔料，成型后开模，动模的顶出机构保持不动，旋转板转动 180°(或相应的分度数)，将已经成型包在型芯上的第一色塑件半成品作为嵌件送到第二色塑料的注射位置，合模后第二色塑料熔料的注射系统向第二色塑料的模具型腔注入第二色塑料熔料，经过保压、冷却后脱模，完成塑件的双色注射成型。两色塑料之间的附着力是一个很关键的因素，双色注射模制作难度大并且价格很贵。

双色注射成型工艺的优点主要有：

(1) 产品精度高，质量稳定，生产效率高，可以大大降低管理费用；

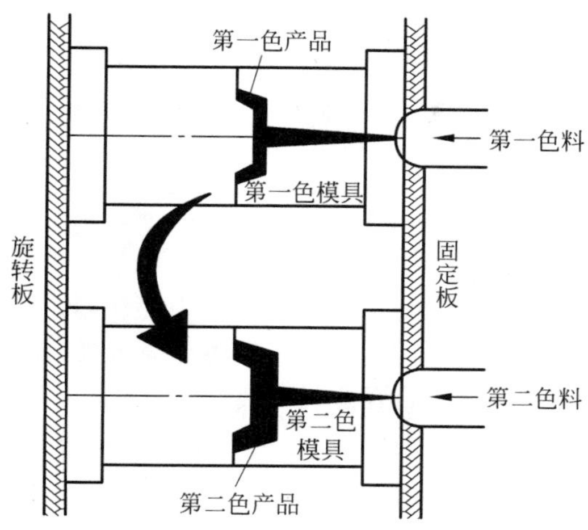

图 5-32 双色注射成型工作原理

(2) 产品结构强度好，耐久性佳，注射出的字符结实耐磨；

(3) 配合间隙小，精简了组装工序，产品具有良好的外观。

5.4.3 振动注射成型

振动注射成型是基于"聚合物动态成型加工技术"的塑料加工成型新方法之一。其基本原理是在塑料注射成型过程中，采用机械振动或超声波振动方式，在塑料的主要剪切流动方向上叠加一个附加的交变应力，使塑料在加工成型过程的状态由组合应力决定。产生的周期性振动力，将有效地促进分子的取向和拉伸，并在熔体固化阶段控制晶粒的生长、形成和取向，从而最终获得高强度和高力学性能的制品。

振动注射成型在模具中的应用就是在聚合物熔体充模、保压阶段，通过机械、电磁、声波、微波、气体等振动源在流道或模腔内部引入振动，使聚合物熔体受到周期性的压力和(或)剪切作用，从而生产出预期的制品，如图 5-33 所示。

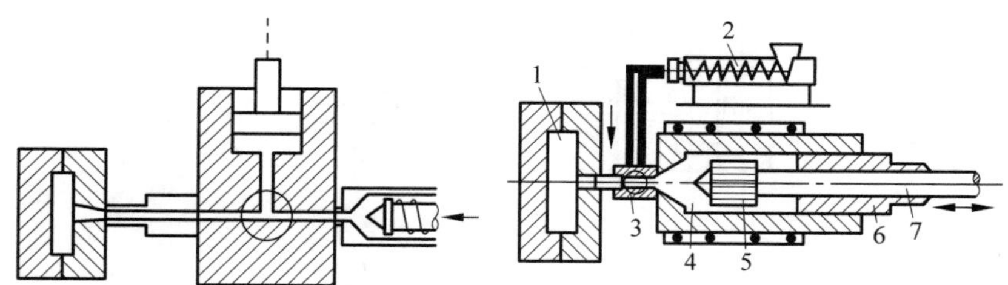

1—模具；2—挤出机；3—阀；4—储料筒；5—振动头；6—注射活塞；7—振动杆。

图 5-33 振动注射成型工作原理

采用各种塑料动态注射成型工艺时，振动模具的设计非常关键。不同工艺条件下，振动模具的设计各有特点。对于振动模具的设计，主要围绕实现三大振动模式来进行。为了获取需要的振动效果，通常要求模具的流道和模腔的尺寸设计得大一些，以有利于振动过程的连续和振动充分。为保证熔体在引入振动的过程中不至于凝固，常采用热流道或对流道进行加热。有的为了使振动在模腔中进行，在熔体流动的末端采用可以退让的设计：如将流动末端的型腔设计成可以让振动得以延续的弹簧结构，利用弹簧的伸缩特性来适应振动造成的熔体被压缩和膨胀的过程。为安全起见，锁模力要设计得大一些。总的来说，振动模具的结构设计与常规的模具设计并无多大的改动，变化的部分也主要是以有利于振动方式的实现为原则。

1. 单点动态进料保压模具

螺杆旋转将塑料熔体输送到模具型腔和储料筒，在模具和喷嘴之间加一个辅助振动装置，在保压阶段，活塞不停地来回抽动，使熔体受到压力作用，熔体分子呈取向状态，在冷却过程中固定下来，并保留在脱出的制件中。浇口熔体在尚未凝固之前，把振动引入模腔并使模腔中的熔体振动充分。因此，浇口直径应设计得比较大，常采用直接浇口。目前，这种装置主要用于生产短纤维增强热塑性塑料以及厚度大于 5 mm 的制件，并能有效地消除空隙、表面缺陷和制件的残余应力，提高制件的力学性能。

2. 多点动态进料保压模具

英国布鲁内尔大学(Brunel University)开发了如图 5-34 所示的多点进浇模具。多点进料注射成型中加入振动，就是由多个浇口的联动将振动引入模腔中。熔体进入模腔后，计算机控制两个活塞交替地来回抽动，使熔体在进浇口和型腔中形成振动通路，实现熔体的剪切振动。熔体进入模腔后，接触到冷的模壁形成一层冻结层，在压力和剪切的作用下，熔体发生了取向和分子链的有序排列，并在冷却过程中固定下来，形成新的冻结层，反复多次叠加，直到冷却充分完成。与传统注射成型相比，多点动态进料保压方法的注射压力低，产品设计自由度大，熔接痕强度得到了改善，例如 3 mm 厚的制件，熔接痕的强度提高了 50%，有的高达 85%以上。可以生产非常厚的制件，有的厚度达 110 mm 以上。其不足之处在于，这种成型方法需要足够长的时间，生产周期比传统的生产要延长 10%左右，而且模温要高。为了使振动在模腔中得到延续，模具的浇注系统尺寸需设计较大些，最好采用热流道。

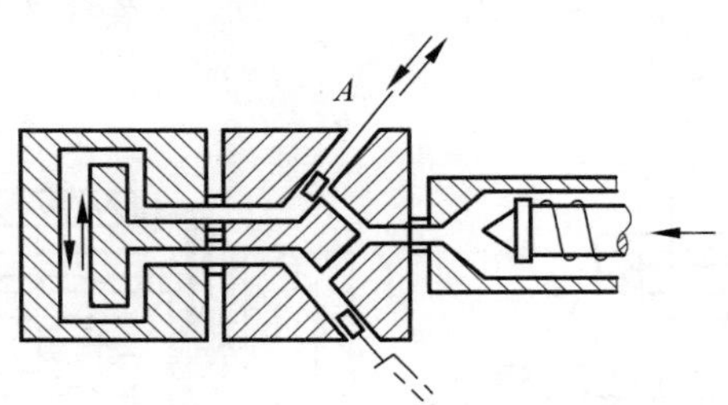

图 5-34 多点动态进料保压工作原理

5.4.4 微孔发泡注射成型

微孔塑料是指泡孔均匀且孔径小于 100 μm(通常泡孔直径为 5～50 μm)的发泡材料。如图 5-35 所示，传统泡沫塑料的泡孔直径通常为 0.25～1 mm。微孔塑料制品与传统发泡塑料制品相比，具有如下很多的优点：传统发泡塑料中泡孔尺寸大，薄膜和片材无法发泡，而微孔塑料的泡孔尺寸可以小至 0.1 μm，若材料物理整体性良好，也可以成功地发泡 20 μm 厚的片材；许多微孔塑料具有更好的韧性和更长的抗疲劳时间，而且机械强度也高于传统的大孔发泡塑料；当泡孔尺寸小于 0.05 μm 时，可获得透明的超微孔塑料制品；微孔塑料制品的质量可比无微孔制品减少约 50%，从而降低 35%左右的成本；根据产品的用途不同，可生产闭孔或开孔的微孔塑料制品；生产中用 CO_2 或 N_2 代替碳氢化合物或氟化材料作为发泡剂，使生产过程更加环保。

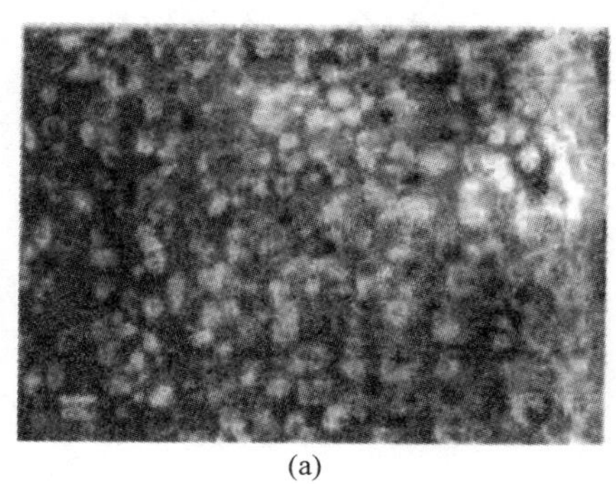
(a)

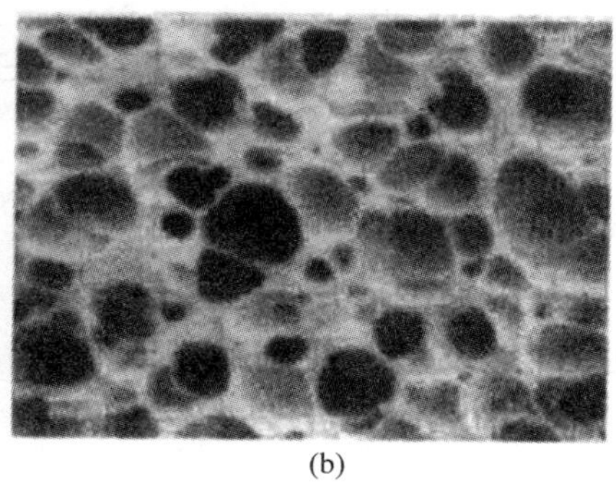
(b)

图 5-35 微孔发泡塑料与传统发泡塑料的泡孔对比图
(a) 微孔发泡；(b) 传统发泡

传统发泡工艺采用物理(或化学)发泡剂和成核剂，在材料中诱发不均匀的成核作用，泡核的实际数量与发泡剂用量成正比，由于成核速率低，造成泡孔尺寸大且不均匀。而微孔发泡材料由于其泡孔密度高、泡孔直径明显减小，所以需要极高的泡孔成核速率，才能获得内部含有大量微孔，而且分布均匀、尺寸也均匀的材料。为了促进单相溶液的快速形成及泡孔成核，微孔塑料成型工艺通常采用物理发泡剂(CO_2 或 N_2) 的超临界流体(super critical fluid，SCF)来加速溶解过程。所谓超临界流体是指温度和压力都在临界温度(T_c)和临界压力(P_c)之上的一种材料，在超临界状态下，材料表现出既有类似液体的较高溶解度又有类似气体的较高扩散性的双重性质，在温度和压力发生变化时，可产生大量的气体泡核，很适于微孔发泡材料的生产。

微孔发泡注射成型工艺与传统注射成型的主要区别在于，注塑机的料筒通常开设有超临界气体喷嘴，用于在适当的位置将超临界气体按照预设的流量、压力注入料筒中，并在螺杆旋转和搅拌的作用下，与料筒中的聚合物熔体均匀混合，形成均一相的混合流体。然后，混合流体被注射到模具型腔中，其压力和温度均发生剧烈变化，混合流体内部的气体大量逸出，形成泡核，混有大量气泡的混合流体与单一的聚合物熔体相比，其黏度降低，流动性增加，提高了模具的充填能力；此外，在保压阶段，内部气体压力可以有效抵消聚合物熔体的收缩，从而改善产品的尺寸精度和表面质量。

由此可见，微孔发泡注射成型设备通常由塑料注射机和超临界流体输送系统两大部分组成，如图 5-36 所示。目前应用较广泛的超临界流体输送系统为气体泵送系统，采用氮气作为发泡剂，易于连接辅助计量装置，实现定量和定压的超临界流体注入注塑机料筒中。

微孔发泡注射成型的主要优势如下。

(1) 降低了生产成本(平均成本降低 10%～25%)。由于微孔注射成型可以缩短 50%左右的成型周期，可降低废品和次品率，并使能耗更低。

(2) 设备投资更省。因微孔注射成型大大降低了模具的锁模力要求(降低 30%～70%)，所需购买的设备吨位更小，所需的模具也更便宜。

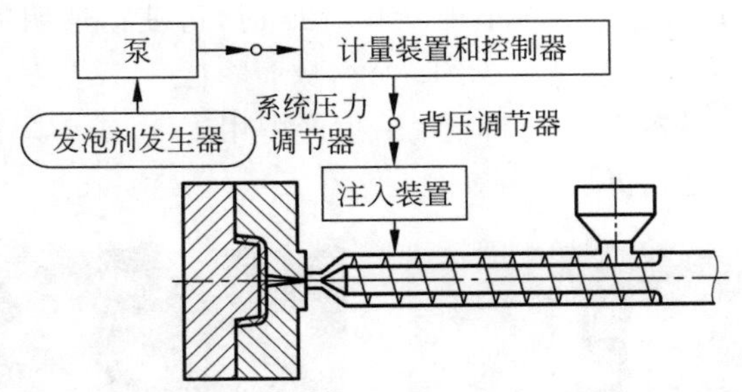

图 5-36 微孔发泡注射成型工作原理

(3) 节约了塑料材料。因为微孔注射成型的塑件质量更小,在相同的工作条件下,塑件壁厚可以设计得更薄,并可替代部分贵重材料。

(4) 提高了塑件的精度。微孔注射成型塑件的翘曲变形更小,没有明显的缩痕,制品尺寸稳定性更高。

5.5 塑料制品的结构设计

塑料制品结构设计视塑料成型方法和塑料品种性能不同而有所差异,这里主要讨论注射、压制成型等塑料制品的结构设计。

塑料制品主要是根据使用要求进行结构设计,由于塑料有自己的性能特点,因此,在结构设计时必须充分发挥其性能上的优点,在满足使用要求的前提下,塑料制品结构形状应尽可能地做到有利于简化模具结构,符合成型工艺的特点。

5.5.1 壁厚与壁的连接

1. 壁厚

塑料制品的壁厚对质量影响很大。壁厚过小,制品成型时流动阻力大、充型困难。壁厚过大,不但造成原料的浪费,而且对热固性塑料的成型来说增加了压塑的时间,且易造成固化不完全;对热塑性塑料则增加了冷却时间,塑料制品壁厚增加 1 倍,冷却时间约增加 4 倍,使生产效率大大降低。另外也影响产品质量,如易产生气泡、缩孔和凹痕等缺陷。

塑料制品规定有最小壁厚,它随塑料品种的牌号和塑料制品大小的不同而异。在满足使用要求下,塑料制品的壁厚应均匀一致,这有利于消除或减少内应力,防止翘曲变形或裂纹。某些热固性和热塑性塑料模塑制品的壁厚推荐值见表 5-7。

表 5-7 某些塑料模塑制品的壁厚推荐值 单位:mm

塑料制品材料		最小壁厚	最大壁厚	推荐壁厚
热固性塑料	环氧树脂(玻璃纤维填充)	0.76	25.4	3.2
	酚醛塑料(通用型)	1.3	25.4	3.0
	酚醛塑料(玻璃纤维填充)	0.76	19.0	2.4
热塑性塑料	聚甲醛(POM)	0.4	3.0	1.6
	ABS	0.75	3.0	2.3
	聚酰胺(PA)	0.4	3.0	1.6

续表

塑料制品材料		最小壁厚	最大壁厚	推荐壁厚
热塑性塑料	聚碳酸酯(PC)	1.0	9.5	2.4
	低密度聚乙烯(LDPE)	0.5	6.0	1.6
	高密度聚乙烯(HDFE)	0.9	6.0	1.6
	聚丙烯(PP)	0.6	7.6	2.0
	聚砜(PSU)	1.0	9.5	2.5
	聚苯乙烯(PS)	0.75	6.4	1.6
	聚氨酯(PU)	0.6	38.0	12.7

2. 圆角

塑料制品不同壁厚的连接应采用圆角过渡，所有转角处均应尽量采用圆角过渡，以便于熔体在型腔中流动和消除塑料制品的应力集中，从而保证塑料制品质量，增加塑料制品的强度，也有利于延长模具的使用寿命。

3. 加强筋

加强筋的主要作用是增加塑料制品强度和避免塑料制品变形翘曲。用增加壁厚的办法来提高塑料制品的承载能力，易产生缩孔、气泡和凹痕，此时可采用加强筋来增加塑料制品的承载能力。大平面上纵横布置的加强筋能增加塑料制品的刚性；沿着塑料熔体流向的加强筋，还能降低塑料的充模阻力。

在布置加强筋时，应尽量避免或减少塑料的局部聚集。如图 5-37 所示为大平面上加强筋布置情况，图 5-37(a)为壁厚不均匀，图 5-37(b)为合理的设计。

如图 5-38 所示为典型加强筋的正确形状和比例。加强筋不应设计得过厚，否则在其对应的壁上易产生凹痕。加强筋必须有足够的斜度，筋的底部应呈圆弧过渡。加强筋以设计得矮一些、多一些为好。加强筋之间的中心距应大于 2*A*。

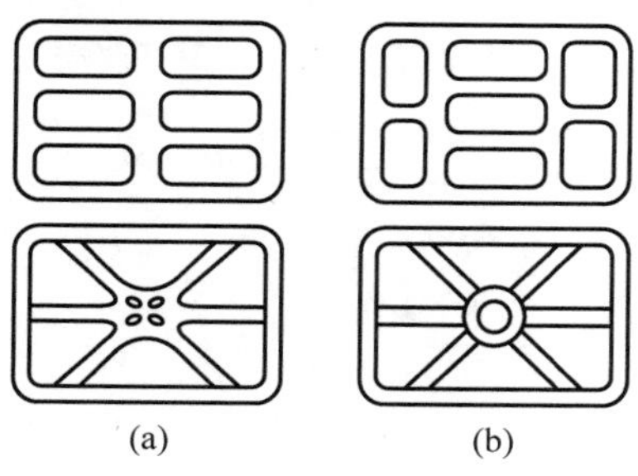

图 5-37 大平面上加强筋的布置

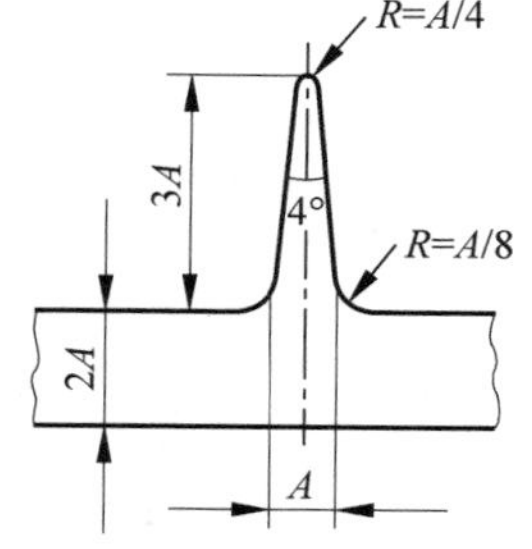

图 5-38 加强筋的典型尺寸

除了采用加强筋，薄壳状的塑料制品可做成球面或拱曲面，这样可以有效地增加刚性和减少变形，如图 5-39 所示。对于薄壁容器的边缘，可按如图 5-40 所示设计来增加刚性和减少变形。

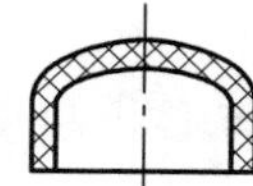
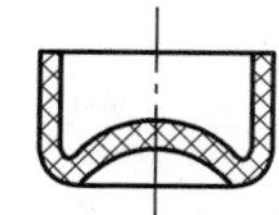
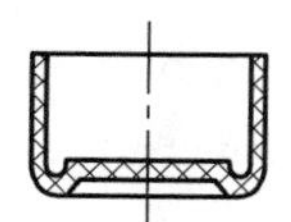

图 5-39 容器底和盖的增强

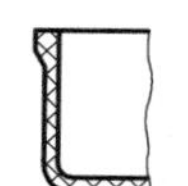
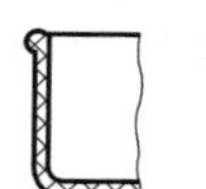
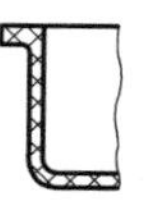
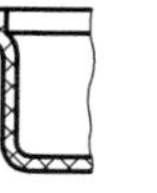
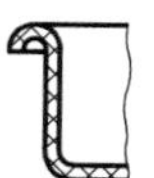

图 5-40 容器边缘的增强

5.5.2 塑料制品表面的设计

1. 避免侧壁内凹

塑料制品侧壁上凸凹的部分,成型过程中通常需采用侧向抽芯、侧向滑块等抽芯机构,这使得模具结构复杂,设计、制造模具的费用大,模塑周期长。因此,设计塑料制品应尽量避免侧壁凸凹。图 5-41(a)为不合理的结构设计,方孔需要侧抽芯,图 5-41(b)可以避免侧抽芯。

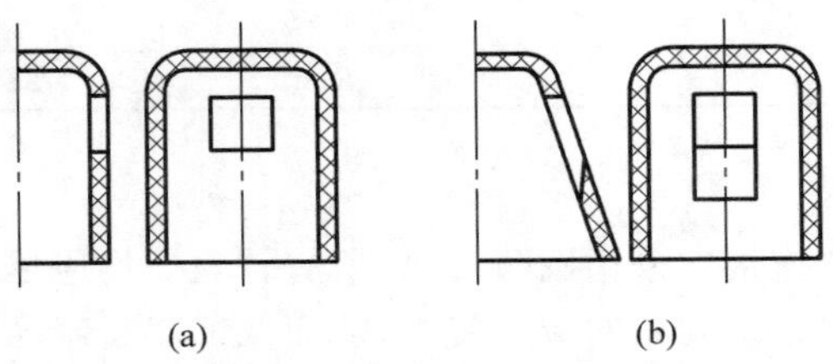

图 5-41 避免侧抽芯的结构设计示例

当塑料制品的内侧凹较浅并允许带有圆角时则可以用整体式阳模,采取强制脱模,这时塑料在脱模温度下应具有足够的弹性。例如聚甲醛制品允许模具型芯有 5%的凹陷,强制脱出时不会引起变形,如图 5-42(a)所示。聚乙烯、聚丙烯等塑料制品可以采取类似的设计,塑料制品外侧浅的凹陷也可以强制脱模,如图 5-42(b)所示。但是多数情况下塑料制品侧凹不可能强制脱出。

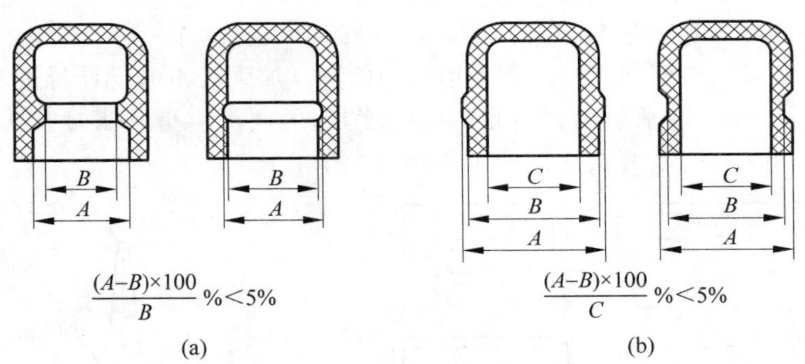

图 5-42 可强制脱模的浅测凹

2. 脱模斜度

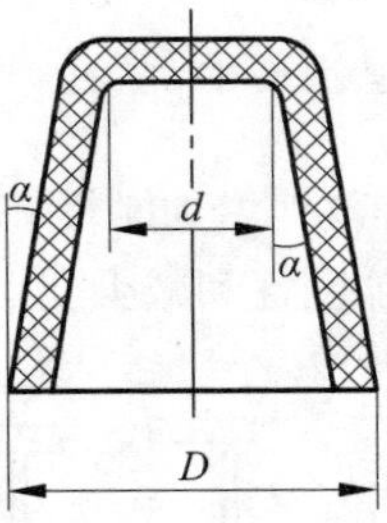

在塑料制品的内、外表面,沿脱模方向均应设计足够的脱模斜度,如图 5-43 所示,否则会发生脱模困难,顶出时拉坏或擦伤塑料制品情况。在一般情况下,若斜度不妨碍塑料制品的使用,则可将斜度值取得大一些。有时为了在开模时让塑料制品留在阴模内或阳模上而有意将该侧斜度减小,或将另一侧斜度放大。

图 5-43 塑料制品侧壁斜度

脱模斜度与塑料制品的种类、收缩率的大小、几何形状和壁厚、模具的结构、表面粗糙度及加工方法、模塑的工艺条件等因素有关。表 5-8 为部分塑料成型时推荐的脱模斜度。

表 5-8　部分塑料成型时推荐的脱模斜度

材　　料	脱模斜度
酚醛树脂(PF)、聚乙烯、聚丙烯、聚氯乙烯(软)	30′～1°
ABS、聚酰胺、聚甲醛、聚苯醚(PPO)	40′～1°30′
聚碳酸酯、聚砜、聚苯乙烯、丙烯腈-苯乙烯、共聚物(AS)	50′～2°

3. 支承面

紧固用的凸耳或台阶应有足够的强度以承受紧固时的作用力，应避免台阶突然过渡和尺寸过小，如图 5-44 所示，图 5-44(a)设计不合理，图 5-44(b)凸耳用加强筋增强是合理的。

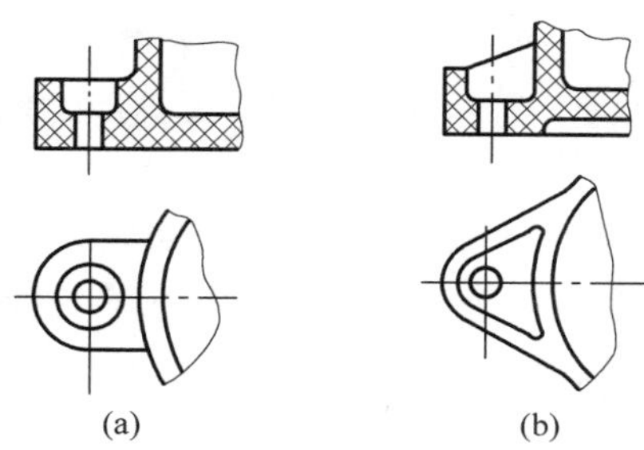

图 5-44　塑料制品紧固用凸耳

图 5-45(a)以塑料制品的整个底面作支承面是不合理的，因为塑料制品稍许翘曲或变形就会使底面不平。应以凸出的底脚(三点或四点)或凸边来作支承面，如图 5-45(b)、(c)所示。

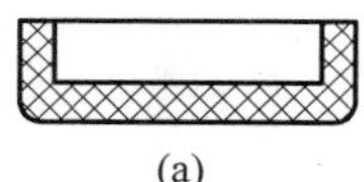
(a)

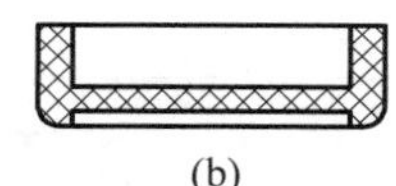
(b)

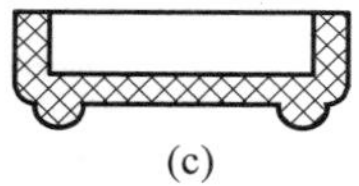
(c)

图 5-45　用底脚或凸边作支承面

5.5.3　孔与螺纹的设计

1. 孔的设计

塑料制品上常见的孔有通孔、盲孔和形状复杂的孔等。这些孔均应设置在不易削弱塑料制品强度的地方。在孔之间和孔与边壁之间均应留有足够的距离。孔的直径和孔与壁的边缘最小距离之间的关系见表 5-9。塑料制品上的受力孔的周围可设计一凸边来加强，如图 5-46 所示。

表 5-9　孔与壁的边缘最小距离

孔径/mm	孔与壁的边缘最小距离/mm	孔径/mm	孔与壁的边缘最小距离/mm
2	1.6	5.6	3.2
3.2	2.4	12.7	4.8

注射成型或压制成型时，孔深应小于 4 倍孔径。压制成型时孔的深度，则应更浅些。直径小于 1.5 mm 或深度过大的孔，应在模塑时留出定位浅孔，成型后采用机械加工的方法获得。

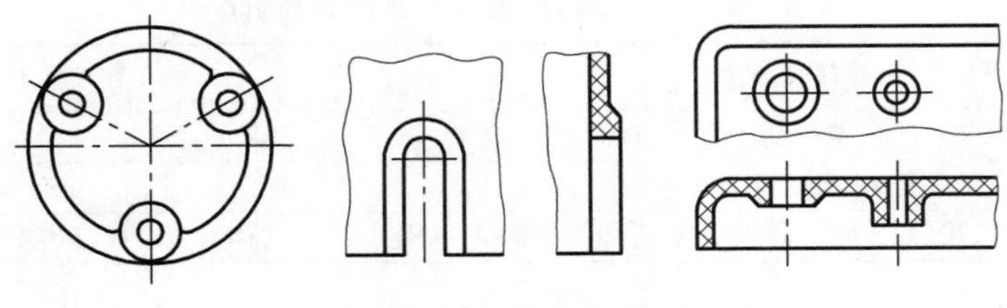

图 5-46　孔的加强

2. 螺纹设计

螺纹是用于塑料制品的紧固或与装配零件连接的一种常见形式。塑料制品上的螺纹可以在模塑时直接成型,也可用机械加工的方法获得。在经常装拆和受力较大的地方则应该采用金属的螺纹嵌件。塑料制品上的螺纹应选用较大螺距,螺距过细将会影响使用的寿命和强度。

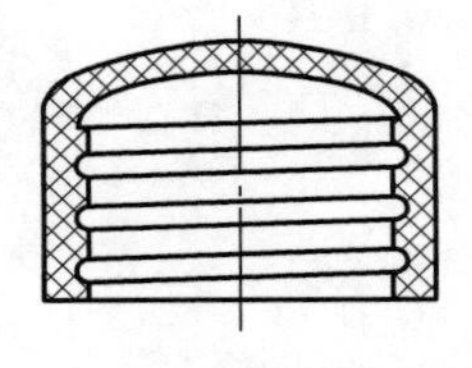

图 5-47　能强制脱出的圆牙螺纹

要求不高的螺纹(如瓶盖螺纹)用软塑料成型时可强制脱模,而不必从阳模上拧下,这时螺纹牙高最好设计得浅一些,且呈圆形或梯形断面,如图 5-47 所示。

为了防止螺孔最外圈的螺纹崩裂或变形,内螺纹始端有一台阶孔,孔深 0.2～0.8 mm,并且螺纹牙高应有过渡,如图 5-48 所示,图 5-48(a)是错误的,图 5-48(b)是正确的。同样地,外螺纹的始端和末端均也应有过渡部分。

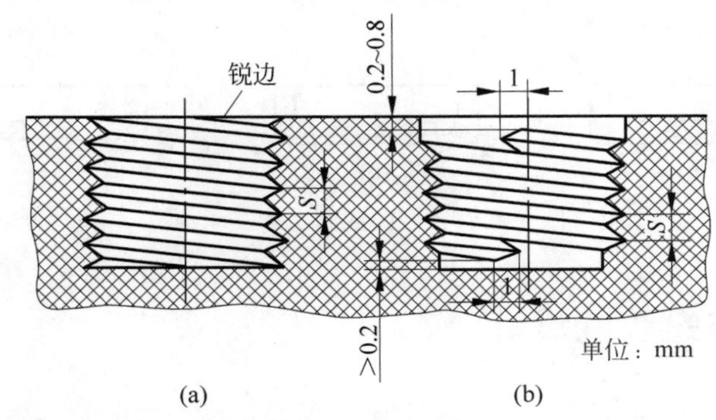

图 5-48　塑料制品内螺纹的正误形状

5.5.4　其他设计

1. 嵌件的设计

塑料制品常采用各种形状、各种材料的嵌件。但是采用嵌件一般会增加产品的成本,使模具结构复杂,而且向模具中安装嵌件会降低生产效率,难以实现自动化。

多数嵌件是由各种钢或非铁合金制成的,也有用已成型的塑料件等非金属材料作嵌件的。图 5-49 所示即几种常见的金属嵌件。

图 5-49(a)、(b)为圆筒形嵌件。带螺纹孔的嵌件是最常见的,用于经常拆卸或受力较

大的场合或导电部位的螺纹连接。图 5-49(c)、(d)和(e)为突出圆柱形嵌件,图 5-49(f)和(g)为片状嵌件,图 5-49(h)为细杆状贯穿嵌件。

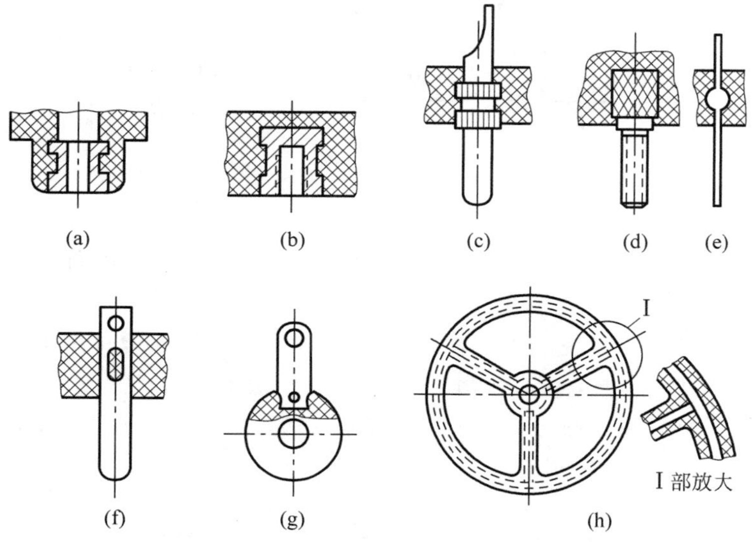

图 5-49　常见的各种金属嵌件

为了防止嵌件受力时在制件内转动或拔出,嵌件表面必须设计有适当的形状。菱形滚花是最常采用的,如图 5-50 所示。在受力大的场合还可以在嵌件上开环状沟槽。小型嵌件上的沟槽,其宽度应不小于 2 mm,深度为 1～2 mm。

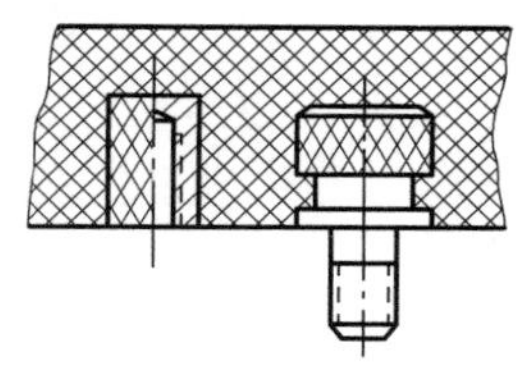

图 5-50　金属嵌件表面的菱形滚花

由于金属嵌件与塑料的收缩值相差很大,致使嵌件周围产生很大的内应力,从而容易造成塑料制品的开裂。为防止塑料制品开裂,嵌件周围的塑料层应有足够的厚度,同时嵌件不应带尖角,以减少应力集中。热塑性塑料注射成型及嵌件较大时应预热到接近物料温度。

2. 塑料制品上的标记

塑料制品上的文字或符号可以做成三种不同的形式。第一种是塑料制品上的凸字,它在制模时比较方便,字迹处的金属加工到一定深度即可,但塑料制品上的凸字容易损坏,如图 5-51(a)所示。第二种为凹字,在制模时必须将字迹周围的金属切削掉。这是很不经济的,且字迹周围的平面难以抛光,如图 5-51(b)所示。第三种是在模具上镶上刻有字迹的镶块,通常为了避免镶嵌的痕迹而将镶块周围的结合线作边框,凹坑里的凸字在塑料制品的抛光或使用时,都不易因碰撞而损坏,如图 5-51(c)所示。

5.5.5　塑料制品的尺寸精度及表面质量

1. 尺寸精度

影响塑料制品尺寸精度的因素十分复杂,首先是模具制造的精度,其次是塑料的收缩率,同时还有模具的磨损等,都会影响塑料制品的尺寸精度。在各因素中,模具制造的精度

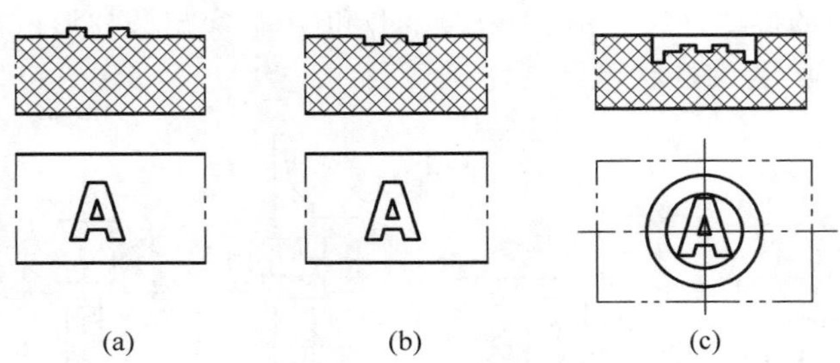

图 5-51 塑料制品上的标记

对于小尺寸塑料制品的尺寸精度影响是主要的，收缩率对于大尺寸塑料制品的尺寸精度影响是主要的。

塑料制品的尺寸公差见表 5-10。表 5-10 中只列出公差值，而具体的上下偏差可根据塑料制品的配合性质进行分配。1、2 级精度要求较高，一般不采用。

塑料制品的尺寸精度一般分为三个等级，即高精度、一般精度和低精度，见表 5-11。

塑料制品的收缩率见表 5-12。

表 5-10 塑料制品的公差数值表

尺寸公差/mm	精度等级							
	1	2	3	4	5	6	7	8
	公差/mm							
24～30	0.10	0.12	0.16	0.24	0.32	0.48	0.64	0.96
30～40	0.11	0.13	0.18	0.20	0.36	0.52	0.72	1.04
40～50	0.12	0.14	0.20	0.28	0.40	0.56	0.80	1.20
50～65	0.13	0.16	0.22	0.32	0.46	0.64	0.92	1.40
65～80	0.14	0.19	0.26	0.38	0.52	0.76	1.04	1.60
80～100	0.16	0.22	0.30	0.44	9.60	0.88	1.20	1.80
100～120	0.18	0.25	0.34	0.50	0.68	1.00	1.36	2.00
120～140		0.28	0.38	0.56	0.76	1.12	1.52	2.20
140～160		0.31	0.42	0.62	0.84	1.24	1.68	2.40
160～180		0.34	0.46	0.68	0.92	1.36	1.84	2.70
180～200		0.37	0.50	0.74	1.00	1.50	2.00	3.00

表 5-11 塑料制品的精度等级的选用

类别	塑料品种	建议采用的精度等级		
		高精度	一般精度	低精度
1	聚苯乙烯；丙烯腈-丁二烯-苯乙烯共聚体(ABS)；聚碳酸酯；聚砜；酚醛塑料；30%玻璃纤维增强塑料	3	4	5
2	聚酰胺 6、66、610、9、1010；聚氯乙烯(硬)	4	5	6
3	聚甲醛；聚丙烯；HDPE	5	6	7
4	聚氯乙烯(软)；LDPE	6	7	8

表 5-12　常用塑料的收缩率

塑料名称	收缩率/%	塑料名称	收缩率/%
LDPE	1.5～3.5	ABS(抗冲)	0.5～0.7
HDPE	1.5～3.0	ABS(耐热)	0.4～0.5
聚丙烯	1.0～3.0	聚甲醛	2.0～3.5
玻纤增强聚丙烯(FRPP)	0.4～0.8	PMMA(通用)	0.2～0.9
聚氯乙烯(硬)	0.2～0.4	PMMA(改性)	0.5～0.7
聚苯乙烯(通用)	0.2～0.8	聚酰胺-6	0.010～0.025
聚苯乙烯(耐热)	0.2～0.8	聚酰胺-66	0.7～1.5

2. 表面质量

塑料制品的性能与其表面粗糙度有直接关系，表面粗糙的塑料制品，其强度、耐腐蚀性低。

塑料制品的表面粗糙度与成型加工方法、模具结构、成型工艺条件、塑料材料性能等一系列因素有关。

塑料制品的表面粗糙度，除了在成型工艺上尽可能避免冷疤、熔接痕等缺陷，主要是由模具的表面粗糙度决定的，一般模具的表面粗糙度要优于塑料制品的等级。生产透明的塑料制品时，要求型腔和型芯的表面粗糙度相同；生产不透明的塑料制品时，则根据使用情况，型腔和型芯的表面粗糙度可以不同。此外，塑料制品的光亮程度和塑料品种有关。

第6章 复合材料成型技术

6.1 复合材料概述

复合材料是指两种或两种以上不同成分、不同性质、有时形状也不同的相容性材料以物理方式进行合理复合，从而制得的一类新材料。复合材料通常由基体材料和增强材料组成。其中，基体材料形成几何形状并起到黏结作用，如树脂、金属、陶瓷等；增强材料则用于提高强度或韧化作用，如纤维、颗粒、晶须等。

根据基体材料的性质，复合材料可分为三大类：树脂基复合材料、金属基复合材料和陶瓷基复合材料。其中，树脂基复合材料占复合材料总量的90%以上。玻璃纤维增强材料的复合材料(又称玻璃钢)又占树脂基复合材料用量的90%以上。在同一基体的基础上，还可按增强材料的不同进行分类，如金属基复合材料又可分为纤维增强金属基复合材料、颗粒增强金属基复合材料等。

通常，复合材料的制备生产过程就是其产品的成型过程，所以能简化生产工艺，缩短生产周期，实现形状复杂的大型制品的一次性整体成型。由于复合材料是由两种或两种以上的材料构成的，可根据使用工况进行针对性设计以满足制品的性能、质量和经济指标等，因此复合材料性能的可设计性高，其成型工艺不仅决定着复合材料制品的形状和尺寸，也直接影响制品设计的可实现性及制品质量和性能。

6.2 树脂基复合材料的成型方法

聚合物基复合材料(PMC)是以有机聚合物(主要为热固性树脂、热塑性树脂及橡胶)为基体，连续纤维为增强材料组合而成的。通常意义上的聚合物基复合材料一般就是指纤维增强塑料。聚合物基复合材料中纤维的高强度、高模量的特性使它成为理想的承载体。基体材料由于其黏接性能好，可把纤维牢固地黏接起来。同时，基体又能使载荷均匀分布，并传递到纤维上去，且允许纤维承受压缩和剪切载荷。纤维和基体之间的良好复合显示了各自的优点，使复合材料呈现了许多优良特性。

通常按基体性质不同，将常用的PMC分为热固性树脂基复合材料和热塑性树脂基复合材料。热固性树脂基复合材料是指以热固性树脂如不饱和聚酯树脂、环氧树脂、酚醛树脂、乙烯基酯树脂等为基体，以玻璃纤维、碳纤维、芳纶纤维、超高分子量聚乙烯纤维等为增强材料制成的复合材料。热塑性树脂基复合材料是20世纪80年代发展起来的，主要有长纤维增强粒料(LEP)、连续纤维增强预浸带(MITT)和玻璃纤维毡增强热塑性片材(GMT)等。根据使用要求不同,基体可以选用聚丙烯(PP)、聚乙烯(PE)、聚酰胺(PA)、聚对苯二甲酸丁二醇酯(PBT)、聚乙烯亚胺(PEI)、聚碳酸酯(PC)、聚醚醚酮(PEEK)、聚醚砜(PES)、聚酰亚胺(PI)、聚酰胺-酰亚胺(PAI)等热塑性工程塑料,纤维种类包括玻璃纤维、碳纤维、芳纶纤维和硼纤维等。

纳米技术的问世为树脂基复合材料的合成、改性及成型开辟了新的途径。各种形态的纳米无机材料在树脂基体中充分分散而形成聚合物纳米复合材料。为使纳米粒子能在树脂基体中均匀分散,一般将纳米粒子直接加入树脂溶液(或乳化液、熔融体)中进行充分搅拌;或将纳米材料溶入聚合物单体或原料中,形成均匀相后再进行聚合。不论采用哪种方法,由于纳米粒子的直径小(1~100 nm),利用其表面与界面效应、小尺寸效应和量子尺寸效应,都可得到强度、韧性及耐热性显著提高的纳米改性树脂。

由于树脂基复合材料具有质量轻、强度高、加工成型方便、弹性优良、缺口敏感性小、抗疲劳性能好、耐化学腐蚀和耐候性好等特点,亦比较适合在常温或较低温度下使用,其制造技术也比较成熟,所以广泛应用于航空航天、导弹、卫星、汽车、电子电气、建筑和健身器材等领域。

近几年,先进树脂基复合材料以其高比强度和比模量、抗疲劳、耐腐蚀、可设计性强、便于大面积整体成型以及具有特殊电磁性能等特点,已经成为继铝合金、钛合金和钢之后的较重要的航空结构材料之一,得到了飞速发展。例如,先进树脂基复合材料在飞机上的应用可以实现15%~30%的减重效益,这是使用其他材料所不能实现的。

先进树脂基复合材料的用量已经成为航空结构先进性的重要标志。目前作为轻质高效结构材料被广泛应用的先进树脂基复合材料主要包括高性能连续纤维增强环氧(EP)、双马来酰亚胺(BMI)和耐高温聚酰亚胺(PI)复合材料等。表6-1列出了国内外常用的典型高性能EP、BMI和PI树脂基复合材料的主要力学性能、使用温度和冲击后压缩强度(CAI)。

表6-1 常用的树脂基复合材料的主要性能及厂商

复合材料		抗拉强度 σ_b/MPa	拉伸模量 E/GPa	剪切强度 τ/MPa	使用温度 T/℃	冲击后压缩强度 CAI/MPa	供应商
环氧树脂基复合材料	977-3/M7	2510	162	125	130	220	CYTEC
	8552/AS4	2100	140	115	120	230	Hexcel
	5228A/CCF300	1549	134	105	120	250	BIAM
	5228/UT500	2400	130	100	130	230	BIAM
	9916/CCF300	1560	130	100	120	280	BAMTRI
	3261/T300	1520	127	82	80	190	BIAM
双马来酰亚胺基复合材料	5250-4/M7	2618	162	139	177	248	CYTEC
	5260/M7	2690	165	159	177	380	CYTEC
	5429/T700	2710	140	99	150	290	BIAM
	QY8911/T300	1593	132	113	150	178	BAMTRI
	5428/CCF300	1988	145	110	170	260	BIAM
	GW300/T700	1920	125	100	260	190	AR MPI

续表

复合材料		抗拉强度 σ_b/MPa	拉伸模量 E/GPa	剪切强度 τ/MPa	使用温度 T/℃	冲击后压缩强度 CAI/MPa	供应商
聚酰亚胺基复合材料	PMR-15/M7	2458	144	104	316	180	NASA Lewis
	AFR-700/M7	2625	155	131	370	160	NASA Langley
	LP-15/AS4	1850	140	87	280	190	BIAM
	KH304/T300	1320	135	108	310	185	CAS
	BA360/T300	1350	130	105	350	180	BAMTRI
	MPI/T300	1275	119	83	370	—	BIAM

如表6-1所列，高性能EP复合材料具有较好的力学性能和韧性，以及优异的工艺性等特点，适用于制造大型飞机、直升机、无人机和通用飞机的各类复合材料结构。F-22飞机进气道等内部结构、F-35飞机机身、机翼大部分外表面、民用飞机构件(如空客A380和波音B787飞机的机翼、尾翼)等均主要使用高性能EP复合材料制造。BMI复合材料具有优良的耐高温、耐辐射、耐湿热、良好的工艺性等特点，主要用于使用温度高、承载力大的复合材料构件(如机翼、平尾、垂尾等承力结构)。国内第三代和新型歼击机亦主要应用BMI复合材料。PI复合材料主要以PMR型复合材料为主，按照耐热性分为280～316℃、350～371℃和400～420℃三代。耐高温PI复合材料主要应用于高性能航空发动机的冷端部件、高速飞行器和导弹的短期耐热结构及功能结构，如发动机的外涵道和进气机匣，导弹头锥和进气道整流罩等。

先进飞机长寿命和损伤容限设计要求树脂基复合材料具有更高的韧性。为了提高复合材料的韧性，发展了各种增韧技术，从早期的橡胶、热塑性树脂的本体增韧、互穿网络增韧，发展到目前的热塑性树脂"离位"增韧技术、热塑性超薄织物协同增韧技术。国内先进树脂基复合材料已经形成体系，部分技术(如离位增韧技术、协同增韧技术)取得了明显的进步，且具有一定的技术优势。但是，由于受到国内碳纤维性能的限制，国内先进树脂基复合材料的部分力学性能仍明显低于国外T800、IM7中模高强碳纤维增强复合材料；此外，国内只是在直升机、歼击机和航空发动机上小批量应用了部分韧性EP、BMI和第一代PI复合材料，在大型飞机和歼击机上批量应用高韧性EP、BMI复合材料的实际经验匮乏，材料成熟度低。

随着复合材料应用领域的拓宽，复合材料工业得到迅速发展。其传统成型工艺日臻完善，新的成型方法不断涌现。依据不同类型的复合材料、不同形状的构件以及对构件质量和性能的不同要求，聚合物基复合材料可采用不同的成型工艺。聚合物基复合材料从原材料到制品一般都要经过原材料制备、生产准备、制品成型、固化、脱模、修整和检验等阶段。目前，聚合物基复合材料的成型方法已有20多种，并成功用于工业生产，主要包括：手糊成型、缠绕成型、喷射成型、模压成型、热压罐成型、树脂传递模塑成型、拉挤成型、袋压法成型、自动铺放成型、夹层结构成型等工艺。下面简要介绍几种常用方法。

6.2.1 手糊成型工艺

手糊成型又称手工裱糊法、接触成型法，是聚合物基复合材料，尤其是玻璃钢生产中最早使用、最简单、使用最广泛的一种成型方法。顾名思义，手糊成型工艺以手工操作为主，不用或少用机械设备。手糊成型工艺具有其独特的优点，特别是在手糊过程中可以对壁厚任意改变，纤维增强材料可以任意组合，工艺简单，操作方便，生产成本低，其制品的形状和尺寸不受限制，适用性广。手糊成型法一般适用于要求不高的大型制件，如船体、贮气大口径管道、汽车壳体、风机叶片及仿形加工用靠模等。手糊成型常用的树脂体系有不饱和聚酯树脂胶液、环氧树脂胶液等。

手糊成型工艺及其生产流程示意图如图 6-1 所示。首先在经过清理并涂有脱模剂的模具上，采用手工作业，均匀刷一层树脂，再将纤维增强织物（如玻璃布、无捻粗纱方格布、玻璃毡）按要求裁剪成一定形状和尺寸，直接铺设到模具上，并使其平整，多次重复以上步骤逐层铺贴，直至达到所需制品的厚度为止。涂刷结束后让其在室温下（或在专用设备中加热、加压）固化成型、脱模，取得复合材料制品。在我国，手糊制品占整个玻璃钢产品的 80%左右。但是，由于手糊成型工艺的成型过程主要靠手工操作，生产效率低，产品质量有时不稳定，对操作人员的操作技能水平要求较高。

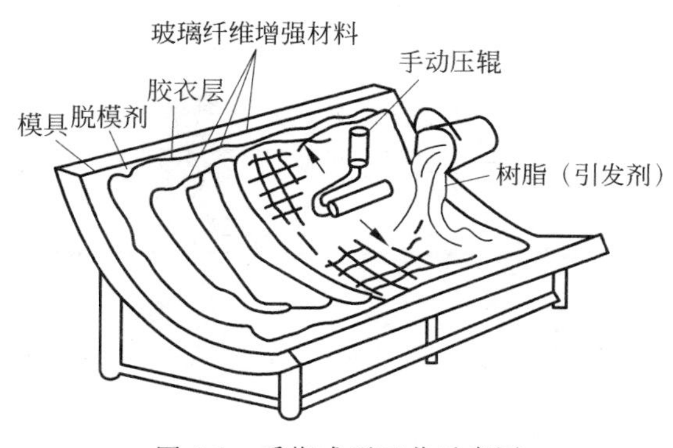

图 6-1　手糊成型工艺示意图

6.2.2　缠绕成型工艺

缠绕成型工艺是将浸过树脂胶液的连续性纤维束（或布带、预浸纱等织物）按照一定规律缠绕到相当于制品形状的芯模上，达到所需厚度后，再加热使聚合物固化，移除芯模（脱模）后获得复合材料制品，如图 6-2 所示。缠绕成型技术是一种机械化生产玻璃钢制品的成型技术，所用树脂大多是不饱和聚酯、环氧树脂等。玻璃纤维是玻璃钢的主要承力材料，制品的强度主要取决于它的强度。因此，玻璃纤维应该具有强度和弹性模量高、易被树脂浸润，以及加工性能良好，在缠绕过程中不起毛、不断头等特点。

根据纤维缠绕成型时树脂基体的物理化学状态的不同，可分为干法缠绕、湿法缠绕和半干法缠绕三种。其中，干法缠绕成型是采用经过预浸胶处理的预浸纱或带，在缠绕机上经加热至黏流态后，缠绕到芯模上。该工艺能够严格控制树脂含量（精确到 2%以内）和预浸纱质量，产品质量控制准确，缠绕时不易打滑，缠绕速度可达 100～200 m/min，缠绕机很清洁，劳动卫生条件好，生产效率高。但是干法缠绕设备贵，需要增加预浸纱制造设备，投资较大，且预浸料不能长期储存，工艺控制严格，生产成本高。此外，干法缠绕制品的层间剪切强度较低。

湿法缠绕成型是指将纤维集束(纱或带)浸胶后,在张力控制下直接缠绕到芯模上的方法。适当的缠绕张力可以使多余的树脂胶液将气泡挤出,并填满空隙,提高产品气密性;湿法缠绕时,纤维上的树脂胶液可减少纤维磨损。湿法缠绕成型工艺简单方便,适用范围广,易实现生产自动化,比干法缠绕成型成本低约40%。但是湿法缠绕的树脂品种相对较少,树脂含量不易控制,树脂浪费大,操作环境差;纤维陡坡处易打滑,树脂中含有的溶剂在固化时容易形成气泡,影响制品品质。

半干法缠绕是纤维浸胶后,到缠绕至芯模的途中,增加一套烘干设备,将浸胶纱中的溶剂除去,与干法相比,省却了预浸胶工序和设备;与湿法相比,可使制品中的气泡含量降低。

纤维缠绕成型技术适合制造轴对称零件,如大型耐腐蚀贮罐,也可以制造飞机上的整流罩、各种箱体、火箭壳体、机身、螺旋推进器、叶片和压杆等。其中,湿法缠绕应用最为普遍;干法缠绕仅用于高性能、高精度的尖端技术领域。

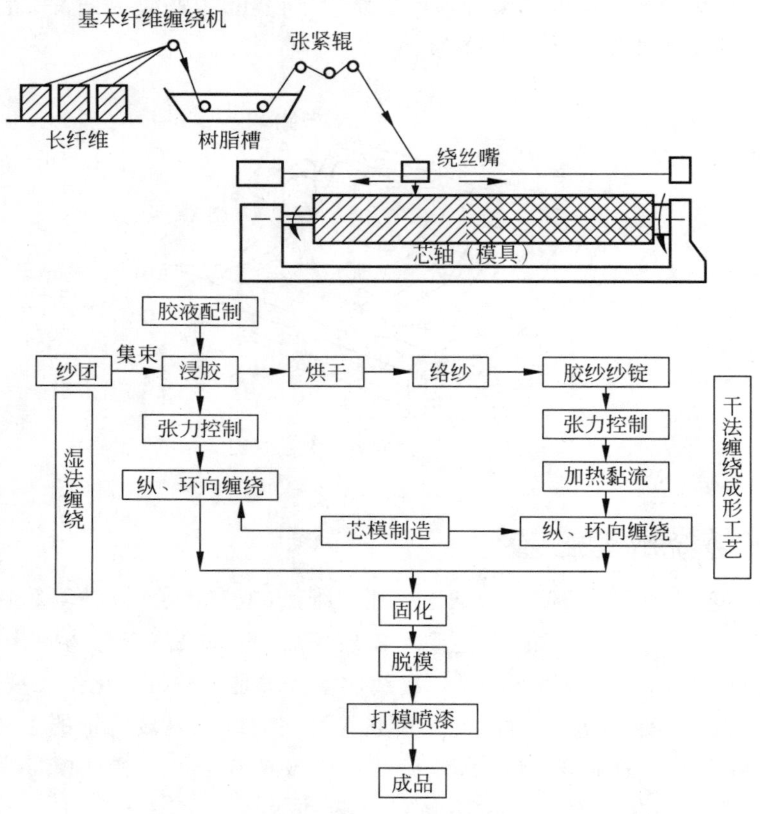

图 6-2 缠绕成型工艺示意图

6.2.3 喷射成型工艺

喷射成型是为改进手糊成型而创造的一种半机械化成型工艺。该工艺是将分别混有促进剂和引发剂的不饱和聚酯树脂从喷枪两侧(或在喷枪内混合)喷出,同时将玻璃纤维用切割机切断,并由喷枪中心喷出,与树脂一起均匀沉积到模具上,待沉积到一定的厚度,用手辊施压,使纤维浸透树脂压实并除去气泡,最后固化成制品,如图6-3所示。该工艺要求树脂黏度低、易雾化，主要用于不带加压、室温固化的不饱和聚酯树脂。

按胶液的混合形式不同，喷射成型工艺可以分为内混合型、外混合型、先混合型三类。其中，外混合型是引发剂和树脂在喷枪外的空气中相互混合。由于引发剂在同树脂混合前必须与空气接触，导致引发剂容易挥发，造成材料浪费和环境污染。内混合型是将树脂和引发剂分别送到喷枪头部的紊流混合器充分混合，避免了引发剂与空气接触，不产生引发剂蒸气。但是，喷枪容易堵塞，必须及时用溶剂清洗喷头。先混合型是将树脂、引发剂、促进剂先分别送至静态混合器中充分混合，然后再送至喷枪处喷射。

按喷射动力的不同，喷射成型工艺又可以分为气动型和液压型两类。前者是靠压缩空气的喷射将胶衣雾化，并喷射到模具上。但是这种类型会导致树脂和引发剂烟雾被压缩空气扩散到周围空气中，造成浪费和污染。后者是无空气的液压喷射系统，靠液压将胶液挤成滴状，并喷射到模具上，不会产生烟雾，材料浪费较少。

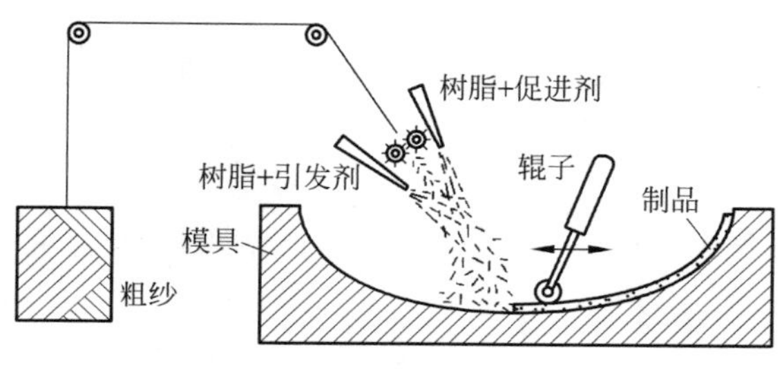

图 6-3　喷射成型工艺示意图

6.2.4　模压成型工艺

模压成型技术又称压制成型，是将粉料、粒料、碎屑或纤维预浸料等置于金属对模中，借助压力和热量作用，加热使其固化，冷却后脱模，形成与型腔形状相同的制品。加热加压使物料塑化、流动、充满型腔，并使树脂发生固化反应。模压工艺利用树脂固化反应中各阶段的特性实现制品成型。在黏流阶段，模压料在模具内被加热到一定温度时，树脂受热熔化成为黏流状态；在压力作用下粘裹着纤维一道流动，直至充满模腔。在硬固阶段，随着温度的继续升高，树脂发生交联，分子量增大，流动性很快降低，表现为一定的弹性，最后失去流动性，树脂成为不溶和不熔的体型结构。

模压料所用的合成树脂应该对增强材料有良好的浸润性，能使合成树脂和增强材料的界面形成良好的黏结；合成树脂具有适当的黏度和良好的流动性，在压制条件下能够和增强材料一道均匀地充满整个模腔；合成树脂在压制条件下具有适宜的固化速度，并且固化过程中不产生副产物或副产物少，体积收缩率小。常用的合成树脂有不饱和聚酯树脂、环氧树脂、酚醛树脂、乙烯基树脂、呋喃树脂、有机硅树脂、聚酰亚胺树脂等。为使模压制品达到特定的性能指标，还应选择相应的辅助材料、填料和颜料。常用的增强材料主要有玻璃纤维开刀丝、无捻粗纱、有捻粗纱、连续玻璃纤维束、玻璃纤维布、玻璃纤维毡等。

模压成型工艺主要用作生产结构件、连接件、防护件和电气绝缘件等，广泛应用于工业生产中。模压成型具有较高的生产效率，适合大批量生产，制品尺寸精度高、表面光洁、无需二次修饰，容易实现机械化和自动化，基本不受操作人员技能的影响，多数结构复杂的制品可以一次成型，制品外观及尺寸的复现性好，成型速度快。

模压成型的不足之处在于，压模的设计和制造相对复杂，初次投资较大，制品尺寸受设备限制。由于片状模塑料模压法（SMC）、团状模塑料模压法（Bulk（Dough） molding compounds，BMC/DMC）近年来发展较快，我国模压法也得到了迅速发展，在复合材料的各种成型工艺中所占比例逐年增加，2010 年模压法所占比例升至约 25%，纤维增强复合材料（FRP）产量可达 90～100 t。

典型的模压成型工艺主要有如下几种方法。

（1）片状模塑料模压法。

将 SMC 片材按制品尺寸、形状、厚度等要求裁剪、下料、铺层，然后将多层片材叠合后放入金属模具中加热加压获得制品。本方法适合于大型制品（如汽车外壳、浴缸等）的加工，工艺先进，发展迅速。

（2）团状模塑料模压法。

团状模塑料是一种纤维增强的热固性塑料，且通常是一种由不饱和聚酯树脂、短切纤维、填料以及各种添加剂构成的、经充分混合而成的团状预浸料。BMC/DMC 中加入低收缩添加剂，可以大大改善制品的外观性能。

（3）定向铺设模压。

将单向预浸布或纤维定向铺设，然后模压成型，制品中纤维含量可达 70%，适用于成型单向强度要求高的制品。

（4）织物模压法。

将预先织成所需形状的二维或三维织物浸渍树脂胶液，然后放入金属模具中加热加压成型为复合材料制品。这种方法制品质量好，成本较高，仅适合于生产有特殊性能要求的制品。

（5）层压模压法。

将预浸过树脂胶液的玻璃纤维布或其他织物裁剪成所需的形状，然后在金属模具中经加温或加压成型复合材料制品。

6.2.5 热压罐成型工艺

热压罐（hot air autoclave）成型技术，也称真空袋-热压罐成型工艺，是将复合材料毛坯、蜂窝夹芯结构或胶接结构用真空袋密封在模具上，置于热压罐中，在真空（或非真空）状态下，经过升温—加压—保温—降温—卸压过程，使其成为满足所需要求的先进复合材料及其构件。热压罐成型是制造连续纤维增强热固性复合材料制品的主要方法，是目前国内外先进树脂基复合材料较成熟的成型技术之一。用热压罐成型的复合材料构件多应用于航空航天领域等的承力结构，主要产品包括直升机旋翼、飞机机身、机翼、垂直尾翼、方向舵、升降副翼、卫星壳体、导弹头锥和壳体等承力构件。

自 20 世纪 60 年代以来，热压罐成型技术得到很大发展，主要体现在整体成型技术发展和融入了大量自动化、数字化技术。

复合材料整体成型技术是采用热压罐共固化共胶接技术，直接实现带梁、肋和墙的复杂结构的一次性制造。整体制造技术可大量减少零件、紧固件数目，从而提高复合材料结构的应用效率。其主要优点为：减少零件和连接件数量，提高减重效率，降低制造和装配成本；减少分段和对接，构件表面无间隙、无台阶，有利于降低雷达散射截面积（RCS），提高隐身性能。

热压罐成型技术有许多其他工艺无法完全替代的优点。热压罐成型技术仅用一个阴模或阳模，就可得到高纤维体积含量、形状复杂、尺寸较大、高质量的复合材料制件；固化温度场和压力场均匀，复合材料制件质量和性能优异，孔隙率低；并且成型模具简单，尺寸公差小。但热压罐成型工艺同时存在能源消耗较大，设备投资成本较高，生产效率较低，以及制件尺寸受热压罐尺寸限制等问题。

真空袋-热压罐成型工艺如图 6-4 所示。首先将预浸料按一定排列顺序置于涂有脱模剂的模具上，铺放分离布和带孔的脱模薄膜，在脱模薄膜的上面铺加吸胶透气毡，再包覆耐高温的真空袋，并用密封条密封周边，然后连续从真空袋内抽出空气，使预浸料的层间达到一定程度的真空度，构成一个真空袋组合系统；并且在热压罐中给予一定压力（包括真空袋内的真空负压和袋外正压）下和达到要求温度后发生固化，获得各种形状的复合材料制件。

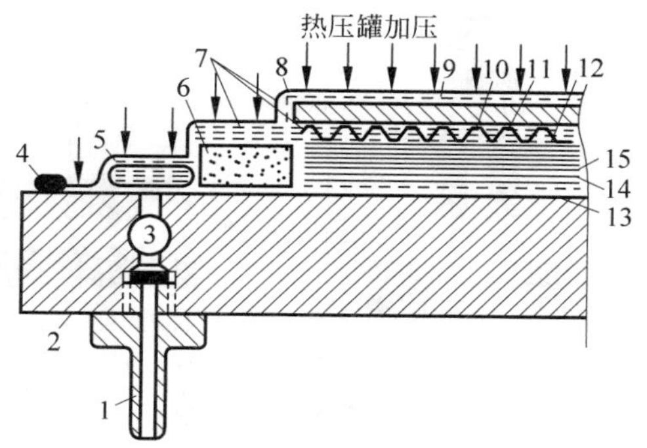

1—真空泵接口；2—平板模具；3—模具排气管；4—密封胶条；5—排气材料；
6—柔性挡块；7—透气层；8—真空袋；9—均压板；10—排气层；11—吸胶透气毡；
12—分离布；13—脱模层；14—隔离层；15—制品。

图 6-4 真空袋-热压罐成型工艺示意图

6.2.6 树脂传递模塑成型工艺

树脂传递模塑（resin transfer moulding，RTM）成型工艺始于 20 世纪 50 年代，是从湿法铺层手糊成型工艺和注塑成型工艺中衍生出来的一种闭模工艺。该工艺是在模腔中预先铺放纤维增强材料预成型体，闭模锁紧和密封后，再采用注射设备将专用树脂胶液注入闭合模腔，彻底浸润干态纤维，并通过注射及排气系统保证树脂流动通畅，以及排出模腔中的气体，之后加热固化成型，脱模后得到两侧光滑的复合材料制品，如图 6-5 所示。

RTM 工艺具有许多显著的优点。RTM 成型技术是一种低成本复合材料制造方法。一般来说，在 RTM 工艺过程中所使用的预成型体和树脂材料的价格都比预浸料便宜，还可以在室温下存放，而且成型过程中挥发成分少、环境污染小。利用这种工艺可以生产较厚的净成型零件，同时免去许多后续加工程序。最初主要用于飞机次承力结构件，如舱门和检查口盖。

目前，中小型复合材料 RTM 零件的制造已经获得了较广泛的应用，而大型 RTM 件也在 F35 战斗机的垂尾上成功应用。RTM 制造技术适用于多品种、中批量、高质量复合材料构件的制造，具有公差小、表面质量好、生产周期短、生产过程自动化适应性强、生产效率高等优点。该方法形成的层合板性能好且双面质量好，在航空中应用不仅能够减少本身劳动量，而且由于能够成型大型整体件，使装配工作量减少，是未来新一代飞机机体有发展潜力的制造技术。但是，树脂通过压力注射进入模腔形成的零件也存在缺陷，例如孔隙率较大、纤维含量较低、树脂在纤维中分布不均、树脂对纤维浸渍不充分等。

该工艺还可以作为一种高效可重复的自动化制造工艺，从而可以大幅度缩短加工成型时间。其可以将传统手糊成型的几天时间缩短为几小时，甚至几分钟。近年来，人们又发展了多种形式的 RTM 技术，例如真空辅助 RTM(VARTM)、压缩 RTM(CRTM)、树脂渗透模塑(SCR IMP)、真空渗透(VIP)、结构反应注射模塑(SRIM)、真空辅助树脂注射(VARI)等十多种方法。

适用于 RTM 工艺的树脂体系应具有黏度低、使用周期长、力学性能优异等特点。

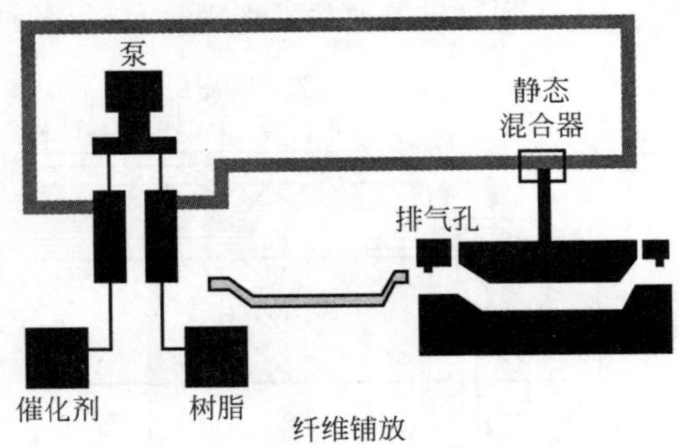

图 6-5 树脂传递模塑成型示意图

6.2.7 拉挤成型工艺

拉挤成型是一种高效连续生产复合材料型材的方法。其工艺特点是将纱架上的无捻玻璃纤维粗纱和其他连续增强材料、聚酯表面毡等进行树脂浸渍，然后通过保持一定截面形状的成型模具，使其在模内固化成型后连续出模，由此形成拉挤制品的一种自动化生产工艺。

拉挤成型典型的工艺流程为玻璃纤维粗纱排布浸胶—预成型—挤压模塑及固化—牵引制品，如图 6-6 所示。

拉挤成型玻璃钢主要采用不饱和聚酯树脂和乙烯基树脂，其他树脂还包括酚醛树脂、环氧树脂、甲基丙烯酸树脂等。除热固性树脂外，根据需要也选用热塑性树脂。随着我国对不饱和聚酯树脂拉挤成型工艺的深入研究，人们对不饱和聚酯树脂拉挤成型固化系统提出了越来越高的要求，例如，提高拉挤成型的速度来提高生产效率；提高树脂体系的固化度来提高产品的强度。所以，国内各大树脂企业研制了适合拉挤的专用树脂和固化体系来满足国内市场需求。近年来，由于酚醛树脂具有防火性好等优点，现在国外开发出了适合拉挤成型玻璃钢用的酚醛树脂，称为第二代酚醛树脂，已推广使用。

拉挤成型玻璃钢所用的纤维增强材料，主要是以 E 玻璃纤维无捻粗纱居多，根据制品需要也可选用 C 玻璃纤维、S 玻璃纤维、T 玻璃纤维、AR 玻璃纤维等。此外，为了特殊用途制品的需要也可选用碳纤维、芳纶纤维、聚酯纤维等合成纤维。为了提高中空制品的横向强度，还可采用连续纤维毡、布、带等作为增强材料。

拉挤成型制品主要包括各种杆架、平板、空心管或型材，应用极为广泛，如抽油杆、电绝缘杆、栏杆、管道、高速公路路标杆等。产品的拉伸强度高于普通钢材，表面的富树脂层又使其具有良好的防腐性，故在具有腐蚀性环境的工程中是取代钢材的最佳产品，其广泛应用于交通运输、电工电气、化工、矿山、船艇等众多行业。

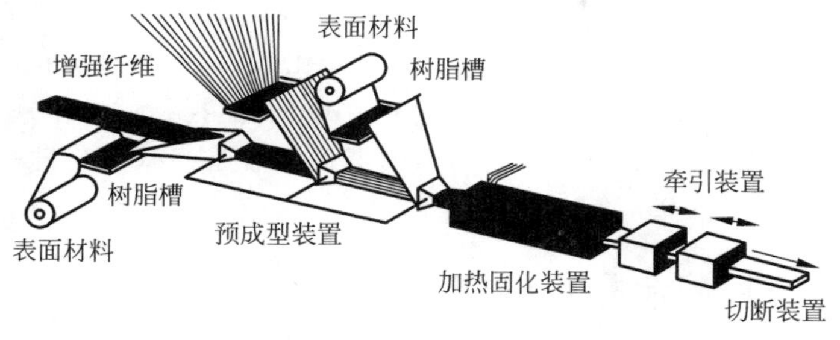

图 6-6　拉挤成型示意图

6.3　金属基复合材料成型方法

6.3.1　概述

金属基复合材料(metal matrix composite，MMC)通常是以金属或合金为连续相(基体)，添加不同组分的纤维、颗粒或晶须等形式的第二相(增强体)而组成的复合材料。按金属或合金基体的不同，金属基复合材料可分为铝基、镁基、铜基、钛基、高温合金基、金属间化合物基以及难熔金属基复合材料等。按增强体的类别分类，金属基复合材料又包括纤维增强(包括连续和短切)、晶须增强和颗粒增强复合材料等。

与传统的金属材料相比，金属基复合材料有较高的比强度与比刚度；与陶瓷材料相比，它又具有高韧性和高冲击性能；而与树脂基复合材料相比，它又具有优良的导电性、耐热性及尺寸稳定性。但由于原材料比较昂贵，加工温度高，界面反应控制困难，设备复杂，制备和加工困难，成本相对较高，且不宜制作过大和过于复杂的零件，其应用的成熟程度远不如树脂基复合材料，其主要用在航天航空、军事工业领域，应用范围较小。

金属基复合材料在过去 30 年里，在世界范围内得到了广泛的研究和发展。随着基体与增强体之间的相容性问题、界面表征与控制问题、增强体分布可控技术、二次加工技术等一系列技术难题的逐步解决，金属基复合材料的生产加工技术不断成熟。例如，采用铸造技术生产金属基复合材料，其工艺操作相对比较简单，既可整体复合又可局部复合，设备复杂程度降低。目前，国外已用铸造技术生产出短纤维铝基复合材料局部增强的活塞，以及颗粒增强复合材料的铸件。金属基复合材料逐渐从军事国防向民用领域、商用领域渗透，如今已在航空航天、兵器、机械、汽车、电子等许多领域得到了应用。目前，国内外发展金属基复合材料，关键是要掌握低成本、高性能、稳定的制备技术和实现较高的性价比。但是大多数金属基复合材料仍存在着成本高、性能波动大、不可回收利用、环境污染等问题，影响了其在工业上的应用推广。

金属基复合材料最初发展的原动力来自于航空工业领域。目前，已用于军机和民机的金属基复合材料主要是铝基和钛基复合材料。SiC 增强铝基金属基复合材料在航天领域已经通过实用验证，如波导天线、支撑框架及配件等。1998 年，钛基复合材料进入航空市场。

大西洋研究公司把钛基金属基复合材料接力器活塞用于燃气涡轮发动机上。

随着能源和环境问题日益严峻,生产商为了实现汽车的轻量化,逐渐采用轻质高强的铝基金属基复合材料生产相关构件。金属基复合材料主要被用于制造耐热、耐磨的发动机和刹车部件(如活塞缸套、刹车盘和刹车鼓等),或者用于驱动轴、连杆等高强高模量运动部件。随着微电子、光电子和半导体器件的微型化及多功能化,金属基复合材料以其密度低、热导率高、与半导体及芯片材料膨胀匹配性好等优点,在电子、热控领域中呈现出巨大的应用前景。目前,无线通信与雷达系统中的射频与微波器件封装是铝基碳化硅(AlSiC)复合材料最大的应用领域。

6.3.2 金属基复合材料的成型工艺

金属基复合材料是由连续的基体和分布其中的增强体共同组成的多相材料,两者按照某种规律形成界面层,相互结合,从而形成一个整体,并通过它传递应力。如果在成型时增强材料与基体之间结合得不好,界面不完整,就会影响复合材料的性能。基体与增强材料的相容性和润湿性等因素都会影响到界面层的形成。相容性是指基体与增强材料之间热膨胀系数的差异和产生化学反应倾向的大小等。在复合材料中增强材料常常不能被液体金属润湿,且易与金属发生化学反应,在界面处形成有害的脆性相。为了改善增强材料与金属基体之间的界面结合情况,在成型之前一般要采用物理、化学及机械方法对增强材料进行表面涂覆或预先采用浸渍溶液处理。

通常,可采用固态或液态的复合成型技术制取金属基复合材料制品。常见的金属基复合材料制备成型工艺如下。

1) 常压铸造法

将经过预处理的纤维制成整体或局部形状的零件预制坯,预热后放入浇注模,浇入液态金属,靠重力使金属渗入纤维预制坯并凝固。此法可采用常规铸模设备,降低制造成本,适用于较大规模的生产。但是,复合材料制品易存在宏观或微观缺陷。

2) 液态搅拌铸造法

液态搅拌铸造成型包括两个阶段:液态搅拌制取复合材料;将液态复合材料浇入铸型而形成复合材料制品(图6-7)。该工艺的重点和难点在于复合材料的制取。液态搅拌铸造成型采用高速旋转的叶桨搅动金属液体,使金属液产生旋涡,然后向旋涡中逐步投入增强颗粒,依靠旋涡的负压抽吸作用,颗粒逐渐混合进入金属熔体,待增强颗粒充分润湿、均匀分散后浇入金属型,用挤压铸造或压力铸造等工艺成型。这种方法工艺过程简单,但不适用于高性能的结构型颗粒增强金属基复合材料。

3) 真空压力铸造(浸渍)法

真空压力铸造法通常是在真空压力浸渍炉内完成金属基复合材料的制备过程。首先,将增强物(短纤维、晶须、原料)制成预制件,放入模具中;将基体金属放入下部坩埚内,紧固和密封炉体,通过真空系统将预制件模具及炉腔抽真空;当炉腔内达到预定的真空度后,开始通电加热预制件和基体金属。当预制件及金属液达到预定的温度后,保温一定时间,将模具上的升液管插入金属液,然后往下炉腔内通入惰性气体;金属液迅速吸入模腔内;随着压力的升高,金属液渗入预制件中的增强物间隙,完成浸渍,形成复合材料。真空压力浸渍法制备的复合材料是在压力下凝固的,因此材料组织致密,无缩孔、疏松等典型铸造缺陷。

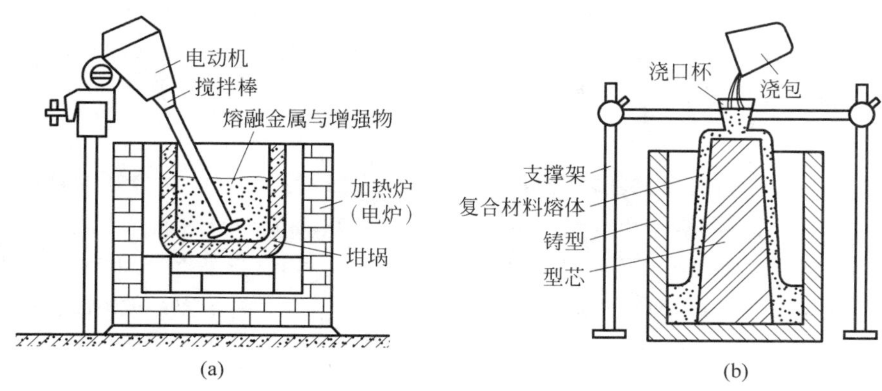

图 6-7　液态搅拌铸造成型示意图

(a) 液态搅拌复合；(b) 浇注复合材料

4) 扩散黏结成型法

扩散黏结成型法是使固态金属基体与增强材料在长时间、较高温度和压力下接触，两者在界面处发生原子间的相互扩散而黏结。通常，预先采用等离子喷涂法、液态金属浸润法、化学涂覆法等方法将增强材料制成预制坯，经过处理、清洗后，按一定形状、尺寸和排列形式叠层封装，加热压制，最终获得复合材料制品。压制过程可以在真空、惰性气体或大气环境中进行，常用的压制方法有以下两种。

(1) 热压扩散结合法。

热压扩散结合法是制备连续纤维增强金属基复合材料最具有代表性的一种工艺。首先，将长纤维或预制丝、织物与基体合金按一定规律叠层排布于模具中，然后在惰性气体或真空中加热加压，借助界面上原子的扩散而制得复合材料。

热压扩散结合法的优点是基体与纤维之间不易产生显著的化学反应，因而基体与纤维有良好的界面结合。其缺点是纤维与基体之间的湿润性较差，制品性能不易控制等。该法适合于基体在高温下非常活跃，容易与强化纤维发生化学反应的金属。在制备这一类金属与长纤维的复合材料时，不宜采用熔融金属喷涂、铸造等方法，而应尽可能地降低复合温度，缩短复合时间。

(2) 热等静压法。

热等静压法是一种相对先进的复合材料成型技术，可用于制造形状较复杂的金属基复合材料制品。其工艺特点是在高压容器内旋转加热炉，将金属基体(粉末或箔)与增强物(纤维、晶须、颗粒)按一定比例分散混合加入金属包套中，抽气密封后装入热等静压装置中加热、加压(一般用氮气作压力介质)，在高温高压(100 MPa)下复合成金属基复合材料零件。

热等静压装置的加热温度可以控制，可在数百摄氏度到 2000℃ 内选择使用，工作压力可高达 100～1000 MPa。在高温高压下金属基体与增强体复合良好，组织细密，形状、尺寸精确，特别适合制造铁基、金属间化合物基、超合金基的复合材料。但是，热等静压工艺的前期制造设备投资大，工艺周期长，成本高。该工艺更适宜制造管、柱等筒状零件。例如，美国航天飞机用 B/Al 管柱、火箭导弹的构件均用此法制造。

5) 形变压力加工法

金属基复合材料的形变压力加工法可以生产尺寸较大的制品，具有增强体与基体作用时间短、加工速度快、增强体损伤小等优点。但是，变形过程中产生的高应力也易造成脆性纤维破坏，并且较难保证增强体与基体金属的良好接触。该工艺主要包括热轧法、热挤压和热拉(拔)法、爆炸焊接法等。

(1) 热轧法。

热轧法主要用来制造金属基复合材料板材。对于已用其他方法复合好的颗粒、晶须、短纤维增强金属基复合材料，先经过热压成为坯料，再经热轧成为复合材料板材。此外，也可将由金属箔和连续纤维组成的预制带经热轧制成复合材料，在这种情况下热轧过程主要是完成金属基体与增强纤维之间的黏结，变形量小。为了提高黏结强度，常在纤维表面涂上银、镍、铜等金属涂层，经反复加热和轧制最终制成复合材料。

(2) 热挤压和热拉(拔)法。

热挤压和热拉法主要用于将颗粒、晶须、短纤维增强金属基复合材料(弥散强化型)的坯料，进一步变形加工成各种形状的管材、型材、棒材、线材等。挤压法也可成型层状复合材料，如各种铝包线、双金属管等包覆材料，复合板、夹层板等复合材料，以及其他特殊复合材料。热挤压和热拉(拔)法在制造金属丝增强金属基复合材料方面也是一种很有效的方法：将基体金属坯料上钻长孔，将增强金属制成棒装入基体金属的空洞中，密封后热挤压或热拉成复合材料棒；也有将增强纤维与基体金属粉或箔混合排布，然后装在金属管或筒中，密封后热挤压或热拉成复合材料管材或棒材。

热挤压和热拉(拔)法可以改善复合材料的组织均匀性，减小和消除缺陷，提高复合材料的性能。经挤压、拉拔后，复合材料的性能明显提高，短纤维和晶须还有一定的择优取向，轴向抗拉强度提高很多。

6) 共喷沉积法

共喷沉积法是由 Ospray 金属有限公司发展成工业生产规模的制造技术。共喷沉积法工艺原理如图 6-8 所示。液态金属通过特殊的喷嘴，在惰性气体气流的作用下分散成细小的液态金属雾化(微粒)流，喷射向衬底，在金属液喷射雾化的同时，将增强颗粒加入雾化的金属流中，与金属液滴混合，再一起沉积在衬底上，凝固形成金属基复合材料。

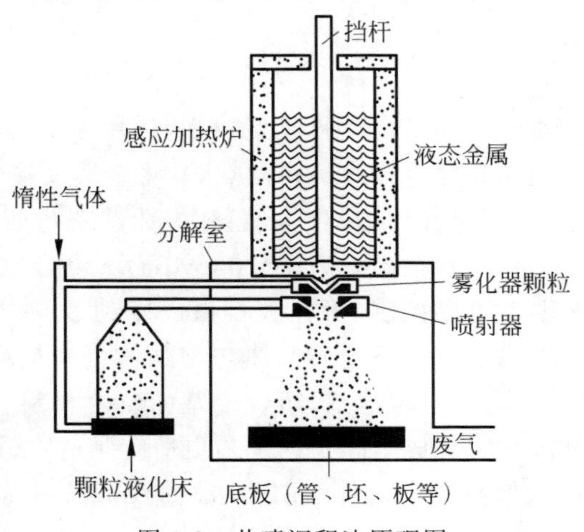

图 6-8 共喷沉积法原理图

颗粒添加喷射成型法使强化颗粒与熔融金属接触时间短，界面反应可以得到有效抑制，可以制备连续的和不连续的梯度复合材料。如果使强化陶瓷颗粒在金属或基体中自动生成，则称为反应喷射沉积法，也是一种原生复合法。

共喷沉积法制造颗粒增强金属基复合材料是一个动态过程。基体金属熔化、液态金属雾化、颗粒加入、颗粒均匀混合、金属液雾与颗粒混合沉积，以及凝固结晶等工艺过程都是在极短时间内完成的。其工艺参数包括熔体金属温度，气体压力、流量、速度，颗粒加入速度，沉积底板温度等，这些因素均十分敏感地影响复合材料的质量，须十分严格地控制。

该方法是制造各种颗粒增强金属基复合材料的有效方法，雾化过程中金属熔滴的冷却速度可高达 10^3～10^6 K/s，基体金属组织可获得快速凝固金属所具有的细晶组织，无宏观偏析，组织均匀致密、颗粒分布均匀、生产效率高。共喷沉积法适用面广，不仅适用于铝、铜等有色金属基体，也适用于铁、镍、钴、金属间化合物基复合材料，并可直接生产不同规格的板坯、管材、型材等。

7）反应自生成法

反应自生成法是指在基体金属中通过某种反应生成增强相来增强金属基体，从而获得增强物与金属基体的界面结合良好的金属基复合材料的制备方法。该方法是 20 世纪 80 年代后期发展起来的，有美国 Martin-Mariatta 公司发明的 XD 法（固态法）和液态自生成法两种。

固态法是把预期构成增强相（一般均为金属化合物）的两种组分（元素）粉末与基体金属粉末均匀混合，然后加热到基体熔点以上的温度。当达到两种元素的反应温度时，两元素发生放热反应，温度迅速升高，并在基体金属熔液中生成 1 μm 以下的弥散颗粒增强物，颗粒分布均匀，颗粒与基体金属的界面干净，结合力强。反应生成的增强相含量可以通过加入反应元素的多少来控制。颗粒增强物形成后性质稳定，可以再熔化加工。主要用来制备 NiAl、TiAl 等高温金属间化合物基复合材料。也可以用来制备以硼化物、碳化物、氮化物等为颗粒增强体，铝、铁、铜、镍、钛以及金属间化合物为基体的复合材料。

液态自生成法是在基体金属熔液中加入能反应生成预期增强颗粒的元素或化合物，在熔融的基体合金中，在一定的温度下反应，生成细小、弥散、稳定的颗粒增强物，形成自生增强金属基复合材料。例如，在铝熔液中加入钛元素，形成 Al-Ti 合金熔体；加入 C 元素（Ti 粉和甲烷等碳氢化合物），进入的甲烷与铝液中的钛反应，生成细小、弥散的 TiC 颗粒。液相反应自生增强体法适于铝基、镁基、铁基等复合材料。由于在基体熔体中反应自生增强物，增强物与基体金属界面干净，结合良好，增强物性质稳定，增强颗粒大小、数量与工艺过程、反应元素加入量等参数有密切关系。

8）粉末冶金法

粉末冶金法是根据制品要求，将不同的金属粉末与陶瓷颗粒、晶须或短纤维均匀混合后放入模具中高温、高压成形。该方法可直接制成零件，也可制坯进行二次成形。制得的材料致密度高，增强材料分布均匀。粉末冶金法是一种成熟的工艺方法，主要适用于颗粒、晶须增强材料。采用粉末冶金法制造的铝基颗粒（晶须）复合材料具有很高的比强度、比模量和耐磨性，用于汽车、飞机和航天器等的零件、管、板和型材中。该方法也适用于制造铁基、金属间化合物基复合材料。

6.4 陶瓷基复合材料成型方法

6.4.1 概述

陶瓷基复合材料(ceramic matrix composite,CMC)是在陶瓷基体中引入具有增强、增韧效果的第二相材料的一种多相材料,又称为复相陶瓷或多相复合陶瓷(multiphase composite ceramic)。陶瓷基复合材料具有耐高温、耐磨、抗高温蠕变、热导率低、热膨胀系数低、耐化学腐蚀、强度高、硬度大及介电、透波等特点。不同的工艺制成的复合材料,其性能亦有较大的差别。陶瓷基复合材料的性能取决于多种因素,如基体、增强体(纤维、晶须或颗粒等)及二者之间的结合等。例如,从基体方面看,与气孔的尺寸及数量,裂纹的大小以及一些其他缺陷有关;从纤维方面来看,则与纤维中的杂质、纤维的氧化程度、损伤及其他固有缺陷有关;从基体与纤维的结合情况来看,则与界面及结合效果、纤维在基体中的取向,以及载体与纤维的热膨胀系数差异度有关。

陶瓷材料具有耐高温、高强度、高硬度、耐腐蚀等特点,但其脆性大的弱点限制了它的广泛应用。陶瓷基复合材料具有高的比强度和比模量,其韧性相对于陶瓷材料得到了极大改善,在要求轻质化的领域及高速切削方面的应用很有前景。并且,陶瓷基复合材料能够在更高的温度下保持其优良的综合性能,较好地满足了现代工业发展的需求。最高使用温度主要取决于基体特性,其工作温度按下列基体材料依次提高:玻璃、玻璃陶瓷、氧化物陶瓷、非氧化物陶瓷、碳素材料,其最高工作温度可达1900℃。目前,陶瓷基复合材料已实用化的领域有切削工具、滑动构件、航空航天构件、发动机部件和能源构件等。

陶瓷基复合材料可做切削刀具,比如用碳化硅晶须增强氧化铝刀具切削镍基合金、铸铁和钢的零件,不但使用寿命增加,而且进刀量和切削速度都可大大提高。通常,热机的循环压力和循环气体的温度越高,其热效率也就越高。传统使用的燃气轮机高温部件主要为镍基或钴基合金,可使汽轮机的进口温度高达1400℃,但这些合金的耐高温极限受到了其熔点的限制。因此,采用陶瓷基复合材料来代替传统高温合金已成为目前研究的一个重点和热点。陶瓷基复合材料耐蚀性优异、生物相容性好,可用作生物体材料;陶瓷基复合材料还可用于制造耐磨件,如拔丝模具、密封阀、耐蚀轴承和化工泵活塞等。

1) 陶瓷材料基体特性

陶瓷材料基体主要以结晶和非结晶两种形态的化合物形式存在,属于无机化合物而不是单质,所以它的结构远比金属合金复杂;按照组成元素的不同,可以分为氧化物陶瓷、碳化物陶瓷、氮化物陶瓷等,或者以混合氧化物的形态存在。目前,人们研究最多的是氧化铝、碳化硅、氮化硅陶瓷等,它们普遍具有耐高温、耐腐蚀、高强度、轻质量等许多优良的性能。

2) 增强、增韧相特性

陶瓷基复合材料中的第二相主要有长(短)纤维、晶须及颗粒等,通常也称为增韧体。陶瓷材料都具有共同的缺点,即脆性,当处于应力状态时,会产生裂纹,甚至断裂,导致材料失效。往陶瓷材料中加入起增韧(补强)作用的第二相,是改善陶瓷材料韧性化的主要途径之一,这已成为近年来陶瓷工作者们研究的一个重点方向。在多相复合陶瓷的研究中,必须考虑各相之间的化学相容性,保证两者不发生化学反应,不引起复合材料的性能退化;同时，也要考虑基体和增强体两者之间的热膨胀系数和弹性模量等方面的物理相容性。

在陶瓷基体中加入长纤维而制成陶瓷基复合材料，是改善其韧性的重要手段。目前使用较为普遍的是碳纤维、玻璃纤维和硼纤维等。

在陶瓷基复合材料中，按纤维排布方式的不同，又可将其分为单向排布纤维复合材料和多向排布纤维复合材料。前者的显著特点是具有各向异性，即沿纤维长度方向上的纵向性能要远高于其横向性能。在纤维增韧陶瓷基复合材料中，当裂纹扩展遇到纤维时会受阻。如果要使裂纹进一步扩展，就必须提高外加应力。当外加应力进一步提高时，会引发基体与纤维间的界面离解。由于纤维的强度高于基体的强度，从而将纤维从基体中拔出。当拔出的长度达到临界值时，又会导致纤维的断裂。因此，裂纹的扩展必须克服由纤维的加入而产生的拔出功和纤维断裂功，从而对复合材料起到增韧的作用。

实际材料断裂过程中，纤维的断裂并非发生在同一裂纹平面上，主裂纹还将沿纤维断裂位置的不同而发生裂纹转向。这同样会使裂纹的扩展阻力增加，从而进一步提高材料的韧性。因此，采用高强度、高弹性的纤维与陶瓷基体复合，纤维能阻止裂纹的扩展，从而得到韧性优良的纤维增强陶瓷基复合材料，显著提高基体的韧性和可靠性。

纤维增韧陶瓷基复合材料性能相对优越，但其制备工艺十分复杂，而且纤维在基体中不易分布均匀。因此，近年来又发展了晶须及颗粒增韧陶瓷基复合材料。晶须为具有一定长径比（直径 0.3～1 μm，长 0～100 μm）的小单晶体。其特点是无微裂纹、位错、孔洞和表面损伤等缺陷，因此其强度接近于理论强度。在制备复合材料时，只需将小尺寸晶须进一步分散，再与基体粉末均匀混合，然后对混好的粉末体进行热压烧结，即可得到相对致密的晶须增韧陶瓷基复合材料。目前常用的晶须材料有 SiC、Si_3N_4、Al_2O_3 等，常用的基体材料有 Al_2O_3、ZrO_2、SiO_2、Si_3N_4 及莫来石等。

晶须的增强增韧效果好，但由于晶须具有一定的长径比，在晶须比例较高时，易于产生晶须间桥架效应，导致材料致密化相对困难，获得的复合材料制品密度减小、性能下降。颗粒可削弱增强体之间的桥架效应，但其增强增韧效果不如晶须。

3）陶瓷基复合材料的界面特性

一般情况下，陶瓷基体与增强材料之间的结合形式有多种。当基体与增强材料发生化学反应后，在界面生成化合物，将两者结合在一起，因此形成反应结合界面；当基体与增强材料之间通过原子扩散和溶解形成结合时，其界面即溶质的过渡带。两者的机械结合则主要是依靠基体与纤维之间的摩擦力来实现的。实际上，陶瓷基复合材料的界面特征往往是上述几种结合方式的综合体现。

陶瓷基复合材料往往是在高温条件下制备的，增强体与陶瓷之间容易发生化学反应，形成化学黏结的界面层或反应层。若基体与增强体之间不发生反应，或控制它们之间发生反应，那么从高温冷却后，陶瓷基体的收缩量将大于增强体。当基体在高温时呈现为液体（或黏性体）时，它也可渗入或浸入纤维表面的缝隙等缺陷处，冷却后形成机械结合。此外，高温下原子的活性增大，原子的扩散速度较室温大得多，由于增强体与陶瓷基体的原子扩散，在界面上也更容易形成固溶体和化合物。此时，增强体与基体之间的界面是具有一定厚度的界面反应区，它与基体和增强体都能较好地结合，但通常是脆性的。例如，Al_2O_3/SiO_2 体系中会发生反应，形成强的化学键结合。

界面结合性能会明显影响陶瓷基体和复合材料的断裂行为。太强的界面黏结往往导致脆性破坏,裂纹可以在复合材料的任意部位形成,并迅速扩展至复合材料的横截面,导致平面断裂,并且在断裂过程中,强的界面结合不会产生额外的能量消耗。若界面结合较弱,当基体中的裂纹扩展至纤维时,将导致界面脱粘,其后裂纹发生偏转、裂纹搭桥、纤维断裂,以致最后纤维拔出。上述过程都要吸收能量,从而提高复合材料的断裂韧性,避免突然的脆性失效。对于陶瓷基复合材料的界面强度来说,一方面应该强到足以传递轴向载荷,并具有高的横向强度;另一方面,也要弱到足以沿界面产生横向裂纹,以及裂纹偏转直到纤维的拔出。因此,陶瓷基复合材料界面要有一个最佳的界面强度,应避免界面间的化学反应或尽量降低界面间的化学反应程度和范围。常见的控制界面反应的方法如下:

(1) 改变增强体的表面性质,如涂层等;

(2) 将特定元素添加到基体中,以降低烧结温度、缩短烧结时间;

(3) 改进复合材料成型工艺和设备。

在实际应用中,最为常用的方法是,与基体复合之前,在增强体表面上沉积一层薄的涂层。C 和 BN 是最常见的涂层,此外还有 SiC、ZrO_2、SnO_2 等涂层。涂层厚度通常为 0.1~1 μm,涂层的选择主要取决于纤维、基体、加工及应用要求。涂层除了改变复合材料界面结合强度,还可以对纤维起到保护作用,避免在加工处理过程中造成纤维的机械损坏。

6.4.2 陶瓷基复合材料的成型工艺

陶瓷基复合材料的成型工艺很多。增强材料(纤维、晶须或颗粒等)不同,则陶瓷基复合材料所对应的加工方法亦不同。目前,常采用浆料浸渗法、浆料浸渍热压成形法、化学气相渗透法、有机先驱体转化法和溶胶-凝胶法等几种方法制造加工纤维增强陶瓷基复合材料;晶须(短纤维与晶须相似)和颗粒增强体的陶瓷基复合材料成型工艺,与陶瓷材料的加工过程基本相同,如泥浆烧铸法、热压烧结法、热等静压烧结法、固相反应烧结法等。为了能获得性能优良的陶瓷基复合材料,其加工技术也在不断被研究与改进。下面简要介绍几种成型方法。

1) 浆料浸渍热压成型法

浆料浸渍热压成型法是将增强纤维或织物(毡)置于陶瓷粉体浆料里浸渍,然后将含有浆料的增强纤维或织物做成一定结构的坯体,充分烘干,经过切割和层叠后在高温、高压下热压烧结为制品。目前,该方法在制造纤维增强陶瓷基(或玻璃陶瓷基)复合材料中应用较多,其工艺流程如图 6-9 所示。

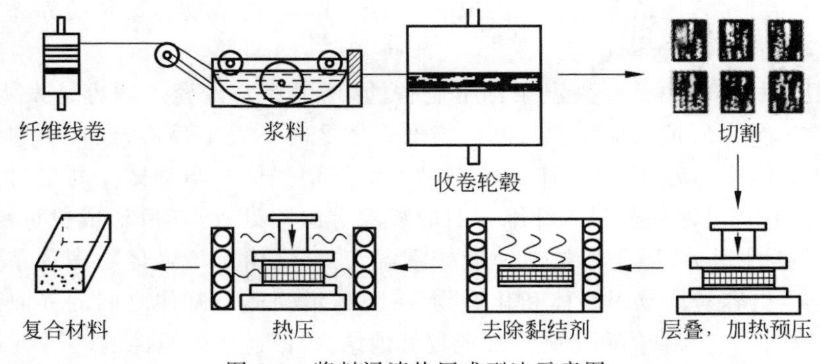

图 6-9 浆料浸渍热压成型法示意图

纤维束或纤维预制件在滚筒的旋转牵引下，于浆料罐中浸渍浆料。浆料由基体粉末、水或乙醇以及有机黏结剂混合而成。浸后的纤维束或预成形体被缠绕在滚筒上，然后压制切断成单层薄片，将切断的薄层预浸片按单向、十字交叉法或一定角度的堆垛次序排列成层板，然后加入加热炉中烧去有机黏结剂，最后热压使之固化。

浆料浸渍热压法的优点是加热温度较晶体陶瓷低，增强体损伤小，工艺较简单，适用于长纤维，纤维层板的堆垛次序可任意排列，纤维分布均匀，制品气孔率低，强度高。缺点是所制零件的形状不能太复杂；基体材料必须是低熔点或低软化点陶瓷。

2）化学气相渗透法

化学气相渗透(chemical vapor infiltration，CVI)法，是在化学气相沉积(CVD)的基础上发展起来的一种制备复合材料的新方法。CVI法特别适合于制备由连续纤维增强的陶瓷基复合材料。将增强纤维编织成所需形状的预成形体，纤维预制体骨架上有开口气孔，置于一定温度的CVI炉反应室内，然后通入源气(即与载气混合的一种或数种气态先驱体)，通过扩散或利用压力差，迫使反应气体定向流动输送至预成形体周围后，向其内部扩散，在预成形体孔穴的纤维表面产生热分解或化学反应，所生成的固体产物沉积在孔隙壁上，直至预成形体中各孔穴被完全填满，从而获得高致密度、高化学气相渗透工艺强度、高韧度的制件。目前，CVI工艺方法包括等温CVI(ICVI)、等温强制对流CVI、热梯度CVI、热梯度强制对流CVI(FCVI)、脉冲CVI(即间歇式变化源气成分以获得不同成分混杂的陶瓷基体)和位控CVD(PCCVD)等。

CVI技术的致密化过程，首先是气相物质沿着界面和孔隙扩散，然后是沉积的物质被吸附，被吸附物质发生反应，反应产物进一步扩散。为了得到高的沉积密度，应控制表面的反应速率，使孔隙入口处的气相饱和度足够高，使气相的离解率足够低，要求反应和渗透的条件是温度、压力和气体流动速率要尽可能低。

与固相粉末烧结法相比，CVI法可制备硅化物、碳化物、氮化物、硼化物和氧化物等多种陶瓷基复合材料，并能实现在微观尺度上的成分设计，能制备精确尺寸(near-net shapped)和纤维体积分数高的部件，且获得优良的高温力学性能。由于此法的制备温度较低，也不需要外加压力，所以内部残余应力小，纤维几乎不受损伤。CVI法的主要缺点是生长周期长、效率低、成本高，由于设备和模具等方面的限制，其不适于生产形状复杂的制品。

3）聚合物浸渍裂解法

聚合物浸渍裂解(polymer infiltration and pyrolysis，PIP)法，又称为有机先驱体转化法或高聚物先驱体热解法。该方法是先合成高分子聚合物先驱体，接着将纤维预制体浸渍，然后在一定温度下热解转化为无机物质，往往经多次浸渍热解后制备成陶瓷基复合材料。

PIP工艺常用的方法有两种：一是制备纤维增强复合材料，即先将纤维编织成所需的形状，然后浸渍高聚物先驱体，热解、再浸渍多次循环，制备成陶瓷基复合材料，生产周期较长。另一种是用高聚物先驱体与陶瓷粉体直接混合，填压成形，再进行热解，从而获得所需材料。这种方法在混料时加入金属粉，可以解决高聚物先驱体热解时收缩大、气孔率高的问题。最常用的高聚物是有机烷高聚物，例如含碳和硅的聚碳硅烷成型后，经直接高温分解或在氯和氨气氛中高温分解并高温烧结后，能制备单相陶瓷或陶瓷基复合材料。有机先驱体工艺适合于制备碳纤维成碳化硅纤维增强SiC陶瓷、Si_3N_4陶瓷和Al_2O_3陶瓷基复合材料。

聚合物浸渍裂解法的主要优势如下。

(1) 有机先驱体聚合物具有可设计性。可通过有机先驱体分子设计和工艺来控制复合材料基体的组成和结构。

(2) 可在纤维增强陶瓷基复合材料的坯体或预成形体中加入填料或添加剂,实现多相组分的陶瓷基复合材料的制备。

(3) 可实现增强纤维与基体的理想复合,工艺性良好。常规方法难以实现纤维(特别是其编织物)与陶瓷基体的均匀复合,先驱体法能有效地实现这一过程,并且烧结温度较低。例如,由聚碳硅烷(PCS)转化为 SiC 时,在 850℃左右就可完成 PCS 的陶瓷转化。

(4) 能够制造形状比较复杂的构件,且可在工艺过程中对工件进行机械加工,得到精确尺寸的构件。

其不足是:先驱体裂解过程中有大量的气体逸出,在产物内部留下气孔;先驱体裂解过程中伴有失重和密度增大,导致较大的体积收缩,且裂解产物中富碳。所以,为了在一定程度上抑制烧成产物的收缩,人们常在先驱体中加入在先驱体裂解过程中质量和体积都不发生变化的惰性填料,或者加入活性填料,与先驱体裂解气体、保护气氛反应,或者与先驱体转化过程中所生成的游离碳反应。

4) 熔体浸渗成型

熔体浸渗成型是指将陶瓷粉末熔融成陶瓷熔体浸渗物,并将其置于加压容器中,用活塞加压使熔体浸渗到纤维预制件中,形成陶瓷基复合材料。

其优点在于,只需浸渗处理即可一步获得完全致密、无裂纹的基体材料,预制件到成品的处理过程中,尺寸基本不发生变化,适于制作形状复杂的结构件。陶瓷材料熔点一般很高,因此在浸渗过程中易使纤维性能受损或在纤维与基体的界面上发生化学反应。陶瓷熔体的强度要比金属的强度大得多,会大大降低浸渗速度。需要采用加压浸渗,并且压力越大,纤维间距越小,试样尺寸越大,浸渗速度越慢。在熔体凝固过程中,会因膨胀系数的变化而产生体积变化,易导致复合体系中产生残余应力。浸渗过程的关键在于纤维与陶瓷基体的润湿性。加压浸渗等成型工艺对纤维表面进行了涂层处理。

5) 压制烧结法

压制烧结法也称混合压制法,是指将短纤维、晶须或颗粒与陶瓷粉末充分混合均匀后,通过冷压而制成所需要的形状,然后再进行烧结成型,或者直接进行热压烧结,获得陶瓷基复合材料制品的方法。前者称为冷压烧结法,后者称为热压烧结法。热压烧结法十分适合于制备短纤维、晶须或颗粒增强陶瓷基复合材料。热压烧结过程中材料受到压力和高温的同时作用,烧结温度较低,能有效抑制界面反应,加速致密化速率,可获得增强体与基体结合好、致密度高、力学性能大大提高的复合材料制品。

短纤维、晶须与颗粒的尺寸均很小,用它们进行增韧陶瓷基复合材料的成型工艺是基本相同的,与陶瓷材料的成型工艺相似,比长纤维陶瓷基复合材料简便得多,只需将晶须或颗粒分散后并与基体粉末混合均匀,再用烧结的方法即可制得高性能的复合材料。短纤维增强体在与基体粉末混合时取向是无序的。但是,在冷压成形及热压烧结的过程中,短纤维由于在基体压实与致密化过程中沿压力方向转动,导致在最终制得的复合材料中,短纤维沿加压面而择优取向,使材料性能上具有一定程度的各向异性。

6）其他成型方法

（1）原位复合法。原位复合法是指在一定条件下，通过化学反应在基体熔体中原位生成一种或数种增强组元（如晶须或 TiB_2、Al_2O_3、TiC 颗粒等），从而形成陶瓷基复合材料的工艺。例如，在陶瓷基体中均匀加入可生成晶须的元素或化合物，控制其生成条件，在陶瓷基体致密化过程中在原位生长出晶须，获得晶须增强陶瓷基复合材料。

该方法克服了复合材料增强相的传统外加方式的缺点，不必考虑外加相存在的相容性和热膨胀匹配问题，可获得热力学性能稳定、增强相尺寸细小、界面无污染、结合强度高的复合材料。并且，在烧结过程中晶须能够择优取向，有利于制造形状复杂的大尺寸产品。因此，其不仅能降低生产成本，同时还能有效地避免人体与晶须的直接接触，降低环境污染。

（2）电泳沉积法。电泳沉积法是利用直流电场，使带电基体颗粒发生迁移，沉积到增强纤维预制体上，再经过干燥、热压或无压烧结得到复合材料。其优点是设备简单，操作方便，易控制，制备周期短，适应范围广。缺点是不能用水作分散介质，有机分散介质对环境有污染。

（3）溶胶-凝胶法。溶胶-凝胶（sol-gel）法是将纤维预制体置于由化学活性组分的化合物制备电镀有机先驱体的溶液中，经过水解、缩聚成凝胶，再经干燥、高温热处理成为氧化物陶瓷基复合材料。sol-gel 法的优点是陶瓷基体成分容易控制，烧结加工温度低，容易浸渗和赋型，对纤维损伤小，复合材料制品均匀性好。但是该方法致密周期长，热处理时收缩较大。

第7章

粉末冶金成型技术

7.1 粉末冶金成型基础

粉末冶金(powder metallurgy)成型是指以金属粉末或金属与非金属粉末的混合物作为原料,将均匀混合的粉料压制成型,借助于粉末原子间的吸引力与机械咬合作用,使制品结合为具有一定强度的整体,再在高温下烧结;由于高温下原子活动能力增加,使粉末接触面积增大,进一步提高了粉末冶金制品的强度,并获得与一般合金相似组织的金属制品或金属材料。

粉末冶金技术的历史很悠久。早在公元前3000年,埃及人就已经使用了铁粉。近代粉末冶金技术是从库利奇为爱迪生研制钨灯丝开始的。近代粉末冶金技术的发展中有三个重要标志:一是克服了难熔金属(如钨、钼等)熔铸过程中的困难,如电灯钨丝和硬质合金的出现;二是多孔含油轴承的研制成功以及机械零件的发展;三是向新材料、新工艺发展。

粉末冶金成型工艺是一种无切削或少切削的成型工艺,可实现制品的净成形或近成形,节省金属材料和加工工时,产品的精度较高,表面粗糙度小,并使产品的生产效率和材料的利用率大大提高。因此,粉末冶金成型具有突出的经济效益。近年来,粉末冶金材料的应用日益广泛,既可以制造质量仅百分之几克的小制品,也可以用热等静压法制造质量近2000 kg的大型坯料。例如,在现今汽车工业中广泛采用粉末压制方法生产结构零件,占烧结结构材料总产量的60%～70%,如汽车发动机、变速箱、转向器、启动马达、雨刮器、减震器、车门锁等都使用了烧结零件。在普通机器制造业中,粉末冶金材料还常用作减摩材料(如含油轴承等)、摩擦材料(如刹车片、离合器片等)、工具材料(如硬质合金、高速钢等)等,在其他工业部门中,常用来制造难熔金属材料(如高温合金、钨丝等)、特殊电磁性能材料(如电器触头、硬磁材料、软磁材料等)和过滤材料(如空气过滤、水净化、液体燃料和润滑油过滤等)。

7.1.1 粉体的基本性能

固态物质按分散程度不同分成致密体、粉末体和胶体三类,即粒径在1 mm以上的称为致密体或常说的固体,粒径在0.1 μm以下的称为胶体,而介于两者之间的称为粉末体。粉末体简称粉末(powder),是由大量固体颗粒及颗粒之间的孔隙所构成的集合体。其性质既不同于气体、液体,也不完全同于固体。它与固体最直观的区别在于:当用手轻轻触及它时,它会表现出固体所不具备的流动性和变形性。粉末中能分开并独立存在的最小实体称为单颗粒。单颗粒如果以某种形式聚集就构成了所谓的"二次颗粒",其中的原始颗粒就称为一次颗粒。粉末的性能对其成型和烧结过程以及粉末冶金制品的性能都有重大影响。在实践中，粉末性能通常按化学成分、物理性能和工艺性能来进行划分和测定。

1）化学成分

粉末的化学成分一般是指主要金属或组分、杂质以及气体等的含量。金属粉末的化学分析与常规的金属试样分析方法相同。粉末的杂质中最常存在的是氧化物夹杂物，可分为易被氢还原的金属氧化物（如铁、钴、铝等的氧化物）和难还原的氧化物（如铬、锰、硅、钛、铝等的氧化物）。这些氧化物一般都比较硬，既损伤模具内壁，又使粉末的压缩性变坏。在粉末性能标准中，对主要金属含量和杂质的许用含量都要有所规定。在金属粉末中主要金属的纯度一般不低于98%～99%。

2）物理性能

金属粉末的物理性能主要包括颗粒形状与结构、粒度和粒度分布、粉末的比表面积、颗粒密度、显微硬度，以及光学、电学、磁学和热学等诸多性质。

金属粉末的颗粒形状是决定粉末工艺性的因素之一。颗粒的形状通常有球状、树枝状、针状、海绵状、粒状、片状、角状和不规则状。粉末形状与其制造方法有关，也与制造过程的工艺参数相关。使用颗粒的维数和颗粒的表面轮廓可以定性地描述和区分颗粒形状。常采用显微镜（光学显微镜、电子显微镜）观察粉末的颗粒形状。

粉末的粒度和其分布取决于粉末制备工艺，它对粉末成型和粉末烧结的行为有很大影响。最终产品性能往往与粉末粒度、粒度分布直接相关。通常将粒径大于1 mm的粒子称为颗粒，粒径小于1 mm的粒子称为粉体。粒度对粉体压制成型时的比压、烧结时的收缩，以及烧结制品的力学性能有重大影响，也决定了粉体颗粒的应用范围。例如，土木、水利等行业的粒子，其粒径一般大于1 mm；冶金、火药、食品等部门则使用粒径为0.04～1 mm的粉体；特种陶瓷粉体组成颗粒的粒径为0.05～40 μm；对于纳米材料，其组成颗粒的粒径却小到几纳米至几十纳米。通常情况下，可用筛分法、显微镜测量法、沉降法、电阻法等测定粒度。筛分法可采用标准筛制和非标准筛制，我国实行的是国际标准筛制，其单位是“目”。目数是指筛网上1英寸(25.4 mm)长度内的网孔数，标准筛系列有32目、42目、48目、60目、65目、80目、100目、115目、150目、170目、200目、270目、325目、400目。生产上常用的细筛网为325目。目数越大，粉体粒径越细。但筛分法不能精确测定粉末颗粒大小，只能测定粉末粒度的范围。

粉末的比表面积通常是指单位质量粉末的表面积。但是，有时也表示为单位体积的表面积，它等于单位质量的表面积乘以材料的密度。粉末越细，比表面积越大，具有的表面能越高。由于与铸锭冶金生产的金属相比，金属粉末具有较大的比表面积，所以与气体、液体和固体发生反应的倾向性很大。

3）工艺性能

粉末的工艺性能包括松装密度、振实密度、流动性、压缩性与成型性等。

(1) 松装密度。松装密度是金属粉末的一项重要特性，是指粉末在规定条件下自由充满标准容器后所测得的堆积密度，即粉末松散填装时单位体积的质量，单位是g/cm^3，亦是粉末的一种工艺性能。松装密度取决于材料密度、颗粒形状、表面粗糙度、粒度和粒度分布等，所以是粉末多种性能的综合体现。

松装密度对粉末成型时的装填与烧结极为重要。例如，在粉末压制成型时，将一定体积或质量的粉末装入压模中，然后压制到一定高度，或施加一定压力进行成型。如果粉末的松装密度不同，压坯的高度或孔隙率就必然不同。粉末松装密度的测量方法通常有三种：常规漏斗法、斯科特(Scott)容量计法、振动涌斗法。

(2) 流动性。测定粉体流动性的仪器称为粉末流动仪，也叫作霍尔(Hall)流速计。该装置主要由漏斗、支架、底座和接收器等部件组成，适用于用标准漏斗(孔径为 2.5 mm)法测定金属粉末的流动性。流动性是粉体的一种工艺性能，以一定量(常为 50 g)粉末流过规定孔径的标准漏斗所需要的时间表示，常用单位是 s/50 g。其数值越小说明该粉末的流动性越好。粉末流动性对生产流程的设计十分重要。在自动压力机压制复杂零件时，如果粉末流动性差，则不能保证自动压制的装粉速率，而且容易产生搭桥现象，从而使压坯尺寸或密度达不到要求，甚至局部不能成型或开裂，影响产品质量。

粉体流动性能与很多因素有关，如粉粒之间的摩擦系数、粉末颗粒尺寸、形状和粗糙度、比表面积等。其中，摩擦系数又与颗粒形状、粉体粒度、粒度分布，以及表面吸收水分和气体量等情况有很大关系。一般来说，增加颗粒间的摩擦系数会使粉末流动困难；球形颗粒的粉末流动性最好，而颗粒形状不规则、粒度小、表面粗糙的粉末，其流动性差；粉体颗粒越细，粉末的流动性越差。

(3) 压缩性。压缩性表示粉末在压制过程中的压缩能力，通常用在一定压力下压制时获得的压坯密度(g/cm^3)来表示。高压缩性粉末是制取具有高密度、高延伸率和粒度稳定零件的前提。粉体压缩性主要受粉末的硬度、塑性变形能力及其加工硬化性能的影响。此外，粉末的化学成分、颗粒形状及结构、粒度及其分布和使用润滑剂的情况等因素，也都对压缩性有影响。通常采用测量粉末在一组压制压力下相对应的压坯密度压缩性曲线，或者测量粉末在单一压制压力下的压坯密度来测定粉末的压缩性，用来作为压模设计、预测可达到的零件密度和所需压制力大小的参考因素。

(4) 成型性。成型性是指粉末压制成型的难易程度和粉末压制后压坯保持其形状的能力，通常以压坯的强度来表示。成型性好的粉末能在较低的压力下得到较高强度的压坯，适用于制造形状复杂的低密度、中强度粉末冶金零件，特别是多孔性的结构件。粉末成型性与颗粒的形状及其内部结构形态有着密切关系。颗粒形状复杂、比表面大的粉末，有利于成型性的提高。并且，在粉末中加入少量润滑剂或压制剂，如硬脂酸锌、石蜡、橡胶等，可以改善成型性。

通常测定压坯强度的方法有 4 种：测定圆柱状生坯试样的压溃强度，即轴向抗压强度；测定空心圆柱状生坯试样的径向负荷强度；测定矩形压坯的抗弯强度；测定压坯经过转筒试验后质量的损失率。

7.1.2 金属粉体的制备和预处理

金属粉末的各种性能均与制粉方法有密切关系，其一般由专门生产粉末的工厂按规格要求来供应，其制造方法很多，可分为以下几类。

1) 机械方法

机械方法制取粉末是将原材料机械地粉碎，常用的有机械粉碎和雾化法两种。机械粉碎是靠压碎、击碎和磨削等作用，将块状金属、合金或化合物机械地粉碎成粉末，包括机械研磨、涡旋研磨和冷气流粉碎等方法。实践表明，机械研磨比较适用于脆性材料，而塑性金属或合金制取粉末多采用涡旋研磨、冷气流粉碎等方法。而雾化法是目前广泛使用的一种制取粉末的机械方法，易于制造高纯度的金属和合金粉末。该方法是将熔化的液态金属从雾化塔上部的小孔中流出，同时喷入高压气体，在气流的机械力和急冷作用下，液态金属被雾化、冷凝成细小粒状的金属粉末，落入雾化塔下的盛粉桶中。任何能形成液体的材料都可以通过雾化来制取粉末，这种方法得到的粉末称为雾化粉。

2）物理方法

常用的物理方法为蒸气冷凝法，即将金属蒸气经冷凝后形成金属粉末，主要用于制取具有大的蒸气压的金属粉末，例如将锌、铅等金属蒸气冷凝便可以获得相应的金属粉末。

3）化学方法

常用的化学方法有还原法、电解法等。还原法是使用还原剂从固态金属氧化物或金属化合物中还原制取金属或合金粉末。它是最常用的金属粉末生产方法之一，方法简单，生产费用较低。比如，铁粉通常采用固体碳还原法制取，即把经过清洗、干燥的氧化铁粉以一定比例装入耐热罐，入炉加热后保温，得到海绵铁，经过破碎后得到铁粉。

电解法是从水溶液或熔盐中电解沉积金属粉末的方法，该方法生产成本较高，电解粉末纯度高，颗粒呈树枝状或针状，其压制性和烧结性很好。因此，该方法在有特殊性能（高纯度、高密度、高压缩性）要求时使用。

为了既具有一定粒度又具有一定物理、化学性能，金属粉末在成型前需要经过一些预处理。预处理包括粉末退火、筛分、制粒、加入润滑剂等。

退火的目的是使氧化物还原，降低碳和其他杂质的含量，提高粉末的纯度，同时还能消除粉末的加工硬化，稳定粉末的晶体结构等。用还原法、机械研磨法、电解法、雾化法以及羰基离解法所制得的粉末都要经退火处理。此外，为防止某些超细金属粉末的自燃，需要将其表面钝化，此过程也要做退火处理。经过退火后的粉末，压制性得到改善，压坯的弹性后效相应减小。例如，将铜粉在氢气保护下300℃左右还原退火，将铁粉在氢气保护下于600～900℃还原退火，这时粉末颗粒表面因还原而呈现活化状态，并使细颗粒变粗，从而改善粉末的压制性。粉末在氢气保护下处理时，还有脱氧、脱碳、脱磷、脱硫等反应，其纯度得到了提高。

筛分的目的是使粉末中的各组元均匀化。筛分是一种常用的测定粉末粒度的方法，适于40 μm以上的中等和粗粉末的分级和粒度测定。其操作为：称取一定质量的粉末，使粉末依次通过一组筛孔尺寸由大到小的筛网，按粒度分成若干级别，用相应筛网的孔径代表各级粉末的粒度。只要称量各级粉末的质量，就可以计算用质量百分数表示的粉末的粒度组成。

制粒是将小颗粒的粉末制成大颗粒或团粒的工序，常用来改善粉末的流动性。将液态物料雾化成细小的液滴，与加热介质（氮气或空气）直接接触后液体快速蒸发而干燥，获得制粒。在硬质合金生产中，为了便于自动成型，使粉末能顺利充填模腔，就必须先进行制粒。

粉末冶金零件在压制和脱模过程中，粉末和模具之间摩擦力很大，必须在粉末中加入润滑剂。加入润滑剂可以改善压制过程，降低压制压力，改善压块密度分布，增加压块强度。常用的润滑剂有硬脂酸锌、硬脂酸锂、石蜡等。但由于松装密度较小，润滑剂加入后易产生偏析，易使压坯烧结后产生麻点等缺陷。近年来，出现了一些新品种的润滑剂，如高性能专用润滑剂 Kenolube、Metallub 等，可以大大改善粉末之间和粉末与模壁之间的摩擦，稳定和减小压坯的密度误差。

7.2 粉末冶金成型方法

粉末冶金的成型工艺过程如图 7-1 所示，主要包括粉末混合、压制成型、烧结和后处理。

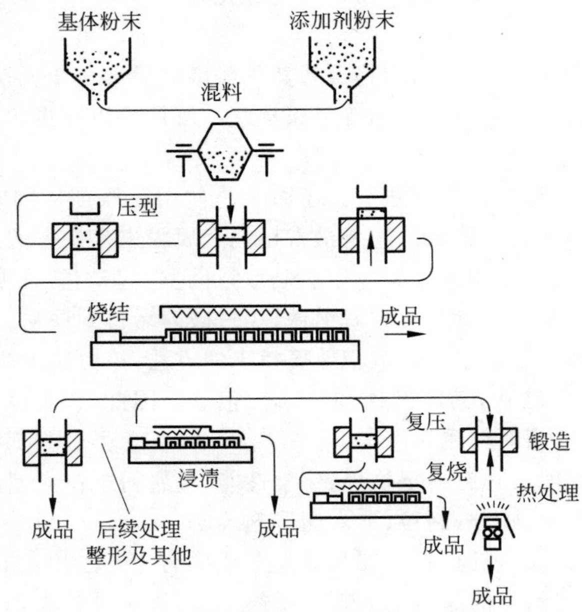

图 7-1 粉末冶金成型工艺过程示意图

7.2.1 粉末的成型

1. 压制成型

压制成型(press forming)是指将不含液体或含少量液体(质量分数为 6%～7%)的粉体，在压力作用下使松散的粉体颗粒在模型中重新排布，产生弹性形变和破碎，排出空气，结合成具有一定形状和尺寸的坯体的过程。装在模腔内的松装粉体由于颗粒间的摩擦和机械咬合作用，颗粒相互搭架形成拱桥孔洞的现象，称为拱桥效应，如图 7-2 所示。由于拱桥效应，在粉体中形成大小不一的孔隙，造成粉体的松装密度远小于材料的单质密度。

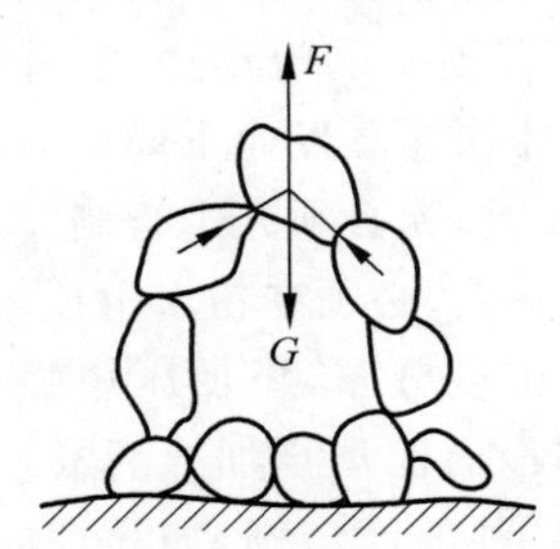

图 7-2 粉体的拱桥效应

压坯密度 ρ 与成型压力 p 的关系如图 7-3 所示，对硬脆的粉体，大致可分为三个阶段。第Ⅰ阶段，当压模中粉体受到压力后，粉体内的拱桥效应遭到破坏，粉体颗粒间将发生相对移动，重新排列位置，彼此填充孔隙，使压坯密度随成型压力的增加而急剧提高。第Ⅱ阶段，当密度达一定值后，粉体出现一定的压缩阻力，由于粉体颗粒间的位移大大减少，并且大量变形尚未开始，即使外力继续增加，压坯密度也增加很少。当压力超过粉体颗粒的临界应力时，粉体颗粒开始发生变形与断裂，使粉体的体积明显减少，粉体颗粒迅速达到最紧密的堆积，此为第Ⅲ阶段。对于如钢、锡、铝等塑性好的粉体，由于压坯密度达到了一定程度，坯料产生加工硬化，使粉体的进一步变形产生困难，故其第Ⅱ阶段基本消失，如图7-3中虚线所示。压制过程中，粉末颗粒要发生不同程度的弹性变形和塑性变形，并在压坯内聚集了很大的内应力。去除压力后，由于内应力的作用，压坯会试图膨胀，这种压坯脱出压模后发生的膨胀现象称为弹性后效。

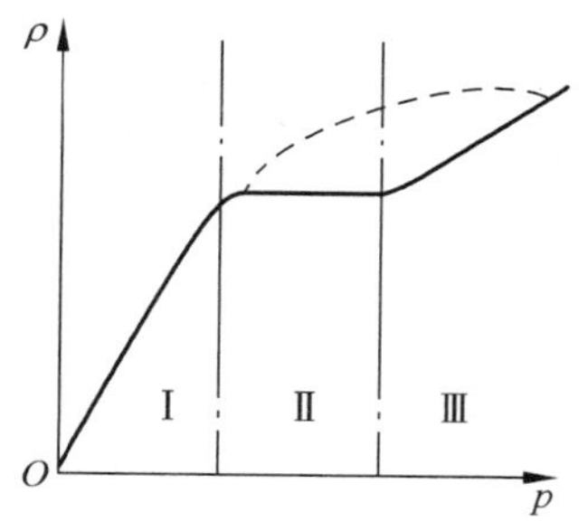

图7-3　压坯密度ρ与成型压力p的关系

粉体成型是粉末冶金和陶瓷制品制备的第二个阶段。它是将松散的粉体制成具有一定形状、尺寸、密度和强度的坯件的工艺过程。目前生产上可分为两大类成型方法，即压力成型和无压成型。模压成型是应用最广泛的粉末成型技术。它是将混合均匀的粉末按一定的量装入模具中，再用压力机压制成坯块的方法。目前已经发展成熟多种模压成型技术，如图7-4所示为三种基本压制方式。

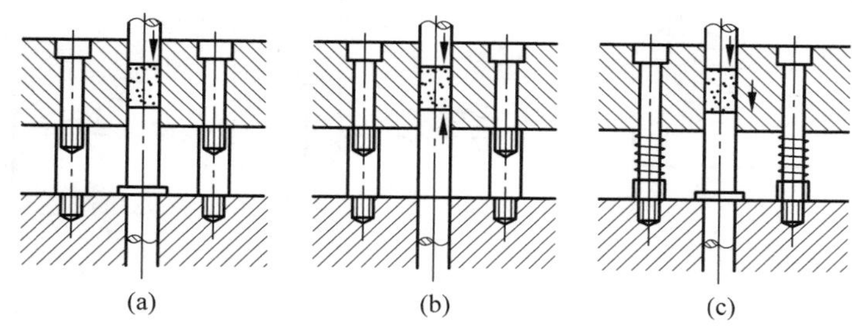

图7-4　模压的三种基本压制方式

(a) 单向压制；(b) 双向压制；(c) 浮动压制

1）单向压制

如图7-4(a)所示，进行单向压制时，凹模和下冲模不动，由上冲模单向加压。在这种情况下，摩擦力F的作用使制品上、下两端密度不均匀，压坯高度H越大或直径D越小，压坯的密度差就越大。单向压制的优点是模具简单，操作方便，生产效率高；其缺点是只适于$H/D<1$、H/δ(压坯厚度)<3的情况。

2）双向压制

如图7-4(b)所示，当$H/D>1$、$H/\delta>3$时，可采用双向压制。进行双向压制时，凹模固定不动，上、下冲模以大小相等、方向相反的压力同时加压。当上、下冲模的压力相等时，其分别产生的摩擦力也相等。这种压坯中间密度低、两端密度高，而且相等。所以双向压制的压坯允许高度比单向压坯高一倍，适于压制较高的制品。双向压制的另一种方式是，在单向压制结束后，在密度低的一端再进行一次单向压制，以改善压坯密度的均匀性。这种方式又称为后压。

3）浮动压制

如图7-4(c)所示，进行浮动压制时，下冲模固定不动，凹模用弹簧、汽缸、液压缸等支承，受力后可以浮动。当上冲模加压时，由于侧压力而使粉末与凹模壁之间产生摩擦力，当凹模所受摩擦力大于浮动压力时，弹簧压缩，凹模与下冲模产生相对运动，相当于下冲模反向压制。此时,上冲模与凹模没有相对运动。当凹模下降、压坯下部进一步压缩时,在压坯外径处产生阻止凹模下降的摩擦力。当上、下冲模的摩擦力相等时,凹模浮动停止。上冲模又单向加压,与凹模产生相对运动。如此循环直到上冲模不再增加压力。此时,低密度层在压坯的中部,其密度分布与双向压制相同。浮动压制是最常用的一种方式。

采用不同的压制方式,压坯密度的分布状况不同,如图 7-5 所示为不同模压成型方式下的坯体密度分布状况。由图可见,压坯密度沿压坯高度的分布是不均匀的,而且沿压坯截面的分布也是不均匀的。压坯密度分布不均匀主要是由压制过程中粉体间存在的内摩擦力,以及粉体与压模壁间存在的外摩擦力所造成的。压坯密度的均匀性是衡量其品质的重要指标,烧结后制品的强度、硬度及各部分性能的同一性,皆取决于密度分布的均匀程度。烧结时压坯密度分布不均匀,将使制品产生很大的应力,从而导致收缩的不均匀、翘曲,甚至产生裂纹。因此,压制成型时应力求使压坯密度分布均匀。

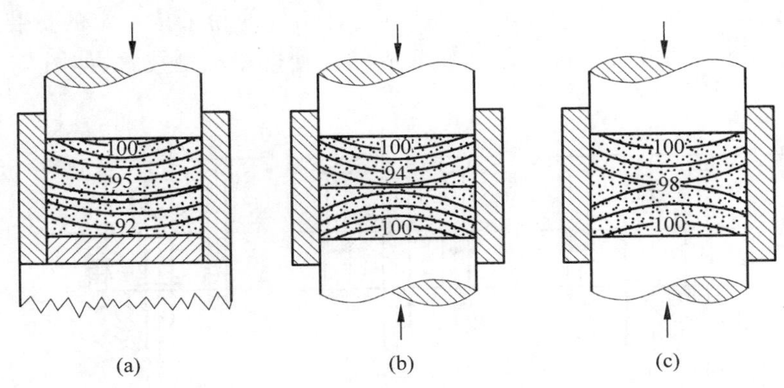

图 7-5　不同模压成型方式下的坯体密度分布状况

(a) 单面加压;(b) 双面加压;(c) 双面加压并使用润滑剂

为了减小压制成型过程中的摩擦和减轻脱模的困难,需要有效的润滑系统。对于封闭钢模冷压,传统的方法是将粉末润滑剂混合于金属粉末中,并涂抹在压模壁处,这有助于使粉体压力趋向于均匀,密度梯度减小。但大量的润滑剂遗留在粉体中,对松装粉体的性能会产生不良影响,还会减小压坯的生坯强度和烧结强度。

2. 可塑成型

可塑成型(plastic forming)是将适量的液体(质量分数为 20%～30%)加入粉体中,利用外力迫使坯料产生塑性变形而形成坯体的成形方法。可塑坯料是由固相、液相和少量气相组成的弹性-塑性系统,在外力作用下具有弹性和塑性行为,使之适于制作回转体产品。可塑成型在传统日用陶瓷生产中较为普遍,而在粉末冶金中用得很少。

影响泥团可塑性的因素有固相颗粒大小、形状及其塑性行为、液相的性质及数量。通常泥团中固相的颗粒越细小,则比表面越大,每个颗粒表面形成水膜所需水分越多,泥团的可塑性则越高;板片状、短杆状颗粒的比表面比球状和立方体颗粒的比表面大得多,故前两者颗粒形成的泥团的可塑性比后两者的高。水分是泥团出现可塑性的必要条件,适量的水能使泥团达到最大的可塑性,水分过多或过少均不利。此外,液体的表面张力也影响泥团可塑性,加入表面张力大的液体可提高泥团的可塑性。

3. 注浆成型

注浆成型(slip casting forming)是指将具有流动性的液态泥浆(含质量分数为 28%～35%的水分)注入多孔模型内(模型为石膏模、多孔树脂模等),借助于模型的毛细吸水能力,泥浆脱水、硬化,经脱模获得一定形状的坯体的过程。注浆成型的适应性强,能得到各种结构、形状的坯体。注浆成型是陶瓷坯体成型的基本工艺方法之一,在粉末冶金生产中有时也用来成型一些形状比较复杂的零件。

7.2.2　粉末的烧结

烧结是一种高温热处理工序,将压坯或松装粉末体置于适当的气氛中,在低于其主要成分熔点的温度下保温一定时间,以获得具有所需密度、强度和各种物理及力学性能的材料或制品。它是粉末冶金生产过程关键的、基本的工序之一,目的是使粉末颗粒间产生冶金结合,也就是使粉末颗粒之间由机械啮合转变成原子之间的晶界结合。用粉末烧结的方法可以制得各种纯金属、合金、化合物以及复合材料。

1. 烧结的基本原理

烧结过程与烧结炉、烧结气氛、烧结条件的选择和控制等方面有关。因此,烧结是一个非常复杂的过程,如图 7-6 所示。烧结前压坯中粉末的接触状态为颗粒的界面,可以区分并可分离,只是机械结合。烧结状态时,粉末颗粒接触点的结合状态发生了转变,为冶金结合,颗粒界面为晶界面。随着烧结的进行,结合面增加,直至颗粒界面完全转变成晶界面,颗粒之间的孔隙由不规则的形状转变成球形的孔隙。

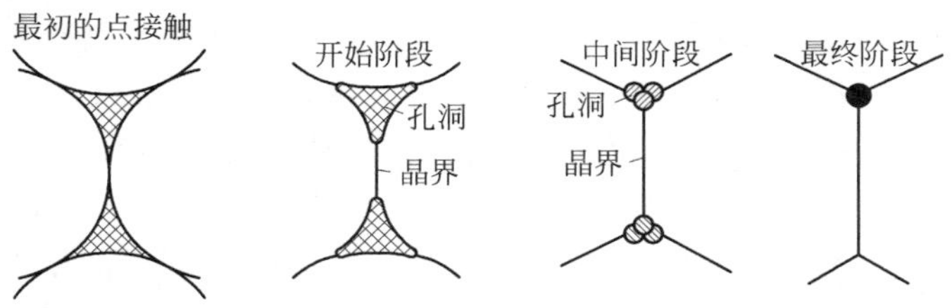

图 7-6　烧结过程示意图

烧结的机理是:粉末压坯具有很大的表面能和畸变能,并随粉末粒径的细化和畸变量的增加而增加,结构缺陷多,因此处于活性状态的原子增多,粉末压坯处于非常不稳定的状态,并力图把本身的能量降低。将压坯加热到高温,为粉末原子所储存的能量释放创造条件,由此引起粉末物质的迁移,使粉末体的接触面积增大,导致孔隙减小,密度增大,强度增加,最后形成了烧结。

按烧结过程中有无液相出现和烧结系统的组成,烧结可分为固相烧结和液相烧结。如果烧结发生在低于其组成成分熔点温度的情况下,粉末或压坯无液相形成,则产生固相烧结;如果烧结发生在两种组成成分熔点之间,至少有两种组分的粉末或压坯在液相状态下,则产生液相烧结。固相烧结用于结构件,液相烧结用于特殊的产品。液相烧结时,在液相表面张力的作用下,颗粒相互靠紧,故烧结速度快,制品强度高。普通铁基粉末冶金轴承烧结时不出现液相,属于固相烧结;而硬质合金与金属陶瓷制品烧结过程将出现液相,属于液相烧结。

2. 烧结方法

1）固相烧结

固相烧结是指烧结发生在低于其组成成分熔点温度的情况下，其各组分均不发生熔化。在固相烧结中，按烧结体系组元的多少，可进一步分为单元系固相烧结和多元系固相烧结。单元系固相烧结是指纯金属或化合物在其熔点以下进行的固相烧结过程，在整个过程中不出现新的组成物和新相，也不发生凝聚态的改变。多元系固相烧结则是指由两种或两种以上组元构成的烧结体系，在低熔点组分熔点以下进行的固相烧结过程。

单元系固相烧结过程大致分 3 个阶段。

(1) 低温阶段($T_{烧}\approx 0.25T_{熔}$)。主要发生金属的回复，吸附气体和水分的挥发，压坯内成形剂的分解和排除。由于回复时消除了压制时的弹性应力，粉末颗粒间接触面积反而相对减小，加上挥发物的排除，导致烧结体收缩不明显，甚至略有膨胀。此阶段内烧结体密度基本保持不变。

(2) 中温阶段($T_{烧}\approx 0.4\sim 0.55T_{熔}$)。开始发生再结晶，粉末颗粒表面氧化物被完全还原，颗粒接触界面形成烧结颈，烧结体强度明显提高，而密度增加较慢。

(3) 高温阶段($T_{烧}\approx 0.55\sim 0.85T_{熔}$)。这是单元系固相烧结的主要阶段。扩散和流动充分进行并接近完成，烧结体内的大量闭孔逐渐缩小，孔隙数量减少，烧结体密度明显增加。保温一定时间后，所有性能均达到稳定不变。影响单元系固相烧结的因素主要有烧结组元的本性、粉末特性(如粒度、形状、表面状态等)和烧结工艺条件(如烧结温度、时间、气氛等)。增加粉末颗粒间的接触面积或改善接触状态，改变物质迁移过程的激活能，增加参与物质迁移过程的原子数量以及改变物质迁移的方式或途径，均可改善单元系固相烧结过程。

多元系固相烧结除发生单元系固相烧结所发生的现象，还由于其组元之间的相互影响和作用，发生一些其他现象。对于组元不相互固溶的多元系，其烧结行为主要由混合粉末中含量较多的粉末所决定。比如，铜-石墨混合粉末的烧结主要是铜粉之间的烧结，石墨粉阻碍铜粉间的接触而影响收缩，对烧结体的强度、韧性等都有一定影响。对于能形成固溶体或化合物的多元系固相烧结，除发生同组元之间的烧结，还发生异组元之间的互溶或化学反应。

烧结体因组元体系不同，有的发生收缩，有的出现膨胀。异扩散对合金的形成和合金均匀化具有决定作用，一切有利于异扩散进行的因素，都能促进多元系固相烧结过程。例如，采用较细的粉末提高粉末混合均匀性，采用部分预合金化粉末提高烧结温度、消除粉末颗粒表面的吸附气体和氧化膜等。在决定烧结体性能方面，多元系固相烧结时的合金均匀化比烧结体的致密化更为重要。多元系粉末固相烧结后既可得单相组织的合金，也可得多相组织的合金，这可根据烧结体系合金状态图来判断。

2）液相烧结

若烧结发生在两种组成成分熔点之间，烧结温度超过了其中某种组成粉粒的熔点，烧结过程中液体、固体同时存在，则产生液相烧结，但液相并不处于完全自由流动状态，固相粉粒也不是完全溶解于液相之中。液相烧结分为互不溶系液相烧结、稳定液相烧结、瞬时液相烧结三种类型。由于物质通过液相迁移比固相扩散快得多，所以烧结体的致密化速度和最终密度大大提高。该工艺多用于制造各种电接触材料、硬质合金和金属陶瓷等。

烧结初期，在不溶解的条件下，液态组元润湿于固相粉粒的表面，形成薄膜，并把孔隙填满，烧结体组织发生致密化。继续保温后，固相粉粒开始在周围液膜中溶解，致密度不断提高，烧结体进一步收缩。烧结体的质量与固液两相粉粒的润湿性有直接的关系，润湿性好，则固相粉粒周围的液膜完整，孔隙被填充得比较完善，烧结体更为致密。同时，烧结体的显微组织中各个相的分布比较均匀；否则各相各自集中，易造成显微组织的严重不均匀。为保证良好的润湿效果，配料时要注意控制液相的相对量不要过小。

3）反应烧结

反应烧结是指利用固-气、固-液化学反应，在原料合成的同时进行烧结的方法。反应烧结的特点是烧结时无收缩；晶界处低熔点组分不发生软化，从而高温性能不会降低；但坯体中气孔率较高，还会残存部分反应物。在粉末冶金领域，反应烧结属于活化烧结的一部分，它还可以使烧结温度降低，烧结过程加快，或使烧结体的密度及性能提高。

4）常压烧结

常压烧结是指将预压成型粉末在大气压力下或在较低的气体压力下进行烧结的方法。这种方法具有可制作复杂形状制品、生产组织容易等优点，但制品的气孔率高、收缩率大、机械强度低。常压烧结时，烧结体中有相当多的液相存在，所以也可归属于液相烧结方法中。在粉末冶金中，液相烧结可获得高密度、低气孔率的烧结材料，这是由于在烧结收缩压力作用下，液相将渗入孔隙，使气孔率降低。

5）热压烧结

热压烧结（简称热压）是指利用耐高温模具，在加热的同时并加压的烧结方法。这种方法可以将常压下难以烧结的粉末进行烧结；可以在较低的温度下烧结出接近理论密度的烧结体；可以在短时间内达到致密化，烧结体的强度也较高。热压烧结时，在外压下，粉粒间接触部位产生塑性流动，使颗粒间距缩短。在热压烧结的基础上，又发展出了热等静压烧结方法。该法是以气体为压力介质，将粉料一边进行各向同性压缩，一边加热。目前，采用热等静压烧结法可以烧结超硬合金和氧化铝系工具。

热压烧结、热等静压烧结等实际上是成型和烧结过程同时进行和完成的。因粉末冶金制品都需要经过烧结，故粉末冶金制品也叫作烧结制品（或零件）。烧结是粉末冶金的关键工序之一，与制粉、成型工序等共同组成了粉末冶金的完整工序。

3. 影响因素

烧结过程的主要影响因素有加热速度、烧结温度、烧结时间、冷却速度和烧结气氛等。此外，烧结制品的性能也受粉末材料颗粒尺寸及形状、表面特性及压制压力等因素的影响。

（1）加热速度和冷却速度。

烧结过程中，如果加热速度过快，可使坯块中的成型剂、水分及某些杂质剧烈挥发，导致坯块产生裂纹，并使氧化物还原不完全。冷却速度对制品性能的影响也很大，为获得所要求的金相组织，对冷却速度有一定的要求。以铁基制品为例，如果所烧结的铁基制品在冷却前是均匀的奥氏体，冷却速度不同，则会出现三种性能不同的金相组织。

（2）烧结温度和烧结时间。

烧结温度和烧结时间必须严格控制。如果烧结温度过高或时间过长，会使压坯歪曲和变形，其晶粒亦大，产生所谓“过烧”的废品。如果烧结温度过低或时间过短，则产品的结合强度等性能达不到要求，产生所谓“欠烧”的废品。通常，铁基粉末冶金制品的烧结温度为1000～1200℃，烧结时间为0.5～2 h。

(3) 烧结气氛。

除少数制品(如金及某些氧化物和陶瓷的烧结)可在氧化性气氛中烧结,大多数制品的烧结是在保护气氛或真空中进行的。在保护气氛或在真空中烧结,可防止制品在烧结中氧化,还原制品中的氧化物,保证制品能获得一定的物理力学性能。粉末冶金常用的烧结气氛有还原气氛、真空气氛等。烧结气氛也直接影响烧结体的性能。铁基、铜基制品常采用发生炉煤气或分解氨气氛烧结,硬质合金、不锈钢常采用纯氢气氛烧结。活性金属或难熔金属(如钨、钴、钼)、含 TiC 的硬质合金及不锈钢等可采用真空烧结。真空烧结可避免气氛中的有害成分(如 H_2O_2、O_2、H_2 等)的不利影响,还可适当降低烧结温度(一般可降低100~150℃)。

对烧结工序的主要要求是:制品的强度要高,物理、化学性能要好,尺寸、形状及材质的偏差要小,适用于大量生产,烧结炉易于管理和维护等。

7.2.3 粉末的后处理

许多粉末冶金制品在烧结后可直接使用,但有些制品还要进行必要的后处理。粉末冶金制品的后处理,是指为了某种目的而对烧结后的制品进行的补充加工。后处理的种类很多,由产品要求来决定。其目的如下:

(1) 提高制品的物理及化学性能(采取的处理方法有复压、复烧、浸油、热锻和热复压、热处理及化学处理);

(2) 改善制品表面的耐腐蚀性(采取的处理方法有水蒸气处理、磷化处理、电镀等);

(3) 提高制品的形状与尺寸精度(采取的处理方法有精整、机械加工等)。

例如,对于齿轮、球面轴承、钨铜管材等烧结件,常采用滚轮或标准齿轮与烧结件对滚挤压的方法进行精整,以提高制件的尺寸精度,降低其表面粗糙度;为克服粉末成型工艺的限制,对烧结制品的某些难以压制成型的外形,如螺纹、径向槽、横向孔等进行切削加工,使烧结制品达到最终的形状和尺寸要求;对烧结铁基制品进行水蒸气处理,提高制品的抗蚀性、硬度和耐磨性;对含油轴承在烧结后的浸油处理等。

熔渗处理是将低熔点金属或合金渗入多孔烧结制件的孔隙中,以增加烧结件的密度、强度、塑性或冲击韧性。为了进一步提高烧结制品的使用性能、尺寸和形状精度,烧结后还对制品进行整形、机械加工、热处理等后续工序。

复压是指为提高烧结体的物理和力学性能而进行的施压处理,包括精整和整形等。精整是为达到所需尺寸而进行的复压,通过精整模对烧结体施压以提高精度。整形是为达到特定的表面形状而进行的复压,通过整形模对制品施压以校正变形并降低表面粗糙度。复压适用于要求较高且塑性较好的制品,如铁基、铜基制品。

浸渍是用非金属物质(如油、石蜡和树脂等)填充烧结体孔隙的方法。常用的浸渍方法有浸油、浸塑料、浸熔融金属等。浸油是在烧结体内浸入润滑油,改善其自润滑性能并防锈,常用于铁、铜基含油轴承。浸渍料采用聚四氟乙烯分散液,经固化后实现无油润滑,常用于金属塑料减磨零件。浸熔融金属可提高制品的强度及耐磨性,铁基材料常采用浸铜或浸铅的方法。

热处理是指对烧结体加热到一定温度,再通过控制冷却方法等以改善制品性能的方法。常用的热处理方法有淬火、化学热处理、热机械处理等,其工艺方法一般与致密材料相似。

对于不受冲击而要求耐磨的铁基制件，可采用整体淬火，由于孔隙的存在能减小内应力，一般可以不回火；而对于要求外硬内韧的铁基制件，可采用淬火或渗碳淬火。热锻是获得致密制件常用的方法，热锻造的制品晶粒细小，且强度和韧性较高。

常用的表面处理方法有蒸气处理、电镀、浸锌等。蒸气处理是指工件在500～560℃的热蒸气中加热并保持一定时间，使其表面及孔隙形成一层致密氧化膜的工艺。蒸气处理可用于要求防锈、耐磨或防高压渗透的铁基制件。电镀是指应用电化学原理在制品表面沉积出不同覆层，其工艺方法同致密材料。

此外，还可通过锻压、焊接、切削加工、特种加工等方法进一步改变烧结体的形状或提高精度，以满足零件的最终要求。电火花加工、电子束加工、激光加工等特种加工方法，以及离子氮化、离子注入、气相沉积、热喷涂等表面工程技术，已用于粉末冶金制品的后处理，以进一步提高生产效率和制品质量。

7.3　粉末冶金成型新技术与智能化

现代粉末冶金工艺的发展已经远超传统工艺的范畴，且日趋多样化，如同时实现粉末压制和烧结的热压、热等静压法。机械合金化、高温合金工艺、粉末注射成型等新技术、新工艺的相继出现，使得整个粉末冶金领域出现了一个崭新的局面。

7.3.1　快速冷凝技术

从实验室首次采用快速冷凝技术(RST)获得非晶态硅合金的片状粉末开始，至今已有30余年，现已进入工业实用阶段。从液态金属制取快速冷凝粉末的方法有熔体喷纺法、熔体沾出法(冷却速度为10^6～10^8℃/s)、旋转盘雾化法、旋转杯雾化法、超声气体雾化法(冷却速度为10^4～10^6℃/s)等。

其工作原理为：首先将金属熔体加热到一个比较高的温度，然后采用气体雾化装置(也可采用超声雾化装置)将熔体雾化成很小的液粒；然后把雾化液体喷在高速旋转的装置上，通过离心破碎成微小液粒；与此同时，向高速旋转装置喷入冷却剂；冷却剂一般为水、油、液氮或其他液体惰性介质；冷却剂也被高速旋转装置离心雾化成雾珠；雾珠和金属液粒发生机械混合，起隔离金属液粒的作用；冷却剂雾珠和金属液粒再经高速旋转盘、辊的单次或多次粉碎而变得越来越细；在粉碎过程中，尽量避免金属液粒在充分破碎前发生凝固，被充分粉碎的金属液粒最终被冷却剂冷却和带出，整个过程可连续不断地进行。

7.3.2　等静压成型

这种方法是借助高压泵的作用把流体介质(气体或液体)压入耐高压的钢质密封容器内，高压流体的静压力直接作用在弹性模套内的粉末上；粉末体在同一时间内在各个方向上均衡地受压，获得密度分布均匀和强度较高的压坯，称为等静压压制，简称等静压。等静压可分为冷等静压和热等静压(HIP)两种。

1. 冷等静压成型

该工艺通常是将粉末密封在软包套内，然后放到高压容器内的液体介质中，通过对液体施加压力使粉末体各向均匀受压，从而获得所需要的压坯。液体介质可以是油、水或甘油。

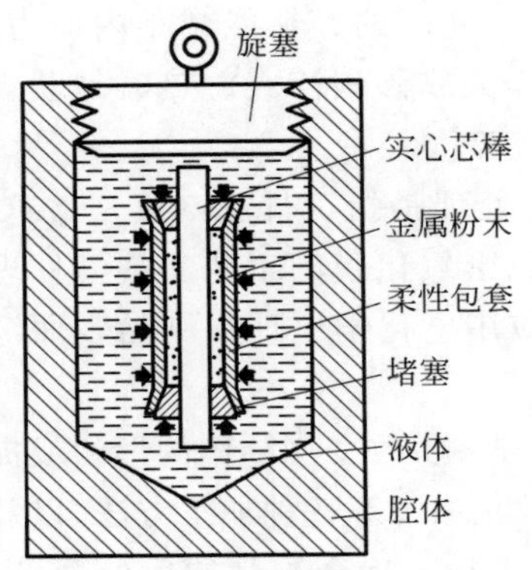

图 7-7 冷等静压成型示意图

包套材料为橡胶类弹塑性材料，如图 7-7 所示。

金属粉末可直接装套或横压后装套。由于粉末在包套内各向均匀受压，所以可获得密度较均匀的压坯，烧结时不易变形和开裂。冷等静压已广泛用于硬质合金、难熔金属及其他各种粉末材料的成型。

2. 热等静压成型

该工艺是将金属粉末装入高温下易于变形的包套内，然后置于可密闭的缸体中(内壁配有加热体的高压容器)，关严缸体后用压缩机打入气体并通电加热；随着温度的升高，缸内气体压力增大，粉末在这种各向均匀的压力和温度的作用下成为具有一定形状的制品，如图 7-8 所示。

加压介质一般用氮气，常用的包套材料为金属(低碳钢、不锈钢、钛)，还可用玻璃和陶瓷。热等静压成型的最大优点是：被压制的材料在高温高压下有很好的黏性流动，且因其各向均匀受压，所以在较低的温度(一般为物料熔点的 50%～70%)和较低的压力下就可得到晶粒细小、显微结构优良、接近理论密度、性能优良的产品。热等静压成型已成为现代粉末冶金技术中制取大型复杂形状制品和高性能材料的先进工艺，已广泛应用于硬质合金、金属陶瓷、粉末高速钢、粉末钛合金、放射性物料等的成型与烧结。用热等静压成型制造的镍基耐热合金涡轮盘、钛合金飞机零件、人造金刚石、压机顶锤等，其性能和经济效果都是其他工艺无法比拟的。

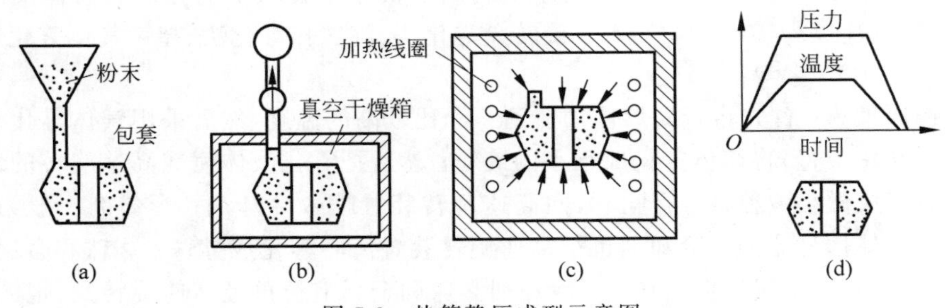

图 7-8 热等静压成型示意图

(a) 金属粉末装罐；(b) 真空烘干；(c) 热等静压；(d) 从罐中取出制品

7.3.3 粉末注射成型

粉末注射成型(powder injection molding, PIM)由金属粉末注射成型(metal injection molding, MIM)与陶瓷粉末注射成型(ceramics injection molding, CIM)两部分组成，是一种新的金属、陶瓷零部件制备技术，是将塑料注射成型技术引入粉末冶金领域而形成的一种全新的零部件加工技术。

MIM 的基本工艺步骤是：首先选取具有特定粒径和表面特性的且符合 MIM 要求的金属粉末和黏结剂，然后在一定温度下采用适当的方法将粉末和黏结剂混合成均匀的喂料，造粒后再注射成型，获得成型坯，再经过脱脂处理，排除生坯中的黏结剂成分，最后对脱脂坯进行烧结，得到全致密或接近全致密的产品，如图 7-9 所示。

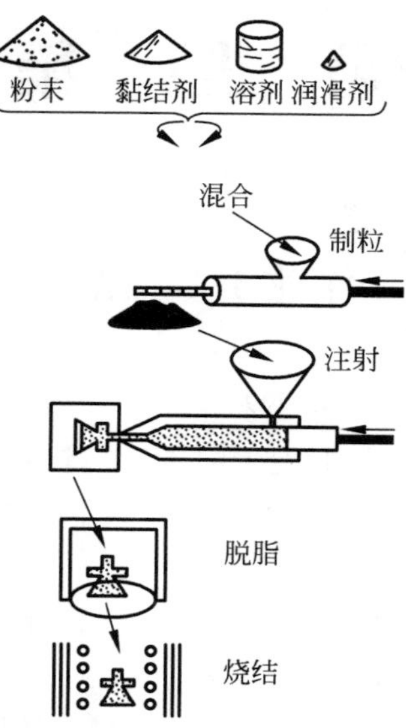

图 7-9 粉末注射成型工艺示意图

PIM 技术利用粉末冶金技术的特点，可烧结生产出致密、力学性能及表面质量良好的零件；利用塑料注射成型技术的特点，可大批量、高效率地生产形状复杂的零件。其突破了传统粉末冶金模压成型工艺在复杂形状产品生产上的限制，特别适合大批量自动化地生产体积小、熔点高、形状复杂和材质难切削加工的异形零件。

但是对于形状简单或者轴对称几何形状产品，PIM 技术在成本上与传统的模压成型技术相比并不具有竞争力。同时，制造缺陷、生产时间等因素限制了产品的尺寸，注射成型用的粉末也限制 PIM 技术更快速地发展。工艺的经济性使粉末注射成型应用倾向于原材料相对较贵、机械加工难度大、高硬度、高熔点、几何形状复杂的小型零部件。

习 题 集

作业 1-1　绪论

一、判断题(正确的画〇,错误的画×)

1. 纯铁在升温过程中,在 912℃时发生同素异构转变,由体心立方晶格的 α-Fe 转变为面心立方晶格的 γ-Fe。这种转变也是结晶过程,同样遵循晶核形成和晶核长大的结晶规律。(　　)

2. 奥氏体是碳溶解在 γ-Fe 中所形成的固溶体,具有面心立方结构,而铁素体是碳溶解在 α-Fe 中所形成的固溶体,具有体心立方结构。(　　)

3. 钢和生铁都是铁碳合金。其中,碳的质量分数(又称含碳量)小于 0.77%的叫作钢,碳的质量分数大于 2.11%的叫作生铁。(　　)

4. 珠光体是铁素体和渗碳体的机械混合物,珠光体的力学性能介于铁素体和渗碳体之间。(　　)

5. 钢中的含碳量对钢的性能有重要的影响。40 钢与 45 钢相比,后者的强度高,硬度也高,但后者的塑性差。(　　)

6. 为了改善低碳钢的切削加工性能,可以用正火代替退火,因为正火比退火周期短,正火后比退火后的硬度低,便于进行切削加工。(　　)

7. 淬火的主要目的是提高钢的硬度,因此淬火钢可以不经回火而直接使用。(　　)

8. 铁碳合金的基本组织包括铁素体(F)、奥氏体(A)、珠光体(P)、渗碳体(Fe_3C)、马氏体(M)、索氏体(S)等。(　　)

二、单项选择题

1. 铁碳合金状态图中的合金在冷却过程中发生的(　　)是共析转变,(　　)是共晶转变。

A. 液体中结晶出奥氏体;　　B. 液体中结晶出莱氏体;

C. 液体中结晶出一次渗碳体;　　D. 奥氏体中析出二次渗碳体;

E. 奥氏体中析出铁素体;　　F. 奥氏体转变为珠光体。

2. 下列牌号的钢材经过退火后具有平衡组织。其中,(　　)的 σ_b 最高,(　　)的 HBS 最高,(　　)的 δ 和 α_K 最高。在它们的组织中,(　　)的铁素体最多,(　　)的珠光体最多,(　　)的二次渗碳体最多。

A. 25;　　B. 45;　　C. T8;　　D. T12。

3. 纯铁分别按如题图 1-1-1 所示不同的冷却曲线冷却。其中,沿(　　)冷却,过冷度最小;沿(　　)冷却,结晶速度最慢;沿(　　)冷却,晶粒最细小。

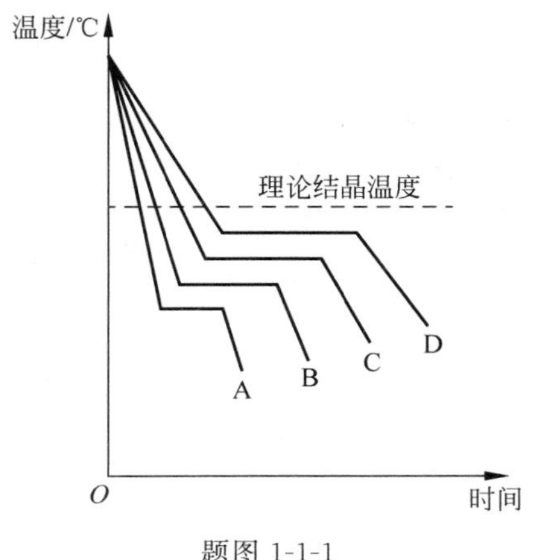

题图 1-1-1

4. 成分相同的钢，经过不同的热处理，可以得到不同的组织，从而具有不同的力学性能。对于碳的质量分数为 0.45%的钢，当要求具有高的硬度和耐磨性时，应进行(　　)；当要求具有较高的综合力学性能时，应进行(　　)；当要求具有低的硬度和良好的塑性时，应进行(　　)。

A. 完全退火；　B. 正火；　C. 淬火；　D. 调质处理；

E. 淬火＋中温回火；　F. 淬火＋低温回火。

5. "65Mn"是常用的合金弹簧钢，"65"表示的意义是(　　)。

A. 钢中的含碳量为 6.5%左右；　B. 钢中的含碳量为 0.65%左右；

C. 钢中的含锰量为 6.5%左右；　D. 钢中的含锰量为 0.65%左右。

三、填空题

1. 在纯铁的一次结晶中，细化晶粒的方法是：①提高冷却速度；②(　　　　)；③(　　　　)。

2. 钢的热处理加热的主要目的是(　　　　)。

3. 共析钢等温转变中，高温转变产物的组织按硬度由高到低的顺序，其组织名称和表示符号分别是(　　　　)、(　　　　)、(　　　　)。

4. T10A 钢中的"T"表示(　　　　)，"10"表示(　　　　)，"A"表示(　　　　)。

5. 题图 1-1-2 为铁碳合金状态图的一部分。试用符号将各相区的组织填在图上，并标出 S 点、E 点所对应的碳的质量分数。

6. 两根直径为 $\phi 5$ mm，碳的质量分数为 0.4%，并具有平衡组织的钢棒。一端浸入 20℃水中，另一端用火焰加热到 1000℃，如题图 1-1-3 所示。待各点组织达到平衡状态后，一根缓慢冷却到室温，另一根水淬快速冷却到室温，试把这两根棒上各点所得到的组织填入题表 1-1-1。

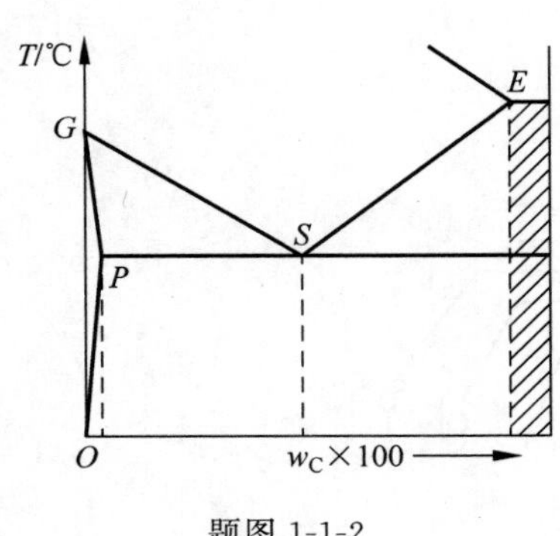

题图 1-1-2

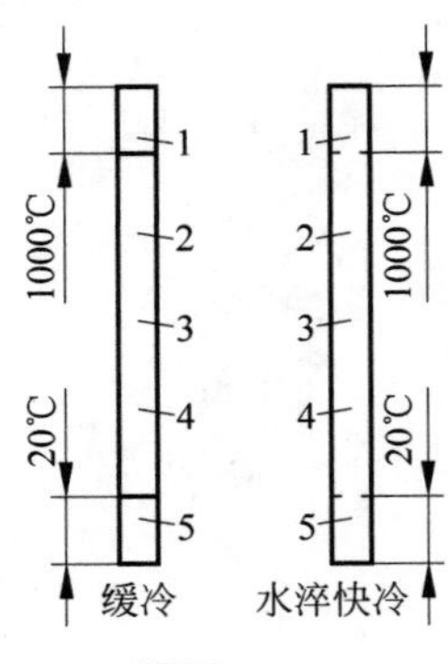

题图 1-1-3

题表 1-1-1

指定点代号	1	2	3	4	5
加热时达到的温度/℃	1000	830	740	400	20
加热到上述温度时的平衡组织					
第一根棒缓冷到室温后的组织					
第二根棒水淬快冷到室温后的组织					

作业 2-1　金属液态成型技术(基础部分)

一、判断题(正确的画○,错误的画×)

1. 浇注温度是影响铸造合金充型能力和铸件质量的重要因素,提高浇注温度有利于获得形状完整、轮廓清晰、薄而复杂的铸件。因此,浇注温度越高越好。(　　)

2. 铸件的凝固方式有逐层凝固、中间凝固和体积凝固三种方式。影响铸件凝固方式的主要因素是铸件的化学成分和铸件的冷却速度。(　　)

3. 合金收缩经历三个阶段。其中,液态收缩和凝固收缩是铸件产生缩孔、缩松的基本原因,而固态收缩是铸件产生内应力、变形和裂纹的主要原因。(　　)

4. 结晶温度范围的大小对合金结晶过程有重要影响。铸造生产都希望采用结晶温度范围小的合金或共晶成分合金,原因是这些合金的流动性好,且易形成集中缩孔,从而可以通过设置冒口,将缩孔转移到冒口中,得到合格的铸件。(　　)

5. 为了防止铸件产生裂纹,在零件设计时,力求壁厚均匀;在合金成分上应严格限制钢和铸铁中的硫、磷含量;在工艺上应提高型砂及型芯砂的退让性。(　　)

6. 铸造合金的充型能力主要取决于合金的流动性、浇注条件和铸型性质。所以当合金的成分和铸件结构一定时,控制合金充型能力的唯一因素是浇注温度。(　　)

7. 铸造合金在冷却过程中产生的收缩分为液态收缩、凝固收缩和固态收缩。共晶成分合金在恒温下凝固,即开始凝固温度等于凝固终止温度,结晶温度范围为零。因此,共晶成分合金不产生凝固收缩,只产生液态收缩和固态收缩,其具有很好的铸造性能。(　　)

8. 气孔是气体在铸件内形成的孔洞。气孔不仅降低了铸件的力学性能,而且降低了铸件的气密性。(　　)

9. 采用顺序凝固原则,可以防止铸件产生缩孔缺陷,但它也增加了造型的复杂程度,并耗费了许多合金液体,同时增大了铸件产生变形、裂纹的倾向。(　　)

10. 采用同时凝固的原则,可以使铸件各部分的冷却速度趋于一致,这样既可以防止或减少铸件内部的铸造应力,同时也可以得到内部组织致密的铸件。(　　)

11. 铸造应力包括热应力和机械应力,铸造热应力使铸件厚壁或心部受拉应力,薄壁或表层受压应力。铸件壁厚差越大,铸造应力也越大。(　　)

12. 铸造过程中,合金凝固的液固共存区域很宽时,铸件的厚壁区易产生较大缩孔缺陷,因此应选用顺序凝固原则,使上述缺陷转移到冒口处,以便于铸件清理工序切除。(　　)

13. 铸造时,冷铁的作用是加快铸件局部的冷却速度,因此可以配合冒口来控制铸件的顺序凝固,达到降低铸件铸造应力的目的。(　　)

二、单项选择题

1. 为了防止铸件产生浇不足、冷隔等缺陷,可以采用的措施有(　　)。

A. 增强铸型的冷却能力;　　B. 增加铸型的直浇口高度;

C. 降低合金的浇注温度;　　D. B和C;　　E. A和C。

2. 顺序凝固和同时凝固均有各自的优缺点。为保证铸件质量,通常顺序凝固适合于(　　),而同时凝固适合于(　　)。

A. 吸气倾向大的铸造合金；　B. 产生变形和裂纹倾向大的铸造合金；

C. 流动性差的铸造合金；　D. 产生缩孔倾向大的铸造合金。

3. 铸造应力过大将导致铸件产生变形或裂纹。消除铸件中残余应力的方法是(　　)；消除铸件中机械应力的方法是(　　)。

A. 采用同时凝固原则；　B. 提高型、芯砂的退让性；

C. 及时落砂；　D. 去应力退火。

4. 合金的铸造性能主要是指合金的(　　)、(　　)和(　　)。

A. 充型能力；　B. 流动性；　C. 收缩；　D. 缩孔倾向；

E. 铸造应力；　F. 裂纹；　G. 偏析；　H. 气孔。

5. 如题图 2-1-1 所示的 A、B、C、D 四种成分的铁碳合金中,流动性最好的合金是(　　)；形成缩孔倾向最大的合金是(　　)；形成缩松倾向最大的合金是(　　)。

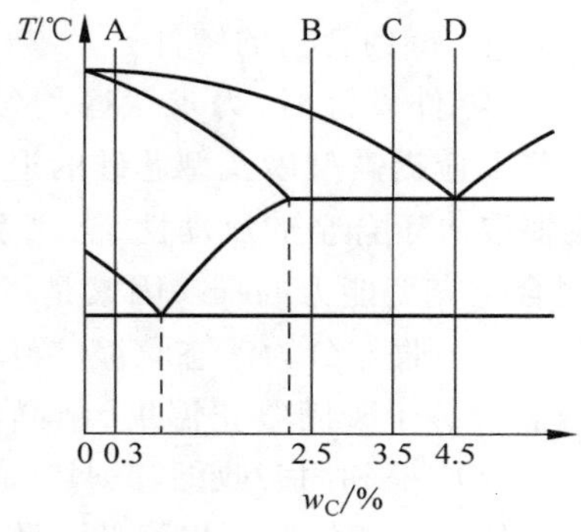

题图 2-1-1

6. 如题图 2-1-2 所示应力框铸件。浇注并冷却到室温后,各杆的应力状态为(　　)。若用钢锯沿 A-A 线将 $\phi30$ 杆锯断,此时断口间隙将(　　)。断口间隙变化的原因是各杆的应力(　　),导致 $\phi30$ 杆(　　),$\phi10$ 杆(　　)。

A. 增大；　B. 减小；　C. 消失；　D. 伸长；

E. 缩短；　F. 不变；　G. $\phi30$ 杆受压,$\phi10$ 杆受拉；

H. $\phi30$ 杆受拉,$\phi10$ 杆受压。

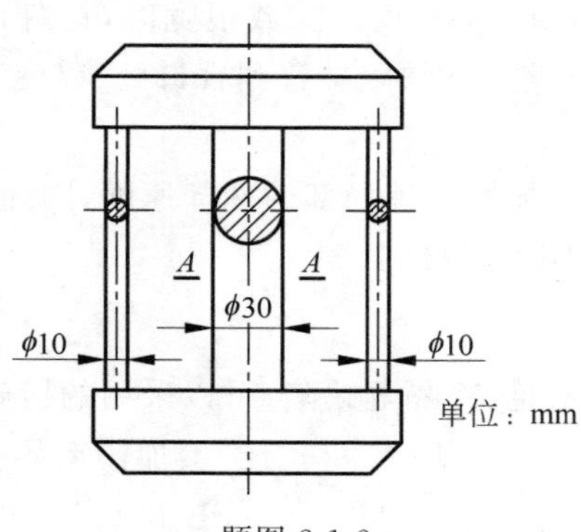

题图 2-1-2

7. 直径 ϕ100 m，高 250 mm 的圆柱形铸件，内部存在铸造热应力，若将铸件直径车削为 ϕ80 mm 后，铸件高度方向的尺寸将(　　)。

A. 不变；　　B. 缩短；　　C. 增长。

8. T 形梁铸件经浇注冷却后，室温下应力状态为(　　)；经测量，铸件沿长度方向发生翘曲变形，则(　　)。

A. 厚壁受压应力；薄壁受拉应力；　　B. 薄壁外凸；厚壁内凹；

C. 厚壁受拉应力；薄壁受压应力；　　D. 厚壁外凸；薄壁内凹。

作业 2-2　金属液态成型技术(砂型铸造部分)

一、判断题(正确的画○,错误的画×)

1. 芯头是砂芯的一个组成部分,它不仅能使砂芯定位、排气,还能形成铸件内腔。（　）

2. 机器造型时,如零件图上的凸台或筋妨碍起模,则绘制铸造工艺图时应用活块或外砂芯予以解决。（　）

3. 若砂芯安放不牢固或定位不准确,则产生偏芯；若砂芯排气不畅,则易产生气孔；若砂芯阻碍铸件收缩,则减少铸件的机械应力和热裂倾向。（　）

4. 制定铸造工艺图时,选择浇注位置的主要目的是保证铸件的质量,而选择分型面的主要目的是在保证铸件质量的前提下简化造型工艺。（　）

5. 浇注位置选择的原则之一是将铸件的大平面朝下,主要目的是防止产生缩孔缺陷。（　）

6. 设计铸造工艺图过程中,为了便于起模,在垂直于分型面的铸件表面都有一定的斜度,称为起模斜度,铸件经过机械加工后,该斜度被切除。（　）

二、单项选择题

1. 如题图 2-2-1 所示的零件采用砂型铸造生产毛坯。与图中所示的Ⅰ、Ⅱ、Ⅲ、Ⅳ分型方案相适应的造型方法分别为(　　)、(　　)、(　　)、(　　)。其中较合理的分型方案是(　　)。

A. 整模造型；　B. 分模造型；　C. 活块造型；　D. 挖砂造型；

E. 三箱造型。

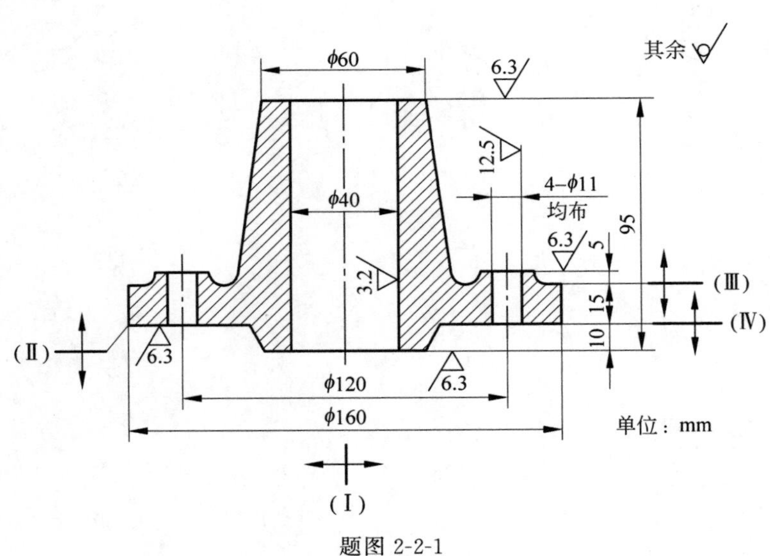

题图 2-2-1

2. 如题图 2-2-2 所示的具有大平面铸件的几种分型面和浇注位置方案中,合理的是(　　)。

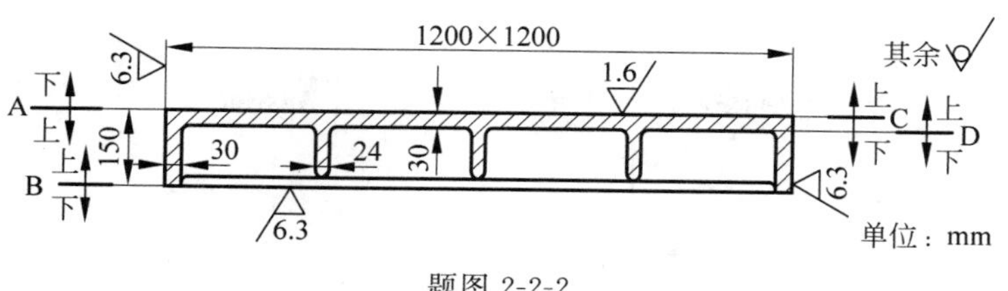

题图 2-2-2

三、填空题

1. 零件与铸件在形状和尺寸上有很大区别,尺寸上,铸件比零件多加工余量和(　　);形状上,零件上有一些尺寸小的孔或槽,铸件上的对应位置处应(　　)。

2. 造型用的模样与铸件在形状和尺寸上有很大区别,尺寸上,模样比铸件多(　　);形状上,铸件上有孔的地方,模样上的对应位置处应(　　)。

四、应用题

1. 绳轮(题图 2-2-3),材料为 HT200,批量生产。绘制零件的铸造工艺图。

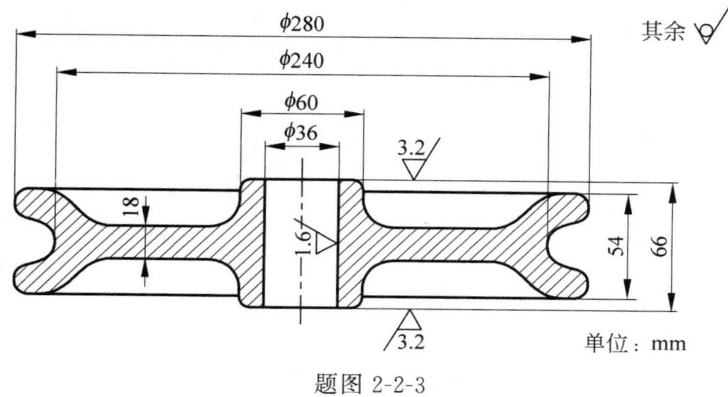

题图 2-2-3

2. 衬套(题图 2-2-4),材料为 HT200,批量生产。绘制零件的铸造工艺图,并在用双点划线绘制的零件轮廓图上定性画出模型图和铸件图。

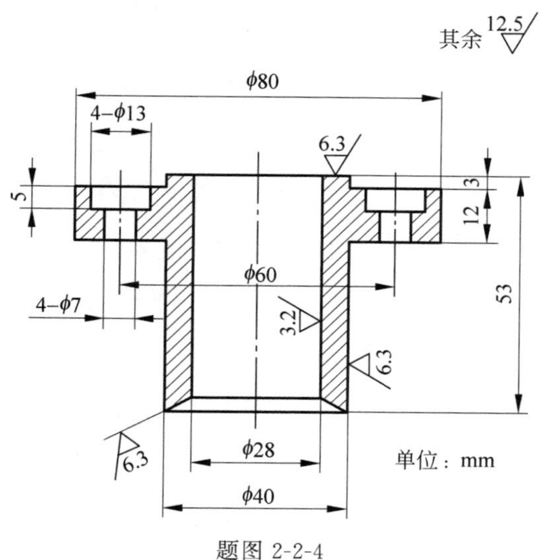

题图 2-2-4

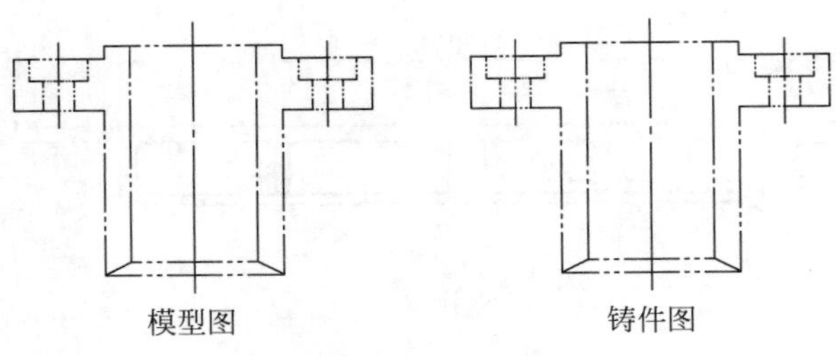

题图 2-2-4(续)

3. 轴承座，如题图 2-2-5(a)所示，材料为 HT150，批量生产。题图 2-2-5(b)为零件图的右视图，请在此图上定性绘制出零件的铸造工艺图。

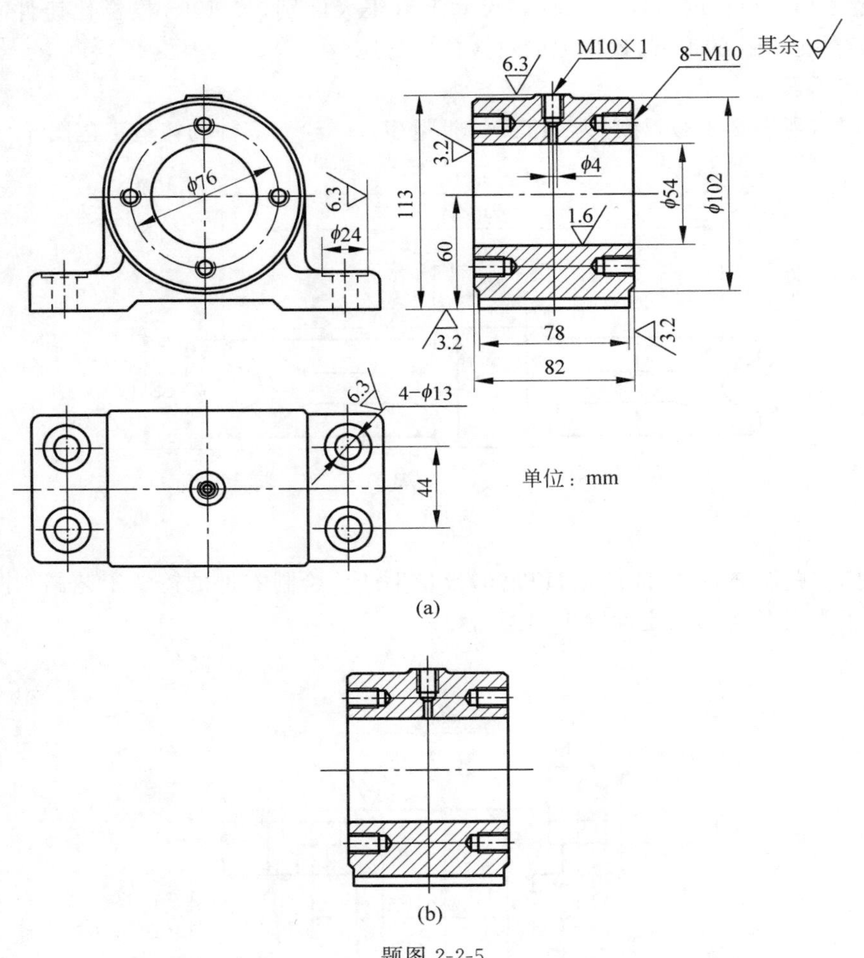

题图 2-2-5

作业 2-3　金属液态成型技术(特种铸造部分)

一、判断题(正确的画○,错误的画×)

1. 分型面是为起模或取出铸件而设置的,砂型铸造、熔模铸造和金属型铸造所用的铸型都有分型面。（　　）

2. 铸造生产的显著优点是适合于制造形状复杂,特别是具有复杂内腔的铸件。为了获得铸件的内腔,不论是砂型铸造还是特种铸造均需使用型芯。（　　）

3. 熔模铸造一般在铸型焙烧后冷却至600～700℃时进行浇注,从而提高液态合金的充型能力。因此,对相同成分的铸造合金而言,熔模铸件的最小壁厚可小于金属型和砂型铸件的最小壁厚。（　　）

4. 熔模铸造不仅适于小批生产,也适于成批量生产,并且铸件的表面质量高于砂型铸造的铸件,尤其适合铸造高熔点合金、难切削加工的合金铸件。（　　）

5. 压力铸造在高压(5～150 MPa)作用下,液态金属充填铸型,可以铸造形状复杂的薄壁件,铸件的表面质量高于其他铸造方法,不仅适于大批量生产低熔点的有色合金铸件,也可以生产铸铁、铸钢等小型铸件。（　　）

6. 压力铸造时,可以铸造形状复杂的薄壁件。但由于铸型为金属铸型,液态金属冷却速度快。铸件的内应力较砂型铸造高,因此压力铸造的铸件通常需要进行去应力退火处理。（　　）

7. 离心铸造和熔模铸造都不需要分型面,可以获得优异的铸件内外表面质量,铸件加工余量小,适于铸钢类合金铸件的成批生产。（　　）

8. 金属型铸造和压力铸造的铸型均为金属铸型。铸件的表面质量高于砂型铸造方法,为了提高铸型的使用寿命,在浇注前都应对铸型预热到一定的温度。（　　）

二、单项选择题

1. 用化学成分相同的铸造合金浇注相同形状和尺寸的铸件。设砂型铸造得到的铸件强度为$\sigma_{砂}$,金属型铸造的铸件强度为$\sigma_{金}$,压力铸造的铸件强度为$\sigma_{压}$,则(　　)。

A. $\sigma_{砂}=\sigma_{金}=\sigma_{压}$;　　B. $\sigma_{金}>\sigma_{砂}>\sigma_{压}$;

C. $\sigma_{压}>\sigma_{金}>\sigma_{砂}$;　　D. $\sigma_{压}>\sigma_{砂}>\sigma_{金}$。

2. 铸造时,无需型芯而能获得内腔结构铸件的铸造方法是(　　)。

A. 砂型铸造;　B. 金属型铸造;　C. 熔模铸造;　D. 压力铸造。

3. 砂型铸造可以生产(　　),熔模铸造适于生产(　　),压力铸造适于生产(　　)。

A. 低熔点合金铸件;　B. 灰口铸铁件;　C. 球墨铸铁件;

D. 可锻铸铁件;　E. 铸钢件;　F. 各种合金铸件。

作业 2-4 金属液态成型技术(常用合金部分)

一、判断题(正确的画○,错误的画×)

1. 用某成分铁水浇注的铸件为铁素体灰口铸铁件。如果对该成分铁水进行孕育处理,可以获得珠光体灰口铸铁,从而可提高铸件的强度和硬度。 ( )

2. 就 HT100、HT150、HT200 而言,随着牌号的提高,C、Si 和 Mn 含量逐渐增多,以减少片状石墨的数量,增加珠光体的数量。 ( )

3. 可锻铸铁的强度和塑性都高于灰口铸铁,所以适合于生产厚壁的重要铸件。( )

4. 孕育处理是生产孕育铸铁和球墨铸铁的必要工序,一般采用硅的质量分数(含硅量)为 75%的硅铁合金作孕育剂。孕育处理的主要目的是促进石墨化,防止产生白口,并细化石墨。但由于两种铸铁的石墨形态不同,致使孕育铸铁的强度和塑性均低于球墨铸铁的。 ( )

5. 灰口铸铁由于组织中存在着大量片状石墨,所以抗拉强度和塑性远低于铸钢。但是片状石墨的存在,对灰口铸铁的抗压强度影响较小,所以灰口铸铁适合于生产承受压应力的铸件。 ( )

6. 铸铁中碳和硅的含量对铸铁组织和性能有重要影响。在亚共晶灰口铸铁中碳和硅的含量越高,铸造性能越好。 ( )

二、单项选择题

1. 铸铁生产中,为了获得珠光体灰口铸铁,可以采用的方法有( )。

A. 孕育处理; B. 适当降低碳、硅含量; C. 提高冷却速度;
D. A、B 和 C; E. A 和 C。

2. HT100、KTH300-06、QT400-18 的力学性能各不相同,主要原因是它们的( )不同。

A. 基体组织; B. 碳的存在形式;
C. 石墨形态; D. 铸造性能。

3. 灰口铸铁(HT)、球墨铸铁(QT)、铸钢(ZG)三者铸造性能的优劣顺序为( );塑性的高低顺序为( )。

A. ZG>QT>HT; B. HT>QT>ZG;
C. HT>ZG>QT; D. QT>ZG>HT。
(注:符号“>”表示“优于”或“高于”)

4. 冷却速度对各种铸铁的组织、性能均有影响,其中,对( )影响最小,所以它适于产生厚壁或壁厚不均匀的较大型铸件。

A. 灰铸铁; B. 孕育铸铁; C. 可锻铸铁; D. 球墨铸铁。

5. 牌号 HT150 中的“150”表示( )。

A. 该牌号铸铁标准试样的最低抗拉强度不低于 150 MPa;
B. 该牌号铸铁的含碳量为 1.50%;
C. 该牌号铸铁标准试样的最低屈服强度不低于 150 MPa;

D. 该牌号铸铁件的最低抗拉强度不低于 150 MPa；

E. 该牌号铸铁的含碳量为 15.0%。

6. 某成分铁水浇注的铸件其牌号为 HT150，若仍用该铁水浇注出牌号为 HT200 的铸件，则应采用的措施是(　　)。

A. 孕育处理；　　B. 降低铸件冷却速度；

C. 增加 C、Si 含量；　　D. 提高铸件冷却速度。

三、应用题

1. 用碳的质量分数为 3.0%，硅的质量分数为 2.0%的铁水浇注如题图 2-4-1 所示的阶梯形铸件。试问在五个不同厚度截面上各应得到何种组织？铁水成分不变，欲在壁厚 40 mm 的截面上获得珠光体灰口铸铁，需采取什么措施？

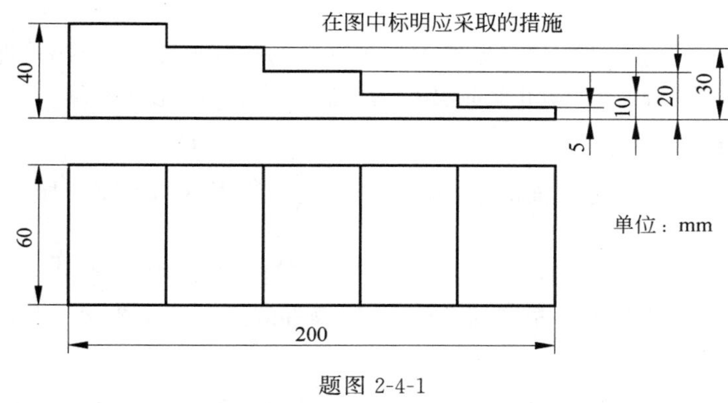

题图 2-4-1

2. 一批铸件，经生产厂家检验，力学性能符合图纸提出的 HT200 的要求。用户验收时，在同一铸件上壁厚为 18 mm、26 mm、34mm 处分别取样检测。测得 18 mm 处 σ_b = 196 MPa；26 mm 处 σ_b = 171 MPa；35 mm 处 σ_b = 162 MPa。据此，用户认为该铸件不合格，理由是：

(1) 铸件力学性能 σ_b 低于 200 MPa，不符合 HT200 要求；

(2) 铸件整体强度不均匀。

试判断用户的意见是否正确。为什么铸件上 18 mm 处的抗拉强度比 26 mm、35 mm 处的高？铸铁牌号是否为 HT200？

3. 用不同成分铁水分别浇注 ϕ20 mm、ϕ30 mm、ϕ40 mm 三组试棒，测得它们的抗拉强度均为 200 MPa，试分析各组试棒的牌号和定性确定 C、Si 含量的高低，将结果填入题表 2-4-1。

题表 2-4-1

试棒	ϕ20 mm	ϕ30 mm	ϕ40 mm
牌号			
C、Si 的含量			

作业 2-5 金属液态成型技术(铸造结构工艺性部分)

一、判断题(正确的画○,错误的画×)

1. 为避免缩孔、缩松或热应力、裂纹的产生,零件壁厚应尽可能均匀。所以设计零件外壁和内壁、外壁和筋,其厚度均应相等。 ( )

2. 零件内腔设计尽量是开口式的,并且高度 H 与开口的直径 D 之比(H/D)要小于1,这样造型时可以避免使用砂芯,内腔靠自带砂芯来形成。 ( )

3. 起模斜度和结构斜度都是为了便于铸件造型中的起模,并且均位于平行于起模方向的零件表面。但二者的区别在于起模斜度设置在零件的加工表面,而结构斜度设置在零件的非加工表面。 ( )

4. 铸件壁厚不均匀会造成铸件壁厚不均匀部分的冷却速度不一致,铸件的内壁散热条件比外壁差;因此为了减少和防止铸造热应力,铸件的内壁应比外壁薄。 ( )

二、单项选择题

1. 铸件上所有垂直于分型面的立壁均应有斜度。当立壁的表面为加工表面时,该斜度称为( )。

A. 起模斜度; B. 结构斜度; C. 起模斜度或结构斜度。

2. 在铸造条件和铸件尺寸相同的条件下,铸钢件的最小壁厚要大于灰口铸铁件的最小壁厚,主要原因是铸钢的( )。

A. 收缩大; B. 流动性差; C. 浇注温度高; D. 铸造应力大。

三、应用题

下列零件采用砂型铸造生产毛坯,材料为 HT200。请标注分型面;在不改变标定尺寸的前提下,修改结构上的不合理处,并简述理由。

1. 托架(题图 2-5-1)

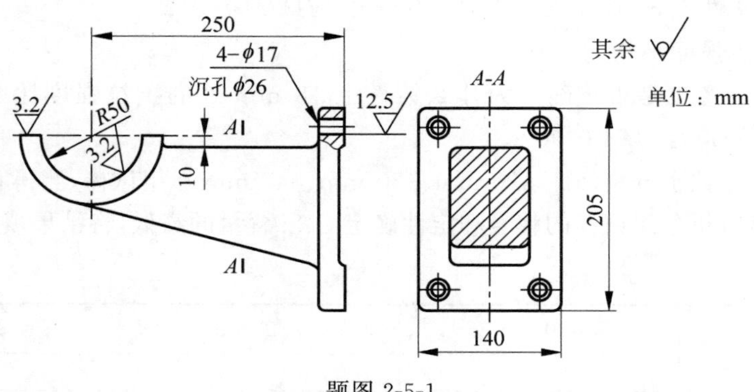

题图 2-5-1

2. 箱盖(题图 2-5-2)

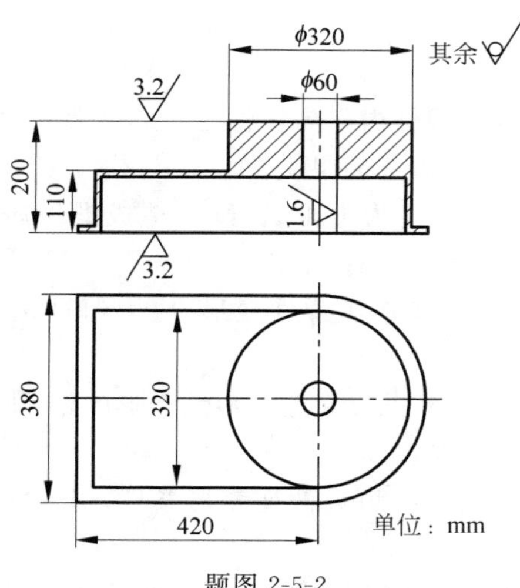

题图 2-5-2

3. 轴承架(题图 2-5-3)

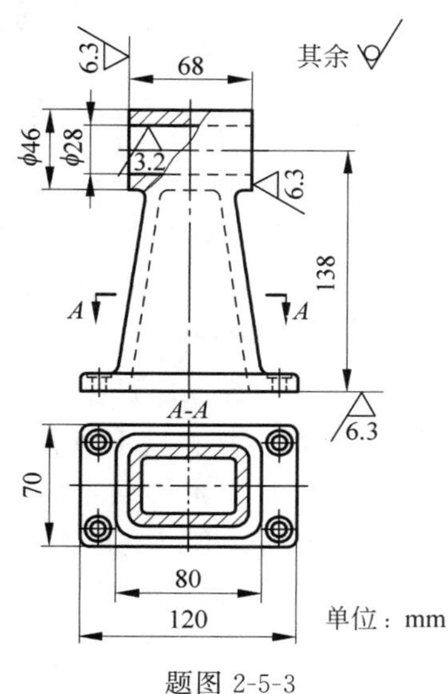

题图 2-5-3

作业 3-1　金属塑性成形技术(基础部分)

一、判断题(正确的画○,错误的画×)

1. 把低碳钢加热到1200℃时进行锻造,冷却后锻件内部晶粒将沿变形最大的方向被拉长并产生碎晶。如将该锻件进行再结晶退火,便可获得细晶组织。(　　)

2. 锻造时,坯料的始锻温度应以不出现过热、过烧为上限,否则会造成锻件质量不合格,需要重新对锻件进行热处理,增加了锻件的生产时间和成本。(　　)

3. 在外力作用下金属将产生变形。应力小时金属产生弹性变形,应力超过 σ_s 时金属产生塑性变形。因此,塑性变形过程中一定有弹性变形存在。(　　)

4. 只有经过塑性变形的钢才会发生回复和再结晶。没有经过塑性变形的钢,即使把它加热到回复或再结晶温度以上也不会产生回复或再结晶。(　　)

5. 塑性是金属可锻性中的一个指标。压力加工时,可以改变变形条件,但不能改变金属的塑性。(　　)

6. 冷变形不仅能改变金属的形状,而且还能强化金属,使其强度、硬度升高。冷变形也可以使工件获得较高的精度和表面质量。(　　)

7. 某一批锻件经检查,发现由于纤维组织分布不合理而不能应用。若对这批锻件进行适当的热处理,可以使锻件重新得到应用。(　　)

8. 对于塑性变形能力较差的合金,为了提高其塑性变形能力,可采用降低变形速度或在三向压应力下变形等措施。(　　)

二、单项选择题

1. 钢制的拖钩如题图 3-1-1 所示,可以用多种方法制成,其中拖重能力最大的是(　　)。

A. 铸造的拖钩；　　B. 锻造的拖钩；

C. 切割钢板制成的拖钩。

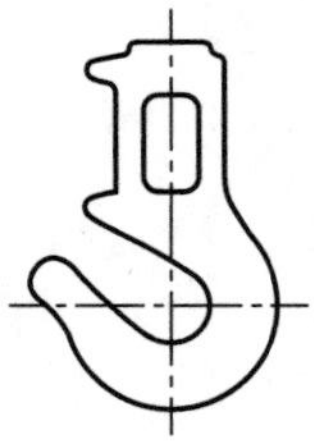

题图 3-1-1

2. 有一批经过热变形的锻件,晶粒粗大,不符合质量要求,主要原因是(　　)。

A. 始锻温度过高；　　B. 始锻温度过低；

C. 终锻温度过高；　　D. 终锻温度过低。

3. 有一批连杆模锻件,经金相检验,发现其纤维不连续,分布不合理。为了保证产品质量应将这批锻件(　　)。

A. 进行再结晶退火；　　B. 进行球化退火；

C. 重新加热进行第二次锻造；　　D. 报废。

4. 经过热变形的锻件一般都具有纤维组织。通常应使锻件工作时的最大正应力与纤维方向(　　)；最大切应力与纤维方向(　　)。

A. 平行；　　B. 垂直；　　C. 呈45°角；　　D. 呈任意角度均可。

5. 碳的质量分数大于0.8%的高碳钢与低碳钢相比,可锻性较差。在选择终锻温度时,高碳钢的终锻温度却低于低碳钢的终锻温度,其主要目的是(　　)。

A. 使高碳钢晶粒细化提高强度；　　B. 使高碳钢获得优良的表面质量；

C. 打碎高碳钢内部的网状碳化物。

6. 加工硬化是由塑性变形时金属内部组织的变化引起的,加工硬化后金属组织的变化有(　　)。

A. 晶粒沿变形方向伸长；　　　　B. 滑移面和晶粒间产生碎晶；

C. 晶格扭曲位错密度增加；　　　D. A、B和C。

7. 改变锻件内部纤维组织分布的方法是(　　)。

A. 热处理；　　B. 再结晶；　　C. 塑性变形；　　D. 细化晶粒。

8. 压力加工时,当制件由拉拔工艺改为挤压工艺时,应力状态的变化为(　　)。

A. 拉应力和压应力均增多；　　　B. 拉应力增多；

C. 不变；　　　　　　　　　　　D. 压应力增多。

三、应用题

1. 钨的熔点为3380℃,铅的熔点为327℃,试计算钨及铅的再结晶温度。钨在900℃进行变形,铅在室温(20℃)进行变形,试判断它们属于何种变形。

2. 圆钢拔长前直径为$\phi 100$ mm,拔长后为$\phi 50$ mm,试计算锻造比y。

作业 3-2　金属塑性成形技术(自由锻)

一、判断题(正确的画○,错误的画×)

1. 自由锻是单件、小批量生产锻件最经济的方法,也是生产重型、大型锻件的唯一方法。因此,自由锻在重型机械制造中具有特别重要的作用。(　　)

2. 绘制自由锻件图时,应考虑填加敷料和加工余量,并标出锻件公差。也就是说,在零件的所有表面上,都应给出加工余量。(　　)

3. 自由锻冲孔前,通常先要镦粗,以使冲孔面平整和减少冲孔深度。(　　)

二、单项选择题

1. 镦粗、拔长、冲孔工序都属于(　　)。

A. 精整工序；　　B. 辅助工序；　　C. 基本工序。

2. 题图 3-2-1 所示锻件,用自由锻锻造,坯料的直径为 ϕ140 mm,长度为 220 mm,其基本工序是(　　)。

A. 拔长 ϕ100→局部镦粗→拔长 ϕ60→切断；

B. 整体镦粗→拔长 ϕ100→拔长 ϕ60→切断；

C. 拔长 ϕ100→拔长 ϕ60→局部镦粗→切断；

D. 局部镦粗→拔长 ϕ100→拔长 ϕ60→切断。

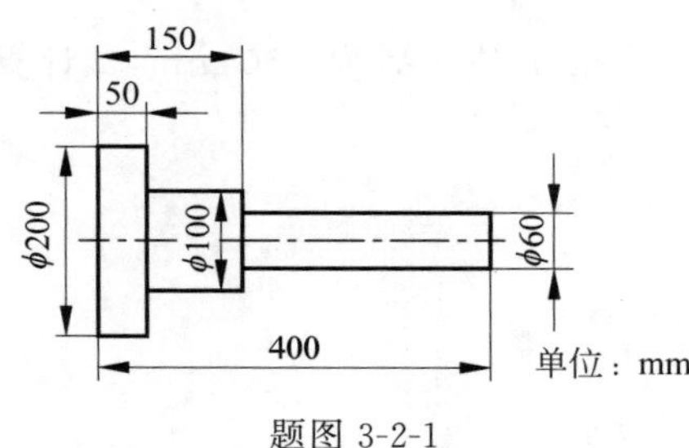

题图 3-2-1

3. 锻造比是表示金属变形程度的工艺参数。用碳钢钢锭锻造大型轴类锻件时,锻造比应选(　　)。

A. y=1～1.5；　　B. y=1.5～2.5；　　C. y=2.5～3；　　D. y>3。

三、应用题

1. 试分析如题图 3-2-2 所示的几种镦粗缺陷产生的原因(设坯料加热均匀)。

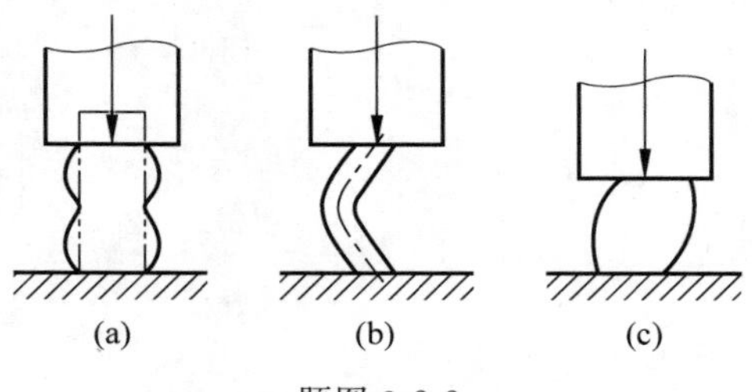

题图 3-2-2

2. 如题图 3-2-3 所示的整体活塞采用自由锻制坯。试在右侧双点划线绘制的零件轮廓图上定性绘出锻件图，选择合理的坯料直径（现圆钢直径有：ϕ120 mm、ϕ110 mm、ϕ100 mm、ϕ90 mm、ϕ80 mm、ϕ70 mm），并说明理由，拟定锻造基本工序，在题表 3-2-1 中画出工序简图。

坯料直径：　　　　　选择原因：

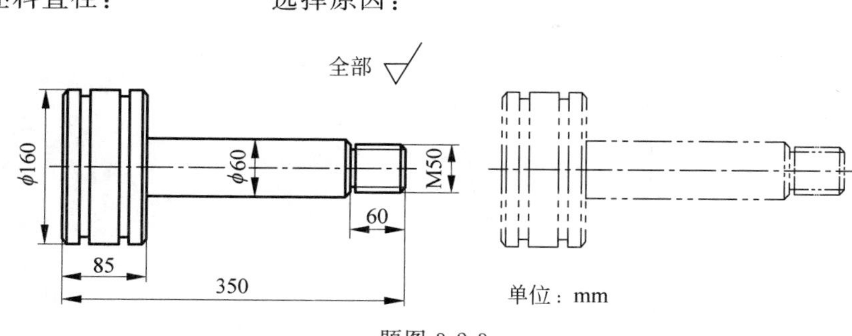

题图 3-2-3

题表 3-2-1

序号	工序名称	工 序 简 图

3. 为修复一台大型设备，需制造一个圆锥齿轮，如题图 3-2-4 所示。试选择锻造方法，定性绘出锻件图，并制定锻造基本工序，在题表 3-2-2 中画出工序简图。

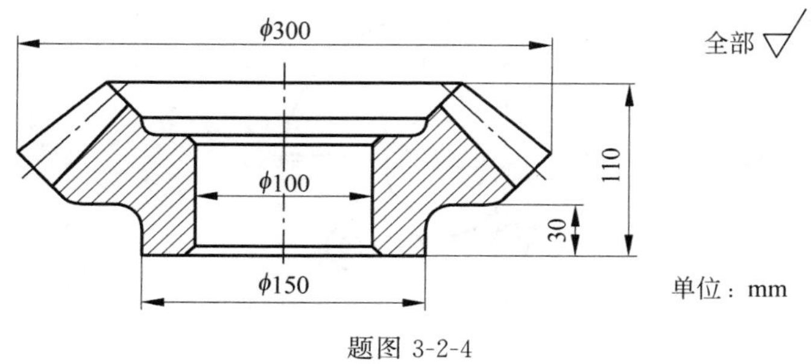

题图 3-2-4

题表 3-2-2

序号	工序名称	工 序 简 图

4. 如题图 3-2-5 所示，通常碳钢采用平砧拔长，高合金钢采用 V 形砧拔长，试分析砧型对钢的变形有何影响？

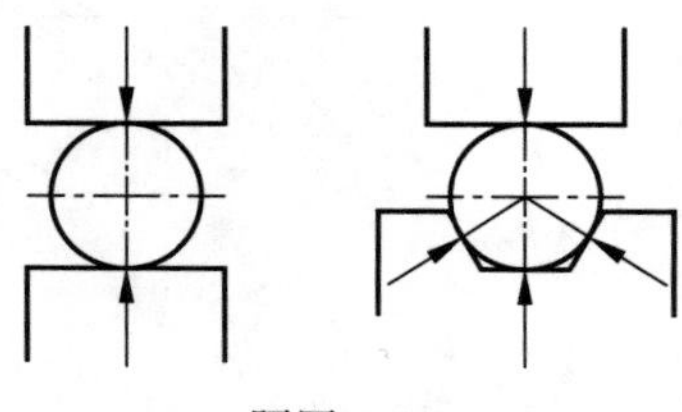

题图 3-2-5

5. 如题图 3-2-6 所示支座零件，采用自由锻制坯，试修改零件结构设计不合理之处。

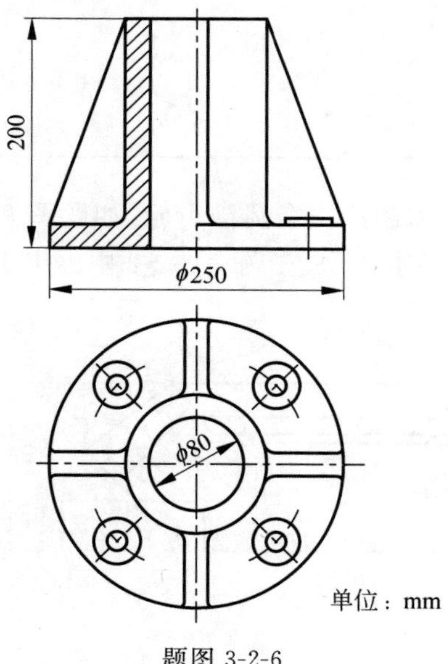

题图 3-2-6

6. 题图 3-2-7 所示零件，采用自由锻制坯，试修改零件结构设计不合理之处。

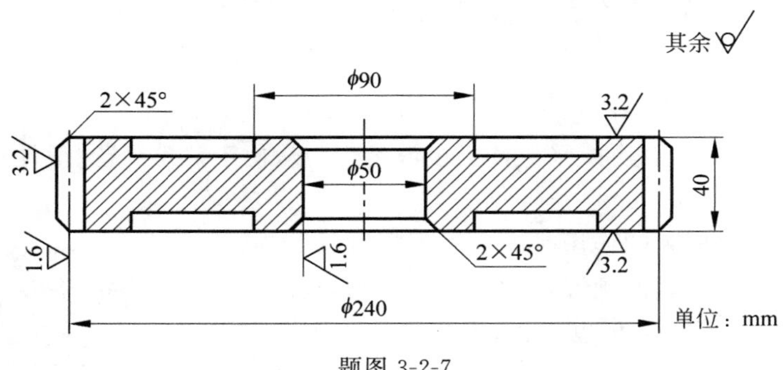

题图 3-2-7

作业 3-3 金属塑性成形技术(模锻)

一、判断题(正确的画○,错误的画×)

1. 如题图 3-3-1 所示锻件,采用锤上模锻生产。从便于锻模制造、锻件容易出模的角度考虑,分模面应选在 a-a。 ( )

2. 锻模中,预锻模膛的作用是减少终锻模膛的磨损,提高终锻模膛的寿命。因此预锻模膛不设飞边槽,模膛容积稍大于终锻模膛,模膛圆角也较大,而模膛斜度通常与终锻模膛相同。 ( )

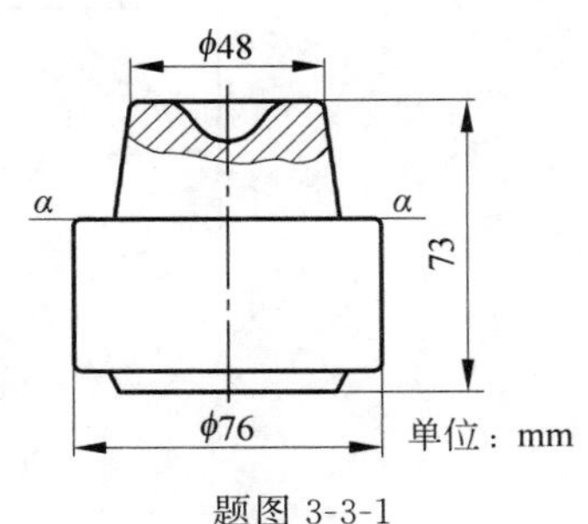

题图 3-3-1

3. 在曲柄压力机上模锻时,对于形状较复杂的盘类及杆类锻件,可采用镦粗、拔长、预锻和终锻等多个工步来成形。 ( )

4. 汽车倒车齿轮的形状带有凹挡和通孔,为提高生产效率,常采用平锻机上模锻。平锻机上模锻的模具由三部分组成,具有两个相互垂直的分模面。 ( )

5. 曲柄压力机模锻时,由于滑块行程速度慢,金属在模膛高度方向上充填能力较差,模膛深处较难充满,所以对于形状较为复杂的锻件,需要反复多次成形才能完全充填模膛。 ( )

6. 模锻时,终锻模膛的尺寸应比锻件尺寸放大一个收缩率,并设有飞边槽。其中,飞边槽的仓部起到阻力圈的作用,促使金属充满模具型腔。 ( )

7. 胎模锻是使用胎模生产模锻件的一种锻造方法,主要有扣模、筒模和合模 3 种。其中,合模需设有导向机构定位,并带有飞边槽。通常用于生产形状较复杂的回转体锻件。 ( )

8. 模锻时,如需要减小坯料某部分的截面积,以便增大另一部分的截面积,则应采用滚压模膛。 ( )

二、单项选择题

1. 锻造圆柱齿轮坯 100 件,为提高生产效率决定采用胎模锻,应选用( )。

A. 扣模; B. 合模; C. 筒模。

2. 平锻机上模锻所使用的锻模由三部分组成,具有两个相互垂直的分模面,因此平锻机最适于锻造( )。

A. 连杆类锻件; B. 无孔盘类锻件;
C. 带头部杆类锻件; D. A 和 C。

3. 下列成形工序属于模锻制坯模膛的是( )。

A. 拔长、滚压、预锻; B. 拔长、弯曲、切断;
C. 预锻、弯曲、扭转; D. 冲孔、拔长、镦粗。

4. 曲柄压力机是模锻生产的主要设备之一。其优点是生产效率高,易于机械化、自动化,锻件尺寸精度高于锤上模锻。由于曲柄压力机每个模膛都是一次成形,因此( )。

A. 金属沿模膛各个方向充填能力好，易于充满模膛深处；

B. 金属沿模膛高度方向充填能力差，水平方向充填能力好；

C. 金属沿模膛高度方向充填能力好，水平方向充填能力差；

D. 金属沿模膛各个方向充填能力差，难于充满模膛深处。

三、应用题

如题图 3-3-2 所示的常啮合齿轮，年产 15 万件，锻坯由锤上模锻生产。试在题图 3-3-2(a)上修改零件不合理的结构，在题图 3-3-2(b)上定性绘出齿轮结构修改后的锻件图。

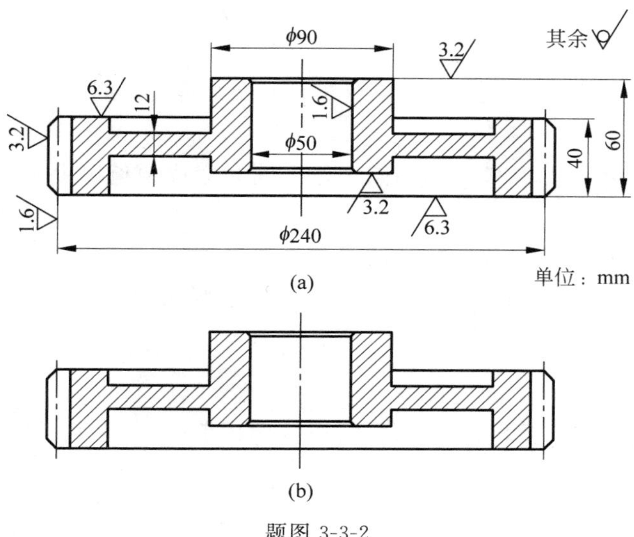

(a)

(b)

题图 3-3-2

作业 3-4　金属塑性成形技术(板料冲压)

一、判断题(正确的画○,错误的画×)

1. 板料冲压落料工序中的凸、凹模的间隙是影响冲压件剪断面质量的关键。凸、凹模间隙越小,则冲压件毛刺越小,精度越高。　(　　)

2. 板料弯曲时,弯曲后两边所夹的角度越小,则弯曲部分的变形程度越大。　(　　)

3. 拉深过程中坯料的侧壁受拉应力。拉应力的大小与拉深系数有关,拉深系数越大,则侧壁所受的拉应力越大。　(　　)

4. 受翻边系数的限制,一次翻边达不到零件凸缘高度要求时,则可以进行多次翻边。　(　　)

5. 冲床的一次冲程中,在模具的不同工位上同时完成两道以上工序的冲压模具,称为连续模。　(　　)

6. 板料拉深过程中,拉深件被拉裂的原因是工件已变形区拉应力过大,工件在凸模圆角处易产生应力集中;拉深件起皱的原因是工件变形区切向压应力过大,板料厚度过薄而产生失稳。　(　　)

二、单项选择题

1. 拉深变形在没有压板的条件下,板料进入凹模前受(　　)。在有压板的条件下,板料进入凹模前受(　　)。

A. 两向拉应力,一向压应力;　B. 一向拉应力,一向压应力;
C. 两向压应力,一向拉应力;　D. 三向压应力。

2. 厚 1 mm、直径 ϕ350 mm 的钢板经拉深制成外径为 ϕ150 mm 的杯形冲压件。由手册查得材料的拉深系数 $m_1=0.6$,$m_2=0.80$,$m_3=0.82$,$m_4=0.85$。该件要经过(　　)拉深才能制成。

A. 一次;　B. 两次;　C. 三次;　D. 四次。

3. 大批量生产外径为 ϕ50 mm,内径为 ϕ25 mm,厚为 2 mm 的零件。由于该零件精度要求高,为保证孔与外圆的同轴度,应优先选用(　　)。

A. 简单模;　B. 连续模;　C. 复合模。

4. 设计冲孔凸模时,其凸模刃口尺寸应该是(　　)。

A. 冲孔件孔的尺寸;　B. 冲孔件孔的尺寸$+2z$(z 为单侧间隙);
C. 冲孔件孔的尺寸$-2z$;　D. 冲孔件尺寸$-z$。

5. 压力加工的操作工序中,工序名称比较多,属于自由锻的工序是(　　),属于板料冲压的工序是(　　)。

A. 镦粗、拔长、冲孔、轧制;　B. 拔长、镦粗、挤压、翻边;
C. 镦粗、拔长、冲孔、弯曲;　D. 拉伸、弯曲、冲孔、翻边。

6. 冲压模具结构由复杂到简单的排列顺序为(　　)。

A. 复合模—简单模—连续模;　B. 简单模—连续模—复合模;
C. 连续模—复合模—简单模;　D. 复合模—连续模—简单模。

三、应用题

1. 如题图 3-4-1 所示冲压件，采用厚 1.5 mm 低碳钢板进行批量生产。试确定冲压的基本工序，并在题表 3-4-1 中绘出工序简图。

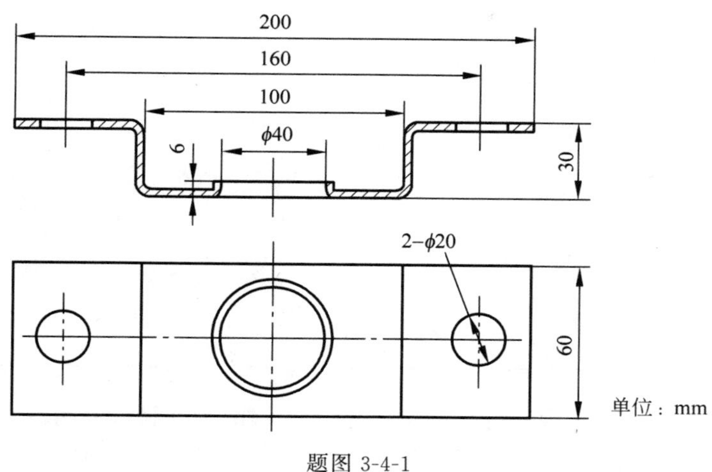

题图 3-4-1

题表 3-4-1

序号	工序名称	工 序 简 图

2. 如题图 3-4-2 所示冲压件，采用厚 1.5 mm 低碳钢板进行批量生产。试确定冲压的基本工序，并在题表 3-4-2 中绘出工序简图。

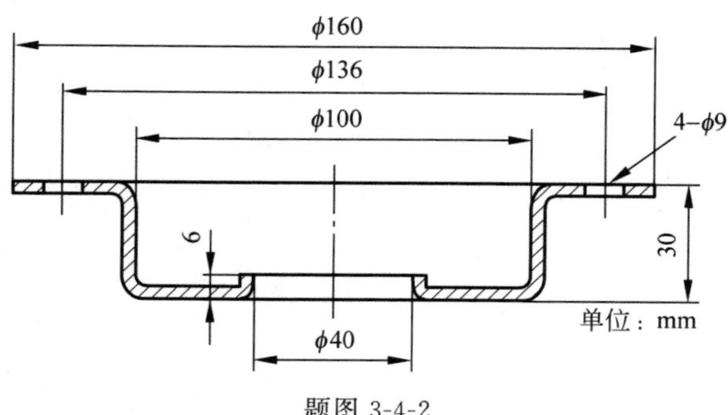

题图 3-4-2

题表 3-4-2

序号	工序名称	工序简图
1		
2		
3		
4		

3. 如题图 3-4-3(a)所示为油封内夹圈，题图 3-4-3(b)为油封外夹圈，均为冲压件。试分别列出冲压基本工序，并说明理由。(材料的极限圆孔翻边系数 $K=0.68$)

(提示：$d_0=d_1-2[H-0.43R-0.22t]$)式中，d_0 为冲孔直径，mm；d_1 为翻边后竖立直边的外径，mm；H 为从孔内测量的竖立直边高度，mm；R 为圆角半径，mm；t 为板料厚度，mm。

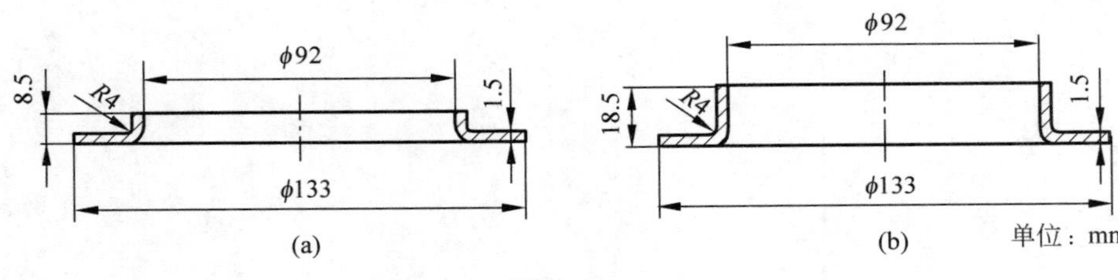

题图 3-4-3

题图 3-4-3(a)基本工序：

题图 3-4-3(b)基本工序：

原因：

原因：

作业 4-1　金属连接成形技术(基础部分)

一、判断题(正确的画○,错误的画×)

1. 焊接电弧是熔化焊最常用的一种热源。它与气焊的氧乙炔火焰一样,都是气体燃烧现象,只是焊接电弧的温度更高,热量更加集中。　(　　)

2. 焊接应力的产生是由于在焊接过程中被焊工件产生了不均匀的变形,因此防止焊接变形的工艺措施均可减小焊接应力。　(　　)

3. 焊接应力和焊接变形是同时产生的。若被焊结构刚度较大或被焊金属塑性较差,则产生的焊接应力较大,而焊接变形较小。　(　　)

4. 根据熔化焊的冶金特点,熔化焊过程中必须采取的措施是:①提供有效的保护;②控制焊缝金属的化学成分;③进行脱氧和脱硫、磷。　(　　)

5. 中、高碳钢及合金钢的焊接接头,存在对接头质量非常不利的淬火区,该淬火区的塑性、韧性低,容易产生裂纹,因此焊接这类钢时一般均需进行焊前预热,以防淬火区的形成。　(　　)

二、单项选择题

1. 焊接工字梁结构,截面如题图 4-1-1 所示。四条长焊缝的正确焊接顺序是(　　)。

A. a-b-c-d;　B. a-d-c-b;　C. a-c-d-b;　D. a-d-b-c。

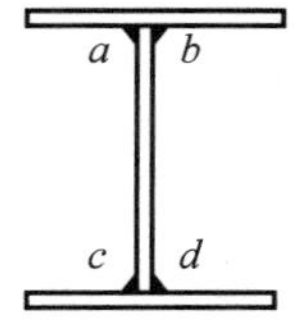

题图 4-1-1　工字梁截面图

2. 焊接电弧中三个区产生的热量由多到少排列顺序是(　　),温度由高到低的排列顺序是(　　)。

A. 阴极-阳极-弧柱;　B. 弧柱-阳极-阴极;

C. 阴极-弧柱-阳极;　D. 阳极-阴极-弧柱;

E. 阳极-弧柱-阴极;　F. 弧柱-阴极-阳极。

3. 在实验课中观察了三个焊接接头组织试样,若手弧焊(电流强度 150 A)试样热影响区的宽度为 L_1,手弧焊(电流强度 230 A)试样热影响区的宽度为 L_2,埋弧自动焊试样热影响区的宽度为 L_3,则(　　)。

A. $L_1>L_2>L_3$;　B. $L_2>L_1>L_3$;

C. $L_3>L_2>L_1$;　D. $L_3>L_1>L_2$。

三、应用题

有一钢结构,由 20 钢冷拔型材制成。由于使用不当而断裂,现用手工电弧焊方法将其修复。焊接时温度分布如题图 4-1-2 所示。试在图上绘出焊接热影响区的分布情况(注意焊前钢的组织状态；20 钢的再结晶温度为 540℃)。

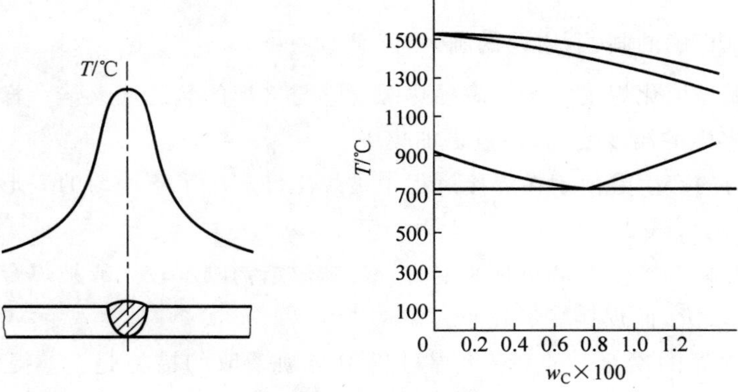

题图 4-1-2

作业 4-2　金属连接成形技术(焊接方法)

一、判断题(正确的画○,错误的画×)

1. 手工电弧焊过程中会产生大量烟雾,烟雾对焊工的身体有害,因此在制造焊条时应尽量去除能产生烟雾的物质。　(　　)

2. 埋弧自动焊焊接低碳钢时,常用 H08A 焊丝和焊剂 431。当焊剂 431 无货时,可用焊剂 230 代替。　(　　)

3. 氩弧焊采用氩气保护,焊接质量好,适于焊接低碳钢和非铁合金。　(　　)

4. 埋弧自动焊具有生产效率高,焊接质量好,劳动条件好等优点。因此,广泛用于生产批量较大,水平位置的长、直焊缝的焊接,但它不适于薄板和短的不规则焊缝的焊接。　(　　)

5. 点焊和缝焊用于薄板的焊接,但焊接过程中易产生分流现象。为了减少分流,点焊和缝焊接头型式需采用搭接。　(　　)

6. 闪光对焊制造的工件,由于工件接触表面的内部气压高于大气压,所以不受外界空气的影响;并且在电磁力的作用下,工件端面的杂质随火花飞出。焊后工件的焊缝力学性能优异,常用于钢轨、车辆轮圈、锚链等零件的生产。　(　　)

7. 摩擦焊是利用摩擦热将两工件的接触处加热到塑性状态,此时施加更大的顶锻压力,使两工件接合处产生塑性变形而焊在一起。因此摩擦焊不仅可以焊接各种截面形状的同种金属,也可以焊接各种截面形状的异种金属,如铝-铜、铝-钢、铸铁-钢接头等。　(　　)

8. 缝焊时由于焊点重叠,分流现象严重,且板料越厚,分流越严重。为了减小分流现象,缝焊只限于焊接 3 mm 以下的薄板结构。　(　　)

二、单项选择题

1. 下列几种牌号的焊条中,(　　)和(　　)只能采用直流电源进行焊接。

A. 结 422;　B. 结 502;　C. 结 427;　D. 结 506;
E. 结 607;　F. 结 423。

2. 对于重要结构、承受冲击载荷或在低温下工作的结构,焊接时需采用碱性焊条,原因是碱性焊条的(　　)。

A. 焊缝抗裂性好;　B. 焊缝冲击韧性好;
C. 焊缝含氢量低;　D. A、B 和 C。

3. 气体保护焊的焊接热影响区一般都比手工电弧焊的小,原因是(　　)。

A. 保护气体保护严密;　B. 焊接电流小;
C. 保护气体对电弧有压缩作用;　D. 焊接电弧热量少。

4. 氩弧焊的焊接质量比较高,但由于焊接成本高,所以(　　)一般不用氩弧焊焊接。

A. 铝合金一般结构;　B. 不锈钢结构;
C. 低碳钢重要结构;　D. 耐热钢结构。

5. 结 422 焊条是生产中最常用的一种焊条,原因是(　　)。

A. 焊接接头质量好;　B. 焊缝金属含氢量少;
C. 焊接接头抗裂性好;　D. 焊接工艺性能好。

6. 埋弧自动焊比手工电弧焊的生产效率高,主要原因是(　　)。

A. 实现了焊接过程的自动化;　　B. 节省了更换焊条的时间;

C. A 和 B;　　D. 可以采用大电流密度焊接。

7. 酸性焊条得到广泛应用的主要原因是(　　)。

A. 焊缝强度高;　　B. 焊缝抗裂性好;

C. 焊缝含氢量低;　　D. 焊接工艺性好。

8. 焊条牌号"结 422"中,"结"表示结构钢焊条,前两位数字"42" 表示(　　)。

A. 焊条的 $\sigma_b \geqslant 420$ MPa;　　B. 结构钢的 $\sigma_b \geqslant 420$ MPa;

C. 焊缝的 $\sigma_b \geqslant 420$ MPa;　　D. 焊条的 $\sigma_b = 420$ MPa。

9. 钎焊时,(　　)。

A. 焊件与钎料同时熔化;　　B. 焊件不熔化,钎料熔化;

C. 焊件熔化,钎料不熔化;　　D. 焊件与钎料不同时熔化。

10. 压焊与熔焊不同,不需要填充金属,也不需要保护。下列焊接方法属于压焊的是(　　)。

A. 点焊、缝焊、电渣焊;　　B. 缝焊、对焊、钎焊;

C. 点焊、缝焊、对焊;　　D. 摩擦焊、钎焊。

11. 下列焊接方法中,焊接接头力学性能由高到低依次为(　　)。

A. 电阻对焊—钎焊—闪光对焊;　　B. 闪光对焊—电阻对焊—钎焊;

C. 钎焊—电阻对焊—闪光对焊;　　D. 电阻对焊—闪光对焊—钎焊。

12. 焊接梁结构,焊缝位置如题图 4-2-1 所示,结构材料为 16Mn 钢,单件生产。上、下翼板的拼接焊缝 *A* 应用(　　)方法和(　　)焊接材料;翼板和腹板的四条长焊缝 *B* 宜采用(　　)方法焊接,使用的焊接材料为(　　);筋板焊缝 *C* 应采用(　　)方法焊接,焊接材料为(　　)。

A. 埋弧自动焊;　B. 手工电弧焊;　C. 氩弧焊;　D. 电渣焊;

E. 结 507;　F. 结 422;　G. 结 427;　H. H08MnA 和焊剂 431;

I. H08MnSiA;　J. H08A 和焊剂 130。

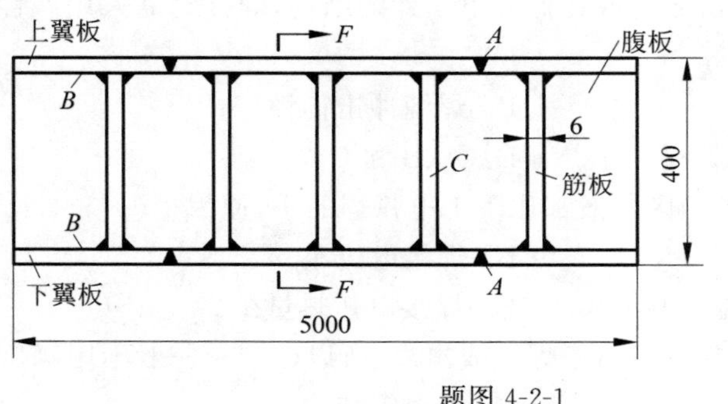

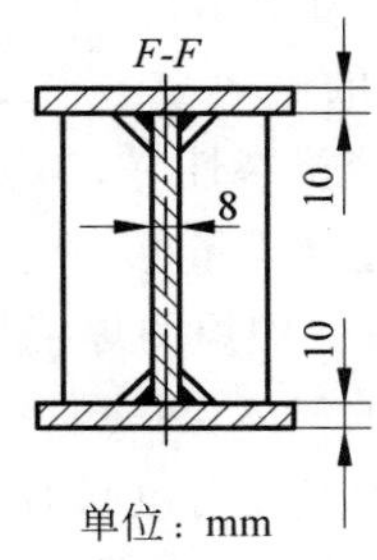

题图 4-2-1

三、填空题

1. 焊接时往往都要对被焊工件进行加热。熔化焊加热的目的是(　　　　);压力焊加热的目的是(　　　　);钎焊加热的目的是(　　　　)。

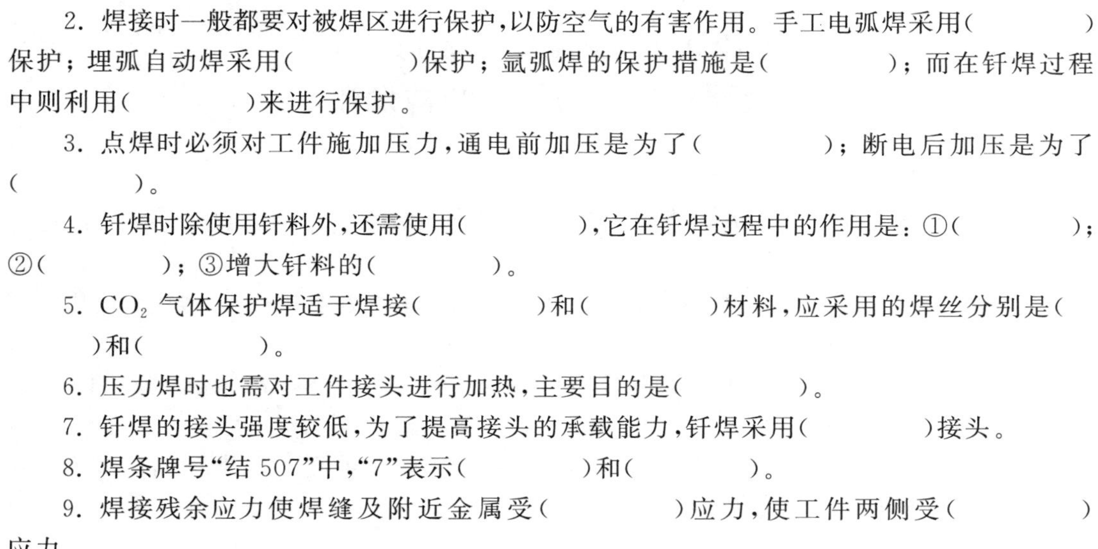

2. 焊接时一般都要对被焊区进行保护，以防空气的有害作用。手工电弧焊采用(　　　　)保护；埋弧自动焊采用(　　　　)保护；氩弧焊的保护措施是(　　　　)；而在钎焊过程中则利用(　　　　)来进行保护。

3. 点焊时必须对工件施加压力，通电前加压是为了(　　　　)；断电后加压是为了(　　　　)。

4. 钎焊时除使用钎料外，还需使用(　　　　)，它在钎焊过程中的作用是：①(　　　　)；②(　　　　)；③增大钎料的(　　　　)。

5. CO_2 气体保护焊适于焊接(　　　　)和(　　　　)材料，应采用的焊丝分别是(　　　　)和(　　　　)。

6. 压力焊时也需对工件接头进行加热，主要目的是(　　　　)。

7. 钎焊的接头强度较低，为了提高接头的承载能力，钎焊采用(　　　　)接头。

8. 焊条牌号"结 507"中，"7"表示(　　　　)和(　　　　)。

9. 焊接残余应力使焊缝及附近金属受(　　　　)应力，使工件两侧受(　　　　)应力。

10. 题图 4-2-2 所示为汽车传动轴，由锻件(45 钢)和钢管(Q235 钢)焊接而成。大批量生产时，合适的焊接方法为(　　　　)；使用的焊接材料为(　　　　)。

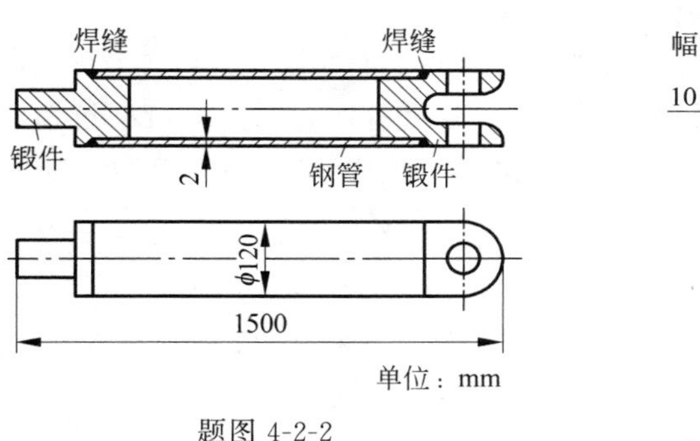

题图 4-2-2

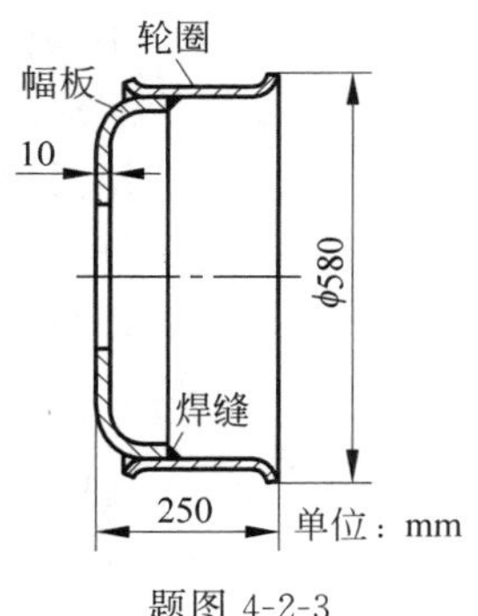

题图 4-2-3

11. 汽车车轮由轮圈和辐板组成，材料均为 Q235 钢，如题图 4-2-3 所示。大批量生产时，轮圈由卷板机卷成，再经(　　　　)焊接而成；而轮圈与辐板则用(　　　　)焊接连为一体，焊接材料为(　　　　)。

作业 4-3　金属连接成形技术（金属焊接性与焊接结构设计）

一、判断题（正确的画○，错误的画×）

1. 金属的焊接性不是一成不变的。同一种金属材料，采用不同的焊接方法及焊接材料，其焊接性可能有很大差别。（　　）

2. 焊接中碳钢时，常采用预热工艺。预热对减小焊接应力十分有效。同时，预热也可防止在接头上产生淬硬组织。（　　）

3. 根据等强度原则，手工电弧焊焊接 400 MPa 级的 15MnV 钢，需使用结 426 和结 427（或结 422、结 423）焊条。（　　）

4. 普通低合金钢 09Mn2（300 MPa 等级）焊接时，被焊金属熔化到焊缝中，使焊缝金属的碳的质量分数增高，容易在焊缝中引起热裂纹。（　　）

二、单项选择题

1. 不同金属材料的焊接性是不同的。下列铁碳合金中，焊接性最好的是（　　）。

A. 灰口铸铁；　B. 可锻铸铁；　C. 球墨铸铁；

D. 低碳钢；　E. 中碳钢；　F. 高碳钢。

2. 焊条电弧焊焊接低碳钢构件时，焊条选择的主要原则是焊缝与母材（　　）应相等。

A. 化学成分；　B. 结晶组织；　C. 强度等级；　D. 抗腐蚀能力。

3. 低碳钢焊接热影响区中，晶粒得到细化，力学性能也得到改善的区域是（　　）。

A. 过热区；　B. 部分相变区；　C. 熔合区；　D. 正火区。

三、应用题

1. 在长春地区用 30 mm 厚的 16Mn 钢板焊接一直径为 20 m 的容器。16Mn 钢的化学成分如下：$w_C=0.12\%\sim0.20\%$；$w_{Si}=0.20\%\sim0.55\%$；$w_{Mn}=1.20\%\sim1.60\%$；$w_{P,S}<0.045\%$。

(1) 计算 16Mn 钢的碳当量；

(2) 判断 16Mn 钢的焊接性；

(3) 夏季施工时是否需要预热？冬季施工时是否需要预热？如需预热，则预热温度应为多少？

2. 修改焊接结构的设计(焊接方法不变)

(1) 钢板的拼焊(电弧焊),如题图 4-3-1 所示。

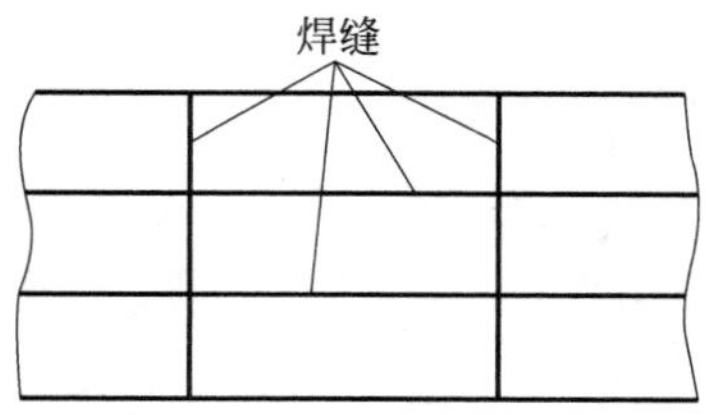

题图 4-3-1

(2) 用钢板焊接工字梁(电弧焊),如题图 4-3-2 所示。

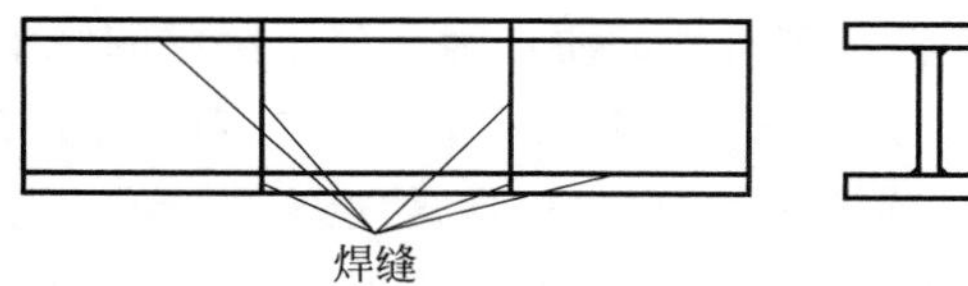

题图 4-3-2

(3) 钢管与圆钢的电阻对焊,如题图 4-3-3 所示。

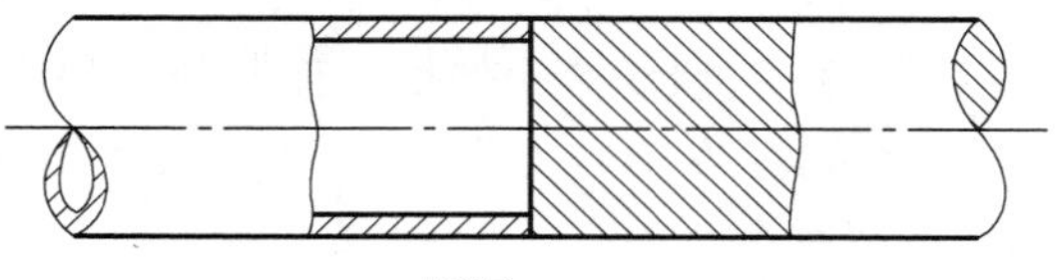

题图 4-3-3

(4) 管子的钎焊,如题图 4-3-4 所示。

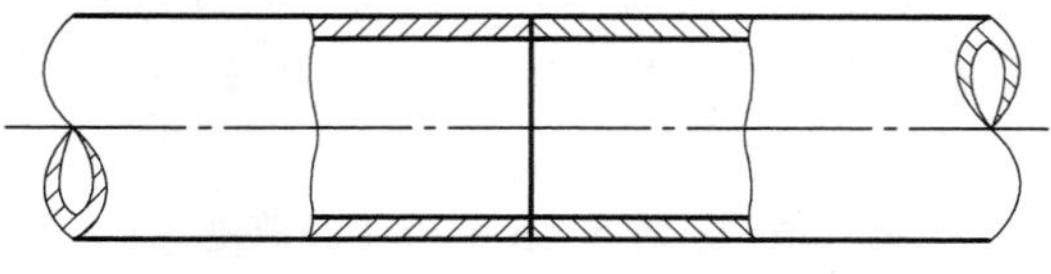

题图 4-3-4

作业 5-1 非金属材料成型技术

一、判断题(正确的画○,错误的画×)

1. 高分子链的构造是指高分子的各种形状。高分子链的构造一般都是线形的。线形高分子聚合物分子间没有化学键结合,可以在适当溶剂中溶解,加热时可以熔融,易于加工成型。 ( )

2. 聚合物的凝聚态是指高分子链之间的几何排列和堆砌状态,包括固体、液体和气体三种状态。 ( )

3. 非结晶聚合物是在任何条件下都不能结晶的聚合物,结晶聚合物是全部获得结晶的聚合物。结晶聚合物中周期性规则排列的质点为高分子链中的原子。 ( )

4. 玻璃化转变温度(T_g)是聚合物的特征温度之一。对于不同的聚合物,玻璃化转变温度(T_g)既可以在玻璃态和高弹态之间,也可以在玻璃态和高弹态之中。 ( )

5. 所谓"塑料"和"橡胶"是按它们的玻璃化转变温度是在室温以上还是在室温以下而言的。因此,从工艺角度来看,玻璃化转变温度 T_g 是非晶热塑性塑料使用温度的上限,是橡胶或弹性体使用温度的下限。 ( )

6. 多数聚合物熔体属于非牛顿流体,其黏度随温度的升高、切变速率的增加而降低,但不同的聚合物,其黏度随温度的升高、切变速率的增加而降低的程度不同。 ( )

7. 聚合物熔体是一种弹性液体,在切应力作用下,不但表现出黏性流动,产生不可逆形变,而且表现出弹性行为,产生可回复的形变。 ( )

8. 热塑性塑料是在一定温度范围内可反复加热软化、冷却后硬化定形的塑料,如聚乙烯、聚丙烯、聚苯乙烯、酚醛塑料等。 ( )

9. 塑料按使用情况可以分为热塑性塑料和热固性塑料。塑料根据其结构特点可以分为通用塑料、工程塑料和特种塑料。随着应用范围的不断扩大,通用塑料和工程塑料之间的界限越来越不明显。 ( )

10. 在塑料中加入填充剂,目的是增大塑料体积,降低成本,但是对其力学性能没有影响。 ( )

11. 聚合物的降解是指聚合物在成型、储存或使用过程中,由于外界因素的作用导致聚合物分子量降低、分子结构改变,并因此削弱制品性能的现象。 ( )

12. 在注塑成型过程中,塑料由高温熔融状态冷却固化后,体积有很大收缩,为了防止由收缩而引起的内部空洞及表面塌陷等缺陷,必须有足够的保压压力和保压时间。 ( )

13. 在塑料制品成型过程中,模具温度、制件厚度、注射压力、充模时间等对大分子取向度的影响较为显著,其中制件厚度越大、注射压力越大,则制件中大分子的取向度越大。 ( )

14. 橡胶成型加工中硫化是非常重要的环节,硫化过程是将已经素炼的胶与添加剂均匀混合的过程。 ( )

二、单项选择题

1. 下列塑料中属于热塑性塑料的有( ),属于热固性塑料的有( ),属于通用塑料的有(　　)，属于工程塑料的有(　　)。

A. 聚碳酸酯、聚甲醛、聚酰胺；　　B. 聚氯乙烯、酚醛塑料、聚酰胺、聚甲醛；

C. 酚醛塑料、脲醛塑料；　　D. 脲醛塑料、聚碳酸酯、聚酰胺、聚甲醛；

E. 聚乙烯、聚丙烯、聚氯乙烯；　　F. 聚乙烯、聚丙烯、聚苯乙烯、聚氯乙烯。

2. 对于线型聚合物，在注射成型时应加热到(　　)，在挤出成型时应加热到(　　)，在中空成型时应加热到(　　)。

A. T_g 温度附近；　　B. T_f 温度附近；　　C. 玻璃态；

D. 高弹态；　　E. 黏流态。

3. 聚合物取向后性能要发生变化，其中线膨胀系数在取向方向上与未取向方向上相比(　　)。

A. 变大；　　B. 变小；　　C. 不变。

4. 聚合物中晶区与非晶区的折光率不相同，随着结晶度的增加，聚合物透明度(　　)。

A. 增加；　　B. 减少；　　C. 不变。

三、填空题

1. 聚丙烯常用符号(　　)表示，高密度聚乙烯常用符号(　　)表示，低密度聚乙烯常用符号(　　)表示，聚氯乙烯常用符号(　　)表示，聚苯乙烯常用符号(　　)表示。

2. 增塑剂加入塑料后，使塑料的玻璃化温度 T_g、熔点 T_m、软化温度或流动温度 T_f(　　)，黏度(　　)，流动性(　　)。

3. 防老剂按其功能可分为(　　)、(　　)和(　　)。

4. 常见的塑料成型方法主要有(　　)、(　　)、(　　)、(　　)等。

5. 塑料模具是指形成确定塑料制品形状、尺寸所用部件的组合，主要由(　　)、(　　)、(　　)等构成。

6. 塑料制品的注射工艺过程中最主要的三个阶段是(　　)、(　　)、(　　)。

7. 注入模具型腔的塑料熔体在充满型腔后经冷却定形为制品的过程称为模塑，模塑的过程中，塑料熔体的温度将不断下降，经历连续的四个阶段，依次为(　　)、(　　)、(　　)、(　　)。

作业 6-1　复合材料成型技术

一、判断题(正确的画○，错误的画×)

1. 复合材料通常由基体材料和增强材料组成。其中，基体材料形成几何形状并起到粘接、提高强度或韧化等作用，如树脂、金属、陶瓷等。（　　）

2. 手糊成型工艺可以对壁厚任意改变，纤维增强材料可以任意组合，工艺简单，操作方便，生产成本低，产品质量稳定，一般用于要求不高的大型制件。（　　）

3. 聚合物基复合材料的基体粘接性能好，可把纤维牢固地粘接起来。同时，基体又能使载荷均匀分布，并传递到纤维上去，且允许纤维承受压缩和剪切载荷。（　　）

4. 缠绕成型工艺是将浸过树脂胶液的连续性纤维束(或布带、预浸纱等织物)按照一定规律缠绕到相当于制品形状的芯模上，达到所需厚度后，再加热使聚合物固化，移除芯模(脱模)后获得复合材料制品，因此主要适于制造轴对称零件。（　　）

二、单项选择题

1. 下列热固性树脂基复合材料中，属于增强材料的有(　　)，属于基体材料的有(　　)。

A. 聚碳酸酯，不饱和聚酯树脂；　B. 聚乙烯，不饱和聚酯树脂；

C. 不饱和聚酯树脂，环氧树脂；　D. 玻璃纤维，碳纤维；

E. 环氧树脂、碳纤维；　F. 环氧树脂、芳纶纤维。

2. 下列复合材料成型工艺中，属于金属基复合材料成型工艺的有(　　)。

A. 片状模压法、手糊成型；　B. 真空压力铸造、团状模压法；

C. 热压罐成型、树脂传递模塑成型；　D. 共喷沉积法和热挤压法。

3. 陶瓷基复合材料能够在更高的温度下保持其优良的综合性能，较好地满足现代工业发展的要求。最高使用温度主要取决于基体特性。下列基体材料的工作温度由低到高的顺序为(　　)。

A. 玻璃、玻璃陶瓷、氧化物陶瓷、碳素材料；

B. 碳素材料、氧化物陶瓷、玻璃陶瓷、玻璃；

C. 玻璃陶瓷、玻璃、氧化物陶瓷、碳素材料；

D. 玻璃、氧化物陶瓷、玻璃陶瓷、碳素材料。

三、填空题

1. 根据基体材料的性质，复合材料可分为三大类：(　　)、(　　)和(　　)。

2. 常见的树脂基复合材料模压成型方法主要有(　　)、(　　)、(　　)、(　　)和(　　)等。

作业 7-1　粉末冶金成型技术

一、判断题(正确的画○,错误的画×)

1. 粉末冶金是指借助于粉末原子间的吸引力与机械咬合作用,使制品结合为具有一定强度的整体,从而获得类似一般合金组织的金属制品或材料的成型方法。　　(　　)

2. 粉末体由大量固体颗粒及颗粒之间的孔隙构成,其性质等同于固体。　　(　　)

3. 粉末的杂质中最常存在的是氧化物夹杂物,可分为易被氢还原的金属氧化物(如铁、钴、铝等的氧化物)和难还原的氧化物(如铬、锰、硅、钛、铝等氧化物)。这些氧化物一般都比较硬,既损伤模具内壁,又使粉末的压缩性变坏。　　(　　)

4. 金属粉末具有较大的比表面积,因此易与气体、液体和固体发生反应。　　(　　)

二、单项选择题

1. 粉末的压制过程中,装在模腔内的松装粉体由于颗粒间摩擦和机械咬合作用,颗粒相互搭架形成拱桥孔洞,导致(　　)。

A. 粉体的松装密度大于材料的单质密度;

B. 粉体的松装密度等于材料的单质密度;

C. 粉体的松装密度小于材料的单质密度;

D. 粉体的松装密度对材料的单质密度没有影响。

2. 下列工序中,属于粉末冶金制品的后处理环节的有(　　)。

A. 熔渗处理;　　B. 固相烧结;　　C. 压制成型;　　D. 液相烧结。

3. 下列叙述对烧结过程表述正确的是:(　　)。

A. 烧结前压坯中粉末的接触状态为颗粒的界面,属于冶金结合;

B. 烧结结束状态时,粉末颗粒界面完全转变为晶界面,属于冶金结合;

C. 烧结结束状态时,颗粒之间的孔隙由球形的孔隙转变成不规则的形状;

D. 固相烧结时,颗粒相互靠紧,烧结速度快,制品强度高。

三、填空题

1. 粉末冶金的成型工艺过程最主要的四个阶段是(　　)、(　　)、(　　)、(　　)。

2. 按烧结过程中有无液相出现和烧结系统的组成,烧结可分为(　　)和(　　)。

3. 烧结的目的是使粉末颗粒之间由(　　)转变为(　　)。

参考文献

[1] 刘万辉,曲立杰,成烨.材料成形工艺[M].北京:化学工业出版社,2014.
[2] 崔敏,魏敏.材料成形工艺基础[M].武汉:华中科技大学出版社,2013.
[3] 何红媛,周一丹,孙瑜.材料成形技术基础[M].南京:东南大学出版社,2015.
[4] 刘建华.材料成型工艺基础[M].2版.西安:西安电子科技大学出版社,2012.
[5] 洪松涛,林圣武,郑应国,等.电阻焊一本通[M].上海:上海科学技术出版社,2012.
[6] 赵升吨.高端锻压制造装备及其智能化[M].北京:机械工业出版社,2019.
[7] 任家隆,丁建宁.工程材料及成形技术基础[M].北京:高等教育出版社,2014.
[8] 史雪婷,周富涛,孟倩.工程材料及其成形技术基础[M].成都:西南交通大学出版社,2014.
[9] 崔明铎,刘河洲.工程材料及其成形基础[M].北京:机械工业出版社,2014.
[10] 申荣华.工程材料及其成形技术基础[M].2版.北京:北京大学出版社,2013.
[11] 司乃钧,舒庆.工程材料及热成形技术基础[M].北京:高等教育出版社,2014.
[12] 戴斌煜.金属精密液态成形技术[M].北京:北京大学出版社,2012.
[13] 温爱玲.材料成形工艺基础[M].北京:机械工业出版社,2013.
[14] 高红霞.材料成形技术[M].北京:中国轻工业出版社,2011.
[15] 施江澜,赵占西.材料成形技术基础[M].3版.北京:机械工业出版社,2013.
[16] 陶治.材料成形技术基础[M].北京:机械工业出版社,2002.
[17] 余世浩,杨梅.材料成型概论[M].北京:清华大学出版社,2012.
[18] 徐萃萍,孙方红,齐秀飞.材料成型技术基础[M].北京:清华大学出版社,2013.
[19] 陈玉喜,侯英玮,陈美玲.材料成型原理[M].北京:中国铁道出版社,2002.
[20] 李魁盛,马顺龙,王怀林.典型铸件工艺设计实例[M].北京:机械工业出版社,2007.
[21] 中国科学技术协会,中国机械工程学会.2010—2011机械工程学科发展报告(成形制造)[M].北京:中国科学技术出版社,2011.
[22] 许焕敏,苑明海.先进制造[M].南京:东南大学出版社,2011.
[23] 庞国星.工程材料与成形技术基础[M].2版.北京:机械工业出版社,2014.
[24] 单忠德,胡世辉.机械制造传统工艺绿色化[M].北京:机械工业出版社,2013.
[25] 杜伟,公永建.金属热成形技术基础[M].北京:化学工业出版社,2013.
[26] 苑世剑.轻量化成形技术[M].北京:国防工业出版社,2010.
[27] 齐贵亮.塑料模具成型新技术[M].北京:机械工业出版社,2010.
[28] 万里.特种铸造工学基础[M].北京:化学工业出版社,2009.
[29] 姜立标.现代汽车新技术[M].北京:北京大学出版社,2012.
[30] 中国机械工程学会焊接学会.中国焊接:1994—2016[M].北京:机械工业出版社,2017.
[31] 孙广平,李义,严庆光.材料成形技术基础[M].北京:国防工业出版社,2011.
[32] 孙广平,迟剑锋.材料成形技术基础[M].北京:国防工业出版社,2007.
[33] 邓文英,郭晓鹏.金属工艺学(上册)[M].5版.北京:高等教育出版社,2008.
[34] 王纪安.工程材料与材料成形工艺[M].2版.北京:高等教育出版社,2004.
[35] 许本枢.机械制造概论[M].北京:机械工业出版社,2000.
[36] 金日光,华幼卿.高分子物理[M].3版.北京:化学工业出版社,2007.